MANUELS-RO

NOUVEAU MANUEL COMPLET
DE L'ÉLEVEUR

D'OISEAUX DE VOLIÈRE

ET DE CAGE

OU

GUIDE DE L'OISELIER

contenant

LA DESCRIPTION DES GENRES ET DES PRINCIPALES ESPÈCES D'OISEAUX
INDIGÈNES ET EXOTIQUES
QUE L'ON ÉLÈVE EN VOLIÈRE OU EN CAGE

LEUR NOURRITURE SPÉCIALE, LES SOINS QU'ILS DEMANDENT, ETC.

PAR R.-P. LESSON

Correspondant de l'Institut, Membre de plusieurs Sociétés savantes.

NOUVELLE ÉDITION

REVUE, CORRIGÉE
ET AUGMENTÉE DE LA DESCRIPTION D'UN GRAND NOMBRE D'ESPÈCES

NOTAMMENT LES OISEAUX DES ILES

PAR M. W. MAIGNE

PARIS

LIBRAIRIE ENCYCLOPÉDIQUE DE RORET,
RUE HAUTEFEUILLE, 12.
1867

AVIS.

Le mérite des ouvrages de l'**Encyclopédie-Roret** leu, a valu les honneurs de la traduction, de l'imitation et d la contrefaçon. Pour distinguer ce volume, il porte l' signature de l'Editeur, qui se réserve le droit de le fair' traduire dans toutes les langues, et de poursuivre, en vert. des lois, décrets et traités internationaux, toutes contrefa çons et toutes traductions faites au mépris de ses droit:

Le dépôt légal de ce Manuel a été fait dans le cours d mois de février 1867, et toutes les formalités prescrit par, les traités ont été remplies dans les divers État: avec lesquels la France a conclu des conventions litt raires.

ENCYCLOPÉDIE-RORET.

—

ÉLEVEUR

D'OISEAUX DE VOLIÈRE

ET DE CAGE

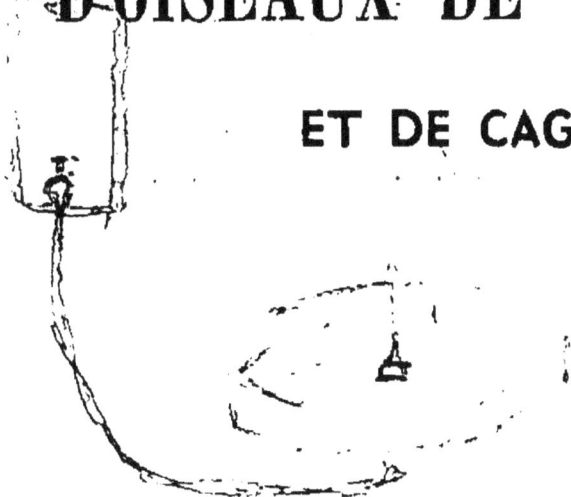

PRÉFACE

DE L'ÉLEVEUR D'OISEAUX DE VOLIÈRE.

————

Soit que, désabusés des agitations d'une vie mondaine, nous demandions au calme des champs ou à l'isolement au sein des villes, des jouissances plus douces, soit que, frappés par des pertes douloureuses dans ce que l'homme a de plus cher, nous cherchions des consolations, notre première pensée est de nous réfugier dans le sein de la nature et d'y puiser des remèdes contre les maux qui viennent nous assaillir. Les plantes, par leur fraîcheur et leur éclat, tempèrent nos pensées tristes, raniment nos sens blasés ou engourdis par les douleurs. Les oiseaux, par leur babil, leur parure, la beauté de leur plumage, leur chant qui ravive les sources de la sensibilité, dégagent l'âme de la torpeur qui en oppressait les ressorts. Les fleurs et les oiseaux sont donc pour nous les dispensateurs des émotions les plus douces, et les plus pures desquelles nous puissions attendre le bonheur. L'homme qui reste seul sur la terre après avoir perdu les objets de ses affections, sent encore le besoin de déverser ce qui lui reste d'attachement à quelqu'être qui puisse répondre par sa joie à sa sollicitude et à ses soins. Les animaux auxquels il les prodiguera tromperont rarement ses espérances : son amour, comme son amitié, trouveront des cœurs qui répondront à la vivacité de ses sentiments.

L'éducation des oiseaux est donc une source abondante de plaisirs : elle peut encore devenir une ressource pour ceux qui s'y livrent, en accroissant leurs revenus. Certes, l'introduction d'un oiseau nouveau dans une basse-cour, a eu, dans plus d'une circonstance, une fructueuse influence même pour l'économie publique.

Mais si cette éducation des oiseaux procure les plus

grands charmes à ceux qui s'y livrent, il ne faut pas croire qu'elle puisse être tentée sans connaissances préliminaires, sans principes arrêtés : plier un être indépendant par la nature de son organisation, à un servage opposé au but primitif de la nature, changer ses besoins et les remplacer par d'autres, faire succéder un repos presque continuel à une vie active, exigent que l'on joigne à l'étude de l'organisation des espèces celle de leurs mœurs et de leurs habitudes privées, et c'est alors qu'on peut espérer amener sans secousse, entre la liberté et l'esclavage, une transition à ces deux manières d'être si opposées.

Toutefois, pour ne renfermer dans ce livre que les faits qui intéressent directement l'amateur qui se livre à l'éducation des oiseaux, nous le renverrons pour les détails d'histoire naturelle pure, aux ouvrages qui traitent de l'ornithologie ; nous nous sommes borné à une *description* courte, mais claire et précise, des oiseaux, en les groupant toutefois par quelques généralités sur les familles. L'habitation est d'autant plus importante que, par elle, on est déjà fixé sur les soins que réclame l'espèce ; car on concevra aisément que les soins doivent être bien différents suivant que l'oiseau provient des latitudes intertropicales ou de celles des pôles. Les habitudes et le genre de vie de telles ou telles familles étant connus, il en résulte moins de tâtonnements dans le choix de la *nourriture.*

Enfin, les détails sur la *propagation,* les *maladies* et les *qualités recommandables* de chaque espèce, seront en première ligne ceux que nous recueillerons, puisqu'ils intéressent plus directement la classe de lecteurs à laquelle ce Manuel est destiné. Nous aurons aussi le soin de citer le meilleur portrait de chaque espèce, afin qu'on puisse recourir à une bonne figure, quand la description semblera trop incomplète pour reconnaître un oiseau avec certitude.

R.-P. LESSON.

NOUVEAU MANUEL COMPLET

DE L'ÉLEVEUR

D'OISEAUX DE VOLIÈRE

ET DE CAGE

CONSIDÉRATIONS GÉNÉRALES

SUR

LES OISEAUX

La branche de l'histoire naturelle qui apprend à connaître les **Oiseaux** en les étudiant dans un ordre méthodique ou systématique, est l'ORNITHOLOGIE.

Les oiseaux constituent la deuxième classe des animaux vertébrés, celle que caractérisent principalement une reproduction ovipare, des poumons sans lobes, une circulation complète à sang chaud, des bras très-allongés pour le vol ou la locomotion dans l'air ; enfin, des organes spéciaux protégeant le corps et nommés *plumes*.

Leurs mâchoires, revêtues de corne et sans dents, sont nommées *bec*, et des squamelles membraneuses, diversement modifiées, recouvrent leurs membres postérieurs. Souvent des ergots sont implantés sur les tarses ou aux ailes, et des ongles terminent les doigts des carpes de quelques espèces. Les oiseaux, si bien caractérisés par leurs formes extérieures, tiennent de bien près aux mammifères, et certains de ceux-ci possèdent, comme les oiseaux, la faculté de voler. Cependant de nombreuses dissemblances de formes apparaissent dans les appareils les plus fondamentaux de la vie. Tous les oiseaux peuvent se diviser en deux grands grands groupes. Dans le premier, composé de trois genres au plus, le squelette et l'appareil digestif, ont des points de ressemblance irrécusables avec ceux des quadrupèdes. Dans la seconde série, qui comprend la plus grande partie des oiseaux, l'organisation est plus spéciale et plus caractéristique du type oiseau, tel qu'on doit le concevoir. Cependant de notables changements ont été apportés aux divers genres de cette dernière section, suivant que, destinés à vivre presque toujours en mouvement, un vol de longue haleine leur était plus habituel. Puis les espèces qui ne quittent point la terre, ont reçu en partage des ailes larges et concaves, bonnes pour un vol par saccades, mais toujours de peu d'étendue. Enfin, les oiseaux des bords de la mer, ou ceux qui vivent au sein des flots, ont subi dans les ailes ou dans les pieds des modifications qui facilitent singulièrement de telles habitudes.

Le squelette des oiseaux présente en général les particularités suivantes. La colonne vertébrale n'a pas toujours le même nombre d'os, et le cou, composé de neuf vertèbres chez le Moineau, par exemple, en a jusqu'à vingt-trois chez le Cygne. Les vertèbres dorsales sont fortement unies par des ligaments robustes chez les oiseaux qui volent bien, et libres dans leurs mouvements chez les oiseaux qui ne quittent jamais la terre. Le sternum est convexe sur sa face antérieure, où règne verticalement une crête osseuse nommée *bréchet*, qui manque quelquefois. Cette crête, destinée à servir d'attache aux pectoraux, est d'autant plus grande que le vol est plus énergique. Les clavicules sont soudées entre elles en avant du sternum. L'omoplate est petite et longitudinale. L'humérus, toujours assez robuste, est plus court que le radius et le cubitus, qui sont d'autant plus longs que l'aile est plus pointue et plus appropriée au vol. La main se compose d'une seule rangée d'os du carpe, d'un seul métacarpe, d'un os stiloïde qui rappelle un vestige de pouce, et de deux phalanges à chaque doigt. Le fémur, assez robuste, est plus court que le tibia, et un seul os occupe le tarse et le métatarse. Le nombre des doigts est de deux à quatre, et celui des phalanges de deux à cinq. Le bec varie singulièrement de forme. Son tissu est dense ou celluleux; ses bords sont lisses, dentés, ou comme membraneux et parfois garnis de sortes de vraies dents. Des excroissances cornées singulières le surmontent fréquemment. Le crâne, généralement petit, s'articule avec la vertèbre cervicale sur un condyle arrondi; ce qui permet au cou des mouvements de flexion complets, ainsi qu'on en a un exemple dans le Torcol, dont le bec peut être dirigé en ligne droite sur le dos par une évolution complète. Le cerveau se compose de six mamelons distincts, logés dans la partie moyenne de la boîte crânienne. Les ventricules antérieurs sont fermés par des cloisons minces et rayonnées.

Les oiseaux jouissent du sens de la vue de manière à distinguer, même à de très-grandes distances, les objets qui intéressent leur existence, aussi bien que ceux qui sont à les toucher. Cette propriété est attribuée à une membrane plissée, qui règne au fond du globe de l'œil jusque sur les bords du cristallin, et qui paraît avoir pour fonctions d'obliquer ou de déplacer dans les degrés voulus cette lentille. Deux paupières servent extérieurement de voiles à l'œil ; mais une troisième, nommée *membrane clignotante*, fixée à l'angle interne de l'œil et un peu transparente, peut se tirer sur l'iris comme un rideau : on lui suppose la fonction de diminuer l'intensité des rayons lumineux. La paupière inférieure est seule mobile, et s'élève pour occlure l'œil. Les cils n'existent que chez quelques espèces, et, pour la plupart, ce sont des petites plumes d'une nature spéciale.

L'ouïe est tout aussi perfectionnée chez les Oiseaux que la vue; elle n'a point de conque extérieure, et son orifice est recouvert de plumes fines, à barbules décomposées et lâches, qui laissent aisément pénétrer dans leurs interstices les sons vibratoires transportés par l'air. Les oiseaux de proie sont les seuls qui offrent une collerette de plumes rangées en cercle sur le méat auditif, et qui semblent simuler un pavillon extérieur de l'oreille, ou une conque de recueillement.

· Le goût est plus ou moins parfait, ou plus ou moins obtus chez les oiseaux. La langue ne paraît pas chez la plupart aider à la gustation. Le plus ordinairement elle est membraneuse et même cartilagineuse; mais, chez certaines espèces, elle est couronnée de papilles en pinceaux, qui paraissent tenir lieu des véritables papilles nerveuses des quadrupèdes. Les Perroquets, dont la langue est charnue, sont encore des oiseaux qui goûtent leurs aliments, ou les savourent avec plaisir. On a remarqué aussi que les Toucans, dont la langue est barbelée, témoignent vivement leur répugnance ou leur convoitise pour les aliments qu'on leur présente dans leur état de captivité.

L'odorat paraît en général assez obtus. Cependant on a des faits qui semblent prouver que les Corbeaux ont une délicatesse de ce sens tellement grande, qu'elle sert à leur donner la conscience d'un danger pour eux, lors même qu'il est encore très-éloigné. On a dit que les Vautours, qui viennent de tous les points de l'horizon et souvent à de grandes distances s'abattre sur l'animal venant d'expirer, devaient être instruits de cette curée par leur odorat; mais, dans ces derniers temps, on a attribué cette perspicacité seulement à la perfection de leur vue. Très-variables de leur nature, les organes extérieurs de recueillement des effluves odorantes sont nus, ou le plus souvent protégés par des soies ou des plumes qui s'avancent jusque sur les narines, et même celles-ci sont parfois percées d'une ouverture à peine discernable, tandis que leur fosse est voilée par une membrane résistante, qui en ferme presque toute la surface.

Le toucher est nul chez les oiseaux : leur bec de nature cornée, les plumes qui recouvrent le corps, les écailles ou squamelles qui enveloppent les tarses, la membrane rugueuse qui protége le dessous des doigts et la plante des pieds, ont annulé à peu près complétement les fonctions de ce sens.

La voûte du bec, articulée avec le crâne, ne permet point que la mandibule supérieure ait de la mobilité ; l'inférieure seule jouit des mouvements d'élévation et d'abaissement. L'acte de la digestion a donc pour préliminaires de déchirer ou de prendre les aliments avec le bec, et de les avaler, après que les glandes salivaires les ont humectés, sans les mâcher. Parfois certaines espèces possèdent des réservoirs, où la nourriture est entassée pour être reprise ensuite et introduite définitivement dans l'estomac, composé de trois sacs, le premier le jabot, le second le ventricule succenturié, et le troisième le gésier, véritable estomac musculeux, épais et composé de fibres denses et serrées. Quelques oiseaux, tels que les Perroquets, peuvent porter leur nourriture à leur bec avec leurs pattes ; mais il en est bien peu qui jouissent de ce mouvement d'opposition manuelle. Les intestins sont courts, et aboutissent, avec les uretères et les organes de la génération, dans une poche commune aux excréments, à l'urine et aux trompes de l'utérus, et nommée *cloaque*. Le foie est bilobé, la rate petite et de forme très-variable. Le cœur a quatre cavités, comme celui des mammifères. La respiration, excessivement active chez les oiseaux, s'opère à l'aide de poumons à larges cellules, où une grande quantité d'air peut être contenue ; ces cellules se trouvent même correspondre avec les cylindres creux des os par les bronches ramifiées.

La voix des oiseaux varie suivant les espèces. Quelques grands Gallinacés ont leur trachée-artère recourbée sur le sternum à la sortie de la poitrine, ce qui donne à leur voix une force considérable. Le Phonygame, excellent musicien, a même cet organe recourbé en cor de chasse sur l'abdomen. Quelques oiseaux poussent à peine un petit cri ; d'autres au contraire peuvent moduler les tons les plus difficiles de la gamme. A l'époque de la ponte, la voix mue et s'éteint.

La locomotion sur le sol s'exécute sur deux pieds ; parfois les membres se trouvant très-déjetés en arrière du corps, il en résulte une marche peu sûre ; mais cette organisation rend très-facile la natation, aidée par les membranes qui unissent les doigts. Le vol sera d'autant plus étendu, d'autant plus puissant, que les ailes seront plus longues, relativement aux autres parties. Les rémiges primaires sont celles qui frappent l'air avec le plus de perfection. Lorsque les rémiges secondaires sont développées aux dépens des premières, le vol est court, saccadé. Certains oiseaux terrestres à ailes rudimentaires ne volent point. Il en est de même de quelques espèces aquatiques, dont la main est taillée en rame, que recouvrent des sortes de poils ou de plumes sans barbes. Enfin, il est encore un autre genre de locomotion, c'est l'action de grimper en saisissant les corps par une disposition particulière des doigts. La queue, sorte de gouvernail, a pour fonctions d'aider les mouvements divers qu'il convient à l'oiseau d'exécuter lorsqu'il vole, et qu'il veut ou s'élever ou s'abaisser, ou changer brusquement de direction.

Le tissu cellulaire est recouvert par une peau plus ou moins fine ou plus ou moins épaisse, qui supporte, dans des sortes de quinconces réguliers, la base des plumes. Celles-ci sont colorées de toutes les manières, et présentent dans leur nature des modifications assez grandes. Ainsi, à part les plumes nommées rémiges, rectrices, ou celles appelées couvertures, il en est qui sont à barbules, à facettes, et qui reflètent la lumière ; celles-là sont presque toujours métallisées et appelées plumes *gemmacées* ; d'autres ont leurs barbes garnies de barbules longues,

lâches et flottantes, qui sont les *plumes décomposées* ; il
en est enfin qui imitent des crins ou des soies, parce que
les barbes manquent complétement. Quant à la nature
des plumes, elle imite le satin, la soie ; elle est rude, his-
pidule, frisée, sordide, colorée, vivement colorée, ou mé-
tallisée, etc. Très-souvent le tour des yeux et les joues
sont nus, ou la tête se trouve garnie de fanons charnus.
Le plus souvent ces nudités sont dues à un tissu érectile,
qui se gorge de sang et se colore avec éclat à l'époque
des amours. Enfin, les jeunes oiseaux ont rarement la livrée de leur père et de leur mère, et ceux-ci changent
souvent de plumage plusieurs fois dans l'année, ou diffèrent beaucoup sous ce rapport l'un de l'autre, bien
que les mâles l'emportent toujours par leurs parures sur
les femelles.

Lorsque le printemps ou le renouvellement de la saison
opportune appelle les oiseaux à satisfaire aux fonctions
importantes de la reproduction de l'espèce, leur voix
prend plus d'extension ; leur plumage se colore avec plus
de fraîcheur; les mâles et les femelles se recherchent, et
quelques espèces demeurent unies tant que sont nécessaires les soins à donner à leur progéniture. Le fluide
fécondant ayant imprégné l'ovule, il en résulte que l'œuf,
échauffé par la température du corps pendant un temps
dont la durée varie suivant les espèces, renferme le jeune
oiseau qui, après la période de l'incubation, et armé
d'une pointe accessoire à l'extrémité du bec, doit briser
sa coquille, et devenir apte à recevoir la nourriture que
lui dégorgent son père et sa mère. L'Autruche et le Tavon
laissent, dit-on, à l'influence de la chaleur solaire le soin
de couver leurs œufs, et le Coucou confie à des oiseaux
étrangers ceux qu'il va pondre dans leurs nids, sans s'inquiéter de leur sort futur ; mais les autres oiseaux témoignent par leurs soins attentifs tout l'attachement qu'ils
ont pour les fruits de leur union : ils placent leurs œufs
dans des nids de formes très-variables, et qui décèlent
la plus ingénieuse prévoyance. Certains oiseaux de proie

se bornent à réunir en tas des bûchettes pour recevoir leur ponte sur quelque roc inaccessible. Quelques Palmipèdes les laissent sur les rivages, d'autres creusent des terriers pour les loger. La plupart, enfin, tissent avec art la paille, les joncs, les petits rameaux, la mousse, la bourre cotonneuse de certaines graines, pour en faire des berceaux délicats, doux et mollets, garantis avec une extrême prudence ou un art admirable des embûches de leurs ennemis.

Quelques espèces se réunissent par essaims ; d'autres fuient la compagnie de leurs semblables, et s'isolent dans les masures, les ruines. Certains choisissent les arbres, les fentes de rochers, les buissons, les roseaux. Enfin, véritables architectes, des Hirondelles et le Fournier construisent en maçonnerie leur demeure ; et une espèce, en outre, la Salangane, élaborant avec son gésier les fucus qu'elle pêche sur la mer, en tisse des nids qu'on mange dans toute l'Inde méridionale, où ils sont célèbres sous le nom de *nids d'hirondelles*.

La ponte n'a lieu qu'une fois l'an, ou, dans certains cas, plus souvent. Les oiseaux domestiques seuls pondent le plus ordinairement toute l'année, ce qui est dû à une nourriture abondante, prise sans effort, et à une vie inactive.

L'hibernation ou l'engourdissement pendant l'hiver, dans lequel tombent quelques oiseaux, est encore très-peu connue. Ce phénomène a été contesté par beaucoup d'auteurs, bien qu'on ait cependant des faits qui semblent le prouver d'une manière à peu près irrécusable. Il en est de même de la raison physiologique par laquelle on essaie d'expliquer les migrations annuelles de certaines espèces, qui, à des époques régulières, quittent les contrées où elles ont passé une partie de l'année, pour se retirer dans une autre plus convenable, presque toujours aux approches des changements de saisons.

I.

LES CAGES ET LES VOLIÈRES.

Les *Cages* ou *petites volières* peuvent recevoir les formes et les dimensions les plus diverses, mais il faut toujours qu'elles soient plus longues que larges, et au moins aussi hautes que larges. Sans cela, les oiseaux n'ont pas suffisamment d'espace pour se livrer aux exercices nécessaires au maintien de leur santé : ils en sont réduits à tourner constamment sur eux-mêmes, ce qui, à la longue, leur occasionne des tournoiements par suite desquels ils dépérissent rapidement.

Les meilleures cages sont celles de chêne et de noyer, mais ces bois doivent être choisis bien secs. Les bois blancs et tous les bois verts doivent être rejetés, parce que les fentes qui s'y forment deviennent autant d'asiles pour les insectes. Pour la même raison, les fonds et les tiroirs doivent être d'une seule pièce. Enfin, quel que soit le bois employé, il est prudent de ne pas le peindre, parce que la plupart des oiseaux ayant l'habitude de becqueter leur prison, des parcelles de peinture s'attacheraient à leur bec et pourraient donner lieu à des accidents.

Quelquefois les cages ne sont ouvertes que sur le devant. Cette disposition peut avoir sa raison d'être dans certains cas particuliers, mais, en général, il est préférable qu'elles soient entièrement découvertes, c'est-à-dire qu'elles aient toutes leurs faces en fil-de-fer. Il ne faut pas oublier que les cages destinées à recevoir des oiseaux d'émigration doivent être munies d'un plafond en étoffe, afin que les prisonniers ne puissent se briser la tête contre les barreaux, lorsque, au moment de leurs voyages, l'instinct les porte à s'élever violemment vers le haut de leur demeure.

Indépendamment d'une couche de sable ou de gravier dont il est bon de recouvrir le fond, chaque cage doit être munie d'un vase large et peu profond, qui doit être toujours tenu plein d'eau propre pour que les oiseaux

puissent aisément se baigner. Ce vase ne doit être retiré
qu'à l'époque de l'incubation, parce qu'à ce moment les
bains seraient nuisibles.

Les mangeoires doivent être placées sur le côté, dans
des tiroirs faciles à retirer et à remettre en place, et il
est bon, pour éviter le gaspillage des aliments, de les disposer de manière que les oiseaux ne puissent y introduire
que la tête.

Un fragment de *biscuit de mer* doit être suspendu dans
la cage, pour que les oiseaux s'y aiguisent le bec, ce qu'ils
aiment à faire de temps en temps. Il faut aussi y placer à
différentes hauteurs des baguettes ou perchoirs, qui doivent être cylindriques et maintenues bien solidement
pour que les oiseaux ne puissent tomber.

Enfin, la cage et tous ses accessoires doivent être main-
tenus dans un état de propreté parfaite. Il est nécessaire
de nettoyer les mangeoires chaque jour, et, chaque jour
aussi, de racler avec soin les ordures qui souillent le
fond. La même opération doit également être faite aux
perchoirs une fois au moins tous les huit ou quinze jours.

Le meilleur emplacement à donner aux cages, c'est,
dans l'intérieur des maisons, toute chambre bien éclairée
et bien aérée; et, si c'est à l'extérieur, une cour, où pénètrent, dès le point du jour, les rayons du soleil.

Les courants doivent être évités avec le plus grand
soin, surtout si les cages renferment des oiseaux provenant des pays chauds.

Comme les cages, les *grandes volières* ou volières proprement dites, peuvent avoir toutes les formes et toutes
les dimensions. On n'y met, en général que des granivores, encore même choisit-on ceux qui sont d'une humeur
tranquille. Quant on veut y réunir des oiseaux de caractères antipathiques, il est indispensable de la partager
en autant de sections que ces oiseaux peuvent former de
groupes.

Toute volière peut être renfermée dans des bâtiments
et par conséquent préservée des rigueurs de l'hiver, ou

bien exposée à l'extérieur : dans ce dernier cas, on ne peut pas y mettre de Serins.

La meilleure exposition qu'on puisse donner à une volière est du côté de l'orient ou du sud-est, afin que les oiseaux jouissent des premiers rayons du soleil : on peut, pendant les nuits d'hiver, les garantir du vent froid, par un paillasson qu'on étend devant le grillage.

La volière doit avoir un toit avec une grande saillie, afin de la garantir autant que possible des pluies poussées obliquement par le vent. Il convient que le sol soit garni de sable et en partie de mousse. En hiver on y met du foin ou de la paille brisés. On y met aussi de l'eau dans des vases qui présentent une grande surface. Si l'on est à la campagne et qu'on ait une source à sa disposition, il est très-avantageux de pratiquer dans la volière un bassin alimenté par cette source et même un jet d'eau lorsque cela est possible. Dans tous les cas, en hiver, il faut avoir soin de faire dégeler l'eau plusieurs fois par jour, principalement deux heures après le lever du soleil et une demi-heure avant son coucher. Enfin, il ne faut pas négliger d'entretenir dans la volière, les grains propres à toutes les espèces d'oiseaux qui y sont renfermées.

Comme les cages ordinaires, la volière doit être traversée à divers endroits par des baguettes propres à servir de juchoirs. On y met aussi, si la grandeur le permet, des arbustes véritables ou des arbustes artificiels.

II

NOURRITURE DES OISEAUX.

La nourriture des oiseaux en captivité doit nécessairement varier suivant qu'ils sont, ou simplement granivores, ou à la fois granivores et insectivores, ou exclusivement insectivores. On trouvera à l'article consacré à chaque espèce ce qu'il est essentiel de savoir à ce sujet. Aussi n'en dirons-nous ici que quelques mots.

La nourriture des granivores indigènes ne présente

pas, en général, de grandes difficultés, parce qu'il est presque toujours possible de leur donner les mêmes substances dont ils vivaient en liberté; mais il n'en est pas de même des espèces exotiques. Comme on ne peut pas, en effet, se procurer les graines que ces espèces trouvaient dans leur pays natal, on est obligé de les habituer à une alimentation artificielle uniquement composée de graines d'Europe, et, si l'on procède avec soin, on arrive à tenir en bonne santé, avec des graines d'alpiste et de millet seulement, presque tous les petits Passereaux de la zône torride.

Les insectivores sont les plus embarrassants à nourrir. On y réussit en général en leur donnant du cœur de bœuf ou de mouton, des vers de farine et des œufs de fourmi.

Le cœur de bœuf ou de mouton est employé seul ou mêlé avec d'autres substances pour former une pâtée. On le débarrasse de toutes les fibres, puis on le hache ou le pile bien menu, de façon à obtenir des fragments ayant une certaine ressemblance avec des larves d'insectes ou des vermisseaux.

Les vers de farine sont des larves de l'insecte nocturne appelé *ténébrion*. On peut s'en procurer quelques-uns, soit dans un moulin, soit chez un boulanger : il n'y a là aucune difficulté, mais ce qui en devient une, c'est de pouvoir s'en approvisionner, tous les jours, d'une certaine quantité. Il existe cependant un moyen très-simple de faire multiplier ces animaux. Il ne s'agit que d'avoir des pots de terre, ou de grès, que l'on remplit, en partie, de croûtes de pain ou de farine échauffée ou de son, ou bien, et mieux, de ces trois choses mêlées ensemble, un peu humectées, puis retournées. On met quelques vers de farine dans chaque pot, que l'on recouvre ensuite d'une feuille de parchemin percée de trous d'épingle et que l'on place sur ou sous un four, ou derrière une plaque de cheminée, ou bien enfin dans une étuve ou un endroit chaud quelconque. On a soin de regarder, tous les trois ou quatre jours, si le contenu des pots est dans un état suffisant d'humidité, qui doit être telle, seulement, qu'elle fasse fermenter le pain, la farine et le son : au besoin, on humecte de nouveau. Les vers de farine ne tardent pas à pulluler et, une quinzaine de jours après l'opération, on peut en prendre dans un pot, tous les jours, selon les besoins jusqu'à ce qu'il n'en reste plus que peu. On y remet alors un peu de farine et autres substances ci-dessus; on le replace comme auparavant et on entame un autre pot le lendemain ou un des jours suivants. Quatre pots bien soignés, de la contenance chacun de trois ou quatre litres, suffisent pour nourrir quatre, six et même douze Rossignols.

Les œufs de fourmi sont les larves de cet insecte. Pour se les procurer, on enfonce une cuillère à pot dans une fourmilière, puis on passe au crible tout ce qu'elle rapporte. Les fourmis et la terre passent à travers les trous du crible, et les œufs seuls restent dessus.

Les oiseaux, quelle que soit leur nourriture, ont besoin d'être purgés de temps en temps. On purge les insectivores, tels que les Rossignols, les Fauvettes, etc., avec deux ou trois vers de pigeonnier, des fruits, des araignées, etc.; et, deux jours après, on met dans leur eau un peu de sucre candi gros comme une noisette, ou bien un peu de sucre fin ordinaire et de réglisse. Quant aux granivores, on les purge, soit avec de la graine de melon mondée, soit avec toute espèce d'herbes rafraîchissantes, telles que feuilles de laitue, séneçon, poirée, mouron, chicorée, etc. Il est encore bon de donner aux oiseaux, au commencement de chaque saison et de temps en temps, lorsqu'ils ne couvent pas, un peu de pain, d'échaudé ou de colifichet imbibé de lait. De cette façon, on les rafraîchit beaucoup et on les met en appétit.

Lorsqu'on enlève des oiseaux dans leur nid, avant qu'ils soient en état de manger seuls, ou bien que par une cause quelconque ils sont privés de leur mère, on est obligé de les élever à la *brochette*.

On leur prépare pour nourriture une pâte dans laquelle on fait entrer plusieurs matières en quantité plus ou moins grande, de la graine de navette bien broyée, du biscuit ou de la mie de pain, du jaune d'œufs durs et quelquefois même du blanc, le tout délayé avec de l'eau ou du lait. On y ajoute de temps en temps une amande douce qu'on pile aussi et incorpore dans la pâte, ainsi que de la graine de mouron.

Il convient de ne donner à manger aux petits oiseaux que très-peu à la fois, mais souvent ; le mieux est de leur donner huit ou dix fois par jour, à intervalles égaux, et seulement quatre becquées à chaque fois. Lorsqu'ils commencent à pouvoir un peu manger seuls, on sème de la mie de pain dans leur cage. Au bout de vingt-cinq ou trente jours, on cesse de leur donner la becquée, on les met dans une cage sans bâtons, et on leur donne d'abord de la même pâte avec laquelle on les a nourris jusques-là, puis on y mêle de jour en jour plus de graines et pilées plus grossièrement. Bientôt on ne leur donne plus que des graines à peine concassées, et enfin des graines dans leur état naturel, auxquelles on les a habitués peu à peu.

On peut leur présenter à manger dans la cage même, avant d'avoir cessé de leur donner la becquée, et les y exciter en supprimant deux ou trois becquées par jour.

III

MALADIES DES OISEAUX.

Comme les autres animaux, les oiseaux sont sujets à des maladies qui les affectent aussi bien dans l'état de liberté que dans l'esclavage. Toutefois la captivité dans laquelle on retient ceux qu'on veut rendre domestiques, apporte avec elle des changements si grands, que toute l'économie en est plus ou moins affectée, et qu'il en naît par suite des maladies qui ne se seraient pas développées si l'oiseau avait été abandonné à la prudence de son instinct conservateur.

Ce sont surtout les oiseaux de cage qui présentent une foule d'infirmités inconnues aux espèces sauvages ou de basse-cour. L'étroitesse de leur prison, les friandises de toutes sortes dont on les bourre en opposition au régime qui leur convient, font un grand nombre de victimes parmi ces êtres intéressants, et la mortalité considérable qui les frappe est encore accrue par la négligence ou par les précautions inopportunes de ceux qui les soignent.

La pathologie des oiseaux ou la description des maladies qui les affectent est encore dans l'obscurité. On ne possède qu'un certain nombre de moyens tout à fait empiriques à opposer à leurs affections maladives. On conçoit que ce n'est qu'à l'aide de signes extérieurs qu'on reconnaît qu'un oiseau est malade. C'est son silence, son air chagrin et mélancolique, ses plumes ébouriffées ou en désordre, qui viennent témoigner de la cessation de la santé.

Un tableau méthodique des maladies des oiseaux serait des plus intéressants à dresser, à une époque où les sciences médicales ont fait tant de progrès; mais nous n'avons encore, dans l'état actuel des choses, rien d'assez positif pour en tenter une simple esquisse. Nous suivrons donc les errements vulgaires, tels que la pratique et les meilleurs guides les donnent, en conservant jusqu'aux noms consacrés à ces mêmes maladies, quelque mal appliqués qu'ils soient, et en nous bornant à les présenter dans l'ordre alphabétique pour plus de commodité dans l'usage.

1º *Abcès à la tête.*

Il se forme sur la tête des oiseaux une tumeur inflammatoire qui, lorsqu'elle commence, n'est pas plus grosse qu'une graine de chènevis, mais qui, augmentant rapidement, atteint bientôt les dimensions d'un pois.

Quand cette tumeur est peu développée, on la fait quelquefois disparaître en l'oignant avec une substance grasse,

comme le beurre frais et sans sel, le saindoux, le beurre
de cacao ou de palme.

Lorsque, au contraire, elle a fait de grands progrès,
qu'elle est fétide et purulente, que ses bords s'ulcèrent,
on ne peut la guérir que par la cautérisation. Pour cela,
on la touche légèrement avec une aiguille à tricoter dont
la pointe a été rougie à blanc, puis on oint la partie malade avec un peu de savon noir fondu, ou avec de l'huile
d'olives mêlée de cendres chaudes.

Avant de faire cette petite opération, on purge ordinairement l'oiseau avec du suc de bette, dont on remplit
son abreuvoir au lieu d'eau. S'il s'agit d'un granivore,
on peut se contenter de lui donner du mouron, du sèneçon, ou des feuilles de laitue ou de poirée.

2° *Aphthes* ou *Chancres*.

Les *Aphthes* ou *Chancres* sont de petits ulcères qui se
forment au palais. On les guérit en les touchant très-lé-
gèrement avec un petit pinceau, ou avec les barbes d'une
plume trempée dans du miel rosat animé par quelques
gouttes d'acide sulfurique. En même temps, on donne à
boire aux oiseaux, pendant trois ou quatre jours, de l'eau
dans laquelle on a fait macérer des graines de melon
mondées et écrasées.

3° *Asthme*.

Cette maladie est une des plus fréquentes de celles qui
viennent frapper les oiseaux de chambre. Les principaux
symptômes consistent en une sorte de resserrement mécanique de la poitrine qui s'oppose à la respiration, ce
que prouvent les bâillements fréquents de l'oiseau, qui
ouvre son bec avec force comme pour aspirer une plus
grande masse d'air. Il témoigne aussi son anxiété par
une vive agitation ou par la frayeur. En outre, il ne
mange pas ou il mange peu, bien qu'il soit toujours à
la mangeoire.

L'asthme peut provenir de plusieurs causes, soit d'une trop grande avidité à manger et de trop gros morceaux, ce qui gêne la respiration, soit de la mauvaise qualité de la nourriture, soit de la dilatation des vaisseaux du cœur.

Quand la maladie provient de la mauvaise qualité de la nourriture, comme, par exemple, de graines trop récentes ou gâtées, on la guérit en faisant dissoudre un peu de sucre d'orge dans l'eau de l'abreuvoir. En même temps, on supprime les graines et on les remplace par du pain trempé dans de l'eau pure et exprimé, de la laitue, de la chicorée, ou même du cresson de fontaine.

Lorsque le mal vient de la gloutonnerie de l'oiseau, il faut mettre celui-ci au régime du suc de bette pendant deux ou trois jours, puis lui donner de la graine de melon pilée avec de l'eau légèrement sucrée.

Quand l'asthme est occasionné par la dilatation des vaisseaux du cœur, ce qu'on reconnaît aux pulsations dures et répétées qui se font sentir à la main sous la poi-trine, le meilleur remède pour le calmer consiste à intro-duire, avec un tuyau de plume, deux ou trois gouttes d'oxymel dans le bec du malade. En même temps, on met dans l'eau de l'abreuvoir, pendant deux jours, soit de l'oxymel, soit du sucre candi.

Souvent, l'embarras qu'éprouve la respiration résulte simplement de quelques parcelles de nourriture qui se sont arrêtées dans l'œsophage ou croisées sur la langue. C'est ce qui arrive surtout aux oiseaux insectivores que l'on nourrit de vers, de cœur ou de viande hâchée. Dans ce cas, il faut enlever au plus vite le morceau non ingur-gité, et la guérison est complète.

4° Atrophie.

On appelle ainsi l'état de déperdition qu'éprouvent cer-tains oiseaux qui maigrissent à vue d'œil, et qui ne tar-dent pas à périr si on ne combat la cause qui a amené ce fâcheux état. On attribue surtout cette atrophie de tous

les organes à une nourriture beaucoup trop excitante.
Le gésier est surtout l'organe qui cesse ses fonctions. L'oiseau alors rend ses aliments à demi-digérés, et son ma-
laise se manifeste par ses plumes ébouriffées.

On change les matières qui sont données pour aliments.
On fait succéder le mouron, le cresson de fontaine, la laitue, la chicorée aux graines farineuses ou huileuses. On
purge parfois les oiseaux avec une araignée, et dans le
cas d'atonie, on fait tremper dans l'eau qu'ils boivent un
morceau de fer, ce qui procure une boisson légèrement
tonique.

5° *Avalure.*

Cette maladie est une des plus dangereuses pour les
jeunes oiseaux qu'on a élevés à la brochette; elle les conduit quelquefois à la mort en très-peu de temps.

Les oiseaux qui en sont attaqués deviennent très-mai-
gres, leur ventre est enflé, leur peau est tendue et couverte de veines très-rouges qu'on peut aisément apercevoir en soufflant sur les plumes pour les écarter. De plus,
ils sont portés à manger avec excès. Leur mal peut être
attribué soit aux choses trop échauffantes qu'on leur a
données en les élevant, soit à ce qu'ils ont mangé avec
trop d'avidité et en quantité trop grande ce qu'on leur
a donné lorsqu'ils ont commencé à manger seuls.

Pour obvier à l'avalure, on remarquera ce que les
oiseaux mangent avec le plus d'avidité et on les en
sèvrera, ou du moins on le leur accordera en très-petite
quantité. En outre, on fera dissoudre un peu d'alun dans
leur eau, ou bien on y mettra du fer pour la rouiller,
et, en même temps, on leur donnera à manger de la mie
de pain bouillie avec du lait.

D'autres personnes font boire aux malades de l'eau dans
laquelle elles ont mis un atome de thériaque et les nourrissent avec une pâte composée de graines d'alpiste, de
chènevis, de navette et de laitue : toutes ces graines sont
bouillies dans l'eau et pilées pour les réduire en une

pâte à laquelle on mêle du jaune d'œuf et de la mie de
pain ou du biscuit.

6° *Bouton*.

A l'extrémité du croupion est placée une glande adipeuse qui sécrète un fluide huileux destiné à lubrifier
les plumes des oiseaux. Par la vie inactive de la captivité, cette glande s'engorge fréquemment. Il en résulte un
abcès dont la terminaison se fait plus ou moins attendre
en compromettant la santé de l'individu. C'est cet abcès
qu'on nomme *Mal au croupion* ou *Bouton*. Les Canaris y
sont particulièrement sujets.

L'obstruction de cette glande se reconnaît à ce que les
plumes qui l'entourent se crispent et se hérissent, à la
mélancolie et à la taciturnité des oiseaux qui cessent de
manger et de chanter, et sont toujours à se becqueter le
croupion. La glande, peu apparente d'abord, se tuméfie,
devient noirâtre et se remplit d'un liquide blanc jaunâtre
purulent.

Quelquefois l'oiseau perce lui-même le bouton avec son
bec, et la guérison ne tarde pas à suivre l'écoulement du
pus. S'il ne le fait pas, il faut le prendre et lui ouvrir le
bouton, soit en le piquant avec une aiguille, soit en le
fendant avec des ciseaux bien tranchants. Ensuite, au
moyen de la compression, on expulse le pus, et on lave
la blessure avec de l'eau de mauve tiède. Si le bouton
n'était pas mûr, c'est-à-dire s'il n'avait pas la pointe
blanche, il faudrait, pour le faire mûrir, le laver plusieurs fois avec cette eau. Enfin, on enduit le bouton avec
un peu de cérat ou de beurre.

7° *Bronchite* ou *Rhume*.

Le *Rhume* arrive fréquemment aux oiseaux qui vivent
dans les pièces trop échauffées, et dans lesquelles on laisse
par mégarde introduire des courants d'air froid. Les
symptômes consistent en éternuements fréquents et en
secousses de la tête. Souvent alors ils perdent la voix.

Le meilleur remède paraît être, dans le début, de l'eau légèrement miellée, et à la fin de la maladie quelques gouttes d'élixir béchique dans une légère infusion de véronique.

Dans le cas de simple rhume, une décoction de figues grasses, de jujubes ou de réglisse, produit de bons résultats.

Comme le rhume est quelquefois accompagné d'échauffement, on donne au malade, en même temps, du suc de bette pendant quelques jours. Enfin, on évite de le tenir dans un lieu trop chaud ou trop froid, et surtout de le faire passer de l'un à l'autre.

8º *Constipation* ou *Ténesme.*

Les symptômes de cette maladie, due à l'échauffement occasionné par une nourriture trop substantielle ou par l'usage de graines rancies, se manifestent par les efforts souvent infructueux que fait l'oiseau pour expulser ses excréments. On recommande de donner une eau de bette pour boisson, et d'introduire de l'huile dans le rectum, soit avec une tête d'épingle, soit avec une tige de plume.

Les Linottes et les Chardonnerets sont principalement affectés par cette maladie, et on les en débarrasse par les légères purgations que procurent la mercuriale, la laitue, la chicorée sauvage, la bette, la morgeline et le mouron, ou la bouillie de pain et de lait.   -

Bechstein recommande de purger les oiseaux avec une araignée, et de faire avaler aux insectivores un ver de farine écrasé dans de l'huile douce avec addition d'une petite quantité de safran.

9º *Diarrhée* et *Dyssenterie* ou *Flux de ventre.*

Ces deux états d'une maladie grave se succèdent fréquemment chez les oiseaux. La diarrhée attaque plus particulièrement les individus nouvellement retenus en cage, et en fait périr la majeure partie. Les excréments sont expulsés sous forme liquide, et l'oiseau agite presque continuellement sa queue. Parfois il rend une matière calcaire blanche qui s'attache aux plumes du pourtour de l'anus, et accroît, en se solidifiant et par sa dureté, l'inflammation de toutes les parties circonvoisines. On se trouvera bien dans la première période d'embrocations huileuses sur l'anus et de l'usage des semences de melon mondées pour les granivores, et surtout de l'usage de végétaux frais, ou de jaune d'œuf durci pour les insectivores. Enfin, vers le déclin de l'affection, il est bon de leur donner pour boisson une eau ferrugineuse légèrement astringente et tonique. Le docteur Handel recommande aussi l'usage du lait. En passant à l'état chronique, la diarrhée épuise bientôt les oiseaux, et c'est alors qu'il faut insister sur le lait et l'eau ferrugineuse. La méthode suivie par quelques personnes d'arracher les plumes du pourtour de l'anus, et de recouvrir la partie de beurre frais, est vicieuse, car elle occasionne une dénudation des plus douloureuses et y produit l'afflux du sang.

La dyssenterie succède souvent à la diarrhée, surtout chez les Perroquets, qui rendent du sang avec leurs excréments. Cet état, toujours fâcheux, rarement curable, exige que les oiseaux qui en sont atteints soient mis à l'usage du lait et des adoucissants. Parfois on se trouve bien pour combattre la débilité, suite d'une nutrition qui se fait mal, de leur donner un peu de bouillon gras bien consommé et dégraissé.

10° *Epilepsie* ou *Mal caduc.*

On reconnaît que les oiseaux sont atteints de cette maladie quand ils tombent, les pattes en l'air, après plusieurs mouvements convulsifs, et qu'il leur vient un peu de salive au bec. Beaucoup d'amateurs arrosent le crâne du malade avec de l'eau sédative, et font boire à celui-ci de la tisane de chiendent.

Bechstein a recommandé les bains froids, surtout les

immersions brusques, ou la saignée, en coupant un ou deux ongles, de manière à produire une effusion de sang. En général, les premiers accès sont souvent mortels. On a souvent préconisé, sans que ce moyen paraisse avantageux, l'usage des bains de vin vieux.

Les Perruches périssent presque constamment en cage par ce genre d'affection.

11º *Enrouement*.

Cette maladie ne diffère presque point du rhume simple. Cependant elle atteint plus particulièrement les oiseaux chanteurs à l'époque où leur voix est dans toute sa plénitude, et est due à un échauffement produit par l'exercice trop répété de cet organe. Le remède à appliquer consiste en une décoction de jujubes, de figues sèches, de réglisse concassée, et l'on fait succéder le suc de bette à cette décoction légèrement sucrée. On doit avoir la précaution de rentrer dans les appartements les oiseaux tenus dans des volières extérieures.

12º *Fracture des jambes*.

Dans les mouvements brusques et désordonnés que la frayeur fait éprouver aux oiseaux de cage, il arrive fréquemment que les os des jambes se brisent. Cet accident a lieu presque toujours quand ils ont les ongles très-longs et qu'il y a, dans les bâtons sur lesquels ils se perchent, des trous trop gros ou des fentes trop larges.

Dans tous les cas de ce genre, il faut retirer les bâtons ou perchoirs, garnir le fond de la volière de mousse, en protéger les abords par le plus grand calme, pour que l'oiseau ne soit point inquiété et puisse demeurer dans une immobilité presque complète. La nature se charge ordinairement de la guérison, qui se fait plus ou moins attendre en déformant souvent le membre brisé. Quelquefois on supplée à l'insuffisance de cet abandon aux seules forces de la vie, par des ligatures douces de charpie trempée dans l'huile de lin.

Très-souvent il faut achever d'abattre le membre dont les fragments pendent et ne sauraient se souder. Dans ce cas, on pratique l'ablation avec des ciseaux, et on s'oppose à l'hémorrhagie en trempant l'extrémité amputée dans de l'huile et de la cendre, ou mieux dans du savon noir fondu, après avoir cautérisé le moignon avec un fer rougi à blanc.

13° *Gale.*

On donne improprement le nom de *Gale* à des excoriations ou boutons qui se déclarent sur la face, le cou, etc. Ces boutons annoncent de l'échauffement et ont pour origine la malpropreté. Les femelles, particulièrement les couveuses, en sont surtout atteintes. Pour les faire disparaître, il suffit de soumettre les oiseaux à un régime plus convenable, et de leur donner une nourriture rafraîchissante. Des bains réitérés contribuent beaucoup à activer la guérison.

14° *Goutte.*

La *Goutte* attaque plusieurs espèces d'oiseaux, principalement le Pinson, le Serin, le Chardonneret, l'Etourneau, la Fauvette, la Mésange et le Rossignol. On la reconnaît aux signes suivants : le pied est enflé et sa couleur est terne et grisaillée ; l'oiseau ne se soutient qu'avec peine sur ses jambes, et il se remue peu à cause de la douleur que ses mouvements occasionnent et qui fait hérisser ses plumes.

Le meilleur remède consiste à laver les pattes du malade avec du vin chaud sucré, après quoi on les enveloppe de coton et on les tient chaudement. On fait cette opération plusieurs fois par jour jusqu'à ce qu'on reconnaisse le retour de la santé, soit au changement de couleur de la jambe, soit à la gaîté de l'oiseau.

15° *Hémoptysie.*

Les oiseaux que l'on réveille brusquement, ou ceux

qui éprouvent des frayeurs vives et renouvelées, se brisent fréquemment des vaisseaux aux poumons, par suite des mouvements désordonnés qui les agitent, et cet accident, que l'on reconnaît à une goutte de sang qui apparaît à l'extrémité du bec, est toujours d'un fâcheux présage. Lorsque la rupture du vaisseau peut être consolidée par le repos, que les poumons sont sains, on peut espérer la guérison complète, bien qu'une issue favorable soit le cas exceptionnel de ce genre de lésion.

16° *Langueur.*

On appelle ainsi un état chronique qui arrive par suite d'une nourriture inappropriée que l'estomac ne peut digérer, ce qui amène un amaigrissement général, ou des boursoufflures avec infiltrations sanguines dans le tissu cellulaire. Le symptôme principal consiste en ce que l'oiseau rejette constamment ses aliments. Il faut aussitôt changer le malade de régime et placer dans l'eau de sa boisson un peu de sucre candi, qui adoucit les parois trop enflammées du gésier.

17° *Mal aux pattes.*

Lorsque la cage des oiseaux n'est pas nettoyée avec grand soin, il arrive fort souvent que des matières s'attachent aux pattes, et y font naître une affection qui se manifeste par une grande débilité et de la pâleur.

On prévient cet accident en faisant baigner fréquemment les oiseaux, et on les en débarrasse lorsqu'il s'est développé, en nettoyant avec délicatesse les écailles qui les recouvrent, ou en facilitant la chute de celles qui se renouvellent après avoir été très-épaissies. Les écailles durcies et qui seraient trop tenaces, doivent être ramollies préalablement à l'aide d'un bain d'eau tiède. On ne doit enlever qu'une ou deux écailles par jour lorsque toutes celles de la jambe sont atteintes d'encroûtement, et se servir avec dextérité d'une lame mince de fer, ou couper avec des ciseaux le milieu de chacune d'elles, sans toucher les chairs vives. Les bains doivent être donnés trois fois par semaine.

18° *Mal aux yeux.*

Souvent, il survient aux yeux des oiseaux des petits boutons qui, si on les laisse se multiplier, occasionnent de graves désordres et finissent par amener une cécité complète. Les Pinsons sont surtout sujets à cette affection, que l'on attribue à une exposition au serein dans des circonstances défavorables.

Aussitôt qu'on voit poindre de ces boutons, il faut sans délai bassiner la partie malade avec du lait de figuier ou de l'eau de vigne : le suc d'oranges et le verjus, prescrits par certains amateurs, peut donner lieu à une augmentation de symptômes inflammatoires.

Pour rendre la guérison plus rapide, on purge le malade avec le suc de bette, que l'on adoucit un peu avec du sucre, et que l'on met, pendant trois ou quatre jours, dans l'abreuvoir, au lieu d'eau.

19° *Mal caduc,* Voy. *Épilepsie.*

20° *Mue.*

De même que la dentition chez les mammifères, le changement de peau chez les reptiles, la *Mue,* chez les oiseaux, amène avec elle une foule d'accidents dont ces êtres sont trop souvent victimes. A cet effet, M. Machado dit : « Les deux mues que nous offrent chaque année la plupart des oiseaux au printemps ou à l'automne, me paraissent offrir entre le règne animal et le règne végétal des points de contact non moins frappants que ceux que j'ai déjà signalés. On sait que ces deux époques, aussi critiques pour les animaux que pour nous, sont rendues bien moins dangereuses par le secours d'une chaleur douce et tempérée, et que le développement des plumes, comme celui des plantes, est bien plus rapide sous l'in-

fluence d'un soleil bienfaisant qu'avec une atmosphère
froide et humide. C'est aussi dans la mue que les oiseaux
apprennent de nouveaux airs; après les avoir vus silencieux et souffrants pendant plusieurs mois, on est tout
à coup étonné de les entendre imiter le chant des espèces
qui les entourent. »

La mue est donc un état maladif qui réclame des soins
attentionnés, un changement dans la nourriture, sans
pour cela qu'elle soit rendue trop échauffante. La mue,
lorsqu'elle a lieu dans nos climats en juillet et août, se
passe sans accidents pour l'ordinaire. Il n'en est pas de
même lorsqu'elle est tardive, parce qu'alors la température, en se refroidissant, entrave le travail du système
cutané. Les oiseaux sont tristes, leurs tuyaux sont gorgés
de liquides et leur peau est le siége d'un prurit incommode qui les engage à s'arracher les plumes avec le
bec. Quelques amateurs proposent de maintenir les oiseaux près du feu ou au soleil, de leur faire avaler un
peu de vin chaud vers le milieu du jour, d'entourer de
verdure leur cage, etc., etc. Dans l'état de mue, les Rossignols et les Fauvettes aiment se baigner.

Le plus ordinairement, dans la mue, les oiseaux ont
besoin de réparer leurs forces par une nourriture plus
abondante, plus substantielle. Il faut donc ajouter aux
grains qu'ils affectionnent, du millet, de l'alpiste, un peu
de chènevis, du pain imbibé d'eau, de la laitue ou de la
chicorée, suivant les espèces. Les œufs de fourmi, les vers
de farine, doivent être donnés aux insectivores.

21° *Nostalgie.*

L'ennui qu'amène la captivité est souvent mortel pour
les oiseaux. C'est surtout au printemps, à l'époque de la
saison des amours, qu'on les voit devenir la proie d'une
sorte de fièvre érotique, maigrir, se taire et succomber à
cet état de langueur, si l'on ne se hâte d'y remédier. Il
faut donc s'efforcer de leur procurer quelques distractions

en les plaçant sur la fenêtre, au milieu de la verdure, de manière à animer leur solitude par le mouvement de ce qui les entoure.

22° *Pépie.*

La *Pépie* est une inflammation de la membrane qui tapisse la langue. L'épiderme, en s'épaississant, se dessèche et se raccornit, et devient un obstacle douloureux pour le boire, le manger et le chanter.

On reconnaît cette maladie à ce que l'oiseau a la tête hérissée, le bec souvent ouvert et de couleur jaunâtre, surtout à la base, enfin à la forme raccourcie et à la sécheresse de la langue.

Dès que la Pépie commence à paraître, on humecte la langue avec du lait tiédi, puis, avec la pointe d'une aiguille, on enlève adroitement l'épiderme devenu inerte. Cette opération terminée, le goût et l'appétit ne tardent pas à reparaître, et par suite la bonne santé de l'oiseau, qui doit rester à jeun pendant au moins une heure.

Quelques personnes recommandent d'employer un mélange de beurre frais, de poivre et d'ail pour résoudre le catarrhe, mais cette méthode est souvent dangereuse. On a aussi préconisé une infusion de véronique pour boisson.

23° *Phthisie.*

Cette maladie se nomme aussi *mal subtil.* On la reconnaît aux symptômes suivants : le ventre est tendu et souvent douloureux au toucher; les veines sont très-apparentes, parce qu'elles sont gonflées; la poitrine est très-maigre; l'oiseau est continuellement sur la mangeoire, mais il disperse plus de graines qu'il n'en mange.

La phthisie provient presque toujours de quelque lésion dans les organes intérieurs, qui gêne les fonctions vitales. Aucun remède ne saurait la guérir.

Au début de cette affection, on peut essayer d'en arrêter ou du moins d'en ralentir les progrès, en donnant à l'oiseau du suc de bette et de la graine de melon pilée dans de l'eau sucrée, mais il est très-rare qu'on réussisse. On a aussi employé le jus de navets et sans plus de succès.

24° *Poux* ou *Mites.*

Les oiseaux sont souvent incommodés par des *Mites* ou *Poux*, qui se fixent à leur peau et leur causent des démangeaisons qui non-seulement les empêchent de dormir, ce qui altère beaucoup leur santé, mais peuvent encore, si elles sont très-violentes et très-prolongées, les conduire à l'étisie et à la mort.

Ces insectes proviennent généralement de la malpropreté avec laquelle on tient les oiseaux. On reconnaît que ceux-ci en sont incommodés, quand on les voit souvent éplucher leurs plumes.

Pour préserver les oiseaux des poux, il suffit de nettoyer chaque jour leurs juchoirs avec soin, et de laver, de temps en temps, leur cage à l'eau chaude. Pour les en délivrer quand ils en sont atteints, il est bon de les placer alternativement dans deux cages différentes, que l'on nettoie chaque fois à l'eau bouillante, afin de faire périr tous les insectes qui y séjourneraient. On place aussi dans la cage du linge blanc sur lequel on a versé du vin chaud : les poux s'y attachent en foule, et on en débarrasse l'oiseau en changeant le linge. Le remède suivant n'est pas moins efficace. « Le pou, dit Florent Prévost, se loge de préférence dans les plumes de la tête. Il faut le faire descendre dans les plumes du corps, où on le tue ensuite au moyen de bains détersifs. Pour cela, on donne aux oiseaux du grain au fond d'un vase plein d'eau. En allant y chercher sa nourriture, l'oiseau s'humecte les plumes de la tête, et le pou, qui craint l'humidité, descend sur les parties inférieures. C'est alors qu'on met l'oiseau dans le bain, qui doit être tiède et composé d'une décoction de tanaisie. Dès que le bain les atteint, les poux périssent, et l'oiseau, en s'ébrouant, s'en débarrasse tout à fait. »

25° *Rhume*. Voy. *Bronchite*.

26° *Tournoiement*.

En prenant l'habitude de regarder en haut, beaucoup d'oiseaux contractent le tic de tourner la tête, de sorte que le corps n'étant plus en équilibre, ils tombent en faisant la culbute, de manière à fréquemment se blesser. On les corrige de ce vice en appliquant une tenture sur la cage, afin qu'ils ne puissent rien voir de ce côté.

27° *Tympanite* ou *Emphysème*.

Dans cette maladie, à laquelle sont très-sujettes les Alouettes, l'air s'infiltre entre la peau et les muscles, et gonfle démesurément le corps. On obtient le plus ordinairement une guérison facile en perçant la peau avec une épingle, de manière à procurer une issue à l'air introduit.

28° *Ulcères*.

Comme nous l'avons dit, les ulcérations de la tête qui sont sanieuses se guérissent par la cautérisation, à l'aide d'une aiguille rougie au feu. La brûlure est recouverte d'un peu de savon noir liquide. Si la tumeur est inflammatoire, remplie de pus, elle doit être recouverte de beurre frais sans sel, puis percée, quand elle est parvenue à maturité, et, enfin, cicatrisée au moyen de quelques gouttes d'essence de myrrhe. Durant tout le traitement, l'oiseau doit boire du suc de bette.

On guérit les ulcérations de la gorge en les touchant avec une petite plume trempée dans un mélange de miel et de borax.

Soins généraux.

Quelle que soit la maladie d'un oiseau, il convient de le séparer de ceux qui se portent bien, soit pour préserver ceux-ci de la maladie si elle est contagieuse, soit pour éviter que la tranquillité et le repos nécessaires aux malades soient troublés par l'agitation des autres. Lors donc qu'on aura une grande volière, il conviendra d'avoir aussi une cage d'une grandeur moyenne, devant servir d'infirmerie à tous ceux qui ne se porteront pas bien. Il convient que cette cage soit garnie devant d'osier, sur les autres côtés et dessus de toile ou de serge brune ou verte. Sur le fond on mettra un peu de mousse et on placera la cage au soleil si c'est en été, pourvu, toutefois, qu'il ne soit pas d'une chaleur excessive, comme dans les jours caniculaires, auquel cas il faudrait au contraire la placer dans un lieu tempéré, mais non trop frais; si c'est en hiver, on la mettra dans un lieu où il y ait du feu. Lorsqu'on remarque que les oiseaux perdent presque tout mouvement, et lorsqu'ils perdent leur chaleur naturelle, on leur fait avaler du vin, et la plupart du temps du vin blanc chaud et sucré. Il y a cependant des malades qui doivent être absolument séparés de tous les autres, comme, par exemple, ceux qui ont un membre cassé; on a à cet effet de très-petites cages.

IV.

ACCLIMATEMENT ET SOINS QUE RÉCLAMENT LES OISEAUX EXOTIQUES, ET PLUS PARTICULIÈREMENT LES FRINGILLES.

Nous emprunterons à Vieillot, les préceptes qu'il a consignés sur ce sujet dans l'introduction à son *Histoire des oiseaux chanteurs de la zône torride*.

« Contribuer aux amusements de la plus belle et de la plus aimable portion du genre humain, exciter son intérêt, sa sensibilité, en lui procurant l'innocent spectacle qu'offrent, dans leurs amours et leur petit ménage, des oiseaux que la nature semble distinguer entre ses favoris, par des teintes veloutées et brillantes, un naturel gai, des habitudes douces, une voix agréable; attirer en même temps l'attention du naturaliste par des détails nouveaux sur leur genre de vie : tel est le but que je me suis proposé dans cet ouvrage.

« Les charmants volatiles que je réunis dans le même cadre, sont tous étrangers : les uns habitent l'Afrique et l'Asie, d'autres ne se trouvent qu'en Amérique, plusieurs sont de la Nouvelle-Hollande ou des îles de la mer du Sud.

« Quoique d'une complexion délicate, et nés presque tous sous un climat constamment chaud, ils sont, d'après leur nourriture, d'un transport facile, et ils peuvent résister au froid de notre température. Mais lorsque le retour du printemps invite les habitants de nos bosquets aux plaisirs, ils ne ressentent point son influence; les femelles surtout n'éprouvent pas le désir de se reproduire, ni même le besoin d'aimer : notre climat, quelque chaud qu'il soit, ne peut réveiller en elles ce sentiment inné dans tous les animaux; ou, s'il se développe chez quelques-unes, ce n'est que pour en faire des victimes : la mort les attend à la ponte, et peu lui échapperaient, si on ne leur procurait, dans ce moment critique, une chaleur égale à celle de leur pays natal. Leur propagation y tient tellement, que les Bengalis qu'on a transportés à la Guyane se sont aussitôt multipliés, tandis qu'en Europe, ils ne pourraient produire de nouvelles générations si on ne les tenait dans un local échauffé à la même température, comme on le fait pour obtenir les fleurs et les fruits des plantes exotiques. Une chaleur aussi forte ne leur est pas nécessaire en tout temps, mais elle est indispensable à l'époque où les mâles sont ornés de leurs plus brillantes couleurs. La nature, si grande dans ces petites productions, ne les décore avec tant de luxe qu'à l'instant où ils doivent plaire à leurs femelles; ce n'est qu'alors aussi qu'elle perfectionne leur langage. La Veuve se pare de son collier d'or et de ses longues plumes ondoyantes; au gris sombre du Comba-sou, succède un riche bleu à reflets; les couleurs ternes du Foudi disparaissent et sont remplacées par un rouge lustré; le Cardinal-Orix quitte la modeste parure de sa compagne pour se revêtir de plumes aussi remarquables par leur texture que par leur velouté, leur fraîcheur et leur éclat.

« Mais c'est en vain que les mâles se couvrent de la robe nuptiale, que le svelte Sénégali, l'élégant Grenadin, l'aimable Bengali, déploient tous les agréments de leur gosier ; que les jolies Veuves redoublent de vivacité ; que le bruyant Comba-sou plane au-dessus de sa compagne ; que le Dioch et le Cap-more s'occupent d'avance de la construction du nid ; les beaux sons de leur voix, la vivacité de leurs mouvements, leurs caresses même ne peuvent émouvoir leurs femelles, si on ne procure à celles-ci une grande chaleur. Toujours indifférentes, elles fuient leurs approches et se refusent à leurs désirs.

« Ce n'est pas assez de tenir ces oiseaux sous un climat artificiel, il leur faut encore, pour les décider à s'occuper d'une nouvelle génération, des matériaux propres à leur nid, des bosquets toujours verts et touffus, où ils puissent le construire sans inquiétude, et une nourriture convenable à leurs petits : mais la chaleur est le premier de tous ces besoins ; sans elle, le curieux qui ne désire que leur conservation, l'amateur qui veut se procurer de nouvelles générations, manqueraient leur but, ou n'y parviendraient qu'en faisant le sacrifice du plus grand nombre. On ne doit rien épargner pour prévenir des pertes qu'on répare très-difficilement ; et quels oiseaux de volière, parmi ceux qui partagent notre demeure et reçoivent leur nourriture de nos mains, méritent plus nos soins que ces rares volatiles ! Doués des qualités les plus aimables, ils nous charment par leurs sons mélodieux, nous éblouissent par l'éclat de leurs couleurs, nous intéressent par la douceur de leur naturel et la finesse de leur instinct.

« Avant d'entrer dans le détail des moyens propres à assurer une pleine réussite, je dois rectifier une erreur que plusieurs ornithologistes ont commise. Les voyageurs qui ont parlé de ces oiseaux, ayant confondu sous le nom de Bengalis et de Sénégalis des espèces très-distinctes, dont plusieurs changent de plumage deux ou trois fois dans la même année, on a supposé cette particularité commune à toutes celles qui nous viennent de l'Afrique et de l'Inde, et l'on a cru que s'il en était autrement en Europe, on devait en attribuer la cause à l'influence du climat. Tel est le sentiment de Guéneau de Montbeillard et celui de Mauduyt, qui ajoute la nourriture et la domesticité comme causes secondaires.

« Je puis assurer, par expérience, que les Sénégalis rouge et rayé, le Bengali mariposa ou Cordon-bleu, les Grenadins et d'autres indiqués par ces auteurs, ne font, dans quelque pays que ce soit, froid ou chaud, qu'une mue par an, et ne changent jamais de couleur, lorsqu'ils sont adultes, à moins que ce ne soit accidentellement. La constance de leurs teintes et leur mue annuelle en Europe, ne sont donc pas dues à l'influence du climat; il n'en a aucune sur le plumage des espèces qui, en Asie, en Afrique et en Amérique, portent, dans la même année, deux ou trois livrées différentes, comme le Sénégali piqueté, le Dioch, les Foudis, le Comba-sou, les Veuves, etc., tous oiseaux qui muent deux fois par an, pendant toute leur vie, dans les pays septentrionaux comme sous la zône torride.

« Dès qu'un oiseau étranger ne change point de couleurs en Europe, après la première mue qu'il y subit dans l'état d'adulte, soit qu'il n'en éprouve qu'une ou plusieurs par an, on doit donc être certain qu'il portera toujours le même vêtement à quelques nuances près, nuances accidentelles, occasionnées par le changement de nourriture ou la localité, ainsi qu'on le remarque dans les oiseaux de notre climat que l'on tient longtemps en cage. La Loxie fasciée est sujette à ce changement. Si, au contraire, après chaque mue, le plumage est différent, il en sera toujours de même tant que l'oiseau vivra.

« Tous les individus de la même espèce ne muent pas régulièrement dans la même saison comme nos oiseaux ; il en est qui perdent leurs plumes plus tôt, d'autres plus tard ; cela dépend de l'époque de la saison pluvieuse de leur pays natal. Les femelles, dans les espèces à double ou triple mue, changent aussi plusieurs fois de plumage par an ; mais leurs couleurs sont constantes; cependant quelques femelles, dans un âge avancé, offrent, mais rarement, plusieurs attributs des mâles.

« Cinq objets principaux doivent fixer l'attention du voyageur qui veut transporter en Europe des oiseaux étrangers. Il faut :

1o Etudier leurs habitudes et leur instinct;

2o Les disposer d'avance au voyage, en les familiarisant avec leur prison, avec la fatigue, la privation momentanée de nourriture, le bruit et les divers troubles auxquels ils sont exposés dans le transport;

3o Leur faire prendre connaissance de leur mangeoire et de leur abreuvoir, de manière qu'ils puissent trouver aussi aisément dans l'obscurité qu'à la lumière ce dont ils ont besoin;

4o Se munir de plusieurs volières, pour séparer les espèces qui ne sont pas d'un naturel sociable, ou d'une seule, divisée par compartiments ;

5o Les accoutumer aux graines dont on les nourrira en Europe, si l'on peut s'en procurer; autrement, on doit faire une grande provision de celles dont ils vivent dans leur patrie, tant pour leur voyage que pour les premiers mois de leur arrivée. Cette provision est très-nécessaire à cette époque, comme je le prouverai ci-après. Mauduyt indique du pain trempé à défaut de graines ; mais cet aliment ne convient pas au plus grand nombre des oiseaux : ou ils le refusent totalement, ou ils en mangent si peu qu'ils tombent en langueur, et périssent pour la plupart. Un de mes amis, pour avoir trop compté sur ce moyen, a perdu presque tous les Sénégalis, Veuves, Bengalis, etc., qu'il apportait du Sénégal.

« Le choix des individus destinés à ce long voyage ne peut être indifférent. On doit donner la préférence aux jeunes, ou à ceux qui ont été élevés en cage, ou pris au piége avant leur première mue : ils sont plus dociles, supportent plus volontiers la captivité, et s'habituent sans

peine à une nouvelle sorte de nourriture. Les adultes (1)
sont trop sauvages et ont des habitudes plus difficiles à
rompre : cependant, à défaut des autres, il ne faut pas
les rejeter, mais on ne doit jamais se charger des vieux,
c'est-à-dire de ceux qui ont couvé en liberté ; car ils ne
rempliraient pas le but qu'on se propose.

« Quant aux volières propres au voyage, elles sont susceptibles de différentes dimensions ; mais on doit faire en
sorte de les tenir de la même longueur, hauteur et largeur, afin qu'elles puissent être posées les unes sur les
autres, et qu'elles occupent le moins de place possible ;
cela dépend, au reste, du nombre d'oiseaux qu'on veut
emporter avec soi, et du local qui leur est destiné dans le
navire. Plusieurs petites sont préférables à une grande,
dans laquelle on serait forcé de tenir ensemble des espèces d'un naturel trop opposé pour ne pas se nuire. Des
oiseaux peu familiarisés avec l'homme s'effarouchent aisément et se blessent quelquefois la tête quand ils voltigent : on préviendra cet accident, souvent mortel, en
garnissant le haut de la volière, au-dessous du grillage,
d'une toile ou d'une serge verte qui descendra en dehors
sur le devant, qu'elle couvrira en entier, et sera posée
de manière qu'on puisse la baisser et la relever à volonté.
Cette partie de la volière est la seule qui doive être à jour ;
toutes les autres seront en planches. Avec ces précautions, les coups que les oiseaux pourraient se donner seront sans effet dangereux, et en les mettant dans l'obscurité par le moyen de la toile, quand ils s'agitent trop,
on préviendra la violence de leurs mouvements. Les juchoirs seront disposés de manière que ces petits prisonniers ne puissent se salir les uns les autres par la chute des
excréments, qui, s'attachant aux plumes, les gâtent, les
font tomber, et sont ainsi une des principales causes de
leur mort dans le voyage, ou au moindre froid qui les

(1) J'entends par adulte le jeune oiseau qui est parvenu à l'âge de
pouvoir se produire, mais qui ne s'est pas encore apparié.

saisit à leur arrivée. Le fond de la volière sera sablé, le sable renouvelé de temps à autre : on peut se servir plusieurs fois du même, en le criblant et le lavant dans trois ou quatre eaux ; ces oiseaux étant granivores, se plairont à le becqueter et en avaler quelques grains, comme ils le font en liberté, pour faciliter la macération de leur nourriture ; le sable aide d'ailleurs à les tenir dans un état de propreté nécessaire à leur santé ; si l'on ne peut s'en procurer, on doit nettoyer souvent la cage, pour prévenir la mauvaise odeur et une humidité toujours pernicieuse.

« Rien ne plaît tant aux oiseaux que l'eau claire et limpide, et il faut la renouveler souvent. Dans le mauvais temps sur mer, et durant le voyage sur terre, on peut la remplacer par une éponge qui en est imbibée ; les oiseaux en la pinçant avec le bec, en aspirent assez pour étancher leur soif ; mais dans les beaux jours on leur en donnera en abondance, tant pour boire que pour se baigner : le bain rafraîchit leur sang échauffé par la fatigue et la gêne qu'ils éprouvent dans leur étroite prison ; il facilite d'ailleurs le développement des plumes naissantes et raffermit les anciennes en les nettoyant.

« Le local qui leur est destiné dans le navire doit être aéré, s'il est possible. Lorsqu'on est forcé de les tenir dans une chambre obscure, ce qui arrive très-souvent, il faut porter les volières sur le pont, où on les laisse plusieurs heures, mais toujours à l'abri de la pluie, du vent, etc., et dans les pays chauds, de la grande ardeur du soleil ; il n'y a pas d'inconvénient de les y laisser dans les régions tempérées, la chaleur étant alors pour eux de première nécessité. Si c'est par terre qu'on les fait voyager, et si on ne peut les faire porter à dos, ce qui est la manière la plus avantageuse, on suspend la cage dans la voiture, ou pour qu'elle soit moins embarrassante, on la fixe sur l'impériale. La toile qui est au-devant de la volière doit être baissée tant qu'on est en chemin. Afin de parer aux inconvénients de la pluie, on couvre le dessus d'une toile cirée, qui se relève le matin avant le départ, et l'on tient l'ouverture en face du jour, ou de la lumière, s'il est encore nuit, ainsi qu'à chaque pause faite en route, afin que ces petits voyageurs puissent boire et manger. Trois repas leur suffisent : le matin avant leur départ, au milieu du jour, et le soir à la couchée.

« J'ai dit précédemment que celui qui veut faire voyager ces oiseaux, doit connaître leurs habitudes et leur naturel : cela est d'autant plus utile qu'il peut alors distinguer les espèces turbulentes et acariâtres, telles que le Moineau dioch, le Comba-sou, etc., de celles dont la douceur est le partage, comme les Bengalis, les Sénégalis, etc., mais les Moineaux, les Loxies ou Gros-becs surtout, doivent être isolés, car les plus forts prennent plaisir à déplumer les plus faibles, et si le défaut de place dans le navire, ou tout obstacle imprévu force de les tenir dans la même volière, on doit au moins les séparer dès qu'ils sont arrivés à leur destination. On met également à part ceux qui sont malades ou en mue : on les tient tous dans un local chaud, et on leur fournit des graines et de l'eau fraîche en abondance.

« En prenant toutes ces précautions, et en se procurant, ainsi que je ne peux trop le répéter, les graines dont les divers oiseaux se nourrissent dans leur pays natal, ils supporteront très-bien le voyage, ils seront plus en état de résister à l'influence de notre climat, ils subiront plus facilement la première mue, et ils ne seront pas exposés à une sorte de dyssenterie qui les attaque toujours lorsqu'ils changent d'aliments, et qui cause la mort du plus grand nombre, dans les premiers mois de leur arrivée en Europe. Ceux qui échappent à sa malignité vivent ordinairement huit à dix ans, selon les espèces. J'ai conservé des Veuves pendant douze ans, et des Comba-sous pendant plus d'années encore. Les nourrir le plus longtemps possible avec le millet d'Afrique, est un moyen efficace pour atténuer les effets de ce mal, qui attaque très-souvent les individus apportés directement

Oiseaux de Volière. 4

du Sénégal. Ces petits volatiles, accoutumés dès leur naissance à cet aliment, ont de la peine à s'habituer à nos graines. Il n'en est pas de même de ceux que nous tirons de Lisbonne, où l'on en élève beaucoup et où ils sont déjà acclimatés. Il est donc nécessaire de faire une grande provision de ce millet, dont on les nourrira pendant les trois ou quatre premiers mois qui suivront leur arrivée : en y mêlant une petite quantité de celui qu'on récolte en Europe, on leur rendra moins sensible la changement de nourriture, qui, s'il est trop brusque, leur devient souvent pernicieux et en fait périr beaucoup. Sans cette précaution on ne peut conserver longtemps le Sénégali à front pointillé. L'alpiste est la graine de ce pays que tous ces oiseaux préfèrent; ils aiment à le manger en grappe.

« Ainsi nourris et soignés, ces petits étrangers acquièrent un tempérament robuste; mais, pour se reproduire, il leur faut une chaleur qui approche de celle des contrées les moins chaudes de l'Afrique. Plusieurs Sénégalis et Bengalis se contenteraient de la température des îles Canaries, mais elle doit être plus élevée pour les Veuves, les Grenadins, les Cardinaux orix, etc. On indiquera dans les descriptions celle qui convient à chaque espèce. Cette chaleur, qu'on éprouve rarement dans nos contrées septentrionales, est d'autant plus indispensable pour leur multiplication, que la plupart font leur ponte pendant notre hiver. Une serre chaude, soit qu'on la construise exprès, soit que l'on se serve d'une partie de celle destinée aux plantes, est le local le plus convenable : elle doit être d'une étendue proportionnée au nombre d'oiseaux que l'on veut faire nicher, et assez grande pour qu'ils ne puissent se nuire en aucune manière. Le côté du vitrage sera couvert par un grillage, et afin d'empêcher les souris de s'y introduire, on en mettra un autre à très-petites mailles au travers de la serre, du côté de la porte, mais assez éloigné de l'entrée pour que plusieurs personnes puissent y être à l'aise. Cette séparation aura une porte également grillée pour communiquer avec l'intérieur, ce qu'on ne doit se permettre qu'en cas de nécessité, car rien ne fatigue tant les oiseaux et ne les porte plus à abandonner leur nid que la fréquentation des endroits où ils couvent. Le long et en dedans du dernier grillage, on placera à 1m.30 de hauteur une tablette pour y poser les vases contenant la nourriture. Cette tablette sera disposée de manière qu'on puisse la mettre et la retirer sans pénétrer dans l'intérieur de la volière.

« Une serre, telle que je l'indique, n'est essentielle qu'autant que l'on veut faire couver un grand nombre d'oiseaux ; celui qui n'a que trois ou quatre couples, peut se borner à les renfermer dans une volière assez grande pour contenir un des arbrisseaux dont je parlerai ci-après, en la plaçant dans un local exposé au soleil et échauffé au même degré que la serre. Quelques espèces ne peuvent vivre en société au moment de la ponte ; elles cherchent à s'emparer du nid des autres, et souvent le détruisent ; il faut les séparer pendant le temps des couvées, et les tenir par couple dans des petites volières ; il vaudrait mieux encore faire plusieurs compartiments dans la serre, avec des grillages posés de manière qu'on pût retirer à volonté ces petits mutins après les couvées, pour les réunir à la grande famille : la disposition des compartiments doit fournir le moyen de leur donner le boire et le manger sans entrer dans l'enceinte de la volière.

« Ainsi disposée et mise entièrement à l'abri de la gelée, on placé dans chaque compartiment des caisses d'arbrisseaux toujours verts, comme les orangers, les lauriers et autres arbres en état de supporter une chaleur au moins de 25 degrés ; il serait plus avantageux de les planter en pleine terre et d'y joindre d'autres végétaux, en choisissant les plantes grimpantes : plus ces petits bosquets sont épais et touffus, plus les oiseaux s'y plaisent, surtout les Bengalis et les Sénégalis, qui s'y retirent en tous temps et préfèrent la partie la plus garnie de feuilles pour y nicher.

« On ne laisse d'espace entre ces bosquets, les compartiments et la muraille, que ce qu'il en faut pour pouvoir
en écarter les branches. Tout autre que celui qui les
soigne doit s'abstenir d'entrer pendant les couvées dans
l'enceinte où sont les arbres, et celui-ci ne doit le faire
que très-rarement, pour ne pas effrayer les timides habitants de la volière, auxquels tout porte ombrage à cette
époque.

« Vis-à-vis du petit bois, on laisse un espace vide dont
l'étendue occupe le tiers de la volière, et qui est en partie sablé et en partie couvert de gazon. Au milieu de cet
espace, on creuse un petit bassin dont l'eau se renouvelle
par le moyen d'un jet, et qu'on a soin de nettoyer tous
les huit jours ; il conviendrait mieux d'y faire passer un
petit ruisseau qui tomberait par cascades et roulerait ensuite sur du gravier ; sa fraîcheur toujours renaissante
ferait les délices de ces petits volatiles. Le sable le plus
fin doit être préféré, car ils aiment à s'y rouler ; les grains
qu'ils avalent facilitent aussi la trituration des aliments ;
la terre, et le gazon toujours vert leur sont également
utiles, parce qu'ils y trouvent des insectes et des vermisseaux, dont plusieurs espèces nourrissent leurs petits.
On fixe dans la partie sablée un ou deux arbrisseaux dépouillés de verdure, très-fournis de branches, et dont la
cime atteint le haut de la volière. Ces arbres conviennent à plusieurs oiseaux qui se plaisent à suspendre leur
nid à l'extrémité des rameaux, et tous y trouvent des
juchoirs pour s'y reposer, ce qui procure le plaisir de
les voir sans les inquiéter. Ces arbrisseaux étant sujets à
se gâter promptement, on a soin de les renouveler à l'é-
poque des couvées. Comme quelques oiseaux préfèrent
cacher leur nid dans des trous d'arbres, on place le long
et en dedans du massif, des troncs creusés de distance
en distance, à une profondeur suffisante pour qu'ils
puissent y couver ; indépendamment de ces ouvertures,
on met le long de la muraille de la partie vide de la serre
des petits boulons de bois, larges en dedans comme ceux

que l'on prépare pour les Serins, mais entièrement fermés, à l'exception d'une ouverture de 3 centimètres de
diamètre sur le devant de chaque boulon, aux deux tiers
de sa hauteur ; le dessus est bombé et se retire à volonté,
afin qu'on puisse les nettoyer plus aisément; on les passe
de temps en temps à l'eau bouillante, pour détruire les
insectes qui pourraient s'y trouver, et qui, sans cette
précaution, y pulluleraient au point de faire périr les
petits. On y fixe aussi quelques boulons ordinaires dont
certaines espèces se contentent.

« Pendant la première année, la chaleur de la serre
doit être entretenue à 20 ou 25 degrés, surtout si les oiseaux arrivent de leur pays natal. La plupart perdent
leurs plumes pendant le voyage, soit par l'effet de la
malpropreté ou de la mue, soit en se battant entre eux,
si l'on néglige de séparer les espèces turbulentes, soit
enfin par l'habitude que quelques-uns contractent, quand
ils sont renfermés trop à l'étroit, de se les arracher mutuellement lorsqu'elles commencent à pousser ; la chaleur qu'il trouveront dans la serre les fortifiera et hâ-
tera le développement des plumes naissantes. Certaines
espèces de Sénégalis ont plus que les autres l'habitude
de se déplumer, et il est difficile de la leur faire perdre :
pour y parvenir, on met à part ceux qui sont dépouillés
de leurs plumes, jusqu'à ce qu'elles soient entièrement
repoussées, et alors les autres n'y touchent plus.

« La seconde année, on diminuera la chaleur pour les
individus nés en Europe, et 18 à 20 degrés suffiront. La
troisième année, on ne leur donnera plus que celle de
nos étés ; mais il sera prudent de l'augmenter à l'époque
des pontes et de la mue, et de la porter toujours à un degré supérieur pour les autres. En graduant ainsi la température de la volière, on les accoutumera peu à peu au
froid, et, après quelques générations, ils le supporteront
aussi bien que les Serins.

« Outre les aliments ordinaires, la verdure convient à
quelques-uns de ces oiseaux : on doit donc leur donner

du mouron, du sèneçon et d'autres plantes dont ils se nourrissent avec plaisir. Des espèces ont besoin d'insectes pour élever leurs petits ; on leur en procure à cette époque, surtout des chenilles non velues et des larves : celle du ténébrion de la farine, appelé vulgairement *ver de farine,* leur convient assez ; on la leur présentera entière si elle est petite, et rompue en deux si elle est grande, comme on fait pour le Rossignol.

« Tous ces oiseaux ne construisant pas leur nid avec les mêmes matériaux, on leur en fournira de diverses sortes : les plumes duvetées, la mousse, les herbes fines, le coton haché et la bourre, sont les principaux ; mais les plumes sont de toute nécessité pour les Sénégalis rouges, car lorsque les femelles n'en trouvent pas pour matelasser leur nid, elles arrachent celles des mâles et même d'autres oiseaux qui sont dans leur enceinte.

« En se conformant aux procédés que je viens d'indiquer, ces petits volatiles changeraient absolument de naturel ; ils passeraient de la froide indifférence à un sentiment plus tendre, dont notre température empêche le développement. Les femelles, devenues sensibles aux caresses des mâles, se rendraient à leurs désirs. Les mâles se fixeraient en s'attachant une compagne ; le plaisir de s'aimer, de s'en donner des preuves, de soigner leur postérité, deviendrait leur unique occupation. Ces soins continués pendant plusieurs années, procureraient des générations acclimatées, qui finiraient par ne plus demander que les attentions ordinaires attachées à l'éducation des Serins. »

LIVRE PREMIER.

LES OISEAUX ANORMAUX.

On ne peut se dispenser de séparer des vrais oiseaux quelques espèces anormales, qui tiennent par leurs viscères, comme par diverses parties de leur organisation, aux mammifères, dont elles retiennent aussi quelques-unes des habitudes. Les Grecs comparaient l'Autruche au chameau, et lui en donnèrent le nom : les latins adoptèrent la même idée qu'ils exprimaient par les noms de *struthio camelus*, ce qui confirmait cette pensée d'Aristote, qui dit de cet oiseau gigantesque, *partim avis, partim quadrupes*.

L'AUTRUCHE, le CASOAR, l'EMOU, le NANDOU, sont les quatre espèces d'oiseaux véritablement anormaux. On ne les élève point en domesticité en Europe, autrement que dans les ménageries des établissements publics pour l'avancement des sciences naturelles.

1º L'Autruche.

L'AUTRUCHE (*Struthio camelus*, Buffon), qui vit par troupes dans les déserts de l'Afrique, depuis l'Egypte jusqu'au cap de Bonne-Espérance, et qui pullule dans les sables de la Barbarie et de l'Arabie Pétrée, est, quant au volume du corps, le plus gros des oiseaux. Ses longues et puissantes jambes donnent à sa course une vélocité peu commune, et ses ailes rudimentaires ne servent point au vol. Les Arabes du pourtour du golfe de Syrie ont passé de tout temps pour savoir apprivoiser les Autruches, qu'ils vendent aux marchands pour être importées en Europe. En Egypte, on les tue pour en enlever la peau, qui donne un bon cuir, et pour leurs plumes, qui sont

très-recherchées comme parure de luxe. Leurs œufs sont
nourrissants et très-délicats au goût. Leur chair est
lourde et indigeste ; aussi Moïse la défendait-il aux Juifs
comme une viande impure. Cependant quelques peuples
abyssins furent surnommés *struthophages* de leur habitude de manger ces oiseaux. Une friandise pour les Arabes consiste en un mélange de sang d'Autruche avec de
la graisse figée. Sous Héliogabale, les riches Romains se
faisaient servir des plats de cervelle d'Autruche, ce qui
annonce qu'on se procurait cet animal assez facilement.

Dans leur patrie, prises vivantes, les Autruches s'apprivoisent aisément, et se laissent parquer et mettre en
troupeaux : on dit même qu'on a pu les dresser à servir
de monture. En Europe, elles craignent les hivers et meurent par la rigueur de la climature, quelque soin qu'on
ait pour les tenir dans des lieux clos et échauffés.

Elles vivent d'herbes et de grains, surtout de pain et
d'orge, et ne sont point délicates. Leur gloutonnerie est
telle qu'elles avalent des cailloux et des fragments de fé-
raille. A la ménagerie du Muséum, on leur donne par
jour 2 kilogrammes d'orge, 500 grammes de pain, dix
têtes de laitue et quatre litres d'eau. En hiver, il faut
porter la boisson à six litres. Il faut aussi leur donner de
l'eau pour s'arroser, car elles-mêmes en jettent sur elles
et se roulent sur le sol, ce qui prouve le besoin qu'elles
ont de bains fréquents.

Les Autruches s'accouplent et pondent en Europe. La
femelle pond un nombre d'œufs, qui varie de douze à
quinze, suivant Buffon, et qui va jusqu'à cinquante, suivant Willughby. Ces œufs sont très-gros, ovoïdes, à coque
très-dure et d'un blanc jaunâtre.

2º Le Nandou.

Le NANDOU (*Rhea americana*, Latham) est l'Autruche de
Magellan de tous les voyageurs, que les habitants des
Pampas du Paraguay nomment *Churi*, et que Buffon a

cru très à tort être le *Touyou* des Galibis. Sa taille est de moitié moindre que celle de l'Autruche, mais, comme chez elle, ses ailes sont rudimentaires, ses jambes robustes, sa course rapide.

Les Nandous sont innocents, craintifs et vivent par paires, ou le plus ordinairement par troupes d'une trentaine d'individus, dans les plaines rases et découvertes nommées pampas de la Patagonie et du territoire de la république de la Plata. On les dit vivre également dans les clairières du Chili et du Brésil.

C'est en juillet, époque du printemps dans l'hémisphère austral, que les Nandous de sexes différents se rapprochent pour se livrer à l'amour. Les femelles pondent à la fin d'août, et les petits éclosent vers la fin de novembre. On ne connaît pas le nombre des œufs, car on assure que plusieurs femelles se réunissent pour pondre dans le même nid; on en a trouvé jusqu'à quatre-vingts. Ces œufs, couvés par le mâle, sont blancs piquetés de jaune.

Les Péons se livrent à la chasse des Nandous en les poursuivant à cheval et les prenant à l'aide du long *laço* qu'ils savent si adroitement lancer. Souvent aussi, ils les apprivoisent. La chair des jeunes est tendre et de bon goût, et les plumes des adultes, connues sous le nom de *plumes de vautour*, dans le commerce, servent à faire des panaches, des houssoirs, etc.

Les Nandous vivent d'herbes et de graines comme les autruches, dont ils ont toutes les habitudes.

3° Le Casoar à casque.

Le CASOAR (*Casuarius emeu*, Latham) fut apporté en Europe par les Hollandais vers 1597, et depuis longtemps il est élevé en domesticité dans les basses-cours de leurs possessions malaisiennes. C'est un grand oiseau stupide, glouton, vivant de fruits, de racines, d'herbes et même de petits animaux; très-facile à apprivoiser et très-peu délicat pour la nourriture. Il vit dans les forêts profondes de toutes les îles Moluques et de la Papuasie, notamment à Céram, à la Nouvelle-Guinée, etc. Il est élevé à Java, Amboine et Banda.

Un Casoar, dont le général Bonelle fit cadeau à Lesson, à Samarang, fut élevé par ce dernier et conservé à bord de la *Coquille* jusque sur les côtes de France, où il mourut à la suite de la fracture des deux jambes, qu'une pièce de bois lui brisa. Cet oiseau était singulièrement privé, d'une grande familiarité, bien que parfois il manifestât des velléités de méchanceté. Mais, à l'époque des amours, il devenait d'une sauvagerie extrême et cherchait à s'élancer sur tout ce qui tentait de l'approcher, en lâchant des ruades à briser les jambes avec ses pieds robustes, que des muscles énergiques détendaient comme un ressort.

La femelle pond deux à trois œufs ovalaires, durs, grisâtres, pointillés de vert émeraude. On dit qu'elle les couve la nuit, pendant un mois. Les jeunes ont, comme les petits de l'Autruche et du Nandou, une livrée grisâtre, avec des barres brunes longitudinales.

Le Casoar à casque est peu recherché comme oiseau utile, et quand on le nourrit en domesticité, c'est plutôt comme objet de curiosité. Sa chair est dure et coriace. Il craint beaucoup le froid et vit difficilement en Europe.

4° L'Émou de la Nouvelle-Hollande.

L'Émou (*Dromaius ater*, Vieillot), que les nègres Australiens nomment *Parembang*, est répandu par couples solitaires sur le territoire de la Nouvelle-Galles du sud, bien qu'il disparaisse des cantons défrichés par les colons, et qu'on ne le trouve plus guère que dans les forêts de Casuarina et d'Eucalyptus encore vierges.

Les Anglais établis au port Jackson comparent la saveur de la chair de l'Emou à celle de bœuf, et ont cherché à le faire propager dans leurs basses-cours. Ses mœurs sont farouches, timides, mais cependant il se plie assez vite à la domesticité.

LIVRE DEUXIÈME.

LES OISEAUX NORMAUX.

Ce sont les vrais oiseaux. Ils se distinguent des précédents par des caractères d'organisation du premier ordre, tels qu'un sternum surmonté d'une crête osseuse ou bréchet, une clavicule complète et formée d'une seule pièce osseuse, etc. On les divise en cinq ordres ·

1º Les Accipitres ou Rapaces ;
2º Les Passereaux ;
3º Les Gallinacés ;
4º Les Échassiers ;
5º Les Palmipèdes.

CHAPITRE PREMIER.

LES ACCIPITRES.

Les Accipitres sont encore appelés Rapaces et Oiseaux de proie. On n'élève que la **Cresserelle** et la **Chevêche**.

I.

La Cresserelle.

La Cresserelle (*Falco tinunculus*, Linné) est longue de 38 centimètres. Son plumage est d'un roux assez vif, taché de noir en dessus, blanc avec des flammes brun pâle longitudinales en dessous. La tête et la queue du mâle présentent une teinte cendrée. On en connaît aussi quelques variétés qui diffèrent par les teintes. Les individus de Ténériffe, du cap de Bonne-Espérance, de l'Inde, de Java, ne varient entre eux que par des nuances.

La Cresserelle est répandue dans toute les parties de l'Europe, mais elle se tient de préférence dans les lieux montagneux, où il y a des murs, des rochers ou des vieux châteaux en ruines. C'est un oiseau voyageur, qui part en octobre avec toutes les alouettes. On le voit alors, par paires, planer dans l'air sur quelqu'une de celles-ci, ou sur quelque souris. Son retour a lieu au mois de mars suivant.

Dans la maison, lorsqu'elle a été prise vieille, on la tient dans une cage de fil-de-fer ; mais, si elle a été élevée jeune, on peut la laisser aller partout, pourvu, que dans les premiers temps, on lui ait rogné les ailes. Dans ce cas, elle ne quitte ni la maison, ni le bûcher qu'on lui a assigné pour gîte, surtout quand elle est accoutumée aux chiens et aux chats.

En liberté, elle fait sa proie des petits oiseaux et des souris, poursuit les moineaux jusque sous les toits, attaque même les oiseaux dans les cages. Cependant, elle se contente aussi de hannetons, de scarabées, de sauterelles, etc.

Dans la maison, on lui donne des oiseaux, des souris et un peu de viande fraîche. Nourrie de débris frais de pigeons, de mou et de foie de mouton, elle devient tellement familière que, prise vieille même, elle ne paraît jamais regretter son état sauvage.

La Cresserelle place son nid dans les crevasses des rochers, dans les trous des tours élevées, ou sur quelqu'arbre séculaire. Elle y pond de quatre à six œufs d'un jaune rougeâtre, tachetés de rouge et de brun. Les jeunes, couverts dans les premiers jours d'un simple duvet blanc, peuvent être élevés facilement avec de la viande fraîche de mouton.

II.

La Chevêche.

La CHEVÊCHE (*Strix passerina*, Linné) est un des oiseaux de proie nocturnes que l'on élève parfois en domesticité. Sa taille est analogue à celle du Merle. Son plumage est varié de noir et de brun, que relève un demi-collier blanc sur le devant du cou. Ses joues sont grises, et la queue est roussâtre, ayant des taches plus claires.

Le nom de Chevêche paraît être corrompu de celui que cet oiseau porte dans la Pologne, c'est-à-dire chevoche ou caboche (*grosse tête*).

En liberté, cette espèce se tient dans les vieux bâtiments, sur les tours, dans les murs des églises, où l'on trouve aussi son nid.

Dans la maison, on est obligé de la garder en cage, parce que, si on la laissait aller, avec les autres oiseaux, dans la chambre, elle les aurait bientôt égorgés.

En liberté, les souris, les gros insectes constituent sa nourriture ordinaire. Il paraît cependant qu'elle est aussi baccivore, car on a trouvé, dans les débris de sa digestion, des noyaux de cornouiller sanguin (*cornus sanguinea*, Linné).

En cage, on la conserve longtemps en santé, et sans que ses excréments soient infects, en la nourrissant de viande de mouton séchée que l'on a préalablement débarrassée de la peau, de la graisse et des os, et qu'on a fait tremper dans l'eau pendant deux heures. Vingt à vingt-cinq grammes de cette viande séchée lui suffisent par jour, surtout si on y ajoute de temps en temps des souris ou des oiseaux. Elle pourrait dévorer jusqu'à cinq souris dans un repas. C'est vers les deux heures après midi qu'elle commence à s'éveiller. Elle est toujours fort gaie, et ne tarde pas à chercher son manger.

La femelle pond deux œufs blancs, qu'elle couve alternativement avec le mâle. Les jeunes peuvent être élevés très-facilement avec de la viande fraîche, surtout avec de la viande de pigeon. Avant leur première mue, ils sont d'un gris rougeâtre cotonneux sur la tête, et un peu nuagé de blanc. Les grandes taches rondes du dos deviennent insensiblement plus marquées, et le blanc rougeâtre de la partie inférieure du corps acquiert peu à peu de longs traits bruns sur la poitrine et sur les côtés.

Si l'on n'a pas soin de lui donner parfois des souris et des oiseaux dont les poils et les plumes semblent propres à nettoyer son estomac, la Chevêche ne tarde pas à mourir de marasme.

Cet oiseau est extrêmement propre, a une place fixe où il dépose ses ordures. Ses mouvements singuliers peuvent amuser, mais son cri rauque et son inquiétude, surtout dans la saison de l'accouplement, sont désagréables.

CHAPITRE II.

LES PASSEREAUX.

Les auteurs méthodiques rangent sous le nom de PASSEREAUX, la plus grande partie des oiseaux à caractères négatifs, c'est-à-dire, ceux qui ne sont ni Rapaces, ni Echassiers, ni Palmipèdes.

En effet, dans l'organisation des Passereaux, on remarque que leur bec n'est jamais, comme celui des Rapaces, très-crochu et très-coupant sur les bords, et que leurs ongles ne sont point aussi acérés. Les Gallinacés ont la mandibule supérieure de leur bec en voûte, et les doigts des pieds soudés par un léger repli membraneux. Les Echassiers ont le dessus du tarse nu, et les Palmipèdes les doigts garnis par des replis membraneux.

Les Passereaux conduisent cependant à ces divers groupes par des passages insensibles. Ils varient toutefois entr'eux par les proportions de la taille, par leurs habitudes, par leur genre de vie, et surtout par la nour-

riture. Certains sont solitaires, d'autres vivent par grandes
troupes ; les uns volent avec vigueur, d'autres quittent
peu les halliers. La conformation de leurs pieds les a
fait grouper en deux grandes tribus, les *Grimpeurs* et les
Marcheurs.

A. LES GRIMPEURS.

§ I. Les Perroquets.

Les PERROQUETS (*Psittaci*) forment une famille très-nom-
breuse d'*oiseaux grimpeurs*, qui se reconnaissent aux
caractères suivants :

Bec gros, dur, solide, arrondi de toutes parts, incliné
dès la base, qui est garnie d'une membrane où sont percées les narines ; — mandibule supérieure crochue et
aiguë au bout, tandis que celui de l'inférieure est ordinairement échancré ; — langue le plus souvent épaisse,
charnue et arrondie, particularité qui leur donne la plus
grande facilité d'imiter la voix humaine. De plus, ces oiseaux ont, au plus haut degré, le caractère typique de la
tribu dans laquelle ils sont placés, c'est-à-dire que leurs
doigts, toujours au nombre de quatre, sont opposés
deux à deux et armés d'ongles forts et robustes. Leurs
tarses sont généralement courts et revêtus d'une peau
épaisse et écailleuse. Enfin, leurs ailes, toujours très-
courtes, ne leur permettant pas de traverser de grands
espaces de mers, il en résulte que chaque espèce est habituellement confinée dans une région plus ou moins
étendue, souvent même dans une seule île.

Les Perroquets habitent toutes les contrées chaudes de
l'ancien continent et du nouveau, ainsi que l'Australie et
les îles de la mer du Sud. Le plus grand nombre des espèces vivent sous les parallèles les plus voisins de l'é-
quateur, mais quelques-unes se répandent dans les deux
hémisphères jusqu'à des latitudes très-élevées. Le Brésil
et la Guyane sont les parties de l'Amérique qui en renfer-

ment le plus. En Afrique, on en trouve aussi beaucoup depuis le Sénégal jusqu'aux forêts qui avoisinent le cap de Bonne-Espérance.

En Asie, les Perroquets habitent les contrées situées au sud et à l'est du plateau du Thibet, c'est-à-dire l'Indoustan et les îles qui en dépendent, la Chine et la Cochinchine : c'est même de là que viennent les espèces les plus grandes et les plus belles. L'Océanie abonde également en oiseaux de ce genre, et l'Australie a ses espèces propres. L'Europe, le nord de l'Afrique, le centre et le nord de l'Asie, toutes les terres polaires, les parties septentrionales et tempérées de l'Amérique, sont les seules contrées du globe où la famille des Perroquets, ou des *Psittacins*, *Psittacinées* et *Psittacidées*, comme les naturalistes l'appellent, ne compte point de représentants.

Les Perroquets ont, en général, la taille peu svelte et un aspect lourd et disgracieux, ce qui dépend surtout de la grosseur de leur tête et de leur bec. La plupart des espèces sont remarquables par leur plumage, qui, sans avoir jamais un éclat métallique, présente presque toujours des couleurs pures et brillantes, principalement chez les mâles adultes. Les couleurs dominantes sont d'abord le vert, puis le rouge, ensuite le bleu, et enfin le jaune. Quelques espèces sont aussi pourvues de teintes violettes, pourpres, brunes ou lilas. On connaît, en outre, des Perroquets qui sont presque totalement gris, d'autres qui sont noirs, et d'autres qui sont blancs. Il n'en existe pas dont le plumage soit grivelé ou strié comme celui de certains autres Passereaux et des Oiseaux de proie, mais beaucoup l'ont maillé, c'est-à-dire en écaille. Cette disposition se montre quand les plumes du corps, principalement celles des parties inférieures sont bordées d'un liséré d'une autre couleur que leur fond. On comprend, en effet, qu'alors ces plumes se détachent les unes des autres un peu à la manière des écailles de poisson. Une autre particularité du plumage des Perroquets, c'est que souvent les plumes arrachées, quelle que soit leur couleur

primitive, repoussent jaunes ou rouges : l'on donne le
nom de *tapirés* aux oiseaux dont le plumage est entre-
mêlé de ces plumes.

Quoique les Perroquets soient des oiseaux grimpeurs,
il ne grimpent pas comme les autres oiseaux de leur
tribu. A la différence de ces derniers qui, pour ce genre
de locomotion, n'emploient que les pieds, ils se servent
en même temps des pieds et du bec. Veulent-ils parvenir
à une hauteur quelconque? ils saisissent d'abord avec le
bec une partie de la branche sur laquelle ils veulent s'é-
lever, et y posent ensuite les pieds l'un après l'autre.
Veulent-ils, au contraire, descendre, ce qu'ils font toujours la tête en bas? c'est le dos de la mandibule supérieure qu'ils posent sur la branche, comme moyen de
soutien. Enfin, quand ils marchent, il leur arrive très-
souvent de poser à terre la pointe ou le dessus de leur
bec, qui leur sert de point d'appui, mouvement analogue
à celui que font les singes en s'appuyant, dans la marche
verticale, sur leurs doigts ou sur le revers de leurs mains
antérieures.

Les Perroquets ne sont point organisés pour un vol
long et rapide : ils ont même de la peine à s'élever. Néanmoins, les petites espèces volent assez vite. Leur vol ordinaire consiste à se porter d'une branche sur l'autre, et
ce n'est que lorsqu'ils sont poursuivis qu'ils se décident
à prendre un vol soutenu.

Sauf quelques espèces, les Perroquets sont sédentaires.
Ils habitent communément les forêts les plus touffues et
surtout sur les confins des lieux défrichés, dont ils attaquent et détruisent les récoltes. Ils vivent ordinairement
en troupes plus ou moins nombreuses. Tranquilles le jour,
ils sont le soir et le matin d'une extrême activité, et ils
font alors entendre un caquetage continuel.

Nous venons de dire que les Perroquets vivent en
troupes. Toutefois, à l'époque de la ponte, ils s'isolent
et sont monogames. Ils nichent dans des troncs d'arbres
pourris ou dans des trous de rochers, et composent leur

nid, dans le premier cas, de détritus de bois vermoulu, et, dans le second, de feuilles sèches. La ponte qui se compose de deux à quatre œufs par couvée, se renouvelle plusieurs fois dans l'année. Les petits naissent nus, avec une tête démesurément grosse. Ensuite, ils se couvrent de duvet, et ce n'est qu'au bout de deux ou trois mois qu'ils sont totalement revêtus de plumes. Ils restent avec leurs parents jusqu'après leur première mue, époque à laquelle ils les abandonnent pour s'appareiller. Ces oiseaux vivent de vingt à cent ans.

Les Perroquets se nourrissent de fruits, tels que ceux du bananier, du goyavier, du caféier, du palmier, etc., mais, de préférence, de leur noyaux, qu'ils brisent entre leurs mâchoires, puis qu'ils épluchent et dépècent. Ils n'avalent jamais une graine ou une amande qu'après l'avoir réduite en menus morceaux, qu'ils palpent et goûtent préalablement avec la langue. Pendant cette opération, ils se servent d'un de leurs pieds comme d'une main, soit pour maintenir le corps saisi dans une position convenable, soit pour le retenir pendant qu'ils grugent le fragment détaché. En captivité, ils sont à peu près omnivores : ils mangent même de la viande. On assure que ceux qui sont soumis à un régine alimentaire animal contractent par la suite l'habitude de s'arracher les plumes pour en sucer la base, de telle sorte qu'ils se trouvent bientôt nus partout où le bec peut atteindre. D'après Vieillot, cette habitude aurait surtout pour cause une démangeaison insupportable qui leur survient et qui les force à se déplumer. En liberté, l'eau est leur boisson habituelle ; mais en domesticité, ils s'accoutument à boire du vin, ou du moins à manger du pain trempé dans du vin, et alors leur babil et leur gaieté semblent s'accroître. Le bain est une de leurs grandes jouissances ; aussi, dans l'état de nature, ne manquent-ils pas de se plonger dans l'eau plusieurs fois par jour.

Tous les Perroquets n'ont pas le même caractère. Les uns sont d'un naturel doux et deviennent aisément fami-

liers ; les autres, au contraire, sont très-sauvages et s'habituent très-difficilement à vivre en captivité. Il en est
qui, vrais esclaves de leur maître, exécutent à son commandement les exercices les plus variés. Toutefois, si ces
oiseaux sont capables d'attachement, ils donnent aussi
très-souvent des marques d'une antipathie très-prononcée,
et cela avec un véritable discernement. C'est ainsi, par
exemple, qu'ils ne manquent presque jamais de reconnaître et de prendre en aversion les personnes dont ils
ont reçu quelque mauvais traitement. Ils ont, en outre,
le pouvoir d'imiter tous les bruits qu'ils entendent, tels
que le miaulement du chat, l'aboiement du chien, les cris
des oiseaux ; ils chantent des airs et répètent d'une manière parfois très-distincte, mais toujours machinale, les
mots et les phrases dont on a chargé leur mémoire. Cette
faculté paraît tenir à la structure assez compliquée de
leur larynx inférieur et à la conformation particulière
de leur langue. Elle n'existe pas au même degré chez
toutes les espèces : beaucoup même en sont dépourvues.

Les Perroquets sont recherchés, les uns pour la beauté
de leur plumage, les autres pour leurs facultés imitatri-
ces, d'autres pour ces deux raisons à la fois. On a cru
pendant longtemps qu'ils ne pouvaient se reproduire dans
nos climats, les conditions de température leur étant trop
défavorables, mais l'expérience a prouvé que moyennant des soins convenables, il est possible, assez facile
même de triompher de cette difficulté.

Les Perroquets qu'on apporte chez nous sont généralement pris très-jeunes dans le nid et élevés dans le pays
natal. On en prend aussi d'adultes. Pour s'emparer de
ces derniers, on les enivre avec la fumée de certaines
plantes que l'on brûle au pied de l'arbre où ils perchent,
ou bien on les frappe avec des flèches dont la pointe est
garnie d'un tamponnet de coton. Dans les deux cas, ils
tombent à terre simplement étourdis, et ils ne tardent
pas à revenir à eux.

Les vieux Perroquets sont susceptibles d'éducation

aussi bien que les jeunes, mais ils profitent moins des
leçons et ne parlent jamais aussi facilement. Les femelles
possèdent un talent d'imitation qui ne le cède en rien
à celui des mâles ; elles sont même préférables à ces derniers à cause de leur douceur et de leur docilité.

Pour apprivoiser et dompter les Perroquets, on leur
impose certaines punitions qu'ils redoutent beaucoup.
Parmi ces punitions, deux surtout sont d'une efficacité
complète. L'une consiste à leur envoyer à la tête des
bouffées de fumée de tabac, et l'autre à les plonger dans
l'eau très-froide. On les dompte encore et on les maintient dans l'obéissance en les prenant avec hardiesse et
en élevant la voix en leur parlant.

Nous avons dit qu'à l'état de captivité les Perroquets
sont à peu près omnivores. Néanmoins, la nourriture ordinaire qui leur convient le mieux est celle qui se compose de millet, de chènevis, de noix, de pain, de fromage,
de châtaignes, de poires, de pommes et de quelques autres fruits du même genre. Ils aiment aussi la grande
laitue, qui est pour eux une friandise. Ils acceptent encore la pâtisserie et la viande cuite ou crue, mais il est
utile de ne leur en donner que très-peu : la viande,
comme nous le savons, leur occasionne une démangeaison qui les porte à s'arracher les plumes. Le persil et les
amandes amères sont pour eux des poisons sans remède,
mais beaucoup peuvent manger impunément la graine
de carthame, qui est pour l'homme un purgatif violent.
Une précaution qu'il est indispensable de ne pas oublier,
c'est de tenir constamment les abreuvoirs toujours pleins
d'eau bien propre : les Perroquets boivent très-souvent
et aiment à se baigner. Afin que ces oiseaux mangent
mieux et ne détériorent pas leur cage, il est bon de leur
accommoder le bec tous les quatre ou cinq mois, mais
cette opération ne doit être confiée qu'à des personnes
habituées à la faire.

Il faut beaucoup de temps et de patience, surtout de
régularité, pour apprendre à parler aux Perroquets.

C'est le soir que les leçons profitent le plus. Pour disposer l'oiseau à les recevoir, on commence par lui donner à manger une croûte ou un biscuit trempé dans du vin. On couvre ensuite sa cage et on lui répète plusieurs fois de suite le mot ou l'air qu'on veut qu'il apprenne. Pendant toute la leçon, la lumière doit être tenue cachée avec soin. On peut cependant la laisser à découvert, mais il faut alors placer devant lui un miroir où il puisse se voir, afin de lui faire croire que c'est un de ses semblables qui lui parle, ce qui le rend content et docile. La voix des femmes et celle des enfants, cette dernière surtout, ont sur lui un grand pouvoir. Il devient bavard en les entendant, et répète avec ardeur tout son répertoire.

Le mal caduc est une maladie très-commune pour toutes les espèces de Perroquets. Le remède le plus efficace consiste à pratiquer avec un canif une petite incision à l'extrémité d'un des doigts de l'oiseau, et à faire couler de la blessure une ou deux gouttes de sang (1). Les Perroquets sont aussi sujets à s'enrhumer et à être attaqués de la goutte et de l'asthme. Dans le premier cas, on les guérit en les tenant chaudement et en leur faisant boire un peu de vin sucré. Les mêmes moyens s'emploient également dans le second cas, mais, de plus, il faut leur bassiner les pattes avec du vin chaud.

La famille des Perroquets se compose de plus de deux cent vingt espèces. Elle a été l'objet de plusieurs classifications. On la partage généralement aujourd'hui en deux grandes divisions, la première comprenant les *Perroquets à queue longue et étagée*, et la seconde les *Perroquets à queue courte ou légèrement cunéiforme*.

Chacune de ces catégories se subdivise, en outre, en deux sections, celles des **Aras** et des **Perruches,** dans la

(1) « On appelle *crampe* aux Antilles cet accident épileptique, et l'on assure qu'il ne manque pas d'arriver à tous les Perroquets en domesticité lorsqu'ils se perchent sur un morceau de fer, comme sur un clou ou sur une tringle, etc., en sorte qu'on a grand soin de ne leur permettre de se poser que sur du bois. » (Lesson.)

première ; et celles des **Cacatoës** et des **Perroquets** proprement dits, dans la seconde.

I.

Perroquets à queue longue et étagée.

A. Aras (*Ara,* Brisson ; *Arara* et *Anodorhynchus*, Spix ;
Microcercus, Vieillot).

Les **Aras** ou **Araracas** ont été ainsi nommés par les
Guaranis, à cause du cri aigre, fort incommode et dis-
cordant, qu'ils semblent articuler. Ce sont les plus grands
de tous les Perroquets.

Ils ont les joues dénuées de plumes, caractère qui
n'appartient à aucun autre membre de la famille. Ils se
font, en outre, remarquer par la grosseur de leur bec,
qui est très-robuste et à pointe très-recourbée; par les
dimensions de leur queue, qui est plus longue que le
corps, étagée et terminée en pointe ; et, enfin, par la
beauté de leur plumage aux couleurs éclatantes et variées. Ils ont un caractère doux, facile et caressant, mais
ils n'apprennent guère à parler et ne répètent jamais
que quelques mots qu'ils articulent mal. On peut les
conserver très-longtemps en les abritant du froid qu'ils
craignent beaucoup. On peut même les faire couver.
Toutefois, leur voix, croassante et désagréable, oblige à
les éloigner, malgré la beauté de leur plumage, de l'intérieur des appartements. Leur place véritable est dans
les lieux vastes, à l'entrée des vestibules, où on les voit
en passant. Ils font aussi un bel effet dans les parcs et
les jardins, dont ils ornent les avenues.

Les Aras ne se trouvent que dans l'Amérique du Sud
et aux Antilles, où ils font de grands ravages dans les
plantations de café et de cacao. Ils vont ordinairement
par couples, rarement en troupes nombreuses. Ils perchent sur les arbres les plus élevés, et ne se posent ja-

mais à terre, d'où ils auraient de la peine à s'élever, à cause de la brièveté de leurs pieds et de la longueur de leurs ailes.

Ces oiseaux construisent leur nid dans des trous de vieux arbres pourris, et ils en garnissent l'intérieur avec des plumes. La femelle fait deux pontes par an, chacune de deux œufs, qui sont gros comme des œufs de Pigeon et tachés comme ceux de Perdrix. Le mâle et la femelle les couvent alternativement, et, alternativement aussi, ils soignent les petits.

On connaît seize espèces d'Aras. Nous indiquerons les principales.

L'ARA ROUGE OU ARA CANGA (*Macrocercus aracanga*, Vieillot). Cet oiseau, qui est du Brésil, a près de 80 centimètres de longueur, dont moitié environ pour la queue. Tout le corps, excepté les ailes, est d'un rouge vermeil. Les quatre plus longues plumes de la queue sont du même rouge. Les quatre pennes de l'aile sont d'un blanc turquin en dessus, et d'un rouge de cuivre sur fond noir en dessous. Dans les pennes moyennes, le bleu et le vert sont alliés et fondus d'une manière admirable. Les grandes couvertures sont d'un jaune doré, et terminées de vert. Les épaules sont du même rouge que le dos. Les couvertures supérieures et inférieures de la queue sont bleues. Quatre des pennes latérales de chaque côté sont bleues en dessus, et toutes sont doublées d'un rouge de cuivre plus clair et plus métallique sous les quatre grandes pennes du milieu. Un toupet de plumes veloutées, d'un rouge mordoré, s'avance en bourrelet sur le front. La gorge est d'un rouge-brun. Les joues sont couvertes d'une peau membraneuse, blanche et nue, qui entoure l'œil et enveloppe la mandibule inférieure du bec, lequel est noirâtre, ainsi que les pieds.

L'ARA MACAO (*Ara macao*, Vaillant; *Macrocercus macao*, Vieillot). C'est le plus grand de tous les Aras, car il a près d'un mètre de long. Le sommet de la tête est d'un rouge vif, ainsi que le haut du dos, le cou, la poitrine, le ventre et les cuisses. Les rémiges sont vertes en dessus, azurées et noires en dessous. Les tectrices sont nuancées de bleu. Enfin, la peau nue des joues est blanche, et ornée de petites plumes rouges qui sont disposées en lignes autour des yeux. Cette espèce vient des Antilles et du continent de l'Amérique du Sud, et non de la Chine ou du Japon, comme on le croyait autrefois. Elle s'apprivoise aisément, mais on la dit très-sujette à l'épilepsie.

L'ARA BLEU OU ARA RAUNA (*Macrocercus ara rauna*, Vieillot). — Ce Perroquet, de la même taille que l'Ara canga, est entièrement d'un bleu d'azur sur le dessus du corps, les ailes et la queue. Il est d'un beau jaune sur tout le reste. Il a les pattes d'un gris obscur et la gorge ornée d'un collier noir. Ses joues, nues et couleur de chair, sont rayées de quelques lignes, en forme de S, de plumes courtes et noires.

L'Ara bleu se trouve dans les mêmes contrées que le rouge, mais il ne se mêle pas avec lui. Il a, du reste, le même genre de vie et à peu près les mêmes qualités. Toutefois, il n'apprend pas à parler avec autant de facilité. C'est un de ceux qu'on voit le plus souvent en France, où il a produit en domesticité.

L'ARA VERT OU ARA MILITAIRE (*Macrocercus militaris*, Vieillot). — Il est plus rare que l'Ara rouge et l'Ara bleu; il est aussi bien plus petit. Sa longueur, depuis l'extrémité du bec jusqu'à celle de la queue, est d'environ 43 centimètres. Son corps, tant en dessus qu'en dessous, est d'un vert qui, sous les différents aspects, paraît ou éclatant, ou doré, ou olive foncé. Les grandes et petites pennes des ailes sont d'un bleu d'aigue-marine sur fond brun, doublé d'un rouge de cuivre. Le dessous de la queue est de ce même rouge et le dessus est peint en bleu d'aigue-marine, fondu dans du vert d'olive. Le vert de la tête est plus vif et moins chargé d'olivâtre que le vert du reste du corps. A la base du bec supérieur, sur le front, est une bordure noire de petites plumes effilées qui ressemblent à des poils. La peau blanche et nue qui environne les yeux est aussi parsemée de petits pinceaux rángés en lignes des mêmes poils noirs; l'iris de l'œil est jaunâtre.

Cet oiseau, aussi beau que rare, est encore aimable par ses mœurs sociales et par la douceur de son naturel. Il est bientôt familiarisé avec les personnes qu'il voit fréquemment; il aime leur accueil, leurs caresses et semble chercher à les leur rendre, mais il repousse celles des étrangers et surtout celles des enfants, qu'il poursuit vivement et sur lesquels il se jette: il ne connaît que ses amis.

L'Ara vert mange à peu près de tout ce que nous mangeons: le pain, la viande de bœuf, le poisson frit, la pâtisserie, le sucre surtout sont de son goût. Néanmoins il semble leur préférer les pommes cuites, qu'il avale avidement, ainsi que les noisettes, qu'il casse avec son bec, et épluche ensuite fort adroitement entre ses doigts, afin de n'en prendre que ce qui est mangeable. Il suce les fruits tendres au lieu de les mâcher, en les pressant avec sa langue contre la mandibule supérieure du bec, et pour les autres nourritures moins tendres, comme le pain, la pâtisserie, etc., il les broie ou les mâche, en appuyant l'extrémité du demi-bec inférieur contre l'endroit le plus concave du supérieur. Quels que soient ses aliments, ses excréments sont toujours d'une couleur verte, et mêlés d'une espèce de craie blanche, comme ceux de la plupart des autres oiseaux, excepté le temps où il est malade; ils sont alors d'une couleur jaunâtre.

L'Ara vert apprend plus aisément à parler, et prononce bien plus distinctement que le rouge et le bleu. Son cri est presque semblable à celui de ces derniers. Seulement, il n'a pas la voix si forte, et ne prononce pas le mot *aras* d'une manière aussi distincte.

L'Ara a joues rouges (*Ara rubrogenys*, Lafresnaie). — Il est d'un vert-olive en dessus; une large bande de couleur rouge écarlate orne le front et le vertex, tandis que,

au-dessous et en arrière des yeux, se voit une grande
tache oblique de même couleur. Le dessous du corps est
d'un vert glauque un peu jaunâtre, se dégradant en
orangé rouge sur les flancs et l'abdomen. Ce perroquet
habite la Bolivie.

L'Ara a front chatain (*Ara castaneifrons*, Lafresnaie).
— Cet oiseau vient du même pays que l'Ara à joues
rouges. Il a le dessus de la tête d'un vert bleuâtre ou
glauque, et le front d'un marron rougeâtre. Une bande,
également marron rougeâtre, borde la mandibule inférieure. Les rémiges sont d'un bleu de mer, bordées de
noir à l'intérieur. Le dos est d'un vert-olive glacé de
vert jaunâtre. Les parties inférieures sont de même couleur, mais avec quelques petites taches ou stries trans-
verses très-peu apparentes sur l'abdomen et sur les
jambes.

B. Les Perruches.

Les **Perruches** (*Conurus*, Kuhl) (1) diffèrent des Aras
par leur bec, qui est moins gros et à pointe moins crochue, et par leurs joues, qui sont emplumées. Quelques
espèces cependant ont le tour des yeux nus dans une
étendue plus ou moins grande. La queue est tantôt plus
longue que le corps, tantôt de même longueur.

Le nombre des espèces de Perruches est très-considérable. Nous en citerons seulement quelques-unes.

1° *Perruches-aras.*

Ce sont les espèces dont le tour de l'œil est nu.
On compte parmi les plus belles :
La Perruche-Ara pavouane (*Psittacus guyanensis*, Linné),
appelée par Buffon Perriche pavouane. Elle est généralement d'un beau vert, avec du bleu verdâtre derrière la

---

(1) Dans Buffon, ceux de ces oiseaux qui appartiennent au Nouveau-
Monde sont des Perriches, et le nom de Perruches est réservé à
ceux qui sont propres à l'Ancien Monde.

tête, du jaune lavé de vert à la face interne de l'aile et sous la queue, et du rouge sur le rebord des ailes. A mesure qu'elle prend de l'âge, les côtés de la tête et du cou se couvrent de petites taches d'un rouge vif, lesquelles deviennent de plus en plus nombreuses; en sorte que dans les sujets qui sont vieux, ces parties se trouvent presqu'entièrement garnies de belles taches rouges. On ne voit aucune de ces taches dans l'oiseau jeune : elles ne commencent à paraître qu'à deux ou trois ans.

La Perruche pavouane a 33 centimètres de longueur. Elle est commune à la Guyane et aux Antilles. Le jour, elle ne quitte pas les forêts, mais, le soir et le matin, elle descend dans les prairies et sur le bord des rivières. D'une humeur babillarde et d'un caractère méchant, on la voit cependant attentive aux leçons qu'on lui donne. Levaillant en cite une qui récitait en entier le *Pater* en hollandais, et qui, pendant cet exercice, se couchait sur le dos et joignait les doigts des deux pieds, comme nous joignons les mains quand nous prions.

La PERRUCHE-ARA DE PATAGONIE (*Psittacus patagonus*, Vieillot). Elle a le dos, le croupion, la poitrine, le ventre et les jambes d'un jaune un peu verdâtre; les pennes alaires et une partie des petites tectrices d'un bleu foncé; l'autre partie et les moyennes d'un jaune verdâtre; les grandes, ainsi que le dessous des pennes alaires et caudales, d'un noirâtre brillant. Le dessus de la tête et les côtés sont d'un vert-brun. Le front est d'un violet obscur. Enfin, le dessous du cou et les scapulaires sont d'un brun verdâtre, tandis que le devant du cou et le haut de la poitrine sont bruns. Cet oiseau a près de 50 centimètres de longueur totale. On le trouve, en bandes nombreuses, depuis le 172º de latitude australe jusqu'à la côte des Patagons. Les Araucans l'appellent *Talacaguano*, et les paysans du Chili *Cateita*.

La PERRUCHE-ARA A BANDEAU ROUGE (*Psittacus vittatus*, Vieillot). Toutes les parties supérieures, les côtés du ventre et les joues, sont vertes, tandis que la poitrine est d'un cendré jaunâtre avec des bandes transversales jaunes et noires. L'abdomen, le dessous des pennes caudales et les barbes internes des pennes alaires, sont d'un brun pourpre. Le front est brun varié de quelques plumes rouges. Les tectrices des ailes et de la queue sont vertes. Cette perruche habite le Brésil. Elle a 16 centimètres de longueur.

La PERRUCHE-ARA ÉCAILLÉE (*Psittacus squamosus*, Shaw). Elle est verte, avec l'abdomen, le croupion, la face inférieure de la queue et la région parotique rouges; le dessus de la queue d'un jaune-vert et la poitrine bleuâtre, ainsi que le bord externe des pennes des ailes et un collier sur la nuque. On la trouve dans les forêts de la Guyane et du Brésil.

La PERRUCHE-ARA A TÊTE D'OR (*Psittacus auricapillus*, Lichtenstein). Elle a le plumage vert, nuancé de jaune sur le devant; le dessus de la tête orangé; puis jaune d'or; la poitrine, le ventre et les joues rouges. Sa patrie est le Brésil.

La PERRUCHE-ARA VERSICOLORE (*Psittacus versicolor*, Latham). Le bec, la tête et la poitrine sont rouges. Le reste du plumage est vert. Elle a une bande bleue sur la joue, une tache derrière l'œil et la gorge jaunes. Elle habite l'Australie.

2° *Perruches à queue en flèche.*

On appelle ainsi les espèces qui, avec le tour de l'œil emplumé, ont les deux pennes du milieu de la queue beaucoup plus longues que les autres.

Nous citerons :

La PERRUCHE D'ALEXANDRE (*Conurus Alexandri*, Linné). On la regarde comme celle qu'Alexandre le Grand aurait rapportée des Indes. Le fait est que c'est la première dont les auteurs anciens aient fait mention. Elle est d'un vert assez intense sur le dos, un peu plus clair sur les parties inférieures. Un collier d'un rose vif orne la nuque, et un demi-collier noir bien marqué se montre sur la gorge et sur les côtés du cou. Une tache d'un rouge foncé occupe le sommet de chaque aile. Sa longueur totale est de 55 centimètres environ. D'après Levaillant, la femelle ne diffère en rien du mâle. Cet oiseau habite les Indes orientales, plus particulièrement l'île de Ceylan.

La PERRUCHE A COLLIER (*Psittacus torquatus*, Brisson). C'est celle que Buffon appelle *Perruche à collier rose*. On la confond quelquefois avec la précédente, dont elle diffère cependant sous plusieurs rapports. En premier lieu, elle est un peu plus petite. En second lieu, son collier est moins large et ses couleurs moins vives. Cette Perruche a le plumage d'un vert tendre uniforme. Le mâle porte un collier rose sur la nuque et un trait noir sur la gorge. De plus, un petit trait également noir occupe, de chaque côté du front, l'espace compris entre la narine et l'angle de l'œil. Enfin, ce qu'on ne remarque pas dans la Perruche d'Alexandre, les plumes des joues sont nuancées de violet. La femelle n'a point de collier. Elle est aussi dépourvue de noir sur la gorge..

La Perruche à collier se trouve au Sénégal et dans l'Inde. On l'apporte très-souvent en Europe, ainsi que celle d'Alexandre, parce que ces deux espèces sont beaucoup plus dociles et plus intelligentes que les autres. Leur voix est douce et agréable, et les mots qu'elles répètent sont très-bien articulés.

La PERRUCHE A COLLIER JAUNE (*Psittacus annulatus*, Bechstein). Elle a le dessus du corps d'un vert très-brillant, et le dessous d'un vert très-jaune, avec la tête d'un magnifique bleu tendre nuancé de brun au front, sur les joues et sur la gorge, et un collier jaune très-marqué. La queue est plus longue que le corps; et les deux pennes intermédiaires, excessivement allongées, sont bleues avec du blanc au bout. Cette belle espèce est commune dans l'Inde, aux environs de Pondichéry.

La PERRUCHE A LONGS BRINS (*Psittacus barbatus*, Bechstein). Elle se reconnaît aux caractères suivants : le front et le dessus de la tête sont d'un beau vert luisant, l'occiput et le derrière du cou d'un rose-violet. Une moustache noire, variée de quelques plumes vertes, orne les joues. La gorge, tout le cou, le haut du dos et de la poitrine, sont d'un vert gai très-brillant, qui jaunit un peu sur les flancs. L'abdomen, le croupion,. toutes les tectrices alaires, sont d'un vert plus intense. Enfin, les pennes caudales, vues par leur face supérieure, sont vertes en dehors, et, vues par leur face inférieure, d'un jaune verdâtre. Cette Perruche est longue de 40 centimètres. Elle vit dans plusieurs parties de l'Inde, principalement dans la presqu'île de Malacca.

La PERRUCHE A POITRINE ROSE (*Psittacus ponticerrianus*, Gmélin). Buffon l'a décrite sous le nom de *Perruche à moustaches*. Toutes ses parties supérieures sont d'un vert foncé, à l'exception de la tête, qui est d'un gris de perle changeant en bleuâtre ou lilas tendre. Le front est traversé par un trait noir, qui aboutit de chaque côté au coin de l'œil, pendant qu'une large plaque noire, partant du côté de la mandibule inférieure, couvre la joue et s'y dessine circulairement. Le devant du cou et la poitrine sont roses. Tout le reste des parties inférieures est d'un vert mêlé de teintes jaunâtres. La Perruche à poitrine rose habite les environs de Pondichéry.

PERRUCHE A BEC ROUGE (*Psittacus rufirostris*, Linné). Tout le plumage de cette espèce est d'un vert jaunâtre, avec les couvertures inférieures des ailes et de la queue presque jaunes. Elle est répandue dans presque toute l'Amérique méridionale, ainsi que dans les Antilles. C'est le *Sincialo* de Buffon.

A la même section appartiennent :

La PERRUCHE A TÊTE BLEUE (*Psittacus cyanocephalus*, Gmélin) ;

La PERRUCHE DU BENGALE (*Psittacus bengalensis*, Linné) ;

La PERRUCHE DES MALAIS (*Psittacus malanensis*, Gmélin);

La PERRUCHE A COLLIER NOIR (*Psittacus erythrocephalus*, Linné), etc.

3° *Perruches à queue élargie par le bas.*

Ce groupe comprend les Perruches qui, avec le tour
des yeux emplumé, ont la queue élargie vers le bout.
Parmi les espèces qui le composent, une des plus remarquables est :

La PERRUCHE ÉLÉGANTE (*Psittacus elegans*, Linné), ou
PERRUCHE DE PENNANT (*Psittacus Pennantii*, Shaw). Cet
oiseau est rouge en dessous. Le manteau et les couvertures des ailes sont noirâtres, bordés de rouge. La gorge,
les épaules et la queue sont d'un bleu d'azur en dessus.
Cette coloration varie beaucoup selon l'âge, mais l'on reconnaît toujours la Perruche élégante à une tache bleue
en forme de moustache qui occupe les joues. Cette perruche est originaire de l'Australie, où les colons anglais
l'appellent *Houri*. Sa longueur est de 35 à 40 centimètres.

La PERRUCHE A VENTRE JAUNE (*Psittacus flavigaster*, Temminck). Elle habite la même contrée que la précédente,
avec laquelle on l'a quelquefois confondue, parce que, de
même que cette dernière, elle a une moustache bleue
qui occupe toute la joue. Elle s'en distingue cependant
par le brun olivâtre varié de bleu qui colore les plumes
du dos, les scapulaires et les petites tectrices; par le bleu
éclatant de ses épaulettes, et par le jaune olivâtre qui
occupe tout le dessous du corps, le côté du cou et le dessus de la tête. De plus, elle a le front orné d'un étroit
bandeau rouge.

La PERRUCHE OMNICOLORE (*Psittacus eximius*, Vaillant).
Non moins remarquable par ses formes sveltes et élé-
gantes que par la beauté de son plumage, elle a la tête
et le cou d'un magnifique rouge écarlate; la gorge d'un
jaune clair; le dos d'un vert olivâtre; les scapulaires et
une grande partie des tectrices alaires, bleues et bordées
de vert tendre; les rémiges d'un bleu vif éclatant; les
pennes latérales de la queue, aussi d'un bleu vif éclatant,

et les pennes intermédiaires d'un vert jaunâtre, qui se montre également sur la poitrine et sur le ventre. Enfin, les tectrices caudales inférieures sont rouges. La Perruche omnicolore n'a pas plus de 30 à 32 centimètres de longueur. Elle est très-commune dans plusieurs parties de l'Australie, notamment aux environs de Sidney et de Paramata, dont les habitants l'appellent *Ros-Hill*, du nom du lieu où ils la virent pour la première fois.

La PERRUCHE AUX AILES ROUGES (*Psittacus erythropterus*, Latham). Ce n'est pas une des moins belles espèces de ce groupe. Sa tête, son cou, sa gorge, sa poitrine, et toutes ses parties inférieures sont d'un très-brillant jaune jonquille. Le haut du dos, les scapulaires et le sommet de l'aile sont d'un vert foncé. Un vert plus clair est la couleur des rémiges et des rectrices. De plus, ces dernières se terminent par une grande tache jaune. Enfin, le bas du dos et le croupion sont d'un bleu de ciel très-pur. Comme les précédentes, cette Perruche habite l'Australie.

La PERRUCHE MASCARIN (*Psittacus mascarinus*, Linné), le MASCARIN de Buffon. Cet oiseau a le plumage généralement brun avec un masque noir qui borde le front, et descend sur la gorge après avoir embrassé le devant des joues. Il habite Madagascar et même, à ce qu'on croit, les îles Mascareignes.

Madagascar est aussi la patrie de la PERRUCHE NOIRE (*Psittacus niger*, Linné), dont le plumage est d'un noir-brun, glacé de gris, avec un peu de bleuâtre sur les ailes.

La PERRUCHE VASA (*Psittacus Vasa*, Shaw), qui est d'un noir glacé de brun ou de gris, appartient aux contrées méridionales de l'Afrique.

4° *Perruches ordinaires.*

Outre le tour de l'œil emplumé, les Perruches de ce groupe ont la queue étagée à peu près également. Elles sont très-nombreuses. Nous citerons seulement :

La Perruche a bouche d'or (*Psittacus chrysostomus*, Kuhl), qui est de l'Australie. Elle a toutes les parties supérieures vert olive, le dessous du cou et de la poitrine d'un vert clair, le ventre et le tour des yeux jaunes, les tectrices et le dessus de la queue bleus, les pennes de la queue terminées de jaune et les rémiges d'un noir chargé de bleu : une étroite bande bleue se montre sur le front.

La Perruche couronnée d'or (*Psittacus aureus*, Linné), du Brésil. Ce qui la distingue surtout, c'est qu'elle a le dessus de la tête et le front d'un jaune orangé vif. Elle a, en outre, les parties supérieures d'un vert foncé très-brillant, et les parties inférieures d'un vert clair. Les plumes de la gorge et celles du haut du cou sont d'un rouge faible bordé de vert jaunâtre.

La Perruche a bandeau jaune (*Psittacus aurifrons*, Lesson). Un bandeau jaune d'or orne son front, et cette couleur est aussi celle des joues, du devant des yeux, de la partie antérieure du cou, de la poitrine, du ventre, des flancs et de la région anale. Le plumage est d'un vert gai en dessus, avec une nuance de jaune sur le croupion. Les rémiges sont d'un bleu d'azur, avec les extrémités noires. Cette Perruche appartient à la Nouvelle-Zélande.

La Perruche zonaire (*Psittacus zonarius*, Shaw). Son plumage est généralement vert, avec la tête, la face et les rémiges d'un beau noir. Un collier jaune orne le cou et une large bande de même couleur se trouve sur l'abdomen. L'Australie est sa patrie.

La Perruche a masque rouge (*Psittacus pusillus*, Latham). Elle appartient aussi à l'Australie. Elle se reconnaît à la couleur rouge de feu qui couvre son front, sa gorge et ses joues, et au croissant roux qui se trouve sur le derrière du cou. Le reste de son plumage est vert.

La Perruche ondulée (*Psittacus undulatus*, Wagler). Elle est roussâtre en dessus, jaune en dessous, avec la poitrine verdâtre. L'Australie est sa patrie.

La Perruche a épaulettes jaunes (*Psittacus xanthosomus*, Bechstein). Elle est généralement d'un beau vert,

avec la tête, le devant et le derrière du cou, la queue et
les trois premières rémiges d'un beau bleu de turquoise;
les tectrices moyennes et une partie des petites d'un
jaune citron pur et éclatant. Elle vit aux environs de
Ternate.

La PERRUCHE A GORGE ROUGE (*Psittacus incarnatus*,
Gmélin). Tout son plumage est vert foncé sur les parties
supérieures, et d'un vert presque jaunâtre sur les inférieures, avec le dessous de la gorge et une partie des
tectrices alaires d'un rouge foncé. Elle est originaire de
l'Inde.

La PERRUCHE INGAMBE (*Psittacus terrestris*, Shaw ; *Psittacus formosus*, Latham), de l'Australie. Son plumage
est d'un verdâtre nuancé, avec des bandes alternativement jaunes et noires, sur les plumes des ailes et de la
queue principalement. L'abdomen est rayé de noirâtre,
et le front porte une étroite bande rouge. A la différence
des autres Psittacins, cette espèce paraît avoir pour habitude de se tenir à terre pour y chercher sa nourriture,
de marcher plus qu'elle ne vole et ne grimpe. Plusieurs
auteurs ont même avancé qu'elle ne perchait jamais, et
qu'elle courait avec une vitesse assez grande, faculté
qu'elle devrait à l'allongement de ses tarses et à la forme
particulière de ses ongles, qui sont droits au lieu d'être
crochus.

La PERRUCHE A FRONT ROUGE (*Psittacus canicularis*,
Linné). Le front est d'un rouge vif; le sommet de la tête
d'un beau bleu ; le derrière de la tête et le dessous du cou
d'un vert foncé, ainsi que les couvertures supérieures des
ailes et de la queue ; la gorge et tout le dessous du corps
d'un vert un peu jaunâtre : quelques-unes des grandes
couvertures des ailes sont bleues, et les grandes plumes
sont d'un cendré obscur sur leur côté intérieur, et bleues
sur leur côté extérieur et à l'extrémité. Cette espèce est
commune au Brésil.

La PERRUCHE A FRONT JAUNE OU l'APUTÉ-JUBA (*Psittacus
pertinax*, Linné). Cette Perruche a le front, les côtés de la

tête et le haut de la gorge d'un beau jaune ; le sommet et le derrière de la tête, le dessus du cou et du corps, les ailes et la queue d'un beau vert, avec le bas-ventre jaune. Quelques-unes des grandes couvertures supérieures des ailes et les grandes pennes sont bordées extérieurement de bleu. Elle est commune dans les forêts de la Guyane, où elle se tient dans les savanes et autres lieux découverts. C'est un des Perroquets les plus répandus dans le commerce, mais on ne peut guère conserver les oiseaux de cette espèce que par paire. Du reste, elle est peu susceptible d'éducation.

A cette section appartiennent encore :

La Perruche verte (*Psittacus virescens*, Linné), du Brésil ;

La Perruche souris (*Psittacus murinus*, Linné), aussi du Brésil ;

La Perruche a front d'azur (*Psittacus pulchellus*, Linné), de la Nouvelle-Zélande ;

La Perruche aux ailes chamarrées (*Psittacus marginatus*, Linné), de l'Inde ; etc.

II.

Perroquets à queue courte et égale.

A. Les Cacatois ou Cacatoes.

Le nom des **Cacatois** (*Cacatua*, Brisson) est tiré du cri même d'une des espèces de ces oiseaux. Ce qui les fait reconnaître à première vue, c'est une huppe, mobile et pliable chez la plupart, qui orne le sommet de leur tête. Il y en a de blancs, de bruns, de noirs, de roses, etc. Les blancs sont à peu près les seuls qu'on apporte en Europe. On les regarde comme les plus dociles de tous les Perroquets, et aussi comme les plus susceptibles d'attachement. « Ils sont mimes et cabrioleurs, et développent à chaque instant leur belle huppe, dès qu'ils sont mus par quelque sentiment de crainte, de colère ou de curiosité. »

Quoiqu'ils se servent, comme les autres Psittacins, de leur bec pour monter et descendre, ils n'ont pas la démarche lourde et désagréable. Au contraire, ils sont très-agiles et marchent de bonne grâce, en trottant et par petits sauts vifs.

Nous citerons parmi les espèces qu'on apporte le plus communément :

Le CACATOIS A HUPPE BLANCHE (*Psittacus cristatus*, Gmélin). Cet oiseau est à peu près de la grosseur d'une poule. Son plumage est entièrement blanc, à l'exception de la base des rectrices et des tectrices subalaires, qui sont d'un jaune de soufre. Il a le bec et les pieds noirs. Sa magnifique huppe est très-remarquable en ce qu'elle est composée de dix ou douze grandes plumes, non de l'espèce des plumes molles, mais de la nature des pennes, hautes et largement barbées : elles sont implantées du front en arrière, sur deux lignes parallèles, et forment un double éventail. Cette espèce vient des Moluques.

Le CACATOIS A HUPPE JAUNE (*Psittacus sulfureus*, Gmélin). Un peu moins grand que le précédent. Il a le plumage blanc, à l'exception de la presque totalité de la huppe, des joues, des tectrices et des rectrices, qui sont jaune soufre. Il vit aussi aux Moluques.

Le CACATOIS A HUPPE ROUGE (*Psittacus moluccensis*, Linné). La couleur de son plumage est un blanc teint d'un rouge de saturne transparent. La huppe est rouge. Il se trouve aux Moluques, comme les précédents.

Le CACATOIS DES PHILIPPINES (*Psittacus Philippinarum*, Linné). Il est tout blanc, sauf la base de la huppe, qui est d'un jaune clair. On l'apporte de l'Australasie.

Le CACATOIS NASIQUE (*Psittacus nasicus*, Temminck). Il est blanc, teinté de rouge sur les côtés de la tête, avec le tour des yeux d'un rouge vif et les pieds gris. Il habite l'Australie.

Parmi les Cacatois qui ont une autre couleur que le blanc, nous citerons :

Le CACATOIS DE BANKS (*Psittacus Banksii*, Shaw), qui est

noir, avec la queue zonée de rouge en dessous : de la Nouvelle-Galles du Sud;

Le CACATOIS FUNÉRAIRE (*Psittacus funerarius*, Shaw), qui est d'un noir-brun, avec les côtés de la tête jaunes, et la queue zonée de rouge : de l'Australasie;

Le CACATOIS ROSALBIN (*Psittacus cos*, Kuhl), qui est rose, avec les rémiges noires : de l'Australie;

Le CACATOIS A TÊTE ROUGE (*Psittacus erythrocephalus*, Latham), qui est gris ardoise, avec chaque plume bordée de gris clair, et la tête rouge minium : de la Nouvelle-Galles du Sud.

Le NESTOR DE LA NOUVELLE-ZÉLANDE (*Psittacus nestor*, Kuhl), qui est brun ferrugineux, avec les joues rouges, les épaules, le ventre et les jambes rouge-noir, et un demi-collier de cette même couleur.

B. PERROQUETS PROPREMENT DITS.

Les *Perroquets proprement dits* (*Psittacus*, Linné) ont la tête dépourvue de huppe. Leur bec est bombé et à bords dentés, mais variable pour la forme et la grosseur. Ils renferment un nombre très-considérable d'espèces qui sont répandues dans toutes les contrées propres aux Psittacins. En prenant en considération la couleur dominante de leur plumage et leur taille, on les partage en six groupes : les **Jacos**, les **Amazones**, les **Loris**, les **Psittacules**, les **Perroquets à palettes** et les **Perroquets à trompe.**

1° *Jacos* ou *Perroquets cendrés.*

Les PERROQUETS CENDRÉS OU PERROQUETS GRIS (*Psittacus erythacus*, Linné) sont appelés vulgairement JACOS à cause du plaisir ou de la facilité qu'ils paraissent avoir à prononcer ce mot. Ils ont de 25 à 33 centimètres de longueur. Tout leur corps est d'un gris de perle lustré, moiré, comme poudré et plus ou moins clair, à l'exception de la queue, qui est rouge et quelquefois brunâtre; du ventre, qui est blanchâtre; et de l'extrémité des rémiges, qui est noirâtre. Les pattes sont cendrées. Le bec est noir. La femelle est semblable au mâle.

Ces oiseaux ne forment qu'une espèce, qui habite les forêts de la côte occidentale d'Afrique. Le commerce les tire principalement de la Guinée, du Congo et du pays d'Angola, où on les apporte de l'intérieur.

Les Jacos sont les Perroquets les plus répandus en Europe. Ce sont aussi les plus dociles et ceux qui apprennent le plus facilement à parler. Ils semblent imiter de préférence la voix des enfants et recevoir d'eux plus facilement une éducation de leur goût. Toutefois, ils imitent aussi le ton grave des voix adultes, mais cette imitation paraît pénible, et les paroles prononcées de cette voix sont moins distinctes. « Non-seulement, dit Buffon, le Jaco a la facilité d'imiter la voix de l'homme, il semble encore en avoir le désir; il le manifeste par son attention à écouter, par l'effort qu'il fait pour répéter, et cet effort se réitère à chaque instant; car il gazouille sans cesse quelques-unes des syllabes qu'il vient d'entendre, et il cherche à prendre le dessus de toutes les voix qui frappent son oreille, en faisant éclater la sienne. Souvent on est étonné de lui entendre répéter des mots ou des sons, que l'on n'avait pas pris la peine de lui apprendre, et qu'on ne le soupçonnait pas même d'avoir écoutés. Il semble se faire des tâches et chercher à retenir sa leçon chaque jour; il en est occupé jusque dans le sommeil, et jase encore en rêvant. C'est surtout dans ses premières années qu'il montre cette facilité, qu'il a plus de mémoire, qu'on le trouve plus intelligent et plus docile. » Quelquefois, cette faculté de mémoire, cultivée de bonne heure, est étonnante; mais quand l'oiseau est plus âgé, il devient rebelle et n'apprend que difficilement.

Dans leur pays natal, les Jacos se nourrissent de toute espèce de fruits et de graines. En Europe, ils mangent des mêmes aliments que nous; néanmoins, les fruits et le pain blanc trempé dans le lait bouilli sont les substances qui leur conviennent le mieux, comme nous l'avons dit

en parlant du régime alimentaire des Perroquets en général. Il faut, autant que possible, s'abstenir de leur
donner de la viande, parce qu'elle leur occasionne la maladie dont nous avons parlé plus haut.

Les Jacos, quand on les traite avec tous les soins convenables, peuvent vivre très-longtemps. Des auteurs dignes de foi assurent même qu'il est possible de les conserver pendant soixante ans.

On a essayé, à diverses époques, de faire produire les
Perroquets gris sous nos climats, et l'on y est assez souvent parvenu. D'après l'une des personnes qui ont fait
des expériences à ce sujet, pour que ces oiseaux puissent couver à leur aise, il suffit de les enfermer dans une
chambre n'ayant d'autre meuble qu'un baril défoncé par
un bout et rempli au tiers ou à moitié de sciure de bois:
des bâtons doivent être ajustés dans l'intérieur aussi
bien qu'à l'extérieur de ce baril, afin que le mâle puisse
se rendre sans peine auprès de sa femelle.

2° *Amazones* ou *Papegais*.

On appelle PERROQUETS AMAZONES ou simplement AMA-
ZONES, les Perroquets dont le plumage est généralement
vert, parce que les premiers oiseaux américains de cette
couleur qui furent apportés en Europe venaient des bords
de l'Amazone, dans l'Amérique méridionale. Buffon di-
visait les Perroquets verts américains de cette catégorie
en trois sections : il donnait le nom d'**Amazones** à ceux
qui ont du rouge dans les ailes ; celui de **Papegais** à
ceux qui n'ont point de rouge dans les ailes ; et, enfin,
celui de **Criks** à ceux qui, tout en ayant du rouge dans
les ailes, sont, en général, plus petits que les Amazones
proprement dits, et ont, en outre, des couleurs moins
brillantes.

Les Amazones renferment une foule d'espèces, la plupart américaines. Nous citerons :

LE PERROQUET AMAZONE, OU AMAZONE PROPREMENT DIT, OU

AMAZONE A TÊTE JAUNE (*Psittacus amazonicus*, Latham); c'est le type du groupe. Généralement d'un vert brillant, il porte sur le front un bandeau bleuâtre. La région ophthalmique, les joues, la gorge et les jambes sont jaunes. Le poignet, le milieu des rémiges intermédiaires et les barbes internes des rectrices sont rouges. La femelle ne diffère du mâle qu'en ce qu'elle a du jaune sur le devant de la tête, et que le poignet est vert au lieu d'être rouge.

Cet oiseau est, avec le Jaco, une des espèces les plus recherchées à cause de la facilité qu'il a à apprendre à parler. Aussi l'apporte-t-on en Europe à chaque instant, et le trouve-t-on partout. Il habite une grande partie de l'Amérique' méridionale, surtout la Guyane et les forêts qui avoisinent le fleuves des Amazones.

Le Perroquet amazone présente plusieurs variétés qui sont dues à l'intervention du jaune dans la couleur ordinaire du plumage. Une de ces variétés constitue le PERROQUET JAUNE OU PERROQUET D'OR de Buffon et des oiseleurs, qui est jaune citron en dessus et jaune verdâtre en dessous. Une autre variété est le PERROQUET A ÉPAULETTES JAUNES de Levaillant, dont le front est blanc, avec tout le devant de la tête, une partie du cou, le poignet des ailes et les plumes des jambes jaunes. Une troisième variété a le plumage jonquille, avec toutes les plumes bordées de rouge, le front et les grandes pennes des ailes d'un gris de perle. Enfin, certains individus verts ont les plumes du dos, du cou et de l'abdomen mi-partie vertes et mi-partie jaunes. Ce sont les oiseaux ainsi variés que l'on appelle *tapirés*.

Le PERROQUET A JOUES BLEUES (*Psittacus cyanotis*, Temminck). Il est d'un vert brillant en dessus, et d'un jaune verdâtre en dessous, avec du rouge brillant sur la face et du bleu foncé sur les joues. Les tectrices alaires sont vertes, bordées de jaune; les rémiges bleues. La première paire des pennes caudales est de cette dernière couleur, et la deuxième jaune. Cette espèce vit dans les forêts de l'Équateur et des contrées environnantes.

Le Perroquet a tête blanche (*Psittacus leucocephalus*, Linné), appelé par Buffon Amazone a tête blanche ou a front blanc, est une des espèces qui résistent le mieux aux rigueurs de nos climats, et, par conséquent, une de celles qu'on apporte le plus fréquemment. Il est commun dans presque toutes les Antilles, particulièrement à Haïti. On le reconnaît à la couleur blanche de la face et du dessus de la tête, et à la couleur rouge des joues, de la gorge, du cou, de l'abdomen et de la base des pennes latérales de la queue. Le reste du plumage est vert.

Le Perroquet a face bleue (*Psittacus havanensis*, Linné). C'est un oiseau du Mexique. D'un vert foncé en dessus, il a le sommet de la tête et la nuque d'un vert bleuâtre, la face bleue variée de rougeâtre, le poignet bordé de rouge, les parties inférieures lilas avec le bord des plumes noirâtre, les sous-caudales jaunes.

Le Perroquet a bandeau rouge (*Psittacus dominicensis*, Latham). Il habite Haïti, l'ancienne Saint-Domingue, où il est assez rare. Il doit son nom à un petit bandeau rouge qu'il porte sur le front et entre les yeux. Son plumage est généralement d'un vert sombre, comme écaillé de noirâtre sur le cou et le dos, et de rougeâtre sur la poitrine. Les rémiges sont bleues.

Le Perroquet meunier (*Psittacus pulverulentus*, Gmélin) : c'est le Crik poudré ou le Meunier de Buffon, et le plus grand Psittacin du Nouveau-Monde. La Guyane est sa patrie. Il a été appelé *Meunier* par les habitants de Cayenne, parce que son plumage, dont le fond est vert, est comme saupoudré de farine. Il a une tache jaune sur la tête. Les plumes de la face supérieure du cou sont légèrement bordées de brun. Le dessous du corps est d'un vert moins foncé que le dessus, et il n'est pas saupoudré de blanc. Les pennes extérieures des ailes sont noires, à l'exception d'une partie des barbes extérieures qui sont bleues. Une grande tache rouge se trouve sur les ailes. Les pennes de la queue sont de la même couleur que le dessus du corps, depuis leur origine jusqu'aux trois quarts de leur longueur : le reste est d'un vert jaunâtre.

Le Perroquet a tête et a gorge bleues (*Psittacus menstruus*, Latham). Ce Perroquet, que Buffon appelait Papegai a tête et gorge bleues, se reconnaît à la couleur de la tête, du cou, de la gorge et de la poitrine, qui est d'un beau bleu prenant une teinte de pourpre sur cette dernière partie. Le ventre, le dos, les rémiges et les rectrices sont verts. Les tectrices caudales inférieures sont d'un beau rouge. Il y a une tache noire de chaque côté de la tête. Cette espèce se trouve à la Guyane. Elle vit aussi au Paraguay, où on lui donne vulgairement le nom de *Siy*, qui est l'expression de son cri.

3° *Loris.*

On donne le nom de Loris (*Lorius*, Vigors), parce que ce mot exprime assez bien leur cri, à des Perroquets dont la couleur dominante du plumage est un rouge plus ou moins foncé, et dont la queue est un peu cunéiforme. Ces oiseaux ont le regard vif, la voix perçante et les mouvements prompts. Ils sont les plus agiles de tous les Perroquets, et les seuls qui sautent sur leur bâton jusqu'à 33 centimètres de hauteur.

Les Loris apprennent très-facilement à parler et à siffler. On les apprivoise sans peine, et, ce qui est assez rare chez tous les animaux, ils conservent de la gaieté dans la captivité; mais ils sont en général très-délicats et très-difficiles à transporter dans nos climats, où ils ne peuvent vivre longtemps.

Les Loris sont tous originaires de la Malaisie et des îles de l'archipel Indien. Les plus connus sont :

Le Lori babillard (*Lorius garrulus*, Lesson; *Psittacus garrulus*, Linné). Ce Perroquet est à peu près gros comme un pigeon et a de 25 à 30 centimètres de longueur. La couleur générale de son corps est un rouge vif, mais les petites couvertures des ailes, les inférieures aussi bien que les supérieures, sont mêlées de vert et de jaune. Les grandes pennes sont d'un vert obscur, avec la pointe grise et la barbe intérieure rouge. Les deux plumes médianes de la queue sont brunes à la base, rouges vers le milieu, et vertes à l'extrémité. Les suivantes sont rouges jusqu'au-delà de la moitié et vertes jusqu'au bout. Les quatre extérieures sont rouges à la base, ensuite violettes, puis vertes au sommet. Les pattes sont brunes. Le bec est orangé, l'iris jaune foncé. Enfin, la membrane nue de la base du bec et celle du tour des yeux sont grises.

Le Lori babillard est aussi docile et aussi facile à élever que le Jaco. Il marque à son maître de l'attachement et même de la tendresse; mais il ne peut souffrir les étrangers et les mord avec une sorte de fureur. On le traite de la même manière que le Jaco.

Cet oiseau habite les Moluques. On l'appelle quelquefois *Lori de Noira* ou *de Céram*, du nom des localités où il paraît se trouver en plus grande abondance. C'est de la première de ces dénominations mal comprise que vient le nom de *Lori noir*, sous lequel on le désigne aussi quelquefois.

Le Lori a collier (*Psittacus domicella*, Gmélin). Tout le plumage et la queue sont d'un rouge de sang. L'aile est verte, le haut de la tête d'un noir terminé de violet sur la nuque, le pli de l'aile d'un beau bleu, le tour des yeux noir. Un demi-collier jaune orne le bas du cou. Sa taille ne dépasse pas 30 centimètres. C'est une des espèces qui apprennent à parler avec le plus de facilité. Il habite les Moluques.

Le Lori unicolore (*Psittacus unicolor*, Levaillant). Tout le corps est d'un rouge cramoisi qui, sur le dos, le croupion et la queue, est un peu plus intense que partout ailleurs. Les grandes pennes des ailes sont d'un noir-brun à la pointe. Ce Perroquet vit dans les mêmes contrées que le précédent.

Le Lori tricolore (*Lorius tricolor*, Lesson) ou Perro-

QUET LORI (*Psittacus lori*, Linné) est un des plus beaux du groupe. Le nom de *tricolore* que Buffon lui a donné vient des trois couleurs éclatantes, le rouge, le bleu et le vert, qui ornent son plumage et qui frappent au premier coup-d'œil. Le rouge est la couleur dominante du devant et des côtés du cou, des flancs, de la partie inférieure du dos, du croupion et de la moitié de la queue. Un bleu d'azur s'étend sur le dessous du corps, sur les jambes et sur le haut du dos. Enfin, les ailes sont vertes, ainsi que le milieu de la queue, dont le bout est bleu bordé de violet. Le sommet de la tête porte une calotte noire à reflets bleuâtres. Cet oiseau est encore originaire des Moluques.

Le LORI A QUEUE BLEUE (*Psittacus cyanurus*, Shaw). Il a la queue, les scapulaires et l'abdomen bleus; les rémiges et quelques-unes des tectrices d'un noir-brun. Tout le reste du plumage est rouge foncé. Bornéo est sa patrie.

4° *Psittacules.*

Ces oiseaux, que Buffon plaçait parmi les Perriches à queue courte, sont les plus petits de tous les Perroquets. Dans le langage vulgaire, on les appelle, pour la plupart, indistinctement INSÉPARABLES, parce que le mâle et la femelle demeurent non-seulement constamment unis, mais encore constamment rapprochés l'un de l'autre. Nous citerons, parmi les espèces les plus curieuses :

Le PSITTACULE TOUI-ÉTÉ, appelé aussi simplement le TOUI-ÉTÉ ou l'ÉTÉ (*Psittacus passerinus*, Linné). Il n'a que 11 centimètres de longueur totale, et a tout le plumage vert, plus foncé en dessus qu'en dessous, avec le croupion et quelques-unes des tectrices alaires d'un beau bleu. Il vit au Brésil.

Le PSITTACULE TUI (*Psittacus tui*, Linné), de la Guyane. C'est le TOUI A TÊTE D'OR des anciens naturalistes. Tout son plumage est vert, avec deux taches jaunes, l'une s'étendant du front jusqu'au sommet de la tête, l'autre, plus petite, derrière l'œil.

Le Psittacule a tête rouge (*Psittacus pullarius*, Linné). Le vert est la couleur générale de son plumage, mais le croupion est bleu, la gorge, le tour de la face et le sommet de la tête sont rouges. La queue est également rouge, mais terminée par une bande transversale noire et verte. Enfin, les couvertures inférieures des ailes sont noires et le bord du poignet est bleu. Cet oiseau est vulgairement désigné sous les noms de *Moineau du Brésil* et de *Moineau de Guinée*. Il habite à la fois, à ce qu'on croit, la Guinée, le Brésil, Java et la Nubie.

Le Psittacule a tête bleue (*Psittacus galgulus*, Linné). Il a tout le plumage vert, avec la tête bleue, la gorge, le devant du cou et le croupion rouges. On le trouve dans l'Inde et dans plusieurs des îles de l'Océanie.

Le Psittacule a tête grise (*Psittacus canus*, Linné). Il est également tout vert, sauf la tête, le cou et la poitrine, qui sont d'un gris blanchâtre, et le bout de la queue, qui est noir. Il habite Madagascar.

Le Psittacule aux ailes variées (*Psittacus melanopterus*, Linné). La tête et le cou sont verts, les ailes d'un noir brunâtre avec les couvertures jaunes, bordées et terminées de bleu. La queue est violette avec une bande noire près de l'extrémité. Il est de l'Amérique méridionale.

Le Psittacule d'Otaïti (*Psittacus taitianus*, Gmélin) a le dessus de la tête, le derrière du cou, le manteau, les ailes et tout le dessus du corps d'un bleu foncé; la gorge, le dessous des yeux, le devant du cou et le haut de la poitrine blancs. Il est très-commun dans toutes les îles de l'Archipel de Taïti et dans celles de la Société, où il est l'objet d'une espèce de vénération.

Tous les Psittacules qui précèdent n'ont pas plus de 14 centimètres.

4° *Perroquets à palettes.*

Ces Perroquets diffèrent de tous les autres en ce que les deux pennes médianes de leur queue, qui est carrée, sont beaucoup plus longues que les autres et n'ont de barbes qu'au bout, ce qui leur donne une certaine ressemblance avec des palettes ou des raquettes.

On ne connaît qu'une espèce de ce groupe : c'est

Le PERROQUET ou PERRUCHE A PALETTES (*Psittacus setarius*, Temminck), qui vit aux Moluques et aux Philippines. Cet oiseau est généralement vert. Il a un croissant cramoisi et une calotte azurée sur l'occiput, le haut du manteau jaune mêlé de rouge, et les épaules bleues. Le vert des ailes est mélangé de jaune. Sa longueur totale est de 30 centimètres.

5° *Perroquets à trompe.*

Les oiseaux que ce groupe renferme se distinguent de tous les autres par leur bec, dont la mandibule supérieure est énorme relativement à l'inférieure, et par leur langue, qui a une forme et une structure particulières. On n'en connaît encore qu'une espèce, qui habite la Nouvelle-Guinée et arrive très-rarement en Europe. C'est le MICROGLOSSE GOLIATH, l'ARA A TROMPE de Levaillant (*Microglossus aterrimus*, Vieillot). Cet oiseau est d'un noir lustré à reflets bleuâtres, avec le bec et les pieds d'un noir mat, et la peau des joues nue et de couleur bleue. Il porte une huppe qui est composée de plumes nombreuses, longues, étroites, pointues et noirâtres.

§ II. Les Cuculidés.

Le Coucou.

Le COUCOU (*Cuculus canorus*, Linné) est un oiseau voyageur qui passe l'été en Europe, et se retire, pendant l'hiver, en Afrique et dans les contrées chaudes de l'Asie.

Le mâle a toutes les parties supérieures, le cou et la poitrine d'un cendré bleuâtre, qui devient plus foncé sur les ailes. Le ventre, les cuisses et les couvertures infé-

rieures de la queue sont blanchâtres, avec des raies transversales d'un brun noirâtre. Les rectrices sont noirâtres,
avec de petites taches blanches le long de la baguette.
Le bord membraneux du bec est orangé, ainsi que le
tour des yeux Enfin, l'iris et les pieds sont jaunes. Longueur totale : 35 centimètres. La femelle est plus petite
que le mâle. En outre, elle est roussâtre, rayée de brunâtre et de roux. Les jeunes, lorsqu'ils sortent du nid,
ont toutes les parties supérieures d'un cendré brun, une
grande tache blanche à l'occiput, et des taches rousses
sur les ailes.

Chez nous, le Coucou se tient dans les bois, au voisinage des prairies. Il se nourrit de chenilles, de mouches
et autres insectes, et, comme il est doué d'une très-grande
voracité, il en détruit des quantités énormes.

La femelle de cet oiseau a une singularité qui la distingue de toutes les autres : c'est de ne point construire
de nid, de ne couver ni élever ses petits ; mais de pondre
ses œufs, un par un, dans les nids de quelques petits oiseaux, comme la Fauvette brune, la Linotte, la Mésange,
le Rouge-gorge, et de laisser ainsi à ces nouvelles mères
le soin de les couver. On prétend encore que la femelle
du Coucou s'empare aussi du nid de l'Alouette, du Pinson, de la Bergeronnette, et qu'elle en écarte quelquefois
plusieurs œufs s'il s'y en trouve de trop, pour mettre les
siens à la place ; après quoi elle abandonne le fruit de ses
amours ; alors l'oiseau auquel appartient le nid, couve
l'œuf du Coucou, adopte et soigne le petit lorsqu'il est
éclos, et le nourrit jusqu'à ce qu'il soit assez fort pour
prendre l'essor.

C'est à tort qu'on a dit que les petits Coucous violaient
les droits de l'hospitalité. On a avancé qu'après avoir dé-
voré leurs frères de couvée, leur ingratitude cruelle et
monstrueuse les porte quelquefois jusqu'à attaquer et
dévorer les mères qui les ont couvés et élevés. Tous ces
faits ont été reconnus faux par l'observation. « Heureu-
ses, dit Valmont de Bomare, les nourrices d'un autre or-

dre d'animaux, quand elles ne sont pas plus les victimes de leurs propres enfants. »

Le Coucou peut s'apprivoiser, mais, s'il est adulte, il supporte difficilement la perte de la liberté, et meurt, en général, à l'époque de la mue, c'est-à-dire à l'entrée de l'hiver. On conserve plus longtemps les petits élevés au sortir du nid. On les nourrit avec des insectes et de la viande hachée menu. On leur donne aussi les diverses pâtées destinées aux autres oiseaux insectivores. Au reste, le Coucou n'a aucune qualité qui puisse le faire rechercher. C'est par pure curiosité qu'on le met en cage.

§ III. Les Picidés.

1° *Les Pics.*

Les Pics sont des oiseaux Grimpeurs qui se tiennent constamment dans les bois. On les voit incessamment monter et descendre sur les troncs des arbres, et chercher sous les écorces les insectes et les larves dont ils se nourrissent presque exclusivement.

Les espèces les plus remarquables sont :

A. Le Pic vert (*Picus viridis*, Linné), appelé vulgairement Pivert et Pigrolier. C'est un des plus beaux oiseaux d'Europe. Grand comme une tourterelle, il a le dessus de la tête jusqu'à la nuque d'un rouge cramoisi éclatant. Les joues sont noires, avec des moustaches du même rouge que la tête. Le dessus du cou et le dos sont, ainsi que les couvertures supérieures de la queue, d'un vert olive qui prend une teinte orange sur le croupion. Enfin, la gorge et les parties inférieures sont d'un vert jaunâtre. Longueur totale : 30 centimètres. Outre qu'elle est un peu plus petite, la femelle a les couleurs moins vives.

Le Pic vert est répandu dans toute l'Europe, mais il est sédentaire dans quelques contrées, tandis que, dans d'autres, il est erratique; quelquefois même, il entreprend de grands voyages. Comme ses congénères, il grimpe continuellement sur les troncs d'arbres pour y rechercher les insectes : mais, de plus, au printemps et en été, il descend parfois à terre pour y prendre des fourmis. C'est dans un trou d'arbre qu'il fait son nid.

Le Pic vert n'est recherché qu'à cause de son plumage; mais il est si farouche, si brusque et si mutin, qu'on est obligé de le tenir enchaîné. Les adultes et les vieux ne s'habituent pas à la perte de leur liberté; ils se laissent même mourir de faim. Quand donc on veut avoir un oiseau de ce genre, il faut se le procurer en le prenant au nid, au moment où il n'est encore qu'à demi-plumé.

On nourrit le Pic vert en captivité avec des noix, des noisettes et des œufs de fourmi.

B. Le Pic rouge ou Pic varié (*Picus major*, Linné), appelé aussi Grand Épeiche ou simplement Épeiche. Il est de la taille d'une grive. Cet oiseau a le dessus de la tête et la région anale d'un rouge éclatant, le front gris sale, les joues blanches, les moustaches et le dos noirs, les ailes variées de noir et de blanc, le thorax et le ventre gris. La femelle n'a point de rouge sur le dessus de la tête.

Le Pic rouge a les mêmes habitudes que les Pics en général. Pour l'élever en captivité, il faut le prendre au nid, très-jeune. On le nourrit comme le précédent.

C. Le Moyen Épeiche ou Pic varié a tête rouge (*Picus medius*, Linné). Il est un peu moins grand que le Pic rouge, et a le bec un peu plus menu. Le haut de sa tête est cramoisi, le croupion noir, et le dessous de la queue rougeâtre. La femelle a aussi la calotte rouge.

Cette espèce est moins commune que les précédentes.

Pris jeune, le Moyen Épeiche s'élève un peu plus facilement que les autres Pics. Néanmoins, il ne devient jamais bien docile, et il faut toujours le tenir attaché, même en cage.

D. Le Petit Épeiche ou Épeichette (*Picus minor*, Linné). A peu près grand comme un Moineau, il a le haut de la tête cramoisi, la nuque noire, le croupion blanc, le dos aussi blanc rayé de noir, le ventre gris-blanc roussâtre. La femelle n'a point de rouge sur la tête.

Ce Pic est assez rare. Quand on l'élève jeune, il s'apprivoise assez pour qu'il ne soit pas nécessaire de l'enchaîner.

E. Le Pic noir (*Picus martius*, Linné). Il a tout le plumage d'un noir profond, à l'exception de la tête, qui est d'un rouge vif en dessus. Sa longueur est de 46 centimètres. La femelle se distingue surtout du mâle en ce qu'elle n'a qu'une petite tache rouge sur la tête.

Cette espèce habite de préférence les contrées du Nord. Néanmoins, elle n'est pas rare dans nos forêts et dans celles de l'Allemagne.

F. Le Pic cendré ou Pic a tête grise (*Picus canus*, Gmélin). Il a l'occiput, les joues et le cou d'un cendré clair; le front rouge cramoisi; un trait noir entre l'œil et le bec; des moustaches de la même couleur; le dos vert, le croupion jaunâtre; les parties inférieures cendrées avec une légère nuance de vert.

Cet oiseau n'est pas réellement propre à l'Europe. Il habite l'Asie et l'Amérique septentrionale, mais il est quelquefois de passage dans notre pays.

2° *Le Torcol.*

Le Torcol (*Yunx torquilla*, Linné) doit son nom à l'habitude qu'il a, lorsqu'on le surprend, de tordre la tête et le cou en divers sens. C'est un oiseau grimpeur très-voisin des Pics. Toutefois, au lieu de grimper sur les troncs d'arbres comme ces derniers, il ne fait que s'accrocher aux branches, et il se maintient assez longtemps dans une position verticale pour saisir les insectes cachés dans la fente des écorces.

Le Torcol est long d'environ 18 centimètres, et a la taille d'une Alouette. Ses pattes, dont deux doigts sont en avant et deux en arrière, sont de couleur plombée.

Il a le dessus du corps d'un beau gris, rayé et pointillé de noir, de blanc et de roux; le ventre d'un blanc jaunâtre un peu tacheté de brun-noir; la tête cendrée avec de nombreuses petites taches rousses et quelques points blancs; les joues, la gorge, le cou, la poitrine et la région anale d'un jaune rougeâtre ondulé de noir. Une large raie noire, bordée de roux, divise le haut de la tête et la moitié du dos. Quatre autres raies également noires traversent la queue, qui est d'un gris blanchâtre. Les couvertures des ailes et les petites pennes sont brunes, rayées finement de noir. Les autres pennes sont noires, mais leur barbe extérieure est vermiculée d'ondes rousses et noires. La femelle se distingue du mâle en ce qu'elle a le ventre plus pâle.

Le Torcol est un oiseau de passage. Il arrive dans nos pays vers la fin d'avril, et s'en va au mois de septembre. Il se tient ordinairement dans les petits bois et les vergers; mais, au mois d'août, il descend dans les champs plantés de choux. La femelle fait son nid dans les trous d'arbres. Les œufs, au nombre de huit à neuf, sont blancs et très-lisses.

Cet oiseau se nourrit de toute espèce d'insectes. Les œufs de fourmi et les fourmis elles-mêmes sont pour lui des mets de prédilection. En automne, il mange aussi des baies de sureau.

Le Torcol est recherché moins peut-être à cause de la beauté de son plumage que de la singularité des mouvements qu'il exécute quand on s'approche de lui. Afin de lui donner l'espace nécessaire à ses exercices, il vaut mieux le laisser courir dans la chambre que de l'enfermer dans une cage. Quand on prend un adulte, on lui donne d'abord des œufs de fourmi. Plus tard, on le soumet au même régime que le Rossignol. Si l'on veut conserver longtemps les oiseaux de cette espèce, il est préférable de se procurer des jeunes tirés du nid : on les élève sans peine avec des œufs de fourmi et la pâtée usitée pour les autres insectivores.

B. LES MARCHEURS.

§ I. Les Turdidés.

1° *Les Lavandières*.

Les LAVANDIÈRES (*Motacilla*, Linné) ne sont guère plus grosses que la Mésange commune, mais la longue queue dont elles sont pourvues leur donne des dimensions apparentes beaucoup plus considérables. Elles vivent sur le bord des eaux ou dans les prairies humides. Quand elles marchent ou qu'elles sont posées, elles donnent à leur queue un balancement assez vif de bas en haut : de là le nom de *Hoche-queue* qu'on leur donne vulgairement, et celui de *Baisso-quouetto,* qui a le même sens, sous-le-quel on les désigne dans nos départements méridionaux. Quant au nom de *Lavandière*, il rappelle l'habitude où elles sont de tourner continuellement autour des laveuses.

Les Lavandières sont communes en Europe, en Asie et en Afrique. Elles sont de passage dans nos climats. Elles nichent quelquefois à terre, sous un bouquet de racines ou sous le gazon, dans les terres en repos ; mais, le plus souvent, c'est au bord de l'eau, sous une rive creuse ou sous une de ces piles de bois qu'on élève le long des rivières.

Ces oiseaux sont essentiellement insectivores. Ils se nourrissent surtout d'œufs de fourmi, de mouches, de vermisseaux, etc. Quoique portés instinctivement à se rapprocher de l'homme, ils ne s'habituent qu'avec peine à vivre en captivité. Dans la cage, on les nourrit de la même manière que les Rossignols. Dans la chambre, on leur donne d'abord des vers de farine, des mouches, des insectes de toute sorte, que l'on remplace peu à peu par les pâtées ordinaires. Avec les soins convenables, on peut les conserver quatre ou cinq ans..

Les Lavandières d'Europe sont :

A. La LAVANDIÈRE GRISE (*Motacilla alba* ou *cinerea*, Linné), nommée vulgairement *Lavandière* et improprement *Bergeronnette blanche*. Elle a le plumage blanc en dessous et cendré en dessus. La nuque, la poitrine et la gorge sont noires. Les couvertures supérieures des ailes sont également noires, mais bordées de blanc. Les rémiges et les rectrices sont noirâtres. Enfin, les deux pennes les plus extérieures de la queue sont blanches intérieurement et noires sur les bords. Longueur totale : 19 centimètres. Le plumage d'été diffère un peu de celui d'hiver. Il y a, en outre, des individus entièrement blancs.

Cette espèce est commune et sédentaire en France. La femelle pond six œufs d'un blanc bleuâtre moucheté de noir.

B. La LAVANDIÈRE JAUNE (*Motacilla boarula*, Gmélin). Elle est d'un cendré en dessus, avec la croupe jaune olivâtre, la gorge et le devant du cou d'un beau noir, les sourcils et la poitrine d'un jaune éclatant, ainsi que les parties inférieures : une petite bande blanche passe au-dessus des yeux, et s'étend quelquefois sur les côtés de la gorge. Les rémiges primaires et les couvertures sont noirâtres, tandis que les rémiges secondaires, blanches à leur base, sont bordées de jaune pâle : les six rectrices intermédiaires sont noirâtres et frangées extérieurement de vert olive, et les six latérales sont blanches. Longueur, 20 centimètres.

La Lavandière jaune est sédentaire dans nos provinces méridionales. Dans les autres parties de la France, elle émigre en suivant le cours des rivières. Elle fait son nid à terre, et y pond de quatre à six œufs d'un blanc légèrement roussâtre, pointillé et strié de jaunâtre.

C. La LAVANDIÈRE LUGUBRE (*Motacilla lugubris*, Temminck). Le dessus du corps est d'un noir intense. Le front, les joues et les parties inférieures sont aussi d'un noir intense. Dans son plumage complet d'hiver, cette espèce a la gorge et le devant du cou d'un blanc pur, et un large hausse-col noir se dessine sur la poitrine. Longueur : 19 centimètres.

Cette Lavandière n'est guère commune en France que dans les départements du midi. La femelle pond quatre ou cinq œufs d'un gris pâle un peu azuré, pointillés de gris cendré et de brun foncé.

2° *Les Bergeronnettes.*

LES BERGERONNETTES OU BERGERETTES (*Motacilla*, Linné; *Budytes*, Cuvier) ne diffèrent des Lavandières qu'en ce qu'elles ont l'ongle du pouce plus long que ce doigt et peu arqué. Leur nom vient de l'habitude où elles sont de se tenir très-souvent à la suite ou au milieu des troupeaux, parmi lesquels elles viennent poursuivre les insectes.

Les espèces que l'on trouve en Europe sont :

A. LA BERGERONNETTE JAUNE OU BERGERONNETTE CITRON (*Motacilla flava*, Linné). Elle est ainsi appelée à cause de la couleur dominante de son plumage. On la nomme aussi *Bergeronnette du printemps* ou *Bergeronnette printanière*, parce qu'elle est le premier oiseau de son genre qui se montre dans nos campagnes à la fin de l'hiver.

La Bergeronnette du printemps a tout le dessous et le devant du corps d'un beau jaune, et un trait de cette même couleur tracé dans l'aile, sur la frange des couvertures moyennes. Tout le manteau est olivâtre obscur : cette même couleur borde les huit pennes de la queue, sur un fond noirâtre; les deux extérieures sont à plus de moitié blanches; celles de l'aile sont brunes avec leurs bords extérieurs blanchâtres, et la troisième des plus voisines du corps s'étend quand l'aile est pliée, aussi loin que la plus longue des grandes pennes : caractère que présentent les Lavandières. La tête est cendrée, teinte au sommet d'olivâtre; au-dessus de l'œil passe une ligne blanche dans la femelle, jaune dans le mâle qui se distingue de plus par des mouchetures noirâtres plus ou moins fréquentes, semées, en croissant sous la gorge, et marquées encore au-dessous des genoux. Longueur totale : 16 centimètres et demi.

On voit le mâle, lorsqu'il est en amour, courir, tourner autour de sa femelle en renflant les plumes de son dos d'une manière étrange, mais qui, sans doute, exprime énergiquement à sa compagne la vivacité du désir. Leur nichée est quelquefois tardive, ordinairement nombreuse; ils la placent le long des ruisseaux, sur une rive, et quelquefois au milieu des blés avant la moisson.

Cette espèce est commune en Angleterre, en France, et paraît être répandue dans toute l'Europe, jusqu'en Suède. Elle fait par an deux pontes, dont chacune est de quatre à six œufs d'un jaune sale ou d'un blanc roussâtre, finement pointillé de gris et de roux. La couleur jaune du dessous du corps des jeunes oiseaux est bien plus claire que lorsqu'ils sont plus âgés.

Malgré la familiarité avec laquelle cette Bergeronnette vit avec les hommes lorsqu'elle est en liberté, elle s'accoutume difficilement à l'esclavage quand elle n'est pas prise au sortir du nid. Cependant, la beauté et l'agrément de son chant font désirer de la posséder dans la chambre, et pour y parvenir, on emploie quelquefois un moyen cruel, puisque l'on place des gluaux jusque sur le nid. Pour élever les jeunes, il faut leur donner du pain trempé dans du lait bouilli et des œufs de fourmi.

La Bergeronnette du printemps éprouve un peu moins de chagrin dans la chambre, lorsqu'elle y court librement, que dans la cage. Il faut lui donner les mêmes soins et la même nourriture qu'à la Lavandière. Comme, en liberté, les mouches font sa principale nourriture, il faut, quand elle est malade, lui en procurer autant que possible. Cette espèce est très-sujette à la diarrhée. Malgré les soins les mieux entendus, on ne peut guère les conserver plus de deux ans.

B. La Bergeronnette flavéole ou Bergeronnette de Ray (*Motacilla flaveola*, Temminck; *Budytes Rayi*, Ch. Bonaparte). Elle ne diffère de la précédente qu'en ce qu'elle a la tête et le cou d'un jaune olivâtre, avec le croupion d'un vert jaunâtre. Cette espèce habite l'Angleterre, mais elle se montre de passage dans nos départements des côtes de la Manche.

3° *Les Pipis.*

Les Pipis ou Pipits établissent la transition entre les Alouettes et les Bergeronnettes. Comme les premières, ils chantent en s'élevant dans les airs. Comme les secondes, ils sont plus insectivores que granivores, et impriment à leur queue un mouvement de bas en haut.

A. Le Pipi des buissons (*Anthus arboreus*, Bechstein; *Alauda trivialis*, Gmélin), appelé vulgairement *Alouette pipi, Alouette des arbres*. Il est cendré olivâtre en dessus, avec des taches longitudinales brunes au centre des plumes de la tête, du cou et du dos, et les ailes traversées par deux bandes d'un blanc jaunâtre. Le milieu du ventre et la région anale sont blancs ; la poitrine et les flancs d'un roux jaunâtre, avec des taches allongées noirâtres ; les sourcils, les paupières et la gorge jaunâtres. Longueur : 15 centimètres.

Le Pipi des buissons habite toute l'Europe. On le trouve aussi en Asie, ainsi que dans le nord de l'Afrique. Les coteaux couverts et les prairies sont les lieux où il se tient de préférence. Sa ponte est de quatre ou cinq œufs, qui varient beaucoup pour la couleur. En automne, cet oiseau se répand dans les vignes et y fait une grande consommation de raisin qui l'engraisse beaucoup et communique à sa chair un goût très-délicat. Il est alors désigné en Provence sous le nom de *Pivote-Ortolane,* et ailleurs sous ceux de *Grand Becfigue* et de *Vinette.*

Le Pipi des buissons est assez recherché à cause de son chant qui, bien que peu étendu, n'en est pas moins agréable. Il est préférable de le tenir en cage que de le laisser courir dans la chambre. Pour l'habituer à vivre en captivité, on lui donne d'abord des vers de farine, des œufs de fourmi et des insectes, auxquels on ajoute de temps en temps, soit du fromage mou, soit du chènevis écrasé, soit enfin, un peu des diverses pâtées que l'on prépare pour le Rossignol. On le nourrit ensuite à peu près comme ce dernier, mais en ayant soin de varier ses aliments. Quant aux jeunes pris au nid, on les élève sans trop de peine avec du pain blanc imbibé de lait chaud, auquel on ajoute quelques œufs de fourmi, puis, un peu plus tard, un peu de graine de pavot. Ils apprennent facilement les airs des autres oiseaux avec lesquels ils sont enfermés, surtout ceux du Canari.

Le Pipi des buissons ne vit pas longtemps en cage. Malgré tous les soins, on ne peut guère le conserver plus de cinq à six ans.

B. Le PIPI ROUSSELINE (*Anthus campestris*, Bechstein ; *Anthus rufescens,* Temminck), appelé vulgairement *Rousseline*. Cette espèce est d'un gris roussâtre en dessus, avec une légère teinte brune au centre de chaque plume ; blanc isabelle aux sourcils, à la gorge et au milieu de l'abdomen ; d'un roux jaunâtre à la poitrine et sur les flancs, avec ou sans quelques taches brunes ; les rémiges primaires sont brunes, largement bordées de roux isabelle ; les pennes caudales sont également brunes, à l'exception des plus latérales, qui sont d'un blanc roussâtre en dehors, principalement la plus externe. Longueur totale : 17 centimètres.

La Rousseline habite les parties tempérées et méridionales de l'Europe. Elle est de passage irrégulier dans le nord de la France, aux mois de septembre et d'avril. Elle se tient de préférence dans les lieux pierreux et sur les coteaux arides, courant très-vite et se perchant rarement sur les arbres. Les insectes névroptères forment sa nourriture de prédilection. Elle fait son nid dans le sable, à l'abri d'une pierre, ou dans une fente de rocher, et y pond de quatre à six œufs d'un blanc sale, grisâtres, verdâtres ou roussâtres, avec de très-petites taches grises ou brunes.

C. Le Pipi des prés ou Farlouse (*Anthus pratensis*, Bechstein; *Alauda pratensis*, Linné; *Alauda mosellana*, Gmélin), appelé vulgairement *Alouette des prés, Pieu-quette*. Son plumage est cendré olivâtre en dessus, blan-châtre en dessous, avec des taches noirâtres à la poitrine et aux flancs, les sourcils blanchâtres, et les bords des rectrices extérieures blancs. Sa longueur totale est de 15 centimètres.

Le Pipi farlouse est commun dans toute l'Europe. Il se tient habituellement dans les prairies humides, et niche dans les joncs et les touffes de gazon. Ses œufs, au nombre de cinq ou six, sont gris, tachetés ou striés de noir. En automne, les fruits sucrés que mange cet oiseau l'engraissent singulièrement, et donnent à sa chair un goût très-délicat. Il est alors très-recherché des gour-mets sous le nom de *Petit Becfigue*.

D. Le Pipi spioncelle (*Anthus spioncella*, Linné; *Anthus aquaticus*, Bechstein), vulgairement nommé *Pipi spipo-lette*. Il a les parties supérieures d'un gris-brun plus foncé au centre de chaque plume, et les parties inférieures d'un blanc terne, avec les côtés du cou et de la poitrine flammés de brun clair, les deux rectrices moyennes d'un brun cendré, et l'extérieure en partie blanche. Longueur totale : 17 à 18 centimètres.

Cette espèce habite le midi de l'Europe : elle est assez commune en France. En hiver et en automne, elle se tient dans les lieux bas et humides, tandis que, dans la belle saison, elle fréquente les plateaux des hautes montagnes.

Ces trois dernières espèces sont rarement gardées en cage. Elles réclament à peu près les mêmes soins que le Pipi des buissons.

4° Les Merles.

Le mot Merle sert à désigner un groupe très-nombreux de Passereaux conirostres qui se distingue par la forme du bec, lequel est comprimé et arqué, mais sa pointe ne fait pas de crochet, et ses échancrures n'offrent pas des dentelures aussi fortes que dans les Pies-grièches.

Les Merles proprement dits se reconnaissent à leur plumage, dont les couleurs sont uniformes ou distribuées par grandes masses.

A. Le MERLE COMMUN OU MERLE NOIR (*Turdus merula*, Linné), est l'espèce la plus commune et en même temps celle qu'on élève le plus souvent. Il est d'un noir uniforme et vif, nullement altéré par des reflets comme celui des Corneilles et des Corbeaux. Un beau jaune est la couleur de son bec et de ses paupières, circonstance qui le fait quelquefois appeler *Merle à bec jaune*, dans le langage populaire. Sa longueur est de 35 à 40 centimètres. Tel est le Merle adulte après sa seconde mue, car, dans la première année, c'est-à-dire lorsqu'il vient de quitter la robe de l'enfance, son habit est mélangé de quelques plumes brunes. De plus, ses ailes sont d'un brun noirâtre, et son bec n'est pas entièrement d'un beau jaune, couleur qu'il n'acquiert parfaitement qu'en sa seconde année, et qu'il conserve pendant le reste de sa vie. La femelle diffère du mâle au point qu'on les prendrait l'un et l'autre pour deux oiseaux d'espèces différentes. En effet, tout son plumage est d'un brun foncé sur les parties supérieures du corps; les ailes et la queue sont d'un brun plus clair, mélangé de roux et de gris sur les parties inférieures. Elle a le bec et les pieds d'un brun noirâtre. Les jeunes portent jusqu'à leur première mue un plumage d'un brun sale, varié de taches presque rondes, rousses blanchâtres et en plus grand nombre au-dessous du corps.

On observe chez cet oiseau de nombreux cas d'albinisme total ou partiel : d'où il résulte que, en dépit du proverbe, le *Merle blanc* n'est pas une merveille introuvable.

Le Merle commun aime la solitude, vit isolé ou seulement en société avec sa femelle. Quoique sauvage, il s'apprivoise facilement, se tient et niche près des habitations; il est défiant, fin et passe pour avoir la vue perçante.

Le mâle a un chant éclatant, mais qui n'est guère agréable que dans les bois ou en pleine campagne. Il commence à se faire entendre dès les premiers beaux jours du mois de février, et continue bien avant dans la belle saison : c'est de nos oiseaux un de ceux qui chantent le plus longtemps ; c'est aussi un de ceux qui entrent les premiers en amour, et il n'est pas rare de voir des jeunes au commencement de mai.

Cette espèce fait deux ou trois couvées par an. Elle place son nid dans les buissons fourrés, à une moyenne hauteur, ou sur les vieux troncs d'arbres étêtés et couverts de lierre. Elle le compose de mousse, de petites racines, d'herbes sèches, liées ensemble avec de l'argile, matelasse l'intérieur de matériaux plus mollets, et ménage au fond un petit trou, afin que l'eau qui y pénètre puisse s'écouler. Le mâle et la femelle travaillent à sa construction avec une si grande assiduité, qu'il ne leur faut, assure-t-on, que huit jours pour finir l'ouvrage. Dès qu'il est achevé, la femelle y dépose quatre à cinq œufs d'un vert bleuâtre, avec des taches couleur de rouille fréquentes et peu distinctes ; elle les couve avec une telle chaleur, qu'elle se laisse quelquefois prendre à la main. Le mâle partage les soins de l'incubation.

Naturellement méfiants, les Merles abandonnent souvent leurs œufs ou les mangent dès qu'on y touche : dans les mêmes circonstances, ils vont jusqu'à dévorer leurs petits lorsqu'ils sont nouvellement éclos. Le père et la mère nourrissent leur progéniture de vers de terre, de chenilles, de larves et de toute espèce d'insectes. Dès que les jeunes peuvent se passer des soins paternels, ils suivent leur impulsion naturelle ; chacun s'isole, et joint à sa première nourriture toutes sortes de baies et de fruits.

Ceux qui veulent élever ces oiseaux, recommandables par leur chant, pour la facilité qu'ils ont de le perfectionner, de retenir les airs qu'on leur apprend, et d'imiter ce qu'ils entendent, doivent les prendre dans le nid quand ils ont des plumes. On les nourrit, dans les premiers temps, avec une pâte liquide, composée de pain trempé, de jaunes d'œufs et de chènevis écrasé, et ensuite avec du cœur, de la viande hachée et de la mie de pain, des fruits et diverses baies.

Il ne faut point les tenir renfermés avec d'autres oiseaux; car, naturellement inquiets et pétulants, ils les poursuivent et les tourmentent continuellement, à moins qu'ils ne soient dans une très-grande volière remplie d'arbrisseaux et de broussailles. On peut encore, par ce moyen, se procurer le plaisir de les voir faire leur nid, et même élever leurs petits si on leur procure en abondance les aliments qui leur sont propres; mais, pour réussir complétement, l'on doit s'abstenir d'approcher de la couvée, tant que les petits ne sont pas couverts de plumes, car, ainsi que nous venons de le dire, ils les abandonneraient ou les mangeraient.

Les Merles aiment beaucoup à se baigner. Il faut donc leur donner de l'eau en abondance, et cela contribue à leur gaîté. On leur donne du pain, de la viande, des fruits et, en général, de tout ce qui vient de la table. L'obstruction de la glande adipeuse est la maladie qui semble les atteindre le plus souvent. La mue leur occasionne presque toujours un très-grand dérangement. Elle commence à la fin de l'été, et elle est si complète que souvent on en voit qui ont la tête totalement dénuée de plumes. Tant qu'elle dure, ils ne chantent point. Avec des soins, ils peuvent vivre dix à douze ans en captivité.

B. Le MERLE A PLASTRON (*Turdus torquatus*, Linné). Il est noirâtre, avec le bec et les pieds bruns, les plumes bordées de blanc ou de blanchâtre, et la poitrine ornée d'un large demi-collier, qui est d'un blanc pur chez le mâle et d'un blanc sale chez la femelle et les petits. Comme la précédente, cette espèce présente quelquefois des cas d'albinisme total ou partiel. Longueur totale : de 27 à 28 centimètres.

Cet oiseau habite de préférence les contrées montucuses et boisées de la Suède et de l'Ecosse. Il n'arrive chez nous que de passage. On le traite de la même manière que le Merle noir. Sa voix est plus basse que celle de ce dernier, mais elle est plus harmonieuse.

C. Le MERLE BLEU (*Turdus cyaneus*, Vieillot). Il est généralement d'un bleu plus ou moins foncé. Les rectrices et les rémiges sont d'un noir profond, et des cercles noirâtres et blanchâtres se dessinent sur les plumes du ventre. Le bec et les pieds sont noirs. Longueur : 21 à 22 centimètres. La femelle est d'un brun cendré. Les petits sont parsemés de petites taches blanchâtres.

Le Merle bleu habite les rochers escarpés de l'archipel Grec, de l'Italie, de l'Espagne et autres contrées méridionales. En liberté, il se nourrit d'insectes. En captivité, on le traite absolument, ainsi que ses petits, comme le Rossignol.

Le MERLE SOLITAIRE (*Sylvia solitaria*, Savi) ne diffère point du Merle bleu, bien qu'on en ait fait deux espèces.

D. Le MERLE DE ROCHE (*Turdus saxatilis*, Latham). Il a la tête et le haut du cou d'un bleu cendré ; les parties supérieures brunes, une partie du dos blanche. Les ailes et les deux pennes du milieu de la queue sont brunes ; les rectrices et le dessous du corps d'un roux vif. Longueur totale : 18 à 19 centimètres. La femelle est brun terne, sauf la gorge et les côtés du cou, qui sont d'un blanc pur. Les jeunes sont d'un brun cendré clair sur les parties supérieures, chaque plume terminée par une tache blanche grisâtre.

Le Merle de roche est commun dans les contrées du Midi, ainsi qu'en Allemagne et dans nos départements de l'Est. Il se tient de préférence sur les hautes montagnes, où il vit d'insectes et de fruits sauvages. En captivité, on le traite comme le Rossignol ; mais, malgré tous les soins, il est, dit-on, impossible de le conserver longtemps.

5° *Les Loriols.*

Les LORIOTS (*Oriolus,* Linné) sont des oiseaux de passage que l'on a confondus pendant longtemps avec les Merles, dont ils diffèrent cependant sous une foule de rapports. Ils arrivent dans nos climats au mois d'avril, et nous quittent au mois d'août pour revenir en Afrique. Quand ils arrivent, ils vivent de chenilles, de scarabées, de vermisseaux, en un mot, de tous les insectes et de tous les vers qu'ils peuvent saisir; mais leur nourriture de prédilection, ce sont les cerises, les figues, les pois, les baies de sorbier, etc. Deux de ces oiseaux suffisent pour dévaster en un jour un cerisier bien garni, parce qu'ils ne font que becqueter les cerises les unes après les autres, et n'entament que la partie la plus mûre.

Il ne vient en Europe qu'un seul Loriot : c'est le

LORIOT JAUNE (*Oriolus galbula,* Linné), appelé vulgairement *Loriot, Compère Loriot, Merle jaune, Merle d'or.* Cet oiseau, un des plus beaux que possèdent nos climats, a la tête, le cou et les parties supérieures et inférieures du cou d'un magnifique jaune d'or ; les ailes, les pennes médianes de la queue et une partie des latérales d'un noir profond, avec un liseré blanc jaunâtre à l'extrémité des rémiges, une tache jaune au milieu des primaires, et le tiers inférieur des rectrices latérales jaune. Longueur totale : 27 centimètres et demi. La femelle diffère du mâle en ce que, dans son plumage, le jaune est remplacé par de l'olivâtre, et le noir par du brun. Avant leur première mue, les jeunes ressemblent à leur mère, et miaulent comme des chats.

Dès leur arrivée, les Loriots s'apparient et travaillent à leur nid : ils le placent au sommet des grands arbres, à la bifurcation de deux petites branches. Ils le construisent à l'extérieur avec des brins de paille, de chanvre ou de laine qu'ils entrelacent d'une manière admirable, et en garnissent l'intérieur de mousse, de toiles d'araignées, de soies de chenilles et de plumes. Les œufs, au nombre de quatre ou cinq, sont blanchâtres, semés de petites taches d'un brun noirâtre. Il n'y a qu'une ponte par an.

Les Loriots sont très-difficiles à conserver. Non point qu'on ne puisse aisément les faire vivre en leur donnant des fruits ; mais soit défaut de goût pour la nourriture qu'on leur présente, soit ennui de la captivité, ils se laisseraient mourir de faim si on ne leur faisait avaler de force des aliments. Ce n'est qu'au bout de beaucoup de temps qu'ils touchent d'eux-mêmes ce qu'on leur donne, et il est difficile de trouver en hiver une nourriture qui puisse leur convenir.

Quand on prend un vieux mâle, il faut d'abord le tenir dans un endroit tranquille et retiré, lui donner des cerises fraîches, puis ajouter à cette nourriture, soit des œufs de fourmi et de la mie de pain blanc imbibée de lait, soit la pâtée des Rossignols. On peut aussi y ajouter des vers de farine, de la viande cuite très-finement hachée. Mais, quoi que l'on fasse, le succès est tout à fait incertain ; il est même très-rare que l'on puisse conserver l'oiseau plus de trois ou quatre mois.

Pour élever des jeunes, il faut les prendre du nid de très-bonne heure, les nourrir d'œufs de fourmi, d'un peu de viande hachée et de pain blanc trempé de lait, en variant ces aliments suivant l'état de leur santé et suivant que leurs déjections sont plus ou moins liquides ; enfin, les accoutumer peu à peu à la nourriture des Rossignols. Mais ici encore, la réussite est très-problématique. On a vu cependant deux Loriots élevés jeunes, dont l'un, outre son chant naturel, sifflait une fanfare, tandis que l'autre répétait un menuet. Les tons pleins, flûtés et moelleux de leur voix étaient extrêmement agréables. Malheureusement, les belles couleurs de leur plumage s'étaient ternies, ce qui arrive presque toujours, surtout dans une chambre remplie de fumée, fumée de tabac ou fumée de poêle ou de cheminée.

6° *Les Grives.*

Les Grives appartiennent à la même famille que les Merles, dont elles diffèrent surtout en ce qu'elles ont le plumage grivelé, c'est-à-dire marqué de petites taches noires ou brunes sur un fond de couleur variable.

Il existe en Europe quatre espèces de Grives, toutes simples oiseaux de passage pour les contrées du centre et du sud.

A. La Grande grive ou Grive draine (*Turdus viscivorus*, Linné), appelée aussi *Grosse grive* et simplement Draine, est la plus grosse de nos grives : elle a 30 centimètres de longueur du bout du bec à celui de la queue. Tout le dessus du corps est d'un brun olivâtre, avec une teinte roussâtre sur le croupion. Le dessous et la gorge sont d'un blanc sale, varié de brunâtre, et parsemé uniformément de taches noires triangulaires. Les pieds sont jaunes. Le bec est brunâtre. La femelle ne diffère du mâle que parce que ses taches noires sont moins nombreuses et plus pâles.

La Draine niche dans les forêts de sapins du Nord, et arrive en France dans l'automne, pour s'en retourner au printemps. Comme les autres espèces de Grives, elle mange des baies de gui, dont les graines ne restent pas longtemps dans ses intestins. Elle les rend entières et sans avoir perdu leurs qualités végétatives. Les baies de l'if, du genévrier, du houx sauvage et de l'aubépine, forment sa nourriture de l'automne et de l'hiver. Ceux des oiseaux de cette espèce qui passent l'été dans nos climats, y mangent des cerises, des groseilles et du raisin.

Les Draines vont par petites compagnies, et font leurs nids sur les arbres chargés de mousse et de lichens : elles les construisent de mousse et d'herbes sèches ; elles couvent de bonne heure et font plusieurs pontes, chacune de quatre ou cinq œufs d'un gris tacheté. Elles nourrissent leurs petits de vers, de chenilles et autres insectes.

La Draine n'est pas difficile à nourrir dans la chambre. Elle s'accommode fort bien des pâtées ordinaires ; elle se contenterait même de gruau ou de son humecté d'eau. On a remarqué cependant que, pour lui donner de la gaîté et l'engager à chanter, il fallait lui donner du pain imbibé de lait, un peu de viande et autres mets de la table, et surtout renouveler souvent son eau. La carotte râpée lui plaît beaucoup. Son chant est assez agréable.

Ses maladies les plus communes sont l'obstruction de la glande adipeuse, la constipation et l'atrophie. La première peut être prévenue par le bain : on soulage et même on guérit les autres avec la bouillie de pain blanc et le lait donné à propos.

B. La Grive litorne (*Turdus pilaris*, Linné), appelée aussi *Calandrotte*, *Tourdelle*, ou simplement Litorne. C'est la Grive la plus grosse après la Draine. Elle est d'un cendré bleuâtre, quelquefois varié de noir sur la tête, le cou et le croupion. Le haut du dos et les couvertures des ailes sont châtain. La gorge et la poitrine sont d'un roux clair, avec des taches noires sur le milieu de chaque plume. Le ventre est blanc et le bec jaunâtre, avec les pieds bruns. Longueur totale : 27 centimètres. La femelle se distingue du mâle par la coloration générale de son plumage, qui est d'un ton plus obscur.

La Litorne est de passage en automne dans les pays tempérés. Elle a les mêmes mœurs que la Draine, et réclame, en captivité, les mêmes soins. Du reste, elle n'a rien de remarquable, et, si on la met en cage, ce n'est guère que pour la faire servir d'appelant à la chasse. Le nom de *Grive de genièvre* qu'on lui donne dans plusieurs pays vient de ce qu'elle habite principalement les lieux couverts de genévriers.

C. La Grive commune (*Turdus musicus*, Linné), appelée aussi *Grive musicienne*, *Grive chanteuse* ou simplement la Grive. C'est l'espèce la plus commune en France. A peu près de la taille du Merle commun, elle est olivâtre en dessus, blanchâtre, tachée de roux et ponctuée de noir en dessous, avec le bas-ventre et le dessous de la queue blancs, le bec et les pieds jaunâtres. Sa longueur est de 24 centimètres. La femelle ressemble tellement au mâle, qu'il est presque nécessaire d'avoir les deux sexes sous les yeux pour les bien distinguer. Il y a, dans cette espèce, des cas nombreux d'albinisme complet ou partiel : de là les variétés dites *blanches, panachées, à tête blanche, cendrées*, etc.

La Grive est de passage dans nos climats. Quelques individus cependant séjournent toute l'année. Elle fréquente habituellement les bois voisins des prairies et des ruisseaux. C'est sur les branches inférieures des arbres qu'elle place son nid. Elle y fait deux pontes par an, chacune de trois à six œufs d'un bleu foncé tacheté de noir.

On recherche la Grive à cause de son chant qui est très-agréable. On peut même lui apprendre à siffler des airs. En liberté, elle vit d'insectes et de baies. En captivité, la nourriture qui lui convient le mieux est le gruau d'orge imbibé de lait. On ne doit jamais oublier de tenir constamment beaucoup d'eau fraîche à sa portée. Quant aux petits, on les élève assez facilement en leur donnant du pain blanc imbibé de lait cuit.

D. La GRIVE MAUVIS (*Turdus iliacus*, Linné), ou simplement LE MAUVIS. C'est la plus petite de nos Grives. Elle est brun roussâtre en dessus, avec les ailes mélangées de roux et de brun-noir. Les joues et les côtés du cou sont blancs, marbrés de noir. La poitrine est grivelée de roux vif, de noir intense et de blanchâtre. Le ventre est blanchâtre, taché de roux. Enfin, les flancs sont d'un marron très-vif et les pieds jaunes, avec le bec noirâtre. Longueur totale : 22 centimètres. La femelle a le plumage plus clair. En outre, le dessous du corps est blanc et les taches de la poitrine sont gris-brun. Comme dans la précédente, il y a, dans cette espèce, des cas d'albinisme assez fréquents.

Le Mauvis habite proprement les contrées du Nord. Il

arrive dans celles du Midi vers la fin d'octobre, et repart
à la fin de mars ou au commencement d'avril. Il a les
mêmes mœurs que la Litorne, et s'élève, en cage, de la
même manière, et pour le même objet.

7° *Les Fauvettes sylvaines.*

Les **Fauvettes sylvaines** ou **Sylvies** (*Motacilla*, Linné ;
Sylvia, Latham ; *Curruca*, Bechstein) sont les *Fauvettes
vraies*, celles de nos buissons et de nos bosquets. Elles
sont toutes très-aptes à la vie familière, ont toutes à peu
près les mêmes mœurs, sont toutes douées d'un ramage
agréable, et vivent dans les lieux secs.

Les espèces européennes les plus importantes sont :

A. La Fauvette a tête noire (*Motacilla atricapilla,*
Linné). C'est l'espèce qu'on élève le plus généralement.
Longue de 15 centimètres, elle a le sommet et le derrière
de la tête jusqu'aux yeux couverts d'une calotte noire.
Un gris cendré ardoise colore le reste de cette partie et
le tour du cou : il est plus clair sur la gorge, et s'étend
sur le gris-blanc de la poitrine, dont les flancs sont om-
brés de noirâtre. Le ventre et les couvertures inférieures
de la queue sont également gris cendré. Le dos est d'un
gris-brun tirant sur l'olivâtre, ainsi que le croupion, les
couvertures supérieures de la queue, les petites couvertures des ailes et le bord extérieur des pennes, dont
l'intérieur est d'une teinte plus foncée. Le bec est brun,
et les pieds sont de couleur de plomb. La femelle diffère
surtout du mâle, en ce que le dessus de la tête est d'un
roux-brun, et que le gris qui couvre le cou n'est pas
ardoisé. Les jeunes lui ressemblent jusqu'à la mue. Cependant, on reconnaît les mâles de cet âge par la teinte
de la tête, qui est d'un roux noirâtre.

De toutes les Fauvettes, il n'en est point qui affectionne plus sa femelle que le mâle de cette espèce, qui
montre autant de tendresse pour ses petits, et dont le
chant soit aussi agréable et aussi continu. Rien ne peut

altérer sa tendre affection, la perte de sa liberté même, à l'époque où les oiseaux en sont si jaloux, si c'est avec sa famille qu'il en est privé; il nourrit ses petits et sa femelle, la force même à manger, lorsque le chagrin que lui cause la captivité la porte à refuser toute nourriture qu'on lui présente.

C'est vers le 15 avril que ces oiseaux s'occupent du berceau de leur famille. Le mâle cherche la position la plus favorable; et lorsque son choix est fait, il semble l'annoncer à sa femelle par un ramage plus doux et plus tendre. C'est presque toujours dans les petits buissons d'églantier et d'aubépine, à la hauteur de 60 centimètres ou de 1 mètre de terre, sur le bord des chemins riverains des bois, dans les bois mêmes et dans les haies, que la femelle place son nid : elle lui donne une forme petite et peu profonde, le fait d'herbes sèches à l'extérieur, et de beaucoup de crins à l'intérieur. Elle fait ordinairement trois couvées par an, de trois à cinq œufs chacune. Si l'on touche à ses œufs, elle les abandonne, mais moins souvent que ses congénères. Le mâle la soulage, dans le travail de l'incubation, depuis dix heures du matin jusqu'à quatre et cinq heures du soir. Quand les petits de la première couvée sont assez forts pour sortir du nid, les parents leur enseignent le jour à voler, à manger seuls, et le soir ils les recueillent sur une même branche, serrés l'un contre l'autre, et se rangent près d'eux de chaque côté, en sentinelles vigilantes. Plus tard, quand ceux des deux autres couvées sont aussi assez drus pour voler, le père et la mère les font picorer et s'ébattre aux alentours du nid avec ceux de la première, et le soir, toute la famille se groupe également sur un même arbre, et, autant que possible, aussi sur la même branche, afin, le moment du départ venu, de pouvoir émigrer tous ensemble vers de plus doux climats.

La Fauvette à tête noire nous arrive en avril et nous quitte en septembre. Si elle est si recherchée pour la cage, c'est à cause de la beauté de son chant, qui ap-

proche de celui du Rossignol. Elle joint à cela une amabilité peu commune ; elle affectionne d'une manière tou-
chante celui qui a soin d'elle, a pour l'accueillir un
accent particulier et « s'élance vers lui, dit Buffon, contre
les mailles de sa cage, comme pour s'efforcer de rompre
cet obstacle et de le joindre, et par un continuel batte-
ment d'ailes, accompagné de petits cris, elle semble exprimer l'empressement et la reconnaissance. »

En liberté, la Fauvette à tête noire se nourrit d'insectes
parfaits et de leurs larves. Au besoin, elle mange aussi
les baies et les fruits. En captivité, elle se trouve bien
des pâtées ordinaires, auxquelles on ajoute un peu de
chènevis écrasé, et, de temps en temps, des insectes, des
œufs de fourmi ou des vers de farine. En été et pendant
l'automne, on lui donne également quelques baies de
sureau. Du reste, quand on la laisse libre dans la chambre, elle devient presque omnivore. Elle mange même la
viande. Une précaution qu'on ne doit pas négliger, c'est
de tenir constamment de l'eau fraîche à sa portée, parce
qu'elle aime beaucoup à se baigner.

On se procure cet oiseau de diverses manières. Les uns
préfèrent les jeunes qu'on attrape aux abreuvoirs vers
le mois d'août et de septembre : leur chant a, dit-on,
plus de mélodie et a plus de rapports avec celui des
Fauvettes en liberté. Pour les accoutumer à la cage, on
leur lie les extrémités des ailes, et on leur donne la nourriture du Rossignol, avec des fruits tendres, même des
poires et des pommes, afin qu'ils s'apprivoisent plus
facilement. Quand on veut les élever pris au nid, on se
les procure quand ils sont à plus de moitié couverts de
plumes, c'est-à-dire, huit à neuf jours après leur naissance, et on les nourrit comme les jeunes Rossignols ;
mais, pour une parfaite réussite, il faut les tenir très-
proprement sur de la mousse sèche et renouvelée deux
fois par jour : on peut encore leur donner une pâte
liquide, composée de jaune d'œuf, de chènevis broyé et
de mie de pain. Lorsqu'ils mangent seuls, on y joint du

persil haché très-menu, et on donne à cette nourriture la consistance de la pâte ; comme elle les engraisse promptement, ce qui souvent leur occasionne la mort, on en corrige la malignité, surtout celle du chènevis, en leur donnant des poires ou des pommes coupées en deux, des figues, des raisins et autres petits fruits dont ils sont très-friands. Pendant l'hiver, on les place dans un endroit chaud ; il suffit que leur boire et leur manger ne puissent se geler. L'on assure qu'ils peuvent perfectionner leur chant, si on les tient à portée d'entendre le Rossignol.

A l'époque du départ, qui est au mois de septembre, comme nous l'avons dit, les Fauvettes à tête noire s'agitent beaucoup, surtout pendant la nuit, au clair de la lune, ce qui en fait périr un grand nombre ; ce tourment dure jusqu'en novembre, et, après ce temps, elles sont tranquilles jusqu'à la même époque de l'année suivante : cette envie de voyager ne les quitte qu'après plusieurs années de captivité. L'on en a conservé en cage pendant dix ans ; mais le cours de leur vie est ordinairement de cinq à six.

Avec des soins, on parvient à faire nicher cette espèce. En captivité, il faut pour cela la tenir dans un jardin, et que la volière soit garnie d'arbustes toujours verts. On la tient dans un appartement pour la conserver pendant l'hiver.

La Fauvette à tête noire est sujette aux mêmes maladies que le Rossignol. Elle est, en outre, très-souvent atteinte de marasme. On la guérit de cette affection en lui donnant à manger beaucoup de vers de farine et d'œufs de fourmi, et en lui faisant boire de l'eau ferrée. Une autre maladie, qui est particulière aux Fauvettes laissées libres dans la chambre, se manifeste par la chute des plumes. L'oiseau atteint doit être aussitôt mis en cage. Il faut ensuite le tenir au soleil ou près du feu, et le nourrir parfaitement. Ces moyens, joints à deux ou trois bains d'eau tiède, un par jour, suffisent généralement pour faire pousser de nouvelles plumes et rendre la santé au malade.

B. La FAUVETTE ORDINAIRE ou FAUVETTE ORPHÉE (*Sylvia orphea*, Temminck), appelée vulgairement la *Colombaude*, le *Bec-fin-Orphée*, ou, tout simplement, FAUVETTE. Elle est brun cendré en dessus, blanchâtre en dessous, avec du blanc au fouet de l'aile, la penne externe de la queue aux deux tiers blanche, la suivante marquée d'une tache blanche au bout, et les autres d'un liseré. Sa longueur est de 17 centimètres.

La Fauvette orphée nous arrive en avril et repart en septembre. Elle est surtout commune dans nos départements méridionaux. Son nid, fait d'herbes, de laine, de crins, est ordinairement placé sur les ramées qui soutiennent les pois. La femelle y pond quatre ou cinq œufs, qu'elle couve alternativement avec le mâle, mais qu'elle ne manque pas d'abandonner quand on les a touchés, ou bien lorsqu'elle a vu rôder autour quelque animal qu'elle croit pouvoir devenir funeste à sa progéniture. Ce nid est un de ceux que le Coucou choisit le plus souvent pour déposer ses œufs, et, ce qu'il y a de plus singulier, c'est que la Fauvette, non-seulement tolère cette usurpation, mais encore couve parfaitement les intrus.

La Fauvette ordinaire vit dans les haies, les buissons, les bosquets des jardins et les champs semés de légumes. Tant que dure le jour, elle agace ses semblables, les poursuit à travers la feuillée et les tiges des plantes, et chacune de ces attaques, aussi légère qu'innocente, se termine par une petite chanson. Le matin, elle recueille la rosée. Après les chaudes pluie d'été, on la voit courir sur les feuilles mouillées et se baigner dans les gouttes qu'elle en fait tomber.

C. La FAUVETTE ROUSSATRE (*Sylvia cinerea*, Latham), appelée aussi *Fauvette grise*, *Fauvette cendrée*, GRISETTE. Le dessus du corps est d'un gris-brun roussâtre, et le dessous d'un beau blanc. Il y a du blanc au bord et au bout de la queue, et les longues plumes de l'aile, ainsi

que les couvertures, sont bordées de roux. Sa longueur
ne dépasse pas 16 centimètres. La femelle, outre qu'elle
est un peu plus petite que le mâle, n'a pas la gorge
blanche de ce dernier, et de plus, est d'un roux moins
foncé sur les ailes.

La Grisette est commune dans toutes les parties de
l'Europe. Elle arrive en mars dans nos départements du
Nord, et repart en septembre pour les climats méridionaux. D'un caractère vif et pétulant, elle voltige sans
cesse dans les buissons isolés, les broussailles, les taillis,
les vergers. A la différence des autres oiseaux, qui se
taisent pendant la chaleur du jour, elle continue son ramage tant que le soleil brille, ne s'interrompant que
pour avaler les insectes qu'elle peut saisir.

Elle construit son nid avec de la mousse et de la
paille fine à l'extérieur, et du crin à l'intérieur, et le
place assez près de terre, dans les taillis, les broussailles, les colzas, dans une touffe d'herbes, ou même entre
des racines au bord de l'eau. Elle pond de quatre à six
œufs. Les petits en sortent de si bonne heure, qu'il est
très-difficile de les prendre.

La Fauvette grise s'élève et se conserve de la même
manière que ses congénères.

D. La FAUVETTE BABILLARDE (*Sylvia curruca*, Latham),
nommée aussi *Bec-fin babillard*. On l'appelle ainsi à cause de
son ramage qui consiste en une sorte de babil continuel,
mais monotone. Un peu plus petite que les précédentes,
car elle ne mesure guère plus que 13 à 14 centimètres,
elle a le dos brunâtre, la tête cendrée et le ventre blanc,
avec la première penne de la queue blanche en grande
partie. La femelle ne se distingue du mâle qu'en ce que
la couleur de la tête est un peu plus claire, et que les
pattes sont d'un bleu-noir moins foncé.

Cette Fauvette se tient presque toujours dans les buissons peu élevés, quelquefois dans les jeunes taillis, presque jamais sur les arbres. Elle aime beaucoup les groseilles; aussi, la voit-on souvent voleter le long des haies

de jardin où il y a des groseilliers. Elle fait l'extérieur
de son nid avec des brins de foin, et l'intérieur avec un
mélange de soies de porc et de très-menues racines, et
elle le place, soit sur un jeune sapin, soit dans un buisson d'épine blanche ou de groseillier. Les œufs qu'elle y
pond sont au nombre de cinq à six.

La Babillarde exige encore plus de soin que les autres Fauvettes. Elle vit même très-peu de temps en captivité, si on l'a prise un peu âgée. La nourriture qui lui
convient le mieux est la pâtée de Rossignol, additionnée
de beaucoup d'œufs de fourmi et de vers de farine.

E. La Fauvette rayée (*Sylvia nisoria*, Bechstein), nommée vulgairement *Fauvette épervière*, *Bec-fin rayé*. Elle
ressemble beaucoup à la Colombaude, surtout par ses
mœurs et par son caractère. Elle a 17 à 18 centimètres de
longueur. Ce qui la distingue de cette dernière, c'est
qu'elle porte des ondes grisâtres transversales sur le
ventre.

F. La Fauvette des jardins (*Sylvia hortensis*, Bechstein),
vulgairement appelée *Fauvette bretonne*, *Petite Fauvette*,
Bec-fin fauvette et *Passerinette*. Elle a la même taille que
la Grisette, et se rencontre peut-être plus communément
encore dans notre pays. Elle est d'un gris-brun olivâtre
en dessus et d'un blanc jaunâtre en dessous, et n'a point
de blanc à la queue. Elle construit son nid, à un mètre
et demi environ au-dessus du sol, sur les arbrisseaux,
les buissons, les touffes de hautes herbes. On cite un trait
curieux d'une Fauvette de cette espèce. Deux fois elle
avait fait son nid dans un buisson de lierre accolé au mur
d'un jardin, et deux fois le vent détruisit le frêle édifice.
L'oiseau reprit une troisième fois son œuvre au même
endroit, mais il apporta un brin de laine et l'attacha aux
branches du buisson avec une telle habileté que le vent
put dès lors souffler sans ébranler le nid.

G. Les Fauvettes accenteurs. On en distingue deux espèces.

a. La Fauvette d'hiver (*Motacilla modularis*, Linné : *Ac-*

centor modularis, Cuvier), appelée vulgairement Mouchet.
Elle diffère des autres Fauvettes par la forme de son bec,
qui est plus exactement conique et dont les mandibules
sont un peu rentrées. Elle en diffère encore en ce qu'elle
n'émigre pas et semble ne pas craindre le froid. Seulement, pendant l'hiver, elle descend du sommet des arbres
et se réfugie dans l'épaisseur des taillis, ce qui lui a valu
le nom vulgaire de *Traîne-buissons*.

Le Mouchet est fauve, tacheté de noir en dessus et cendré ardoisé en dessous, avec les flancs et le croupion d'un
gris roussâtre. Sa longueur est de 14 à 15 centimètres.
La femelle a la tête plus chargée de taches brunes. En
outre, elle a la poitrine d'une teinte moins obscure. Elle
pond cinq à six œufs, d'un bleu-vert, dans un nid de
mousse et de menues racines, qu'elle construit dans les
buissons les plus épais.

Cette espèce est insectivore aussi bien que granivore.
Les insectes et leurs larves constituent sa nourriture pendant la belle saison et pendant l'hiver. C'est surtout en
automne qu'elle se nourrit de graines, et elle y joint diverses baies, principalement celles de sureau.

La Fauvette d'hiver s'apprivoise sans peine et se reproduit en captivité aussi aisément qu'en liberté. Il faut
éviter, pendant la mauvaise saison, de la tenir dans un
endroit trop fortement chauffé. On lui donne du chènevis,
de la navette, de l'œillette, etc. Elle mange aussi de tous
les menus débris de la table. Quant aux petits, on les
élève fort bien avec du pain blanc et de la graine d'œuil-
lette imbibée de lait. Placés à côté d'un Rossignol, ils en
imitent assez le chant pour embellir le leur, mais sans
pouvoir cependant le rendre aussi harmonieux.

b. La Fauvette des Alpes (*Motacilla alpina*, Gmélin;
Accentor alpinus, Bechstein), nommée aussi *Accenteur al-
pin*. Elle présente la même forme de bec que le Mouchet.
C'est un oiseau qui a la tête, la poitrine, le cou et le dos
d'un gris cendré avec de grandes taches brunes sur le
haut du dos; la gorge blanche avec des écailles brunes;

les ailes et la queue noirâtres, à pennes lisérées de cendré ; le ventre et les flancs roux, mêlés de gris et de blanc. Sa longueur est de 16 centimètres. La femelle et les petits ont le dos plus obscur, et leur ventre est bigarré de brun foncé.

L'Accenteur des Alpes est désigné vulgairement sous le nom de Pégot. Il habite les hauts pâturages de la Suisse et de l'Allemagne méridionale ; mais, en hiver, il descend dans les vallées et se répand jusqu'autour des fermes et des villages. Il niche dans les fentes des rochers, ce qui lui a fait aussi donner le nom d'*Alouette des rochers*, et pond cinq œufs verdâtres. Comme le Mouchet, il se nourrit d'insectes et de graines.

Cette espèce s'apprivoise assez aisément. On lui donne presque exclusivement des œufs de fourmi, du pain blanc, des graines d'œillette et du chènevis écrasé.

8° *Les Pouillots.*

Après les Roitelets, ce sont les plus petits oiseaux d'Europe. Ils habitent les bois pendant l'été, et les quittent en automne pour se répandre dans les jardins et les vergers. Ils chantent toujours et, en même temps, ils se remuent sans cesse, sautant de branche en branche, furetant sous toutes les feuilles pour chercher les chenilles et les insectes qui constituent toute leur nourriture. Ce sont ces mouvements perpétuels qui leur font donner, dans les campagnes, les noms de *Frétillet, Fénérotet.*

Les Pouillots vivent par petites bandes. Les uns quittent l'Europe à l'automne et y reviennent au printemps, tandis que les autres se contentent d'aller passer la mauvaise saison dans les contrées les plus méridionales.

A. Le Pouillot fitis (*Motacilla trochilus*, Linné), nommé vulgairement *Bec-fin Pouillot, Fauvette fitis.* Il a le dessus de la tête, du cou et du corps d'un cendré verdâtre, les parties inférieures blanches, lavées de jaunâtre et flammées de jaune à la gorge, au cou et à la poitrine, les rémiges et les rectrices d'un gris-brun, bordées de vert-olive. Longueur totale : 12 centimètres.

Le Pouillot fitis est répandu dans toute l'Europe. C'est une des espèces de passage. Il arrive vers le mois de mars et repart à la fin d'août. Sa ponte est de cinq à six œufs, d'un blanc pur ou légèrement jaunâtre, pointillés de rouge de brique pâle.

B. Le POUILLOT VÉLOCE (*Sylvia rufa*, Latham; *Motacilla rufa*, Gmélin), vulgairement appelé *Bec-fin véloce, Fauvette véloce, Pouillot collybite*. Il a le dessus de la tête, du cou et du corps d'un gris-brun plus ou moins olivâtre, avec les sourcils et les paupières jaunâtres, et une tache brunâtre devant et derrière les yeux. La gorge et le devant du cou sont d'un blanc sale tirant au jaunâtre; la poitrine, l'abdomen et les flancs d'un blanc terne, strié de brun clair et de jaunâtre; les sous-caudales d'un jaune clair; les ailes d'un brun-gris, avec les plumes frangées d'olivâtre; les rectrices semblables aux rémiges. Longueur totale : 12 centimètres.

Cette espèce habite la France, l'Italie, la Sicile, l'Allemagne, la Suisse. Sédentaire dans nos départements méridionaux, elle passe l'hiver au bord des cours d'eau garnis de broussailles. Elle se montre, mais en petit nombre, dans ceux du Nord, où elle arrive vers la fin de mars et d'où elle repart dans le courant de septembre. Son nid contient quatre ou cinq œufs blancs pointillés de noir.

C. Le POUILLOT SYLVICOLE (*Sylvia sylvicola*, Latham), nommé vulgairement *Fauvette sylvicole, Bec-fin siffleur, Pouillot siffleur*. Il a le dessus de la tête, du cou et du corps d'un cendré vert nuancé de jaunâtre; les sourcils, les joues, la gorge, le devant et les côtés du cou, le haut de la poitrine, d'un blanc-jaune : un trait brunâtre passe sur les yeux. Le bas de la poitrine, l'abdomen et les sous-caudales sont d'un blanc argentin lavé de grisâtre sur les flancs, de jaune verdâtre sur les cuisses. Les talons sont couverts de plumes jaunes, les ailes brunes, avec

les plumes bordées de jaune verdâtre. La queue est également brune, avec les pennes lisérées de jaune verdâtre
en dehors. Longueur totale : 12 centimètres et demi.

Ce Pouillot habite l'Italie, la France et l'Allemagne. Il
se montre de passage, de mai à la fin d'août, dans les
contrées du Nord. Sa ponte est de cinq ou six œufs blancs
ou grisâtres, pointillés de brun.

9° *Les Fausses Fauvettes* ou *les Rousserolles.*

Les oiseaux de ce groupe vivent sur les bords des lacs
et des rivières, et, en général, dans tous les lieux aquatiques. On les désigne aussi sous le nom de *Fauvettes ri-
veraines*, à cause des lieux qu'elles fréquentent habituellement. Ce sont :

A. La GRANDE ROUSSEROLLE (*Sylvia turdoides*, Temminck ; *Turdus arundinaceus*, Gmélin), appelée vulgairement la *Rousserolle.* A peu près de la taille du Merle
mauvis. Elle est brun roussâtre dessus, jaunâtre dessous,
avec le menton et la gorge blancs, et un trait jaunâtre
sale qui s'étend des narines au-dessus des yeux. Longueur : 19 centimètres. Outre qu'elle est plus petite que
le mâle, la femelle est plus foncée en dessus, plus claire
en dessous, et le sommet de la tête est lavé de roux.

La Rousserolle ressemble tellement au Rossignol, que,
dans plusieurs de nos départements, on l'appelle *Rossignol de rivière*. Elle niche parmi les roseaux ou aux branches des buissons voisins. Les œufs, au nombre de cinq
à six, sont d'un blanc grisâtre, avec des mouchetures
noires. Avant leur première mue, les jeunes ont presque
le plumage de la Fauvette grise. Les insectes aquatiques
forment la nourriture de cette espèce. Cependant, au besoin, elle mange aussi des baies.

La Rousserolle est un oiseau chanteur, et son chant,
qu'elle fait entendre régulièrement le soir et le matin, a
beaucoup de rapports avec celui du Rossignol. Cette circonstance fait qu'on la met souvent en cage. On la traite

comme ce dernier, mais, quelque soin qu'on prenne, si elle a été privée de sa liberté à l'état adulte, il est rare qu'on puisse la conserver plus de cinq à six mois. Elle dépérit peu à peu, probablement parce que la nourriture qu'on lui donne est trop différente de celle qu'elle prend en liberté. On jouit plus longtemps de cet oiseau si l'on peut se procurer des jeunes tirés du nid. On les élève absolument comme ceux du Rossignol, et si l'on place auprès d'eux un Rossignol adulte, ils s'en approprient et en perfectionnent si bien le chant qu'ils deviennent des musiciens plus agréables que lui.

B. La PETITE ROUSSEROLLE (*Sylvia arundinacea*, Latham ; *Motacilla arundinacea*, Gmélin), appelée vulgairement *Effarvate*, *Bec-fin des roseaux*. Elle est semblable à la précédente pour le plumage et pour les mœurs ; mais sa taille est d'un tiers moindre. Sa longueur n'est que de 12 centimètres.

C. La FAUVETTE VERDEROLLE (*Sylvia palustris*, Bechstein), nommée vulgairement *Fauvette des roseaux*, la VERDEROLLE. Le dessus du corps est vert, lavé d'olive ; le dessous blanc jaunâtre, avec une ligne jaune paille au-dessus des yeux. Une bande gris olive borde la queue et les pennes des ailes, dont le fond est noirâtre. Longueur totale : 13 centimètres et demi. La femelle diffère surtout du mâle en ce qu'elle a les parties supérieures gris roussâtre lavé d'olive, et les inférieures gris-blanc lavé de jaune.

La Verderolle a les mêmes mœurs et presque le même chant que la grande Rousserolle. Ses œufs, au nombre de cinq ou six, sont d'un blanc verdâtre, pointillés de vert olive. On lui donne la nourriture du Rossignol et, en outre, tous les petits insectes, mouches, cousins, tipules, etc., qu'on peut se procurer. Il n'est guère possible d'élever les petits qu'avec des œufs de fourmi.

D. La BOUSCARLE (*Sylvia Celti*, La Marmora), appelée vulgairement *Rossignol des marais*. Elle a le plumage brun châtain en dessus et blanc en dessous, avec des taches brunes sur les flancs. Ses œufs, au nombre de quatre ou de cinq, sont rouge brique. Cette espèce, qui est longue de 14 centimètres, est particulière aux contrées méridionales : pendant l'hiver, elle est commune dans nos départements du sud-est. On, la traite comme la précédente; mais son chant, quoique sonore, est trop saccadé pour être musical.

E. A cette section appartiennent encore :

La Fauvette hypolaïs (*Motacilla hypolais*, Linné), appelée vulgairement *Lusciniole;*

La Fauvette phragmite (*Sylvia phragmites*, Bechstein), nommée vulgairement *Bec-fin phragmite, Fauvette des joncs, Grasset;*

La Fauvette locustelle (*Sylvia locustella*), appelée vulgairement *Locustelle* ou *Fauvette tachetée;*

Et la Fauvette fluviatile (*Sylvia fluviatilis*, Meyer), vulgairement nommée *Bec-fin riverain.*

10° *Le Rouge-gorge.*

Le Rouge-Gorge (*Motacilla rubecula*, Linné), appelé vulgairement *Marie godrie, Maroyette*, est une des espèces qui forment le genre Rubiette. Il est gris-brun en dessus, avec le front, le tour des yeux et la gorge d'un rouge orangé, le bas de la poitrine cendré sur les côtés et blanc au milieu, le ventre aussi blanc, les côtés d'un brun olivâtre terne, ainsi que les pennes des ailes et de la queue : les moyennes des ailes sont terminées par une petite tache rousse et de forme triangulaire qu'on appelle *miroir.* La femelle est un peu moins grande que le mâle. De plus, elle n'a pas autant d'orangé au front, et ses ailes sont presque toujours dépourvues de miroirs. Les mâles de la première année ressemblent beaucoup aux femelles; mais on les reconnaît à leurs pattes, qui sont toujours brun-noir, tandis que ces dernières les ont d'un brun purpurin.

Le Rouge-gorge est remarquable par sa gaîté et la vivacité de son allure. Il passe tout l'été dans nos bois, et ne vient à l'entour de nos habitations qu'à son départ en automne, et à son retour au printemps ; mais, dans ce dernier passage, il ne fait que paraître, et se hâte d'entrer dans les forêts pour y retrouver, sous le feuillage qui vient de naître, sa solitude et ses amours. Il place son nid près de terre, sur les racines des jeunes arbres, ou sur des herbes assez fortes pour le soutenir. Il le construit de mousse entremêlée de crin et de feuilles de chêne avec un lit de plumes au dedans ; souvent, après l'avoir construit il le comble de feuilles accumulées, ne laissant sous cet amas qu'une entrée étroite, oblique, qu'il bouche encore d'une feuille en sortant. On trouve ordinairement dans ce nid, cinq, six et sept œufs de couleur brune. Pendant tout le temps des nichées, le mâle fait retentir le bois d'un chant léger et tendre : c'est un ramage suave et délicieux, animé par quelques modulations plus éclatantes, et coupé par des accents gracieux et touchants qui semblent être les expressions des désirs de l'amour. La société de sa femelle non-seulement le remplit en entier, mais semble même lui rendre importune toute autre compagnie. Il poursuit avec vivacité les oiseaux de son espèce et les éloigne du petit canton qu'il s'est choisi ; jamais le même buisson ne loge deux paires de ces oiseaux aussi fidèles qu'amoureux.

Le Rouge-gorge cherche l'ombrage épais et les endroits humides. Il se nourrit de vermisseaux et d'insectes de toutes sortes, qu'il chasse avec adresse et légèreté. Il mange aussi des baies de sureau, des raisins, des alizes et de plusieurs autres fruits. Il n'est pas d'oiseau plus matinal que lui. Il est, en effet, le premier éveillé dans le bois, et son chant commence dès l'aube. De plus, il est peu défiant, facile à émouvoir, et son inquiétude ou sa curiosité fait qu'il donne aisément dans tous les piéges. C'est toujours le premier oiseau qu'on prend à la pipée.

Quand le froid devient rude et que la terre est couverte de neige, cet oiseau entre dans les maisons, y ramasse les mies de pain, les graines et même les petits morceaux de viande. Dans les bois, il suit les bûcherons et ramasse, presque entre leurs jambes, les miettes qui tombent lorsqu'ils prennent leurs repas.

Le Rouge-gorge supporte la captivité sans en témoigner beaucoup d'humeur. Il s'apprivoise même au point de venir manger dans la main et de deviner les petites choses qu'on lui commande. Les premiers jours de la captivité, on lui donne des vers de terre ou de farine, mais il ne tarde pas à manger, pour ainsi dire, de tout. Cependant, le fromage paraît être pour lui un aliment de prédilection. Il faut avoir soin de tenir constamment à sa disposition une quantité d'eau fraîche assez grande pour qu'il puisse se baigner chaque fois qu'il veut.

Le Rouge-gorge vit de dix à douze ans. La maladie qui l'attaque le plus souvent est la diarrhée. On l'en guérit en lui faisant manger quelques araignées ou quelques vers de farine.

11° *La Gorge bleue, la Gorge noire, le Rouge-queue.*

Ces trois oiseaux appartiennent au genre Rubiette comme le Rouge-gorge, avec lequel ils ont beaucoup de rapports.

La Gorge-bleue (*Motacilla suecica*, Linné ; *Motacilla cyanecula*, Latham) a le plumage brun cendré dessus, la gorge d'un magnifique bleu de ciel, et le ventre d'un blanc sale.

La Gorge noire ou Phœnicure (*Motacilla phœnicurus*, Gmélin) a aussi le plumage brun dessus, mais sa gorge est noire, avec la poitrine, le croupion et les pennes latérales de la queue d'un roux ardent. Cette espèce niche dans les vieux murs et fait entendre un chant doux qui a quelques-unes des modulations de celui du Rossignol : de là le nom de *Rossignol des murailles* sous lequel on la désigne vulgairement.

Le Rouge-queue (*Motacilla erythacus*, Latham) diffère surtout du précédent, en ce que sa poitrine est noire comme sa gorge. Comme ce dernier, on l'appelle *Rossignol de muraille.* On lui donne aussi le nom de *Bec-fin de muraille*.

Ces trois espèces ont le même genre de vie que le Rouge-gorge, et réclament, en captivité, les mêmes soins. Toutefois, le Rossignol des murailles, quand il est pris vieux, supporte très-difficilement la perte de la liberté, et s'il ne meurt pas, il reste triste et silencieux.

12° *Le Rossignol.*

Le ROSSIGNOL (*Motacilla luscinia*, Linné) fait partie du groupe des Rubiettes. On en distingue deux espèces : le ROSSIGNOL ORDINAIRE (*Luscinia aëdon*, Temminck) et le ROSSIGNOL PHILOMÈLE (*Luscinia philomela*, Temminck) : c'est le premier qu'on élève ordinairement.

Le Rossignol ordinaire est un peu moins gros que le Moineau et un peu plus que la Fauvette commune. Il a le dessus de la tête et du cou, le dos, le croupion, les scapulaires, les couvertures supérieures des ailes et de la queue, d'un brun tirant sur le roux ; la gorge, le devant du cou, la poitrine, le ventre, d'un gris-blanc ; les flancs gris, ainsi que les jambes ; les couvertures inférieures de la queue d'un blanc roussâtre ; les deux pennes intermédiaires d'un brun-roux ; les autres de cette même teinte à l'extérieur, et d'un rouge-brun à l'intérieur ; les pennes des ailes d'un gris tirant sur le roux en dehors, et d'un cendré brun bordé de roussâtre du côté interne ; les pieds et les ongles de couleur de chair ; le bec brun foncé en dessus, et gris-brun en dessous. Sa longueur est de 16 centimètres.

La femelle ressemble tellement au mâle, qu'il est très-difficile de la distinguer : néanmoins, elle est ordinairement d'un gris plus cendré. Le jeune mâle se fait connaître par son gazouillement presque aussitôt qu'il mange seul, et le vieux en ce qu'il a l'anus plus gonflé et plus allongé, ce qui forme un tubercule d'environ 4 millimètres au-dessus du niveau de la peau ; ce tubercule est

plus apparent au printemps, et n'est pas aussi sensible
dans les autres saisons, distinction qui, dans la plupart
des oiseaux, surtout les petits, indique la différence des
sexes.

Le Rossignol est répandu dans toute l'Europe, mais il
n'est sédentaire nulle part. En général, il arrive en France
au mois d'avril et nous quitte au mois de septembre pour
des climats plus chauds. Comme il est d'un naturel ti-
mide et solitaire, il arrive et part seul. On le rencontre
d'abord le long des haies qui bordent les terrains cultivés et les jardins, où il trouve une nourriture plus
abondante que partout ailleurs; mais il y reste peu de
temps, car dès que les forêts commencent à se couvrir
de verdure, il se retire dans les bois et les bosquets, où
il se plaît sous le plus épais feuillage. L'abri d'une col-
line, le voisinage d'un ruisseau, la proximité d'un
écho, sont les endroits qu'il préfère. Le mâle a toujours
deux ou trois arbres favoris, sur lesquels il se plaît à
chanter, et ce n'est guère que là qu'il donne à son ramage toute l'étendue dont il est susceptible; il préfère
cependant celui qui est le plus proche du nid, sur lequel
il ne cesse d'avoir l'œil.

Les Rossignols s'apparient peu après leur arrivée. Une
fois apparié, le mâle ne souffre aucun de ses pareils dans
le canton qu'il a choisi. L'étendue de son arrondissement
semble dépendre du plus ou moins d'abondance dans la
substance nécessaire à sa famille; mais où la nourriture
abonde, la distance des nids est beaucoup moindre. Cependant la jalousie y entre pour quelque chose, puisque
les mâles se battent à outrance pour le choix d'une compagne, et ces combats se répètent souvent à leur arrivée,
car, dans cette espèce, les femelles sont beaucoup moins
nombreuses que les mâles.

C'est vers la fin d'avril ou au commencement de mai,
que chaque couple travaille à la construction de son nid.
Des herbes grossières, des feuilles de chêne sèches, et en
grande quantité, sont employées au dehors; des crins,

des petites racines, de la bourre, garnissent le dedans ;
le tout est lié ensemble, mais d'une manière si fragile,
que, dès qu'on déplace le nid, tout l'édifice s'écroule. Il
le construit ordinairement près de terre, dans les broussailles, au pied d'une haie, d'une charmille, ou sur les
branches les plus basses de quelque arbuste touffu, et
le tourne au levant.

La ponte est de quatre à cinq œufs d'un brun verdâtre, uniforme ;· le brun domine au gros bout et le verdâtre au petit.

L'incubation dure dix-huit à vingt jours : c'est alors
que le mâle emploie ses plus beaux sons , et qu'il re-
double nuit et jour les efforts de son ramage pour di-
vertir et consoler sa compagne des peines de la ponte et
de l'ennui de la couvaison. Dès que les petits sont éclos,
le père et la mère en prennent un soin égal ; mais dès
qu'ils peuvent voltiger, ce qui arrive au bout de quinze
jours, le mâle se charge seul du reste de l'éducation,
tandis que la femelle s'occupe d'un nouveau nid pour sa
seconde ponte. Elle fait cette nouvelle ponte en juin, puis
une troisième à la fin de juillet : elle en fait exception-
nellement une quatrième.

Le Rossignol est essentiellement insectivore et vermi-
vore. Néanmoins, il mange aussi des baies de sureau, des
mûres et des groseilles.

De tous les oiseaux, le Rossignol est celui qui a le
chant le plus harmonieux, le plus varié et le plus éclatant. Il n'est pas un seul oiseau chanteur qu'il n'efface ;
il réunit les talents de tous ; il réussit dans tous les
genres. On compte dans son ramage seize reprises différentes, bien déterminées par leurs premières et dernières notes ; il les soutient pendant vingt secondes, et la
sphère que remplit sa voix, est au moins d'un mille de
diamètre. Il n'est pas étonnant qu'on ait cherché les
moyens de jouir plus longtemps de ce ramage inimita-
ble ; mais, pour conserver à sa voix le charme qui, dans
l'oiseau libre, disparaît avec ses amours, il faut le tenir

en captivité ; ce n'est pas assez, il exige de la patience, des attentions ; il faut lui prodiguer les soins que ne demandent pas les autres oiseaux ; car c'est un captif d'une humeur difficile, qui ne rend le service désiré qu'autant qu'il est bien traité.

Le Rossignol s'habitue sans trop de peine à la captivité, et, quand il est pris jeune, il s'apprivoise parfaitement. « Nous avons vu à Paris, dit le naturaliste Gerbe, deux Rossignols qui, pris jeunes et élevés dans un jardin, sortaient librement de leur cage, y rentraient pour prendre leur repas, et ne manquaient jamais, après avoir erré pendant toute la journée, de venir y passer la nuit. L'hiver, on les conservait dans une volière pour les rendre à la liberté au printemps. Ces oiseaux accouraient au moindre appel de la personne qui les avait élevés, et se montraient plus farouches avec les étrangers. »

On se procure les Rossignols de trois manières : — pris dans le nid, — pris jeunes avant la mue et au départ, — pris adultes au printemps.

1° *Les jeunes*. — Pour trouver un nid de Rossignol où il y a des petits, il faut aller le matin, au lever du soleil, et le soir, au soleil couchant, près du lieu où l'on a toujours entendu chanter le mâle, ce qu'il ne fait ordinairement que peu éloigné du nid ; on s'y tient tranquille sans faire de bruit ; les allées et venues du père et de la mère, les cris des petits indiqueront certainement l'endroit où il est ; ce moyen est presque immanquable. Il faut se garder, dès qu'on veut les élever à la brochette, de les tirer hors du nid avant qu'ils ne soient bien couverts de plumes.

On doit choisir ceux de la première ponte : ils sont toujours plus vigoureux et ils chanteront plus tôt. De plus, la mue qui en fait périr une partie, les prend dans les chaleurs, et ils sont plus en état de la supporter.

On les met avec le nid et de la mousse dans un panier couvert, en ayant soin de tenir le couvercle un peu ouvert pour la communication de l'air, ou de le faire à claire-voie, et de le couvrir pendant la nuit d'une étoffe chaude.

Il faut surtout prendre garde qu'ils ne sortent du panier après leur avoir donné la becquée, de peur qu'ils ne prennent dans le moment la goutte, qui est pour eux un mal incurable

On les tient dans le panier très-proprement jusqu'à ce qu'ils soient assez forts pour se soutenir sur leurs jambes. Alors on les met dans une cage dont le fond est garni de mousse. Avec toutes ces précautions, on est certain de les amener à bien et d'avoir des oiseaux bien portants, robustes et propres au chant, pourvu toutefois qu'on se conforme, quant à la manière de les nourrir, à ce que nous allons dire.

En premier lieu, il faut savoir leur donner la nourriture et la leur refuser à propos ; car ils sont si délicats que le moindre excès pourrait les étouffer. On ne doit donc pas avoir égard à leur demande réitérée, car ils ouvrent le bec à tout moment, soit qu'on les approche, soit qu'on touche au nid. On leur donne la première becquée une demi-heure après le lever du soleil, la seconde une heure après, et ainsi d'heure en heure jusqu'à la dernière, qui sera vers le soleil couchant. Après, il faut les refuser, quoiqu'ils demandent, mais la dernière doit être plus forte que les autres à cause de la nuit. On se sert pour cela d'une petite brochette de bois bien unie, un peu mince par le bout et de la largeur d'environ le petit doigt, et on ne leur donne à chaque fois que quatre becqués. Après trois semaines ou un mois au plus, ils mangent seuls et les mâles commencent à gazouiller. C'est le moment de les séparer : on les met dans différentes cages, car ces oiseaux aiment à vivre seuls.

La nourriture qui convient aux jeunes Rossignols est la même que l'on prépare pour les vieux, et dont nous donnerons plus loin la composition. Seulement, on la fait assez consistante pour pouvoir la prendre avec la brochette.

Comme ces oiseaux sont très-délicats, il est souvent très-difficile de les élever. Aussi est-il préférable de les

faire soigner par leur père et par leur mère, moyen qui
réussit toujours et qui, en outre, procure des sujets bien
portants et bons chanteurs. Quand on se décide pour une
éducation de ce genre, on choisit ordinairement les jeunes provenant des dernières pontes : ceux des autres pontes seraient tout aussi bons, mais si les amateurs agissent
ainsi, c'est parce qu'ils réservent ces derniers pour l'incubation en volière, au printemps suivant. Les petits en-
levés, on procède à la capture des vieux. On se sert pour
cela d'un filet que l'on tend le plus près possible du nid.
On les met aussitôt, avec le nid et les petits, dans un cabinet très-peu éclairé. On leur donne à boire et à manger
dans trois pots de faïence peu profonds; dans l'un est
l'eau, dans un autre sont cinquante à soixante vers de
farine, et dans le troisième la nourriture ordinaire, à laquelle on joint des œufs de fourmi : pour les décider
plus tôt à manger, on jette de ces derniers en abondance
sur le plancher. On les traite enfin, quant à la nourriture,
ainsi que les Rossignols nouvellement pris, dont il sera
parlé ci-après. On doit, en outre, pour les familiariser
avec leur nouveau domicile, y mettre des paquets de
branches feuillues, et couvrir le plancher de mousse. Les
arbres en caisse toujours verts et touffus, comme lauriers, buissons ardents, etc., conviendraient encore mieux,
d'autant plus qu'il en résulte un avantage très-grand
pour leur tranquillité, puisqu'on ne serait pas obligé
d'entrer dans leur prison pour changer la verdure. En
opérant ainsi, l'on a bientôt la satisfaction de voir le père
et la mère prendre des vers de farine, des œufs de fourmi
et de la pâtée pour les donner à leurs petits.

Ces oiseaux ont une telle affection pour leur progéniture, qu'oubliant promptement la perte de leur liberté,
ils lui prodiguent les mêmes soins que dans les bois, et
montrent pour elle la même sollicitude; ils jettent aussi
le cri d'alarme si quelque chose les offusque, et à ce cri
leur jeune famille se cache aussitôt dans la mousse et la
feuillée.

Ceux qui veulent faire nicher au printemps suivant, conservent les vieux, et ont soin de les séparer en les mettant dans des cages particulières ; autrement on doit donner la liberté à la femelle, ainsi qu'aux jeunes de son sexe qu'on reconnaît facilement à leur silence. Au contraire, les jeunes mâles, ainsi qu'il a été déjà dit, commencent leur ramage dès qu'ils mangent seuls. On peut donc être certain qu'un jeune, qui un mois après ne gazouille pas, est une femelle.

Il y a encore un moyen plus facile pour les personnes qui sont déjà munies de vieux Rossignols pris au filet, et conservés depuis quelques années, ou du moins depuis un an, de s'éviter la peine d'élever soi-même des petits à la brochette, et celle de les porter ensuite à la campagne pour perfectionner leur chant.

On prend pour cet effet des petits Rossignols dans le nid, qu'on met dans la même chambre où il y a un vieux Rossignol. On commence à donner aux petits les premières becquées, laissant la cage du vieux ouverte jour et nuit, et ayant soin de mettre un petit pot de la nourriture propre aux petits, à côté de celui de la mangeaille. En même temps, on n'oublie pas de laisser toujours crier un peu les petits avant de leur donner la becquée. En procédant ainsi, on ne tarde pas à voir le vieux Rossignol sortir de sa cage, s'approcher du nid en gazouillant, et enfin se remplir le bec de pâtée pour la distribuer aux jeunes. Aussitôt qu'on reconnaît, le matin, qu'il a donné la becquée dès la pointe du jour, on peut lui confier entièrement les petits. Dès ce moment, il les élève jusqu'à ce qu'ils mangent seuls, époque à laquelle on les enferme dans des cages séparées.

Quand on aime à élever ainsi de petits Rossignols, il vaut mieux se pourvoir d'avance d'une femelle, qu'on gardera une année en cage pour être nourrice. La femelle, plus portée à soigner les petits, ne manquera jamais de le faire. Une autre raison doit encore la faire préférer : c'est que le mâle, pendant qu'il nourrit, est si occupé du soin de ses nourrissons, qu'il ne se donne presque pas le temps de chanter, et qu'ainsi on perd l'agrément de son chant pendant cette saison.

Les jeunes qu'on doit préférer sont ceux de la première ponte : on peut leur donner tel instituteur que l'on voudra ; mais les meilleurs, si l'on ne désire que leur ramage, sont les vieux, et l'on choisit celui qui a la plus belle voix, car tous ne chantent pas également bien.

A mesure que le jeune mâle avance en âge, sa voix se forme par degrés, et elle est dans toute sa force sur la fin de décembre. Il apprend facilement des airs étrangers, sifflés à la bouche ou au flageolet, si on les lui fait entendre assidument pendant quelques mois. Il apprend même, dit-on, à chanter alternativement avec un chœur, à répéter ses couplets à propos, et même à parler la langue que l'on voudra ; mais, dans ce cas, il faut faire le sacrifice de son chant naturel ; ou il le perd en entier, ou il est en partie gâté par les sons étrangers, et souvent on finit par le regretter, puisque sa variété, qui en fait le principal mérite, est remplacée par une monotonie qui à la longue devient ennuyeuse. Enfin, un autre inconvénient qui n'arrive que trop souvent, c'est qu'il oublie une partie du premier et n'apprend qu'une partie du second, d'où il résulte un chant coupé et très-imparfait.

Cependant, si on veut lui apprendre quelques airs, voici comment on doit s'y prendre : on met le jeune élève, dès qu'il commence à gazouiller, dans une cage couverte de serge verte, que l'on place dans une chambre éloignée, non-seulement de tout oiseau étranger, mais encore des autres Rossignols, afin qu'il ne soit distrait par aucun ramage. Aucune personne, autre que celle qui est chargée de le soigner, ne doit entrer dans la pièce.

Dans les huit premiers jours, on accroche la cage près de la fenêtre, après quoi on l'en éloigne peu à peu, jusqu'à ce qu'elle soit dans l'endroit de la chambre le plus sombre, où l'oiseau doit rester tout le temps de son éducation. Six leçons par jour suffisent, deux le matin en se

levant, deux dans le milieu de la journée, et deux le soir
en se couchant : celles du soir et du matin doivent être
les plus longues, parce que c'est l'instant où il est plus
attentif : on répète à chaque leçon, dix fois au moins l'air
qu'on lui apprend; on le siffle, on le joue tout de suite
sans répéter deux fois le commencement et la fin. Il peut
exécuter deux airs avec facilité; mais si on lui en apprend
plus, il arrive souvent qu'il les confond, et ne sait rien
parfaitement.

L'instrument dont on se sert doit être plus moelleux et
plus bas que le petit flageolet ordinaire, ou les serinettes
propres à siffler les Serins. Un gros flageolet fait en flûte
à bec, dont le ton est grave et·plein, convient mieux au
gosier du Rossignol; mais celui qui paraît remplir le but
désiré est une serinette à Bouvreuil que l'on nomme *Bou-
vrette* ou *Pione*. Cependant, on doit avertir l'instituteur
de ne pas se rebuter et abandonner son écolier, parce
qu'il l'entend toujours gazouiller comme à son ordinaire,
sans donner aucun signe d'instruction, après sa mue et
même pendant l'hiver, car ce n'est souvent qu'au printemps que plusieurs répètent les airs qu'ils ont appris.
On ne doit pas espérer réparer la faute qu'on a faite en
cessant de l'instruire, car, à cet âge, il n'est plus susceptible d'éducation. Parmi les jeunes qu'on· élève, il s'en
trouve qui chantent la nuit, mais la plupart commencent
·à se faire entendre le matin sur les huit à neuf heures,
dans les jours courts, et toujours plus matin à mesure
que les jours croissent.

Il ne faut pas oublier que les airs artificiels qu'on apprend aux Rossignols ne valent pas leur chant·naturel.
Le mieux serait donc, pour faire hâter l'éducation d'un
jeune, de le placer à portée d'entendre un autre Rossi-
·gnol dont la voix serait entièrement formée.

2o *Jeunes et vieux Rossignols pris au filet.* — Les jeunes
Rossignols pris vers l'automne doivent être traités de la
·même manière que les vieux; ils n'ont sur ceux-ci que
l'avantage de chanter pendant l'hiver, dès la première
année, et de se familiariser plus volontiers.

Si l'on veut faire chanter le Rossignol captif, il faut le
bien traiter dans sa prison, tâcher de lui rendre sa captivité aussi douce que la liberté : en l'environnant des
couleurs de ses bosquets, en étendant la mousse sous ses
pieds, en le garantissant du froid et des visites impor-
tunes, en lui donnant surtout une nourriture abondante
et qui lui plaise. A ces conditions, il chantera au bout
de huit jours, et même plus tôt s'il est pris avant d'être
apparié, c'est-à-dire avant le 25 avril. Autrement, il est
très-rare qu'il ne succombe à la perte de sa femelle; mais
il ne chante plus ou très-peu, s'il est pris après le 15 de
mai.

Les cages qui conviennent aux Rossignols sont en forme
de caisse rectangulaire et de dimensions variables. On en
compte trois sortes.

Les cages de la première sorte sont destinées à recevoir l'oiseau aussitôt après sa capture. Elles sont longues
de 40 à 50 centimètres, hautes de 35 à 40, et profondes
de 25 à 30. Une serge verte les couvre en dessus. Le devant est fermé par une grille de fer ou de bois couverte
comme le dessus. La porte est sur le côté, dans le bas;
elle est assez grande pour que la main puisse y entrer et
sortir aisément. Au-dessus du pot destiné à mettre la
mangeaille, on pratique au haut de la cage un petit trou
auquel on adapte un entonnoir de fer-blanc, par lequel
l'on fait tomber la pâte et les vers de farine dans le vase
qui est au-dessous, ce qui évite de troubler l'oiseau plusieurs fois par jour, et à quoi l'on serait forcé sans cela,
vu qu'il faut lui donner des vers au moins en trois reprises. Le pot à boire est de l'autre côté de la porte, et
placé de manière qu'on puisse le prendre et le remettre
sans déranger la cage et sans bruit.

On fixe la cage sous un petit auvent au-dehors d'une
fenêtre, de manière qu'on puisse atteindre à la porte sans
rien déranger. L'exposition du levant, étant la meilleure,
doit être préférée; celle du midi fatigue l'oiseau, l'empêche de chanter, le dessèche, et souvent le rend aveugle

au bout de quelques mois. La cage doit y rester pendant toute la saison du chant, et il ne faut pas la nettoyer tant qu'il reste dans cette prison, de peur de l'effaroucher; il n'en résulte aucun inconvénient pour ses pieds, car il ne quitte les juchoirs que pour boire et manger. Lorsqu'il a cessé de chanter, on la retire et on la tient dans la chambre, et pour l'accoutumer peu à peu au grand jour, on élève insensiblement la serge qui est devant le grillage.

Les cages de la seconde espèce sont celles où le Rossignol doit rester, et dans lesquelles on le met quand il s'est un peu habitué à la captivité. Elles sont sans serge sur le devant, et ont une seconde porte au milieu des barreaux, afin de pouvoir, au besoin, donner la liberté au prisonnier, quand on le juge suffisamment apprivoisé. Les pots pour le boire et le manger sont placés de chaque côté de cette porte, à la hauteur d'un doigt près des bâtons, en dedans de la cage et dans un petit cercle de fer. La cage doit avoir un double fond qui se retire quand on veut la nettoyer; on peut même s'éviter l'embarras de le faire souvent, en mettant dans le fond de la mousse bien sèche, sur laquelle la fiente de l'oiseau se dessèche promptement, et ses pieds, par ce moyen, restent toujours propres. L'entonnoir dont il a été question plus haut est inutile, puisque, en présentant des vers de farine à l'oiseau, on l'accoutume facilement à venir les prendre à la main; il faut lui en donner peu, car ce mets, qui est pour lui une friandise, le fait maigrir; on doit aussi éviter d'en mettre dans sa pâtée, à moins qu'ils ne soient coupés, parce que, comme ils se réfugient dans le fond du pot, le Rossignol jette toute sa mangeaille pour les avoir, et la jette par la suite pour les chercher, quoiqu'il n'y en ait pas.

Les cages de la troisième sorte servent à renfermer les Rossignols aveugles naturellement ou rendus tels exprès pour en tirer un chant plus continu. Chacune d'elles doit être petite et n'avoir que trois juchoirs, un pour le boire, un pour le manger, et le troisième au milieu de la cage.

Elle doit être faite de sapin ou de hêtre bien sec et bien sain ; les planches doivent être très-minces. L'ouverture est, comme dans les précédentes, sur le devant. Les deux premiers juchoirs sont éloignés des pots de 55 millimètres tout au plus. Les pots sont placés dans des petits cercles de fil-de-fer, sur chaque côté en dedans de la cage, et couverts en dehors d'une grille de fer voûtée. Les cages de ce genre doivent aussi avoir un tiroir pour le nettoyage.

Aussitôt qu'un Rossignol est pris, on lui fait avaler quelques gouttes d'eau pour le rafraîchir, ce à quoi on parvient en lui trempant le bec à plusieurs reprises dans un petit pot plein d'eau. Cette petite opération terminée, on l'introduit dans une cage de la première espèce, dont on a eu soin de garnir le pot à mangeaille de vers de farine. Le prisonnier reste quelque temps tranquille, mais les vers de farine réveillent bientôt son appétit, et lui font oublier sa liberté Quatre heures après son emprisonnement, on doit le visiter, entr'ouvrir légèrement la porte de la cage, tirer avec deux doigts le pot aux vers de farine, et en remettre vingt-cinq nouveaux. On couvre en même temps le fond du pot d'un peu des pâtes décrites ci-après, et qui doivent être sa nourriture ordinaire. Sur les sept heures du soir, on lui fait une troisième visite pour lui donner encore vingt-cinq vers, dont on coupe quelques-uns en deux avec des ciseaux, afin que la pâte s'y attache, et que le prisonnier puisse en avaler insensiblement et en prendre le goût. On en met aussi quelques-uns dans l'abreuvoir, afin qu'en les voyant remuer, il s'aperçoive qu'il y a de l'eau.

Le second jour, on lui donne la même quantité de vers en trois fois, savoir : vingt-cinq à huit heures du matin, autant à midi, et autant à sept heures du soir, ayant soin de couper tous les vers en deux, et de les mêler un peu avec la pâte. On fait la même chose le troisième jour ; mais l'on doit alors couper les vers en trois ou quatre parties, et faire le même mélange. On suit cette marche

pendant trois semaines, après quoi l'on diminue peu à
peu le nombre des vers, en augmentant à proportion la
quantité de la pâte, afin qu'il ne manque pas de nourriture; plus il mange de cet aliment, plus il devient vigoureux et plus il chante. Si l'on peut se procurer des
vers avec facilité, on peut continuer de lui en donner dix
à quinze par jour, tant qu'il chante.

Comme nous l'avons dit plus haut, le Rossignol, aussi
.timide et solitaire qu'il soit, est capable, à la longue,
d'attachement. Il n'aime point le changement; il devient
triste, inquiet et cesse de chanter, si on le transporte
d'un local dans un autre, si même on le change de place,
quoique dans la même chambre; c'est pourquoi l'on doit,
pour ne pas interrompre son chant, le laisser au même
endroit pendant toute la saison.

Le Rossignol qu'on tient en cage, a coutume de se baigner après qu'il a chanté. C'est pourquoi on doit lui
donner tous les jours de l'eau fraîche. Enfin, cet oiseau,
d'un naturel très-craintif, lorsqu'il n'est pas apprivoisé,
s'effarouche à la vue du moindre objet qui lui est étranger. Il périt immanquablement, si, comme les autres
oiseaux, on le met dans une cage à jour de tous côtés;
il s'y débat comme un furieux, jusqu'à ce qu'il se soit
tué. Au contraire, lorsque le jour lui est interdit de tous
côtés, il est tranquille, se console en chantant et en mangeant des vers de farine.

On a vu que cet oiseau a deux saisons pour chanter,
le mois de mai et celui de décembre; mais on peut en
changer l'ordre à son gré. Pour cela, on met, au commencement du mois de décembre, un vieux mâle dans une
des cages faites pour cet objet, et décrite ci-dessus pour
les Rossignols aveugles. On l'enferme dans un cabinet
rendu obscur par degrés, on l'y tient jusqu'à la fin de
mai, et l'on ménage le retour de la lumière comme on l'a
retirée. Ce retour fait sur lui les effets du printemps;
et il chante en juin, époque où l'on agit de la même
manière pour un autre jusqu'à la fin de novembre. Ainsi,

avec deux vieux mâles, on en a toujours un qui chante
pendant tout le temps que l'autre se tait ; mais, pour une
parfaite réussite, il faut que celui qui est dans la chambre obscure n'entende pas le chant de l'autre, et que,
pendant l'hiver, le froid ne·puisse entrer dans son cachot.
Il faut y faire un feu ouvert ou de bois dans la cheminée,
sans se servir ni de poêle, ni de braise, parce qu'il est
arrivé plus d'une fois qu'on a perdu des oiseaux par la
vapeur du poêle ou du charbon. Des personnes les aveu-
glent pour en tirer un chant presque continuel.

Il n'est pas très-difficile de faire couver les Rossignols
en captivité. Quand on veut se livrer à une expérience
de ce genre, il vaut mieux se servir d'un mâle et d'une
femelle pris au nid, c'est-à-dire appariés naturellement.
On les enferme isolément dans des cages, que l'on place
dans la chambre où l'on veut que la ponte ait lieu au
printemps prochain, et, pour qu'ils s'accoutument plus
facilement à leur nouvelle habitation, on les laisse sortir,
de temps à autre, dans la pièce.

Cette alliance, dit Lesson, est d'autant meilleure qu'elle
est·due à la nature, car on ne réussit pas toujours en
appariant les Rossignols de force. Au commencement
d'avril, on ouvre la cage aux oiseaux pour ne plus la
refermer. On leur fournit alors les matériaux qu'ils ont
coutume d'employer pour leur nid, tels que feuilles de
chêne, mousse, chiendent épluché, bourre de cerf et crins.
Trois ou quatre fagots de bois sec et menu sont dans un
coin de la chambre, près de la fenêtre, l'un contre l'autre,
liés ensemble mais lâchement, et fixés par le gros bout ;
on les garnit de feuilles de chêne dans le haut, sur les
côtés et entre les branches, ne laissant d'ouverture, pour
leur en faciliter l'entrée, que celle par où l'on aura passé
la main. On imite ainsi un buisson, dans lequel ces oiseaux on coutume de construire leurs nids. On met encore dans la chambre un petit baquet de bois de 5 à 6 centimètres de profondeur, d'un mètre environ de diamètre
et rempli de terre, et un vase de 2 à 3 centimètres de

profondeur, rempli d'eau, afin qu'ils puissent s'y baigner. L'eau doit être renouvelée tous les jours, mais il faut retirer ce vase lorsque la femelle couve. La pièce doit être exposée au midi et garantie du vent du nord.

Quelques amateurs se procurent une jouissance plus agréable, en mettant le couple dans une grande volière plantée d'ifs, de charmille, de lilas, etc., ou plutôt dans un coin de jardin garni de ces arbrisseaux, et dont on fait une volière en l'environnant de filets. Cette méthode est plus favorable et plus sûre pour les faire couver.

On a observé plusieurs fois qu'on pouvait lâcher le père et la mère tant et si longtemps que les petits ne sont pas en état de voler, sans craindre de les perdre. Il suffit seulement d'avoir l'attention, dans les premiers jours, de ne pas les laisser sortir tous deux à la fois, mais de lâcher d'abord le mâle seul, ensuite la femelle encore seule, après quoi tous les deux ensemble; mais il faut surtout que l'ouverture par laquelle ils sortent et rentrent, soit proche de leur nid : ils profiteront de cette liberté pour attraper beaucoup d'insectes qu'on ne peut leur procurer, et très-nécessaires pour élever leurs petits. Enfin, il faut se garder d'entrer souvent dans la volière, tandis que le père et la mère ont la liberté de sortir, et n'y laisser entrer ni chien ni chat, ce qui suffirait pour la leur faire abandonner.

Il n'est pas d'homme qui ne désire posséder, dans un jardin orné de bosquets, un oiseau dont le chant, toujours différent de lui-même, varie sans cesse nos jouissances sans jamais nous lasser; un oiseau qui, au milieu de la nuit la plus sombre, fait retentir les bois et les échos de ses accents les plus éclatants. Nous allons donc lui indiquer les moyens de fixer près de sa demeure le *chantre des bois*.

Pour cela, on se procure le père et la mère lorsqu'ils ont des petits éclos depuis environ huit jours. Il faut les prendre de grand matin, ce qui se fait en moins d'une heure. Aussitôt qu'ils sont pris, on les enferme, séparés l'un de l'autre, dans un petit sac de soie ; après quoi, on enlève le nid sans toucher aux petits, et l'on coupe toutes les branches sur lesquelles il est posé ; si c'est un arbrisseau, on doit l'enlever tout entier. On transporte le tout à l'endroit destiné, et on le place dans un site qu'on choisit le plus semblable à celui d'où on l'a enlevé. Ensuite, on met le mâle dans une cage particulière, et la femelle dans une autre. Ces cages doivent être couvertes d'une serge verte et assez épaisse, avec une porte sur le devant, arrangée de manière qu'étant éloigné, on la puisse ouvrir avec une ficelle qui y sera attachée. Le nid posé, on place les cages une de chaque côté à la distance de vingt-cinq à trente pas, de manière que les petits se trouvent à peu près dans la même ligne entre les deux ; les portes doivent leur faire face.

Le tout ainsi préparé, on laisse crier les petits pendant un certain temps, jusqu'à ce que leur cri d'appel ait été bien entendu par le père et par la mère. Après quoi, on ouvre la cage de la femelle sans se montrer, puis celle du mâle lorsque celle-ci est sortie. Le mouvement de la nature ne tarde pas à les porter droit au lieu où ils ont entendu crier leurs petits, auxquels ils donnent de suite la becquée, et ils leur continuent ces mêmes soins jusqu'à ce qu'ils soient élevés. La jeune famille, assure-t-on, y reviendra l'année suivante et peuplera les bosquets, car ils ont l'habitude de revenir tous les ans dans les lieux où ils ont été élevés, sans doute s'ils y trouvent une nourriture convenable et les commodités pour y nicher, car sans cela, tout ce qu'on aurait fait serait en pure perte.

Le Rossignol, d'un naturel vorace, s'accommode volontiers de tout aliment, pourvu qu'il soit mélangé de viande. Les uns le nourrissent avec parties égales de chènevis pilé, de mie de pain, de persil et de chair de bœuf bouillie, hachés menus, le tout mêlé ensemble. D'autres prennent parties égales de pain d'œillette et de colifichet réduits en poudre, auxquels on ajoute du cœur de bœuf ou de mouton cuit, haché bien menu. D'autres encore

emploient une pâtée faite, soit avec un quart de pain
d'œillette pulvérisé et trois quarts de cœur de bœuf non
cuit, soit avec du jaune d'œuf cuit dur et un peu d'é-
chaudé, de mie de pain ou de chènevis écrasé, le tout
délayé avec quelques gouttes d'eau. Enfin, il en est qui
se contentent de donner des vers de farine vivants et du
cœur de bœuf cru découpé en très-fines languettes, et les
oiseaux s'en trouvent très-bien.

Toutes ces préparations sont excellentes, surtout les
dernières, mais il faut les renouveler très-souvent, sans
quoi elles s'aigriraient. La même raison fait aussi qu'on
ne peut en faire une grande quantité à la fois. C'est pourquoi on a imaginé la suivante, qui a la propriété de se
conserver très-longtemps. On prend un kilogramme de
farine de pois chiches, un kilogramme de rouelle de bœuf
haché bien menu et débarrassé des peaux, de la graisse
et des fibres, 500 grammes d'amandes douces choisies,
pelées, broyées et tamisées, douze œufs frais et 4 grammes et demi de safran, infusé dans un demi-verre d'eau
bouillante. On casse les œufs dans un plat, et on y mêle
parfaitement les autres substances en terminant par le
safran. Quand le mélange est terminé, on en forme des
gâteaux de l'épaisseur du doigt, qu'on fait sécher lentement au four après que le pain en a été retiré, ou dans
une tourtière frottée de beurre et placée sur un feu doux.
On reconnaît que ces gâteaux sont cuits à point, quand
ils ont la consistance du pain d'épice ou des biscuits
nouvellement faits. On les dépose alors dans un endroit
sec jusqu'au moment de s'en servir. Pour en faire usage,
on en émiette un morceau que l'on mouille avec un peu
d'eau.

Une autre pâtée, qui ressemble beaucoup à la précédente, s'obtient en délayant sur un feu doux, dans un
plat bien étamé, avec 152 grammes de beurre frais, un
demi-kilogramme de farine de pois chiches et quantité
égale d'amandes douces traitées comme ci-dessus. Quand
le beurre est fondu, on ajoute au mélange deux jaunes

d'œufs et une pincée de safran, et on remue le tout avec
une spatule de bois, en y jetant peu à peu quelques cuil-
lerées de miel écumé. Quand la composition a pris une
consistance convenable, on la fait passer dans un crible
dont les trous ont la grosseur d'un grain de millet. Il n'y
a plus alors qu'à enfermer la préparation dans un pot de
faïence bien bouché et placé à l'abri de l'humidité. Si,
au moment de les employer, les grains sont trop desséchés, on les ramollit avec un peu de miel écumé.

Une troisième pâtée se fait avec les mêmes substances
que la première, mais auxquelles on ajoute un demi-kilogramme de graine d'œillette, quantité égale de millet
décortiqué, autant de miel écumé, 60 à 90 grammes de
beurre frais, et 7 à 8 grammes de fleur de farine. On casse
les œufs, dont on prend seulement les jaunes, dans un
grand plat de terre, puis on y ajoute le miel et le safran.
Lorsque ces trois substances sont bien mélangées, on y
incorpore successivement la viande, les amandes douces
et les farines, ayant soin de remuer le tout avec une spatule de bois pour n'en faire qu'une espèce de bouillie
égale et sans grumeaux. Ensuite, on verse le tout dans
un grand plat de terre vernissée, dont on a eu soin de
graisser le fond avec le beurre, et on le met sur un feu
très-doux, en remuant toujours, surtout dans le fond, de
peur que la pâte ne s'y attache, et l'on continue ainsi jusqu'à ce qu'elle soit cuite, ce qui se connaît lorsqu'elle ne
s'attache plus aux doigts et qu'elle a la mollesse d'un biscuit nouvellement fait. On la retire alors de dessus le feu
pour la laisser refroidir entièrement dans le plat, après
quoi on la met dans une boîte de fer-blanc fermée de son
couvercle, et on la conserve pour l'usage dans un endroit
sec. Si, lorsqu'elle est refroidie, il y a beaucoup de gros
morceaux dans la pâte, il faudra la piler de nouveau, afin
de la rendre égale dans toutes ses parties, parce que les
Rossignols les préfèrent, et jettent les autres pour les
chercher jusque dans le fond du pot. Au contraire, si les
morceaux sont d'égale grosseur, ils les mangent tous.

Cette pâte, difficile à préparer si on ne l'a vu faire, ou si on n'en a pas un échantillon, dépend d'un degré de desséchement qu'on ne peut obtenir qu'en tâtonnant. Quand elle est trop sèche, elle perd de sa substance, et l'on est obligé d'y joindre souvent du cœur de mouton pour maintenir les Rossignols en embonpoint ; si, au contraire, elle n'est pas assez cuite, elle se moisit, et il faut l'employer promptement.

Les trois pâtes qui précèdent conviennent au Rossignol, parce qu'elles sont échauffantes : l'on a reconnu qu'elles l'excitaient à chanter, ainsi que les parfums ; mais elles ne conviennent point aux Fauvettes et autres petits oiseaux à bec tendre et délicat, quoiqu'ils s'en trouvent bien dans les premiers mois et qu'elles les engraissent : elles les dessèchent par la suite et les font périr d'éthysie ; on ne doit leur donner que la première nourriture indiquée ci-dessus.

Outre les diverses préparations dont il vient d'être question, on peut encore donner aux Rossignols des œufs de fourmi, des mouches, des araignées, des cloportes, des vers, des insectes de toute espèce, ainsi que des figues et des baies de cornouiller et de sureau, mais les vers de farine sont pour eux une nourriture de prédilection.

Avec des soins convenables, ces oiseaux vivent de quinze à vingt ans en cage.

On reconnaît que le Rossignol est en bonne santé quand il chante souvent dans la saison, qui est depuis décembre jusqu'à la fin de juin (il faut en excepter la première année de sa captivité, où il ne se fait guère entendre avant le mois de février), qu'il s'épluche fréquemment, surtout au dos, qu'il est gai, alerte, s'agite dans sa cage, secoue beaucoup les ailes et se pare de tous côtés ; enfin, qu'il dort sur un pied, mange bien et est avide de vers de farine.

Lorsque le Rossignol reste pendant la nuit dans le bas de sa cage, c'est un signe de maladie, à moins que ses doigts ne soient embarrassés par la fiente qui s'y attache, si on ne le tient pas proprement, et s'y durcit au point qu'il lui est impossible de se tenir sur son juchoir. En ce cas, on met l'oiseau dans la main, et on lui trempe les pieds dans l'eau tiède, afin de les nettoyer. Cet oiseau éprouve aussi de la difficulté à se percher quand ses ongles sont trop longs, mais il suffit de les rogner de temps en temps pour faire disparaître cette incommodité.

S'il est attaqué d'un mal au croupion, qui le fait languir, on fendra l'abcès avec la pointe des ciseaux, on le pressera un peu avec le bout du doigt, et on rétablira l'oiseau avec quelques vers de farine, des cloportes et des araignées. On lui évite cette maladie en le purgeant quelquefois, surtout au mois de mars, avec une demi-douzaine de ces dernières.

Quand, à force de chanter, il dessèche et maigrit, la graine de pavot est excellente dans sa pâte pour le tranquilliser, le rafraîchir et lui procurer du sommeil. Le cœur de mouton, purgé de ses peaux, fibres et veines, haché très-menu et mélangé à dose égale avec sa pâte, l'engraisse promptement, ainsi que les figues et les baies de sureau. On doit supprimer la graine d'œillette après la mue, époque où il prend beaucoup de graisse et est exposé à mourir de gras-fondure.

On guérit un Rossignol constipé en lui donnant à la fois quatre ou cinq vers de farine, ou une grosse araignée noire de cave ou de grenier. Ce remède est le plus efficace.

Lorsqu'il est incommodé du flux de ventre, ce qu'on voit à sa fiente plus liquide qu'à l'ordinaire, au remuement continuel de sa queue et à ses plumes hérissées, il faut lui donner du cœur de mouton arrangé comme il vient d'être dit.

Le Rossignol est sujet à la goutte, mais cette maladie attaque surtout les jeunes qu'on élève à la brochette : ceux, parmi ces derniers, qui l'ont avant de manger seuls, en périssent infailliblement, et dès qu'ils boitent, c'est perdre son temps que de les élever. Lorsque les vieux pris aux filets en sont atteints, ce qui est assez rare, cela vient de ce que la cage se trouve exposée à quelque vent coulis dont ils n'ont pu se garantir. Il suffit, pour les en débarrasser, de les mettre dans un endroit chaud. On doit, afin de leur éviter cette maladie, garnir le fond de la cage de mousse et de sable.

De tous les maux que cet oiseau ne connaît pas en liberté, le plus dangereux est le mal caduc, car il en périt si, dès qu'il en est attaqué, on ne vient promptement à son secours.

Lorsque les Rossignols ont avalé quelque chose d'indigeste, ils le rejettent sous forme de pilules ou de petites pelottes, comme font les oiseaux de proie; mais ce n'est point une maladie, cela vient de ce qu'ils n'ont point de jabot, et qu'ils n'ont qu'un seul canal ou œsophage qui conduit à l'estomac.

Enfin, il faut visiter deux fois par an le Rossignol, au mois de mars et au mois d'octobre, pour voir s'il n'est pas trop gras ou trop maigre; car son air extérieur est souvent trompeur. Quelquefois il est malade sans le paraître, quelquefois il ne l'est pas, quoiqu'il le paraisse, soit en portant mal ses plumes, soit en dormant le jour, ce qui arrive souvent aux deux époques du voyage, parce qu'il s'est fatigué à se débattre pendant la nuit.

13° *Le Troglodyte.*

« Dans le choix des dénominations, dit Buffon, celle qui peint ou qui caractérise l'objet doit toujours être préférée : tel est le nom de *Troglodyte,* qui signifie habitant des antres et des cavernes, que les anciens avaient donné à ce petit oiseau, et que nous lui rendons aujourd'hui, car c'est par erreur que les modernes l'ont appelé *Roitelet :* cette méprise vient de ce que le véritable Roitelet est aussi petit que le Troglodyte. »

Le TROGLODYTE (*Troglodytes europeus*, Leach ; *Sylvia troglodytes,* Latham) est donc ce petit oiseau qu'on voit paraître dans les villages et près des villes au début de l'hiver, et jusque dans la saison la plus rigoureuse, exprimant d'une voix claire un petit ramage gai, particulièrement vers le soir ; se montrant un instant sur le haut des piles de bois, sur les tas de fagots, où il rentre le moment d'après, ou bien sur l'avance d'un toit où il ne reste qu'un instant, et se dérobe vite sous la couverture ou dans un trou de muraille. Quand il en sort, il voltige, sa petite queue est toujours relevée. Il n'a qu'un vol court et tournoyant, et ses ailes battent d'un mouvement si vif, que les vibrations en échappent à l'œil.

Le Troglodyte, que, dans quelques départements, les paysans apellent le *roi Berlaut*, est coupé transversalement par petites zones ondées de brun foncé et de noirâtre sur le corps et les ailes, sur la tête et même sur la queue ; le dessous du corps est mêlé de blanchâtre et de gris : son plumage est, en raccourci, et pour ainsi dire en miniature, celui de la Bécasse. Les couleurs de la femelle sont plus claires.

Ce très-petit oiseau est le seul qui reste dans nos contrées jusqu'au fort de l'hiver : il est le seul qui conserve sa gaîté dans cette triste saison On le voit toujours vif et joyeux ; son chant haut et clair est composé de notes brèves rapides, *sidiriti, sidiriti ;* il est coupé par reprises de cinq à six secondes. C'est la seule voix légère et gracieuse qui se fasse entendre dans cette saison où le silence des habitants de l'air n'est interrompu que par le croassement désagréable des Corbeaux. Il chante surtout le soir, quand il a neigé ou que le froid doit être plus vif pendant la nuit ; il vit alors dans les basses-cours, dans les chantiers ; il fréquente aussi les bords des sources chaudes et des ruisseaux qui ne gèlent pas ; se retirant encore dans des saules creux, où quelquefois ces oiseaux se rassemblent jusqu'au nombre de vingt.

Au printemps, le Troglodyte demeure dans les bois, où il fait son nid près de terre ou sur quelque branchage épais. Ce nid, assez informe, est composé de mousse à l'extérieur, et proprement garni de plumes en dedans. Il échappe souvent à la recherche des dénicheurs, parce qu'il ne paraît être qu'un petit tas de mousse jetée au hasard. L'oiseau y pond neuf à dix petits œufs, qu'il abandonne s'il s'aperçoit qu'on les a découverts. Les petits se hâtent de quitter le nid avant de pouvoir voler, et on les voit courir comme des petits rats dans les buissons.

En liberté, il se nourrit de petits insectes, qu'il cherche en hiver dans les granges, les écuries, les caves, les crevasses des murs. En captivité, il faut lui donner d'abord des œufs de fourmi et des vers de farine.

14° *Le Roitelet.*

Le Roitelet (*Motacilla* ou *Sylvia*, Linné; *Regulus*, Vieillot) est le plus petit oiseau de nos pays. Il a 9 centimètres de long, et pèse à peine 5 à 6 grammes. On en distingue deux variétés : le *Roitelet commun* (*Regulus cristatus*, Cuvier) et le *Roitelet triple bandeau* ou *à moustaches* (*Regulus ignicapillus*, Cuvier).

A. Le Roitelet commun a sur la tête une petite couronne aurore, bordée de noir de chaque côté, et composée de plumes longues, un peu effilées, qu'il redresse à volonté en forme de huppe. Un trait noir part du bec et traverse l'œil. Le derrière de la tête et du cou, le dos, le croupion, les couvertures supérieures de la queue, sont d'un olivâtre légèrement nuancé de jaunâtre. Tout le dessous, depuis la base du bec, est d'un roux clair, tirant à l'olivâtre sur les flancs. Il a le tour du bec blanchâtre; les narines recouvertes de quelques plumes; les pennes des ailes brunes, bordées à l'extérieur de jaune olivâtre; les couvertures des mêmes teintes, et terminées de blanc sale, d'où résultent deux bandes transversales de cette couleur; les pennes de la queue d'un gris-brun, bordées comme celles des ailes; le bec noir et les pieds jaunâtres. La huppe de la femelle est de couleur citron, et toutes ses teintes sont plus claires.

Le Roitelet commun a cela de particulier, qu'il tient

presque toujours la queue redressée. Son nid, artiste-
ment fait, est tissu en dehors de mousse, de laine, de
toiles d'araignées, et garni en dedans du duvet le plus
doux. Sa forme est sphérique, et son ouverture est sur
le côté, vers le haut. La femelle pond six à huit œufs
gros comme des pois, d'un brun jaunâtre, sans aucune
tache ; elle le place ordinairement à deux à trois mètres
de terre, dans des ifs, à l'extrémité d'un faisceau de
lierre qui s'échappe des branches d'un arbre ou d'un
mur. Il y est comme suspendu, mais toujours caché dans
le feuillage.

Le Roitelet se décèle par un petit cri aigu qui a beaucoup de ressemblance avec celui de la sauterelle. C'est à
ce cri qu'on peut plus facilement découvrir son nid. Il
se montre et se fait entendre quelque temps après qu'il a
neigé. Lorsqu'il chante, il le fait si fortement et si régulièrement, qu'on désirerait toujours l'entendre ; il chante
presque toute l'année, mais principalement dans le mois
de mai, époque à laquelle il fait ses petits.

On peut en élever pour siffler dans les maisons, mais
il faut les prendre dans le nid.

La cage destinée à recevoir le Roitelet doit être de fil
de fer, et être munie d'une espèce d'auget à peu près
semblable à celui dont on se sert pour lui donner à manger. Cet auget est doublé d'étoffe et bien fermé tout autour, excepté sur le devant où se trouve un trou rond
assez grand pour que l'oiseau puisse y passer. Vis-à-vis
de cet auget, il y en un autre, divisé en trois compartiments, celui de droite pour contenir du cœur de mouton haché, celui de gauche pour contenir la même pâte
qu'on donne aux rossignols, et celui du milieu, qui est
le plus grand, pour servir d'abreuvoir et, en même
temps, de baignoire. On peut encore attacher à un des
côtés de la cage une espèce de petit flacon semblable à
ceux d'eau de senteur ; il sera fait de paille et sans cou,
pour que l'oiseau puisse y entrer ; il s'y reposera très-
bien, et même plus volontiers qu'ailleurs, d'autant

que ce réceptacle a une forme semblable à celle de son nid.

On observera ponctuellement, pour élever le Roitelet, la même méthode que celle indiquée pour le Rossignol. On aura surtout attention que pendant ce temps il ne mange pas trop de mouches, parce qu'elles pourraient le constiper. Sa nourriture de campagne n'est cependant autre chose que des mouches, des chenilles, des moucherons, des fourmis, des vers, des araignées et d'autres choses semblables ; mais la domesticité change en quelque façon la nature de ce petit animal.

Cet oiseau est fort difficile à élever en cage lorsqu'il est tout jeune, mais une fois élevé, il s'apprivoise si bien qu'on peut le laisser sortir de sa cage sans crainte qu'il s'en aille, ni qu'il discontinue de chanter. Il aime la solitude, il se tient toujours seul, et s'il se trouve avec un de ses semblables, principalement si c'est un mâle, il se bat avec lui jusqu'à ce qu'il l'ait vaincu, ou qu'il soit vaincu lui-même.

B. Le Roitelet a moustaches ne diffère du précédent que par la couleur d'une partie du plumage. Les plumes longues et effilées du dessus de la tête sont d'un rouge de feu. Celles qui les entourent en devant et sur les côtés sont d'un noir pur. Enfin, l'oiseau a un trait noir sur l'œil et une petite moustache de même couleur.

15° *Les Motteux.*

Les Motteux (*Saxicola*, Bechstein) vivent les uns dans les lieux incultes, dans les terres labourées ; les autres dans les lieux pierreux, sur les montagnes rocheuses. Tous aiment à se percher sur des points culminants, tous sont insectivores et baccivores. L'espèce la plus remarquable est

A. Le Motteux œnanthe (*Saxicola œnanthe*, Meyer ; *Motacilla œnanthe*, Linné), appelé vulgairement Œnanthe, Cul-blanc. Il a le dessus, ainsi que les scapulaires, d'un

beau gris cendré, avec le devant du cou, la poitrine et
les flancs, nuancés de roussâtre. Le front, les sourcils, le
menton et le milieu de l'abdomen, sont blancs; une large
bande noire part du bec, encadre l'œil et s'étend sur la
région parotique, où elle se dilate. Les ailes sont noires,
avec les couvertures secondaires légèrement bordées de
fauve, et terminées de grisâtre : la base des deux rectrices médianes et les deux tiers supérieurs des latérales sont d'un blanc pur. Longueur totale : un peu plus
de 16 centimètres. La femelle est d'un brun cendré. De
plus, elle a le blanc de l'origine de la queue moins
étendu.

Le Motteux habite les régions tempérées de l'Europe.
Il arrive en France au printemps et en repart à l'automne. Il se tient habituellement sur les mottes, dans
les terres fraîchement labourées; c'est de là que vient
son nom. On l'appelle aussi *Cul-blanc*, comme nous l'a-
vons dit, parce que, lorsqu'on le fait partir, au lieu de
s'élever, il rase simplement la terre, et découvre en
fuyant, la partie blanche du derrière de son corps, ce qui
le fait distinguer, en l'air, de tous les autres oiseaux. Il
niche à terre, sous des fagots, sous des pierres, dans des
trous, et sa ponte est de cinq à six œufs verdâtres.

Le Motteux s'apprivoise assez aisément, mais il demande beaucoup de soins. Pendant les premiers jours de
sa captivité, on le nourrit exclusivement de vers de farine, de mouches et d'œufs de fourmi, après quoi on le
soumet au régime de Rossignol. « En captivité, comme
en liberté, dit un amateur, il danse et chante toute l'année. Il faut surtout en mettre deux ensemble, et il est
amusant de les voir jouer en chantant. Ils se poursuivent,
font des pirouettes, étendent gracieusement leurs ailes,
et animent le petit théâtre de leur cage avec un accord
qui prouve leur bon caractère. »

B. Le MOTTEUX STAPAZIN (*Motacilla stapazina*, Linné
Saxicola stapazina, Temminck), appelé vulgairement
Motteux roux, Motteux à gorge noire : c'est le *Cul-blanc*

roux de Buffon. Le dessus de la tête, du cou et du corps, la poitrine et l'abdomen sont d'un blanc qui est lavé légèrement de roux à la nuque, au dos et à la poitrine. La gorge, les joues, les ailes, la presque totalité des deux rectrices médianes, l'extrémité des autres et une partie du bord externe des deux plus latérales, sont d'un noir profond. Le croupion, les couvertures de la queue et la plus grande partie des pennes sont d'un blanc pur. Longueur totale : 15 à 16 centimètres. La femelle se distingue du mâle en ce qu'elle a des sourcils blanchâtres, le devant du cou et de la poitrine roussâtre.

Le Stapazin habite l'Europe méridionale. Au printemps, il se tient dans les régions élevées, sur les montagnes nues et rocailleuses. Vers la fin de l'été, il descend dans les plaines caillouteuses. Sa nourriture consiste en insectes, qu'il prend au vol. Il place son nid dans les tas de pierres, entre les rocailles ou dans les trous des murailles, et y pond de cinq à six œufs verdâtres, tachetés de roussâtre. On assure qu'il contrefait le chant de tous les oiseaux qui se trouvent dans son voisinage. On le traite en captivité comme le précédent.

16° *Les Traquets.*

Les Traquets (*Pratincola*, Koch) ne diffèrent des Motteux qu'en ce que les parties supérieures de leur plumage sont tachées. Comme ces derniers, ils se plaisent dans les lieux découverts, mais ils les recherchent moins arides, et fréquentent, les uns, les prairies, les champs de colza, les plaines couvertes de verdure, les bords des ruisseaux, des rivières ; les autres, les jeunes taillis, les halliers, les coteaux couverts de bruyères et d'arbres nains. Ils nichent, soit dans les prairies, au pied des touffes d'herbes, dans les taupinières, sur les bords des fossés, etc.; soit, dans les champs incultes, parmi les pierres ; quelquefois même, au milieu des rochers. Ces oiseaux sont frugivores, vermivores et insectivores. Ils peuvent s'apprivoiser, mais ils réclament peut-être encore plus de soins que les Motteux. Les espèces qu'on recherche sont :

A. Le TRAQUET TARIER (*Motacilla rubetra*, Linné ; *Pratincola rubetra*, Koch), appelé vulgairement *Grand Tarier*, *Traquet*. Il a le dessus d'un brun noirâtre, avec les plumes bordées de roussâtre ; le devant du cou, la poitrine et les flancs, d'un roux clair ; le milieu de l'abdomen blanchâtre ; les sourcils, le bas des joues, la gorge et les côtés du cou, d'un blanc pur ; une grande tache oblongue et un miroir de cette même couleur sur l'aile ; les petites couvertures et les moyennes d'un noir profond ; les grandes couvertures et les rémiges brunes, plus ou moins lisérées de roussâtre ; le tiers supérieur des rectrices médianes, les deux tiers supérieurs des latérales blancs, le reste brun, très-faiblement bordé de roussâtre. Longueur : un peu moins de 12 centimètres et demi. Chez la femelle, le blanc pur est remplacé par du blanc jaunâtre.

Le Tarier habite presque toute l'Europe tempérée. Il est commun dans nos départements du Nord, où il arrive en mars, et d'où il repart en octobre et novembre. Son nid, qu'il fait dans les prairies ou sur le bord des fossés, contient de cinq à sept œufs verdâtres.

Cette espèce a un chant presque semblable à celui du Chardonneret, et qu'elle fait entendre non-seulement le jour, mais encore le soir et même bien avant dans la nuit.

B. Le TRAQUET RUBICOLE (*Motacilla rubicola*, Linné), appelé vulgairement le *Pâtre*. Il a le plumage brun, avec la poitrine rousse, la gorge noire, et du blanc aux côtés du cou, sur l'aile et à la croupe. Sa longueur est de 12 centimètres. La femelle est brun noirâtre, avec la gorge noire tachetée de blanchâtre et de roussâtre.

Ce petit oiseau se rencontre dans toute l'Europe méridionale, où il est sédentaire. Il est simplement de passage, au printemps et à l'automne, dans les contrées du Nord. Son nom de *Rubicole* vient de l'habitude où il est de voltiger sans cesse sur les ronces et les buissons. Quant à celui de *Pâtre*, il lui a été donné parce qu'il suit ou fréquente les parcs de bestiaux, où il trouve une abondante nourriture. Il vit de vers, de limaces, d'insectes, de fruits et de colimaçons. Son nid, qu'il place dans les rochers, contient cinq à six œufs, d'un verdâtre pâle, pointillé de roussâtre.

Le Rubicole paraît être un oiseau imitateur assez remarquable. On en cite un qui, de lui-même ou par suite des leçons qu'on lui avait données, imitait parfaitement la Fauvette, le Rossignol, le Roitelet, le Rouge-queue et la Grive.

§ II. Les Alaudidés ou les Alouettes.

Les ALOUETTES sont des passereaux Conirostres, qui se reconnaissent aux caractères suivants : « Bec un peu cylindrique, assez épais, garni à la base de petites plumes couchées en avant, entier, droit; mandibules égales ; narines ovales; deux pennes secondaires longues, échancrées en forme de cœur sur la pointe ; ongle postérieur souvent plus long que le droit et subulé. » (Lesson).

Les Alouettes sont insectivores et granivores. La conformation de leurs pieds ne leur permet pas de percher, mais elle facilite singulièrement leur marche, quand elles sont à terre. Toutes les espèces nichent sur le sol. Leur vol est perpendiculaire, et la plupart s'élèvent si haut que souvent on les perd de vue. Elles chantent en volant. Leur mue n'a lieu qu'une fois l'an. Enfin, leur plumage est le plus ordinairement à teintes terreuses et de la couleur du sol qu'elles habitent, ce qui fait que, par les temps sombres, il est à peu près impossible de les distinguer à dix pas. Quant à leurs dimensions, elles sont à peu près les mêmes que celles du Moineau domestique.

Il y a des Alouettes dans presque toutes les parties de l'Europe. Les espèces qu'on trouve dans notre pays sont :

A. L'Alouette commune ou Alouette des champs (*Alauda arvensis*, Linné), appelée vulgairement *Aloue Mauviette*, Alouette. Elle a le plumage brun dessus, blanchâtre dessous, tacheté partout de brun plus foncé ; les deux pennes externes de la queue blanches en dehors. Mesurée de l'extrémité du bec à l'extrémité de la queue, elle a 15 à 18 centimètres de long. Son envergure est d'environ 35 centimètres.

Le mâle est un peu plus brun que la femelle. Il a, en outre, une espèce de collier noir, plus de blanc à la queue, et l'ongle postérieur plus long. Il est aussi plus gros, quoique cependant la plus forte des Alouettes ne pèse que 60 à 65 grammes. Cette espèce renferme une variété noire, une isabelle, une rousse, une gris de lin, et une autre à pennes alaires blanches. Il y a aussi des variétés entièrement blanches ; mais les différences dans la couleur de l'habit qui ont fait établir ces distinctions, sont de simples accidents dus aux mêmes causes qui produisent l'albinisme.

L'Alouette commune est le musicien des champs : on entend son ramage dès les premiers beaux jours du printemps et pendant toute la belle saison. Elle commence à chanter au point du jour et donne le signal du travail.

« Chez la plupart des oiseaux, dit un naturaliste contemporain, le chant est la manifestation parlée de l'amour, un épithalame. Lorsque le temps consacré par la nature à la reproduction est écoulé, quelques-uns perdent la voix, beaucoup conservent la faculté de jaser, mais perdent absolument celle de chanter ; peut-être dédaignent-ils de faire servir aux vulgaires soucis de l'existence l'hymne par lequel ils ont célébré le grand acte. Presque seule, l'Alouette chante quotidiennement, du printemps à l'hiver, parce que, du printemps à l'hiver aussi, presque seule, elle conserve le privilége d'aimer ; parce que ses ardeurs se prolongeront jusqu'à l'époque où le refroidissement absolu de la température lui aura

démontré qu'elle ne saurait plus mener à bien sa couvée. »

Comme dans presque toutes les espèces d'oiseaux, le ramage est un attribut particulier au mâle. On le voit s'élever presque perpendiculairement et par reprises, et décrire en s'élevant une courbe en forme de vis ou de limaçon ;
il monte souvent fort haut, toujours chantant en forçant
sa voix à mesure qu'il s'éloigne de la terre, de sorte qu'on
l'entend aisément, lors même qu'on peut à peine le distinguer à la vue : il se soutient longtemps en l'air, et il
descend lentement jusqu'à 3 ou 4 mètres du sol, puis il
s'y précipite comme un trait ; sa voix s'affaiblit à mesure qu'il s'en approche, et il est muet aussitôt qu'il s'y
pose. Du haut des airs, ce mâle amoureux cherche à découvrir une femelle qui réponde à ses désirs ; celle-ci
reste à terre, et regarde attentivement le mâle suspendu
en l'air, voltige avec légèreté vers la place où il va se
poser, et lui donne les doux prix de ses chansons d'amour.

La femelle fait promptement son nid entre deux mottes
de terre ; il est plat, peu concave, presque sans consistance : de l'herbe, quelques petites racines sèches et un
peu de crin le composent. Ce que l'Alouette cherche avant
tout, c'est de le cacher le plus parfaitement possible, et
elle y réussit si bien que, le plus souvent, ce nid échappe
aux investigations de l'oiseau de proie et à celles de
l'homme.

Les œufs, au nombre de quatre ou cinq, sont grisâtres,
parsemés de petites taches brunes. La femelle n'a besoin
de les couver que pendant quatorze ou quinze jours, et,
au bout de moins de temps, les petits sont en état de se
passer de ses soins. Après leur avoir donné la becquée
pendant quelques jours, elles les instruit à chercher eux-
mêmes leur nourriture, et les fait sortir du nid avant
qu'ils soient couverts de plumes. Aussi, l'oiseleur est-il
souvent trompé en ne trouvant plus dans le nid les petits que, trois jours auparavant, il avait vus récemment
éclos et presque nus.

Les Alouettes font jusqu'à trois couvées dans les pays chauds, tels que l'Espagne, l'Italie, etc. : la première au commencement de mai, la seconde au mois de juillet, et la troisième au mois d'août. Dans les climats tempérés, elles ne dépassent pas la seconde, à moins que les beaux jours se soient prolongés plus que d'habitude, auquel cas elles peuvent aussi atteindre la troisième.

Les jeunes Alouettes se nourrissent de chrysalides, de vers, de chenilles, d'œufs de fourmi et même d'œufs de sauterelle, ce qui leur attire beaucoup de considération dans les pays exposés aux ravages de ces insectes. Arrivées à l'âge adulte, elles mangent toute espèce de graines et même de l'herbe.

L'Alouette commune s'apprivoise aisément et devient familière au point de manger dans la main. On élève surtout les mâles, à cause de leur chant, qui se perfectionne beaucoup en captivité. Ces oiseaux retiennent avec une prodigieuse mémoire tous les airs qu'on leur apprend, et ils les répètent avec une pureté et une flexibilité d'organe merveilleuses ; mais ce n'est qu'à deux ans que leur voix acquiert tout son développement.

Quand on veut élever de jeunes Alouettes prises dans le nid, il convient d'attendre qu'elles aient toutes leurs plumes. On les nourrit, soit avec de la mie de pain blanc trempée dans du lait, soit avec une pâtée faite de mie de pain blanc et de viande maigre hachée très-menue. On peut remplacer la viande par des vers, des œufs de fourmi ou du cœur de bœuf. La même nourriture convient aussi aux adultes, mais on ajoute de la graine de pavot, du chènevis écrasé, de l'avoine concassée, et un peu de verdure, comme cresson de fontaine, chicorée, laitue, chou, etc., suivant la saison. Les œufs de fourmi et la viande sont pour eux des friandises qui les rendent plus gais et les disposent à chanter.

Quand on élève une couvée, on reconnaît les mâles à leur couleur jaunâtre. Si l'on veut leur apprendre à siffler quelque air, il faut commencer leur instruction avant qu'ils soient assez forts pour voler, car, arrivés à ce point, ils gazouillent déjà leur chant naturel. Il est même indispensable de les séparer des autres oiseaux chanteurs. Sans cette précaution, l'extraordinaire flexibilité de leur gosier, aidée par leur admirable mémoire, leur ferait adopter le chant de ces oiseaux.

Il est d'usage de laisser les Alouettes circuler librement dans une chambre, mais, le plus généralement, on les enferme dans une cage. La cage doit être tenue très-proprement, sans quoi le moindre fil, le moindre cheveu, en s'enlaçant autour des pattes de l'oiseau, ne manquerait pas de couper la peau et d'estropier le prisonnier. La cage doit avoir d'assez grandes dimensions. Il faut qu'elle soit de toile à la partie supérieure, afin d'empêcher que l'oiseau ne se brise la tête en cherchant, d'après son habitude naturelle, à s'élever perpendiculairement. Il est inutile de mettre des bâtons, puisque les Alouettes ne perchent pas; mais le fond de le cage doit toujours porter un tiroir contenant assez de sable fin pour que l'Alouette, qui est un oiseau pulvérateur, puisse s'y rouler. Il est, en outre, nécessaire de placer dans un coin un petit carré de gazon, qui doit être renouvelé souvent, afin d'être constamment frais.

Dans l'état de captivité, l'Alouette commune pond, mais ne couve pas. Elle vit neuf à dix ans, quelquefois plus. Il paraît même qu'on peut la conserver jusqu'à trente ans.

B. L'Alouette huppée (*Alauda cristata*, Linné), appelée vulgairement *Grosse Alouette huppée* ou Cochevis. Elle est de la même taille que l'Alouette commune, mais son plumage est un peu plus gris. Elle diffère encore de cette dernière par une aigrette ou huppe dont sa tête est ornée, et qu'elle a la faculté d'élever, d'abaisser et d'étendre à volonté. Quoiqu'elle soit bonne voilière, elle vit beaucoup plus sur la terre que dans l'air. En outre, elle perche, ce que ne fait jamais l'Alouette des champs, mais c'est d'une façon particulière, c'est-à-dire sur une branche assez large pour qu'elle puisse y poser ses pattes à plat et s'y tenir en équilibre.

D'après les connaisseurs, le chant du Cochevis est supérieur à celui de l'Alouette commune, mais c'est une jouissance peu facile à se procurer, car cet oiseau, si jeune qu'il ait été pris, s'accommode fort mal de la captivité et meurt bientôt à ce régime.

En liberté, le Cochevis se tient volontiers le long des grands chemins, sur les fumiers, aux abords des granges et des écuries. Il ne craint pas la présence de l'homme, et se laisse facilement approcher. Aussi est-il la victime ordinaire des apprentis chasseurs.

C'est également aux abords des chemins que l'Alouette huppée fait son nid. Buffon assure que la femelle couve avec beaucoup de négligence, mais qu'il ne faut qu'une chaleur médiocre jointe à celle du soleil, pour faire éclore les œufs. En revanche, aussitôt que les petits courent dans le sillon, elle les surveille avec la plus grande sollicitude, et ne les abandonne que lorsque ses soins leur sont complétement inutiles.

Le Cochevis s'élève de la même manière que l'Alouette des champs, et reçoit la même nourriture, mais il est plus robuste et moins sujet aux maladies. La cage doit être garnie de bâtons, parce que, comme nous l'avons dit, il a l'habitude de percher.

La Coquillarde est une variété du Cochevis, qui est très-commune en Provence. Elle diffère surtout de ce dernier par la disposition de la huppe, qui, couchée sur l'occiput, finit en pointe et se retrousse. D'après Buffon, elle serait monogame. Ce grand naturaliste assure aussi que le mâle ne quitte jamais sa femelle, et que, pendant que l'un des deux cherche sa nourriture, c'est-à-dire des chenilles, des sauterelles, des limaçons, l'autre a l'œil au guet et avertit son camarade des dangers qui le menacent.

C. L'Alouette lulu (*Alauda arborea*, Linné; *Alauda nemorosa*, Gmélin), appelée vulgairement *Alouette des bois*, *petite Aloue*, *Cujelier*, *Petite Alouette huppée*. Cet oiseau est d'un tiers plus petit que l'Alouette commune. Les couleurs de son plumage sont aussi plus effacées : elles sont moins foncées dans les teintes fauves, et moins nettes dans les blanches. Comme le Cochevis, elle a une huppe, mais cette huppe est moins marquée, circonstance qui la fait appeler quelquefois *petite Alouette huppée*. En outre, un trait blanchâtre autour de la tête et une ligne blanche sur les petites couvertures, la distinguent de ce dernier.

Le Cujelier se plaît dans les terrains couverts de buissons et d'arbustes : on le rencontre assez souvent dans les jeunes taillis, ce qui lui a valu le nom d'*Alouette des bois*. Il chante la nuit aussi bien que le jour, et son chant nocturne est assez mélodieux et assez puissant pour remplacer celui du Rossignol.

Le Cujelier est d'une délicatesse qui le rend difficile à élever en captivité. Néanmoins, il est possible, en prenant les précautions les plus minutieuses, de le conserver pendant plusieurs années, presque aussi longtemps que la plupart des autres petits oiseaux. Il faut surtout tenir le lieu où on l'a placé dans un état de propreté extrême, en renouveler chaque jour l'eau et le sable, et lui donner une nourriture aussi variée que possible. Quand il vient d'être pris, les œufs de fourmi et la graine de pavot sont les aliments qui l'excitent le mieux à manger.

Outre les maladies ordinaires auxquelles les petits oiseaux sont sujets, il en est une qui semble plus particulièrement propre au Cujelier. Cette maladie attaque les jambes, et les rend d'une fragilité extrême. Toutefois, comme elle se montre surtout chez les sujets élevés en chambre, on peut l'éviter en les enfermant exclusivement dans des cages, lesquelles doivent être munies de bâtons, le Cujelier perchant à peu près de la même manière que le Cochevis.

D. L'ALOUETTE CALANDRE (*Alauda calandra*, Linné), nommée vulgairement CALANDRE ou GROSSE ALOUETTE. C'est

la plus grande des Alouettes d'Europe. Elle a aussi le bec
plus fort et plus court, ce qui lui permet de casser les
grains. Du reste, elle est, sous un volume double, la reproduction exacte des formes de l'Alouette des champs,
du coloris et de la disposition de son plumage, sauf cependant qu'elle est ornée, sur la partie inférieure du cou,
d'une tache qui, très-apparente et très-marquée chez le
mâle, est à peine visible chez la femelle.

La Calandre a les mêmes mœurs que l'Alouette commune ; mais il paraît qu'elle vit moins longtemps. Comme
celle-ci, elle niche à terre : le nombre de ses œufs s'élève
quelquefois jusqu'à six.

Cette espèce n'habite point les contrées du Nord. En
France, c'est en Provence et en Languedoc qu'on la
trouve le plus souvent. Elle est assez rare sous le climat
de Paris.

La Calandre possède une voix forte et agréable. Elle
joint à son chant naturel le talent de contrefaire parfaitement le ramage de plusieurs oiseaux, notamment celui
du Chardonneret, de la Linotte et du Serin, même le
piaulement des petits poussins, et le cri d'appel de la
chatte.

On élève cet oiseau comme les autres Alouettes. Seulement, si l'on veut qu'il chante bien, il faut le prendre
au nid.

E. L'ALOUETTE CALANDRELLE (*Alauda arenaria*, Vieillot),
nommée vulgairement CALANDRELLE. Les parties supérieures de son corps sont d'un cendré roussâtre, tacheté
de brun ; et les parties inférieures d'un blanc plus ou
moins nuancé de roux à la poitrine et sur les flancs. Sa
longueur est de 14 centimètres.

Cette Alouette a les mêmes mœurs que celle des champs.
Elle habite la Provence, la Champagne, presque tout le
littoral de la Méditerranée. On la trouve aussi quelquefois, mais accidentellement aux environs de Paris. On la
soumet, en captivité, au même régime que l'Alouette
commune.

F. L'Alouette hausse-col (*Alauda alpestris*, Linné),
appelée aussi *Alouette de Virginie*. Elle a le front, les
joues et la gorge jaunes, avec des traits noirs : le haut
de la poitrine porte une large tache noire transversale.
De chaque côté du vertex, le mâle a une large tache
noire.

Cette espèce a les mêmes mœurs que l'Alouette commune ; mais, quand elle chante, au lieu de s'élever dans
les airs, comme celle-ci, elle reste posée sur une motte
de terre. Elle habite le nord de l'Europe, de l'Asie et de
l'Amérique, et se montre accidentellement en France et
dans les autres pays tempérés. On la nourrit en captivité
comme la précédente.

§ III. Les Todidés ou Todiers.

Les Todiers (*Todus*, Linné) sont des oiseaux de petite
taille qui habitent les parties humides de l'archipel des
Antilles et du continent de l'Amérique méridionale. Ils
se nourrissent d'insectes, qu'ils saisissent au vol ou
qu'ils cherchent sous la mousse et sur les bords des
ruisseaux. L'espèce la plus connue est

Le Todier vert (*Todus viridis*, Gmélin). Ce charmant
oiseau est d'un vert glacé en dessus, avec la gorge et le
devant du cou d'un rouge cramoisi velouté, la poitrine
d'un blanc cendré, et le ventre d'un jaune pâle. A Saint-
Domingue, où il est très-répandu, on l'appelle vulgairement *Petit Perroquet de terre*, à cause de la couleur de
ses parties supérieures et de l'habitude où il est de se
tenir le plus souvent à terre. On lui donne aussi le nom
de *Petite spatule*, à cause de la forme large et aplatie de
son bec.

Le Todier vit facilement en captivité. Dans la chambre,
où on le laisse ordinairement en liberté, il voltige continuellement et donne aux petits insectes une chasse des
plus vigoureuses. La femelle niche dans la terre sèche ou
dans du tuf tendre ; elle y creuse un trou rond, qu'elle

garnit de paille, et où elle dépose ses œufs. Quant au mâle, il a, à l'époque des amours, un ramage assez agréable ; mais, en dehors de ce temps, il ne fait entendre qu'un cri triste et monotone.

On le nourrit de la même manière que le Rossignol.

§ IV. Les Paridés ou les Mésanges.

Les Mésanges (*Parus*, Linné) ont pour caractères génériques : un bec menu, court, droit, conique et garni à la base de petites plumes dirigées en avant ; des narines cachées dans les plumes ; et des ongles effilés et propres à se cramponner aux arbres.

Ces oiseaux sont tout au plus de la taille du Moineau, mais ils sont parés de couleurs assez agréables. En outre, ils sont vifs, actifs, fort audacieux, même féroces. Ils attaquent la Chouette avec plus de hardiesse que tout autre, s'élancent toujours les premiers, et cherchent à lui crever les yeux ; ils expriment leur acharnement, leur petite fureur, par le renflement de leurs plumes, des attitudes violentes et des mouvements précipités ; ils mordent vivement la main qui les tient, la frappent à coups de bec redoublés, et semblent par leurs cris appeler les autres à leur secours, ce qui ne manque pas de les faire accourir en foule, et ce qui procure à l'oiseleur une chasse abondante, car une seule mésange suffit pour les faire prendre toutes. On trouve dans leurs mœurs des traits de conformité avec les Corbeaux, les Pies et les Pies-grièches : même appétit pour la chair, même manière de déchirer leurs aliments en morceaux pour les avaler.

Les Mésanges sont sans cesse en mouvement ; on les voit continuellement voltiger d'arbre en arbre, sauter de branche en branche, grimper sur le tronc, s'accrocher aux murailles, se suspendre de toutes les manières, souvent même la tête en bas. Quoique féroces, elle se plaisent en société, recherchent leurs semblables, forment de petites troupes plus ou moins nombreuses, et si quelque accident les sépare, elles se rappellent mutuellement et sont bientôt réunies : alors elles cherchent leur nourriture en commun. Elles sont en quelque sorte omnivores. Toutefois, elles se nourrissent le plus ordinairement de graines, de fruits à noyaux et d'insectes. Quoique le bec de plusieurs espèces soit assez fort, elles ne cassent pas les graines et les noyaux à la manière des Bouvreuils et des Linottes : elles les assujétissent sous leurs serres, et les percent à coups de bec. Si on leur suspend une noix au bout d'un fil, elles s'accrocheront à cette noix et en suivront les oscillations ou balancements sans lâcher prise, sans cesser de la becqueter. De pareilles manœuvres font supposer beaucoup de force dans les muscles; aussi a-t-on remarqué que le bec est mû par des muscles très-robustes et par des ligaments vigoureux, ainsi que le cou, et que le crâne est très-épais. Quant aux insectes, elles les cherchent dans les fentes des rochers et des murailles, et sous l'écorce des arbres, qu'elles frappent à coups redoublés pour les faire sortir.

Presque toutes les espèces de Mésanges sont très-fécondes, et même plus que les autres Passereaux : le nombre de leurs œufs s'élève jusqu'à dix-huit ou vingt. Les unes font leur nid dans des trous d'arbres, de rochers et de vieux murs. Les autres le bâtissent sur des arbrisseaux et lui donnent une forme sphérique et des dimensions très-considérables pour leur taille. D'autres, enfin, le suspendent au bout d'une branche dans les roseaux et les joncs. Les matériaux qu'elles emploient sont : herbes menues, petites racines, mousse, fil, crin, laine, coton et plumes. Elles nourrissent leur nombreuse famille avec un zèle et une activité infatigables; lui sont très-attachées et savent la défendre avec courage contre les oiseaux qui l'attaquent : elles fondent sur l'ennemi avec une telle intrépidité, qu'elles le forcent souvent à respecter leur faiblesse.

Il y a en France huit espèces de Mésanges : la *Grosse*

Charbonnière, la *Petite Charbonnière*, la *Mésange bleue*, la *Mésange des marais*, la *Mésange huppée*, la *Mésange barbue*, la *Mésange à longue queue* et la *Mésange rémiz*.

A. La MÉSANGE CHARBONNIÈRE ou la GROSSE MÉSANGE (*Parus major*, Linné), appelée vulgairement *Mésangère*. C'est la plus grosse de toutes les Mésanges. Sa forme générale rappelle celle du Moineau. Elle a la tête d'un noir lustré, qui descend à moitié du cou ; sur chaque côté il y a une grande tache blanche presque triangulaire. Du bas de cette espèce de capuchon, par devant, sort une bande noire, longue et étroite qui s'étend en longueur sur le milieu de la poitrine et du ventre, et se termine à l'extrémité des couvertures inférieures de la queue, qui sont blanches. Le reste du dessous du corps, depuis le noir de la gorge, est d'un jaune tendre ; le dessus, d'un vert olive qui prend une teinte jaune, et même dégénère en blanc dans sa partie supérieure, et se change en cendré bleu sur le croupion et les couvertures du dessus de la queue. Les deux premières pennes des ailes sont en entier d'un cendré brun, les autres sont bordées de cendré bleu, et les secondaires d'un vert olive plus ou moins jaune. L'on remarque sur les ailes une raie transversale blanc jaunâtre. Les pennes de la queue sont noires à l'intérieur et d'un cendré bleuâtre à l'extérieur. Les latérales sont bordées et terminées de blanc. Enfin, le bec est noir, la langue terminée par quatre filets ; et les pieds sont gris de plomb. La longueur totale de l'oiseau est ordinairement de 15 centimètres.

On distingue le mâle de la femelle, par plus de grosseur et des couleurs plus vives, surtout par la bande noire du dessous du corps, qui est plus large et plus allongée.

Les jeunes diffèrent par un noir moins lustré, un jaune plus pâle, et par la bande longitudinale du dessous du corps, qui est très-étroite.

« Sédentaire dans notre pays, la Mésange charbonnière a plusieurs stations suivant la saison. En hiver, elle se rassemble en petites troupes et erre dans les haies, les vergers, les jardins, les cours de ferme, etc. Au printemps, elle s'éloigne de la demeure de l'homme, et se retire dans les bois et les forêts, où elle va s'occuper, jusqu'à l'automne, d'élever sa famille. Elle aime les lieux élevés, montagneux, rocheux. La nuit, les Charbonnières se retirent, souvent en nombre, dans des trous d'arbres ou de murs, dans lesquels elles restent quelquefois à se reposer une partie de la journée. Si on les y inquiète avec un petit bâton, elles font entendre un sifflement qui ressemble à celui que l'on prête aux serpents. Elles font entendre le même sifflement quand on veut prendre leurs œufs et que la femelle est dessus. Cet oiseau cependant a un chant très-doux, qu'il module et varie agréablement au printemps, quand il a revêtu son plumage de noces, et il en possède un second, la veille des jours de pluie, qui ressemble un peu au grincement d'une lime ou d'un verrou. Aussi, les habitants de la Provence donnent-ils à la Charbonnière le nom de *Serrurier*. Les paysans angevins et chartrains la nomment la *Mazingue*. » (La Blanchère).

Dès les premiers jours de mars, la Charbonnière établit son nid dans des trous d'arbres, ou dans des trous de murailles, à deux mètres environ au-dessus du sol : le mâle et la femelle travaillent à sa construction, et le composent de matières douces et mollettes, surtout de mousse et de poils d'animaux qu'ils vont recueillir sur les charognes abandonnées dans la campagne.

La ponte est de huit à quatorze œufs, blancs et tachetés de rouge vers le gros bout. Le mâle en partage l'incubation qui dure douze jours. Il n'est pas certain que ces oiseaux fassent plus de deux couvées par an; on croit que s'ils en font davantage, c'est qu'ils ont été troublés dans les premières; mais alors les œufs sont en plus petit nombre.

Les petits nouvellement éclos restent plus longtemps que d'autres les yeux fermés; ils commencent à les ouvrir dès que les plumes commencent à pointer, et, quinze jours après leur naissance, ils quittent le nid. Cependant tous ne peuvent abandonner leur berceau à la même époque, puisque, dans les pontes nombreuses, il n'est pas rare d'en voir couverts seulement de duvet, tandis que les autres sont prêts à s'envoler : le plus ou le moins dépend du nombre des œufs. Les premiers qui sortent du nid se tiennent sur les arbres voisins, s'appelant sans cesse entre eux, habitude qu'ils ne perdent jamais, tel âge qu'ils aient. Aussi, avec un seul appelant, l'on fait toujours bonne chasse.

La Charbonnière parvient à son état parfait en très-peu de temps. Moins de cinq à six mois suffisent pour qu'elle prenne tout son accroissement et puisse se reproduire ; mais aussi elle ne vit que cinq à six ans.

Cette Mésange vit très-bien en captivité, mais il faut se garder d'enfermer d'autres petits oiseaux avec elle, parce que, si une nourriture abondante venait à lui manquer, ou même sans cette circonstance, elle se jetterait sur eux et les tuerait pour leur dévorer la cervelle. A l'aide de quelques soins, on peut la conserver huit à dix ans.

B. La Mésange noire (*Parus ater*, Linné), nommée vulgairement *Petite Charbonnière*. Elle ne diffère de la Grosse qu'en ce qu'elle a deux bandes blanches sur l'aile et une tache de la même couleur sur la nuque. De plus, sa taille est un peu plus petite. Sa longueur est de 111 à 112 millimètres. On ne peut guère distinguer la femelle du mâle que lorsqu'on a les deux sous les yeux. On la reconnaît à ceci, qu'elle a un peu moins de blanc sur les côtés du cou et un peu moins de noir à la poitrine.

C'est la moins sauvage de nos Mésanges. Elle habite, dans toute l'Europe, les grands bois, principalement ceux de sapins, qu'elle parcourt, par petites bandes, voltigeant d'arbre en arbre, grimpant aux branches, s'y suspendant dans toutes les positions imaginables, détruisant une immense quantité d'œufs d'insectes. Dans ses pérégrinations, elle s'associe habituellement avec le Roitelet, dont le cri d'appel est à peu près semblable au sien.

La Petite Charbonnière a les mêmes mœurs que la Grosse; mais elle est moins féconde. Elle pond ordinairement ses œufs, au nombre de huit à dix, dans un nid qu'elle construit, soit dans un trou abandonné de taupe ou de souris, soit sur les bords renversés de l'ornière d'un ancien chemin, rarement dans un trou d'arbre ou de vieux mur.

Comme toutes les autres Mésanges, cet oiseau est très-délicat. Le plus souvent, il périt d'atrophie. On prévient quelquefois cette maladie en lui faisant manger des œufs frais de fourmi, principalement à l'époque de la mue.

C. La Mésange bleue (*Parus cœruleus*, Linné). La *Mésange bleue*, la plus commune de nos Mésanges, est connue, dans les campagnes, sous le nom vulgaire de *Mesigue*. Elle est, avec l'homme, presque aussi familière que le Moineau. Son habitation de prédilection est dans nos vergers : néanmoins, pendant l'été, elle parcourt aussi les taillis et les futaies.

C'est probablement l'oiseau du groupe qui, en raison de la beauté de son plumage, a fixé l'attention le premier. Elle a une calotte azurée, bordée de blanc sur l'occiput; le reste de la tête est noir et blanc, c'est-à-dire que les joues, qui sont blanches, sont bordées de noir-bleu. Le dessus du corps est vert-olive, tandis que le dessous est jaune-citron. Les rectrices et les rémiges sont brunes. En outre, ces dernières sont traversées d'une raie blanche. Chez le mâle, le milieu de la poitrine porte une ligne longitudinale d'un noir bleuâtre. Longueur totale : 11 à 12 centimètres.

Toute jolie qu'elle est, la Mésange bleue est la plus méchante de tout le groupe. Elle s'acharne aussi bien sur les individus faibles et maladifs de son espèce que sur ceux des espèces différentes. Aux uns et aux autres, elle dévore la cervelle, comme ses congénères, mais, en outre, elle attaque quelquefois le corps, qu'elle déchiquète de façon à le réduire à l'état de squelette.

La Mésange bleue niche dans les trous d'arbres. Elle construit son nid avec un mélange de poils et de mousse, mais dont cette dernière forme plus des trois quarts. Ses œufs, au nombre de 8 à 17, sont blancs rougeâtres, légèrement pointillés de brun et de rouge de brique.

Cet oiseau s'apprivoise aisément. On le recherche surtout à cause de la beauté de son plumage, car son chant est très-borné et n'a rien de remarquable. Au lieu de le tenir dans une cage, il vaut mieux le laisser courir et voltiger dans une chambre, afin qu'il puisse faire valoir tout l'éclat de son habit et, en même temps, déployer toute son activité. On lui donne la même nourriture qu'à la Charbonnière. De plus, il faut avoir soin de tenir constamment à sa disposition, un vase assez grand rempli d'eau propre, parce qu'il aime beaucoup à se baigner. Avec des soins convenables, on peut le conserver deux à trois ans, rarement davantage.

D. La Mésange huppée (*Parus cristatus*, Linné). Elle se reconnaît à première vue à la petite huppe, pointue et variée de blanc et de noir, qui lui couvre tout le sommet de la tête, et qu'elle dresse au moindre bruit ou au moindre objet qui lui semble insolite. Elle a les joues, le front et le dessous du corps blancs, la gorge noire, un collier de même couleur, un trait également noir sur les tempes, le dos olivâtre, les pieds bleus, les pennes et les rectrices d'un roux-brun. Longueur : 12 centimètres et demi.

Cet oiseau se plaît dans les bois de pins et de sapins, ainsi que dans les lieux où le genévrier abonde; mais, contrairement aux autres Mésanges, il aime la solitude et ne vit point en société.

La Mésange huppée construit son nid aux mêmes endroits et de la même manière que la Petite Charbonnière. Elle y pond de cinq à dix œufs blancs tachetés de sang.

Elle est, du reste, beaucoup moins féconde que ses congénères.

De toutes les Mésanges, la Mésange huppée est peut-être
la plus difficile à conserver, celle qui réclame le plus de
soins. Quand on veut l'apprivoiser à l'état adulte, ce qui
réussit rarement, on lui donne d'abord des œufs de fourmi, des mouches et des vers de farine, et ce n'est que
lorsqu'elle s'est un peu habituée à sa nouvelle condition,
qu'on la soumet au régime alimentaire des autres : encore
même est-il nécessaire de lui faire manger, de temps en
temps, quelques insectes. Quand on élève des jeunes, ce
qui est le moyen le plus sûr pour garnir la volière, on les
nourrit avec des vers de farine et des œufs de fourmi
convenablement hachés.

E. La Mésange moustache ou Mésange barbue (*Parus
biarmicus*, Linné). La *Mésange moustache* ou *à moustache*,
est ainsi appelée à cause de deux bandes noires qu'on
observe, chez le mâle, de chaque côté du cou à partir de
la base du bec. Elle se distingue des autres Mésanges en
ce qu'elle a le bout de la mandibule supérieure du bec
un peu recourbé sur l'inférieure. C'est un oiseau d'un
roux clair un peu jaunâtre, à tête gris-bleu et à gorge
blanche. Les ailes sont, en haut, d'un beau noir frangé de
roux, avec les pennes bordées de blanc. Les longues plumes de la queue sont noires, et les extérieures ont une
bordure grise. La femelle diffère surtout du mâle en ce
qu'elle est dépourvue de moustaches et que sa tête, au
lieu d'être gris-bleu, est couleur de rouille tacheté de
noir.

La Mésange à moustache appartient au nord de l'Europe, mais, vers la fin d'octobre, elle se montre dans nos
anciennes provinces de Flandre, de Picardie et d'Artois.
Elle habite les lieux marécageux et couverts de roseaux,
où elle se nourrit de graines de joncs et de roseaux,
d'insectes aquatiques et de petits limaçons qu'elle avale
avec leur coquille.

Cet oiseau construit son nid avec des plantes aquatiques sèches qu'il entrelace avec habileté, et il le suspend à des roseaux, en ayant soin de le placer à une hauteur suffisante pour que le niveau des plus hautes eaux ne puisse jamais l'atteindre. Ses œufs, au nombre de six à huit, sont rougeâtres tachés de brun.

La Mésange à moustache s'habitue facilement à vivre en captivité, surtout quand elle n'est pas seule de son espèce. Si on ne la laisse pas courir en liberté dans la chambre, il faut l'enfermer dans une grande cage, afin qu'elle puisse donner librement carrière à toute sa vivacité. Les petits que l'on veut élever doivent être pris au nid aussitôt qu'ils sont assez forts pour voler : on les nourrit avec un hachis de vers de farine et d'œufs de fourmi. Quant aux adultes, on leur donne d'abord des graines de pavot, des œufs de fourmi et des vers de farine, et ce n'est qu'après quelque temps qu'on les soumet à la nourriture ordinaire des autres Mésanges.

F. La MÉSANGE NONNETTE (*Parus palustris*, Linné), vulgairement appelée *Mésange des marais*, *Mésange cendrée*. La Nonnette a la même taille que la Mésange bleue. Comme robe, elle ressemble beaucoup à la Petite Charbonnière, mais sa coloration générale est plus rousse. En outre, elle n'a pas de bandes blanches sur les ailes, et les pennes de ces membres sont bordées de roux et non de gris. Enfin, le dessus de sa tête est noir : c'est même à cette circonstance qu'elle doit son nom vulgaire, parce qu'elle paraît porter un petit capuchon noir.

La Nonnette a les mêmes mœurs et les mêmes habitudes que les autres Mésanges, sauf qu'elle habite ordinairement les petits bois qui environnent les marais. Elle construit son nid dans des trous d'arbres, avec un mélange de poils et de mousse, mais où les poils dominent. Ses œufs, d'un blanc rouillé avec des taches d'un jaune roussâtre, sont au nombre de dix à quinze.

Cet oiseau est remarquable par sa gentillesse. Comme la Mésange bleue, il vaut mieux le laisser en liberté dans une chambre. On le nourrit de la même manière que celle-ci ; seulement, dans les premiers jours de la captivité, il est utile d'ajouter à ses aliments ordinaires quelques œufs de fourmi et des baies de sureau. On peut encore lui donner des graines de fleurs de soleil, du chènevis et de l'avoine.

G. La Mésange a longue queue (*Parus caudatus*, Linné). Cette Mésange est ainsi appelée à cause de la longueur de sa queue, qui est plus grande que celle du corps tout entier. On lui donne quelquefois le nom de *Perd sa queue*, parce que les pennes de sa queue se détachent facilement et tombent au moindre froissement. Elle a la tête, le cou et la poitrine d'un blanc pur, avec des taches noirâtres et roussâtres en forme de bandes sur la tête et le cou. Les parties supérieures du corps sont variées de noir profond, de rose roux et de cendré blanchâtre. L'abdomen est blanc, nuancé de roussâtre plus profond sur les côtés. Les ailes sont pareilles au dos, avec les rémiges et les six rectrices médianes noires, et les rectrices latérales blanches en dehors. Longueur totale : 15 à 16 centim. La femelle a une bande noire au-dessus des yeux.

La Mésange à longue queue est commune en France. Elle habite les bois, les buissons, les jardins. On la rencontre toujours par petites bandes, et elle possède l'instinct de la sociabilité à un si haut degré, qu'elle ne saurait vivre sans la compagnie de ses semblables. Son nid, construit avec de la mousse et des lichens, et garni intérieurement de plumes et de duvet, a la forme d'une bourse ou d'une poire ouverte sur le côté. Il est attaché solidement entre les branches d'un arbrisseau, à un mètre ou un mètre et demi de terre, et la femelle y pond de dix à vingt œufs blanchâtres zonés de rouge terne.

H. La Mésange rémiz (*Parus pendulinus*, Linné). Cette espèce a le plumage cendré, avec les rémiges et les rectrices brunes, bordées de roux : le front est orné d'un bandeau noir qui, traversant les joues, va presque jusqu'à l'occiput. Longueur : 10 centimètres. La femelle n'a point de noir au front.

La Rémiz habite la Pologne, la Russie, la Hongrie, et quelques parties de l'Allemagne, de l'Italie et de la France. Dans notre pays, on la trouve surtout en Provence et en Languedoc. Partout ou presque partout, elle se tient dans les terrains aquatiques. Elle construit son nid en forme de bourse et le suspend à l'extrémité d'une branche flexible, un peu au-dessus de l'eau, circonstance qui lui a valu le nom vulgaire de *Penduline*. Les œufs, au nombre de quatre ou six, sont d'un blanc d'ivoire sans taches.

Cette Mésange vit surtout d'insectes aquatiques. En cage, où on la conserve quelquefois, bien qu'elle n'ait point de chant, on la nourrit comme la Mésange Charbonnière. On élève les jeunes pris au nid avec des œufs de fourmi.

§ V.   Les Alcédinés.

Le Martin-Pêcheur.

Le MARTIN-PÊCHEUR OU ALCYON (*Alcedo hispida*, Linné) est un passereau essentiellement aquatique que l'on recherche à cause de la beauté de son plumage. Il a la taille du Moineau et une longueur de 16 centimètres. Le bec, long, droit, pointu et quadrangulaire, est brun en dehors et jaune safran en dedans. Le dessus du corps est d'un vert d'aigue-marine, le dessous roux marron, la gorge blanche et les joues rousses et vertes. La tête est ornée d'une calotte bleu sombre, tachetée de bleu d'azur, et terminée par un épais chignon. Les teintes de la femelle sont plus sombres.

Le Martin-Pêcheur vit solitaire au bord des eaux. Il se tient habituellement perché sur une pierre, sur une branche morte ou sur un pieu, épiant, pendant des heures entières et dans une immobilité complète, qu'un poisson vienne à passer. Aussitôt qu'il en aperçoit un, il fond dessus avec la rapidité de l'éclair, en tombant d'aplomb, la tête en bas, et en plongeant dans l'eau. En hiver, il guette sa proie aux ouvertures de la glace.

Cet oiseau fait son nid dans quelque crevasse ou quelque trou situé un peu au-dessus de l'eau. La femelle y pond six à huit œufs d'une blancheur éclatante.

. On garde le Martin-pêcheur dans la chambre ou dans des cages. Comme il ne marche ni ne saute, il faut avoir soin d'y placer quelques branches pour qu'il puisse percher. Pour nourriture, on lui donne des petits poissons, des sangsues, des vers et des insectes aquatiques, que l'on peut placer dans une jatte pleine d'eau. Il s'habitue aussi à manger de la viande coupée en petits morceaux; mais il ne touche pas à ses aliments s'il s'aperçoit qu'on le regarde. Il a besoin d'un abreuvoir de grandes dimensions.

Le Martin-pêcheur, pris adulte ou vieux, meurt vite en captivité. Pour conserver longtemps cet oiseau, il faut élever des petits tirés du nid. On les enlève dès qu'ils voient clair et que leurs plumes commencent à pousser. On les nourrit d'abord avec des œufs de fourmi et des vers de farine, puis on les habitue peu à peu au régime de la viande. On les élève plus facilement et on les maintient en meilleure santé, si, au lieu de leur faire ramasser leur nourriture à terre, on la leur présente toujours dans de l'eau bien propre et bien fraîche

§ VI. Les Upupidés.

La Huppe.

Les Huppes (*Upupa*, Linné) appartiennent à la famille des Ténuirostres. Elles sont caractérisées par un bec plus long que la tête, grêle, triangulaire et peu arqué; par leurs ailes moyennes, par leurs tarses nus et annelés, mais surtout par la double rangée de plumes érectiles. qu'elles ont sur la tête.

Ces oiseaux ont des mœurs solitaires et taciturnes. Ils

habitent de préférence les lieux bas et humides, et cherchent à terre les insectes, les vers et les petits mollusques dont ils se nourrissent. Leur marche est mesurée, cadencée et gracieuse; leur vol sautillant et sinueux. Ils ne chantent pas et ne font entendre que des cris qui peuvent être représentés par les syllabes *zi, zi, houp, houp* : c'est de ces deux dernières qu'est venu leur nom.

Les Huppes nichent dans les troncs d'arbres, les fentes des rochers et les trous des murailles. Prises jeunes, elles s'apprivoisent très-facilement et deviennent même très-familières et très-attachées.

La Huppe que l'on élève en Europe est :

La Huppe commune ou Huppe puput (*Upupa epops*), qui, originaire d'Afrique, vient passer l'été dans nos climats. Cet oiseau est à peu près de la grosseur de la Draine, et a 32 centimètres de longueur, dont 10 pour la queue, et 7 pour le bec, qui est noir. Il est d'un roussâtre vineux, avec la queue noire et les ailes noires rayées de blanc. La huppe est terminée de noir, avec quelques taches blanches.

Pendant l'été, la Puput se tient dans les bois voisins des prairies et des pâturages. On la voit continuellement occupée à fouiller les bouses des vaches et les excréments des autres animaux pour y chercher ses insectes favoris. Elle est beaucoup plus souvent à terre que perchée. Vers le mois d'août, après la fenaison, elle se rend en famille dans les plaines, où elle séjourne jusqu'en septembre, époque à laquelle elle part pour l'Afrique.

La Huppe commune place ordinairement son nid dans un trou d'arbre; elle le construit avec un mélange de bouse de vache et de petites racines, et y pond de deux à quatre œufs.

Cet oiseau ne se met pas en cage. On le laisse, au contraire, courir, en toute liberté, dans la chambre, mais il faut prendre garde qu'il ne souffre point du froid, car il est très-frileux. On le nourrit, soit avec de la viande coupée en très-petits morceaux, soit avec du pain blanc trempé dans du lait ; dans ce dernier cas, il est indispensable d'ajouter, de temps en temps, quelques vers blancs à sa ration. On élève les jeunes avec de la chair de pigeonneau découpée en forme de petits vers, mais ils prennent difficilement la becquée, parce que la conformation particulière de leur langue ne leur permet pas de la diriger dans l'œsophage. Ils sont obligés de lancer leur nourriture en l'air, en tenant le bec ouvert, afin de la recevoir aussitôt qu'elle tombe.

Nous avons dit que les Huppes en général sont susceptibles de familiarité et d'attachement. Voici ce qu'un amateur allemand raconte à ce sujet sur deux Puputs qu'il avait élevées. « Moyennant beaucoup de soins, je suis parvenu, l'été dernier, à élever deux jeunes Huppes que j'avais tirées d'un nid placé au sommet d'un chêne. Ces petites bêtes me suivaient partout, et dès qu'elles m'entendaient de loin, témoignaient leur joie par un gazouillement particulier, sautaient en l'air ou, dès que je m'asseyais, grimpaient sur mes habits, surtout quand je me préparais à leur donner à manger, en prenant le pot au lait, dont elles avalaient la pellicule avec beaucoup d'avidité : elles continuaient de monter jusqu'à ce qu'elles pussent se placer sur mes épaules ou ma tête, et s'appuyaient affectueusement sur moi. Au reste, je n'avais qu'un mot à dire pour me débarrasser de leurs importunités, elles se retiraient aussitôt sous le poêle. En général, elles observaient toujours mes yeux pour y découvrir quelle était mon humeur, sur laquelle la leur se dirigeait. Je les nourrissais comme les Rossignols, avec la pâtée universelle, à laquelle j'ajoutais de temps en temps quelques insectes ; jamais elles ne touchaient aux vers de terre ; mais elles étaient très-friandes de scarabées et de hannetons, qu'elles commençaient d'abord par tuer et froisser à coups de bec, jusqu'à ce qu'elles eussent formé une sorte de bol oblong ; alors elles le jetaient en l'air de manière à pouvoir le saisir et l'avaler par la longueur : s'il tombait par la largeur, il fallait recommencer. Leur bain était de se rouler dans le sable. Je les portai un jour avec moi dans un pâturage voisin, pour les mettre à portée de prendre elles-mêmes des insectes, et j'eus par là occasion de connaître leur frayeur innée des oiseaux de proie et leur instinct dans ces circonstances. Sitôt qu'un Corbeau, ou même un Pigeon, passait à leur vue, en un clin d'œil elles étaient sur le ventre avec leurs ailes allongées du côté de la tête, au point que les plus grandes pennes parvenaient à se toucher, et qu'elles étaient ainsi entourées comme d'une couronne formée par les plumes de la queue et des ailes. La tête appuyée sur le dos présentait le bec en haut : dans cette posture singulière, on les aurait prises pour un vieux chiffon ; l'oiseau effrayant était-il disparu, elles sautaient aussitôt avec des cris de joie. Un de leurs grands plaisirs était de se coucher et de s'étendre en soleil ; elles exprimaient leur contentement, en répétant d'une voix vacillante, *vec, vec, vec.* Dans la colère, leurs tons étaient criards, et le mâle, reconnaissable par sa couleur plus rougeâtre, faisait retentir *houp, houp.* La femelle avait coutume de traîner son manger par la chambre ; par ce moyen, elle le remplissait de petites plumes et d'autres brindelles, qui insensiblement formèrent dans son estomac une pelotte indigeste de la grosseur d'une noisette dont elle mourut. Le mâle passa l'hiver, mais ne quittant pas le fourneau échauffé, son bec se dessécha si fort que les deux parties se contournèrent et restèrent éloignées de plus d'un pouce, ce qui e fit périr aussi misérablement. »

§ VII. Les Corvidés.

1° *Le Geai.*

Les *Geais* se distinguent des autres oiseaux conirostres, par un bec court et épais, recourbé et denté à la pointe. Tout le monde connaît

Le GEAI D'EUROPE (*Corvus* ou *Garrulus glandarius,*

Linné), la seule espèce de ce genre qui existe dans
nos climats. Cet oiseau a le bec noir ; le sinciput couvert
de plumes variées de blanc, de noir et d'une teinte
bleuâtre, le noir occupant le milieu de chaque plume,
celles qui recouvrent les narines, d'un blanc sale ; les
joues, le cou, le dos, les couvertures des ailes, la-poitrine
et le haut du ventre, d'un gris cendré et vineux ; le
croupion blanc, ainsi que les jambes et les couvertures
du dessus et du dessous de la queue ; la gorge et le bas-
ventre blanchâtres ; les plumes du bout de l'aile rayées
transversalement de bleu clair, de bleu plus foncé et de
noir à leur côté extérieur, à leur bout, et toutes noires à
l'intérieur ; l'aile composée de vingt plumes, dont la
première est très-courte, et la cinquième la plus longue
de toutes : les primaires sont noirâtres en dedans et
bordées de gris plus ou. moins foncé ; les secondaires
noires et blanches, quelques-unes variées de bleu plus
ou moins clair, et plusieurs de marron. Les pennes de la
queue, au nombre de douze, sont noires dans toute leur
longueur, excepté à l'origine, où elles sont cendrées.
L'iris est blanchâtre ; la langue et le palais sont noirs ;
les pieds d'un brun tirant sur la couleur de chair. Longueur totale de l'oiseau : 40 centimètres. La femelle ne
se distingue guère du mâle qu'en ce qu'elle a la partie
supérieure du col d'une couleur grisâtre.

La Pie et le Geai ont à peu près les mêmes mœurs, mais
il existe des différences, surtout dans le plumage, qui
caractérisent le Geai. « L'une des principales, dit Montbeillard, c'est cette marque bleue, ou plutôt émaillée de
différentes nuances de bleu dont chacune de ses ailes est
ornée, et qui suffirait seule pour le distinguer de presque tous les autres oiseaux d'Europe. Il a de plus sur le
front un toupet de petites plumes noires, cendrées,
bleuâtres et blanches. En général, toutes ses plumes sont
singulièrement douces et soyeuses au toucher, et il sait,
,en relevant celles de la tête, se faire une huppe qu'il ra-
baisse à son gré. Enfin, il a la queue plus courte et les

ailes plus longues à proportion ; et malgré cela, il ne
vole guère mieux que la Pie. »

Les Geais, naturellement pétulants et vifs, ont des
mouvements brusques, se mettent facilement en colère,
et s'emportent quelquefois au point d'oublier leur propre
conservation. On en a vu dans leur accès de colère se
prendre quelquefois la tête entre deux branches, et
mourir ainsi suspendus en l'air. C'est aussi lorsqu'ils se
battent qu'on les approche avec plus de facilité. Une agitation perpétuelle semble être leur élément, en captivité
comme en liberté. Ainsi que les Pies, ils ont l'habitude de
cacher ou d'enfouir le superflu de leurs provisions, et
celle de dérober tout ce qu'ils peuvent emporter.

Les Geais préfèrent les bois aux lieux habités, nichent
plus volontiers sur les chênes, choisissent les plus touffus, et ceux dont le tronc est entouré de lierre. Au mois
d'avril, ils construisent leur nid de bois sec en dehors, et
le garnissent intérieurement de racines et de filaments
d'herbes. Les œufs, au nombre de quatre ou de cinq et
d'une grosseur moindre que ceux de pigeon, sont d'un
cendré verdâtre, avec de petites taches faiblement marquées. Le mâle et la femelle les couvent alternativement,
et l'incubation dure treize à quatorze jours. Il y a ordinairement deux pontes par an. Les petits de la première
subissent leur première mue dans le mois de juillet, et
suivent leurs parents jusqu'au printemps de l'année suivante, temps où ils s'accouplent et s'isolent pour former
de nouvelles familles.

Quand on veut élever les jeunes hors de leur nid, il
faut attendre que les plumes de la base du demi-bec
supérieur soient un peu saillantes.

Le cri naturel du Geai n'est pas aussi varié que celui
de la Pie ; cependant son gosier n'est pas moins flexible,
ni moins disposé à imiter tous les sons, tous les bruits,
tous les cris d'animaux qu'il entend habituellement, et
même la parole humaine : le mot *Richard* est celui qu'il
articule plus facilement. On a vu des individus de cette

espèce assez bien imiter le miaulement du chat, le bêle-
ment du mouton, l'aboiement du chien, les cris d'un enfant qui pleure, etc. Pour parvenir plus aisément à cette
éducation, on leur coupe le filet qui est sous la langue, ce
qui donne à cette dernière plus de développement et plus
de facilité à articuler des sons étrangers.

En liberté, le Geai se nourrit de préférence de glands
et de faînes, et, mais seulement quand il n'en trouve
pas, de vers, d'insectes et de fruits, surtout de cerises.
En captivité, il devient à peu près omnivore. Néanmoins,
on lui donne le plus souvent du pain, du fromage mou,
du son trempé dans du lait, du blé, des fruits, des noix,
des glands, des faînes, etc. Quant aux jeunes qu'on élève,
la meilleure nourriture qu'on puisse leur donner est un
mélange de pois trempés dans du bouillon et de cœur de
mouton cuit et haché menu, ou de fruits. Quelquefois,
on les nourrit seulement avec du pain et du lait, mais
cette alimentation est insuffisante et en fait périr un grand
nombre.

2° La Pie.

La PIE COMMUNE (*Pica melaneuca*, Vieillot; *Corvus pica*,
Linné) se reconnaît à son bec, qui a les bords tranchants
et la mandibule supérieure plus arquée que l'autre, mais
surtout à sa queue longue et étagée.

C'est un des plus jolis oiseaux de nos climats. Le blanc
et le noir sont les deux couleurs dominantes de son plumage. La première de ces couleurs a, certains jours, des
reflets verts, bleus, pourpres et violets, surtout sur les
pennes des ailes et de la queue. Longueur totale : 50 centimètres environ, dont 28 pour la queue. La fraîcheur,
la beauté des reflets distinguent le mâle de la femelle ;
celle-ci est aussi un peu plus petite.

La Pie est, dit-on, voleuse, et cache ses larcins avec tant
de soin qu'il est quelquefois très-difficile de les trouver ;
elle met une adresse singulière à cacher ce qu'elle em-
porte ; elle pose d'abord l'objet enlevé sur l'ouverture

qu'elle a choisie, ensuite elle l'y enfonce à coups de bec
jusqu'à ce qu'il ne paraisse plus. Elle apprend aisément
à contrefaire la voix des autres animaux et la parole de
l'homme. *Margot* est le mot qu'elle prononce le plus facilement, et c'est de cette circonstance que vient le nom
sous lequel on la désigne vulgairement dans plusieurs de
nos départements.

Cet oiseau, naturellement très-jaseur, l'est encore plus
lorsqu'on lui a coupé le filet de la langue, et qu'on le
tient en cage. Il vit de toutes sortes de fruits, va à la
charogne, fait sa proie des œufs et des petits des oiseaux
faibles, et même des pères et des mères, s'il les trouve
engagés dans les piéges : il les attaque même à force ouverte.

Les Pies, une fois appariées, forment des couples cons-
tants, et chaque couple vit isolé l'hiver comme l'été. Cependant on les voit quelquefois en petites troupes, surtout dans la mauvaise saison, mais ces réunions ne sont
que momentanées.

Leur vol est moins élevé et moins soutenu que celui de
la Corneille : aussi ne sont-elles point voyageuses. Elles
restent volontiers dans le canton qu'elles ont adopté,
voltigent d'arbre en arbre, se reposent presque toujours
à la cime, et y restent peu de temps, car le mouvement
paraît être pour elles de première nécessité. Aussi, posées à terre sont-elles toujours en action, et ne marchent-
elles qu'en sautant, et en remuant à chaque instant la
queue.

Les Pies montrent une grande industrie dans la construction de leur nid. Elles choisissent ordinairement la
cime des plus hauts arbres, lorsqu'ils sont isolés ou dans
des avenues. Dans les forêts, elles le placent à une moindre hauteur, quelquefois même sur de hauts buissons.
Le mâle et la femelle travaillent ensemble à sa construction. Ils le commencent dès le mois de février, l'appuient
sur une fourche ou sur un embranchement, de manière
qu'entouré d'autres branches, de jeunes pousses et d'un

épais feuillage, il soit entièrement couvert et caché ; le fortifient extérieurement de bûchettes flexibles, longues et liées ensemble avec un mortier de terre gâchée ; et le recouvrent en entier d'une enveloppe à claire-voie faite de petites branches épineuses, bien entrelacées, en n'y laissant, du côté le mieux défendu, qu'une ouverture juste assez grande pour y entrer. Le fond de ce nid est garni de racines de chiendent ou de brins d'autres plantes extrêmement flexibles. Une construction aussi solide exige deux mois de travail. Des observateurs dignes de foi assurent que les Pies commencent aux approches du printemps plusieurs nids à la fois ; mais elles ne perfectionnent que celui qu'elles destinent à leur nouvelle famille. Les autres semblent être uniquement destinés à détourner l'attention de leurs ennemis, et de tromper sur la place qu'occupe le véritable.

Les Pies ne font qu'une couvée par an, si rien ne vient les troubler. Autrement, elles en font deux, quelquefois même trois. La première ponte est ordinairement de sept à huit œufs ; la seconde est en plus petit nombre, et la troisième encore moins nombreuse ; leur couleur est d'un vert-bleu semé de taches brunes, plus fréquentes vers le haut bout. Le mâle et la femelle les couvent alternativement, et l'incubation dure ordinairement quatorze jours. Les petits, qu'on appelle *Piats* dans plusieurs localités, naissent aveugles, et sont plusieurs jours sans voir ; le père et la mère les élèvent avec une grande sollicitude, et leur continuent leurs soins longtemps après qu'ils sont élevés, car ils sont très-tardifs à se suffire à eux-mêmes.

Les jeunes, pris au nid, s'élèvent facilement en les nourrissant avec du pain, ou du lait caillé, ou du fromage mou, que l'on appelle pour cette raison *fromage à la pie*.

En liberté, la Pie vit d'insectes, de vers, de racines, de fruits ; elle mange aussi la cervelle des petits oiseaux. En captivité, on lui donne du pain, de la viande, et, en général, de tout ce qu'on sert sur la table.

3° *Le Corbeau*.

Les oiseaux du genre *Corbeau* forment la section la plus importante de la famille des Corvidés. Ils se distinguent par leur bec, qui est fort, plus ou moins aplati, et dont les narines sont recouvertes par des plumes roides dirigées en avant :

Les espèces de ce genre qui habitent l'Europe sont :

A. LE CORBEAU COMMUN (*Corvus corax*, Linné), le plus grand de nos Passereaux. Il a la taille du Coq, et sa longueur atteint près de 60 centimètres. Son plumage est tout noir, mais avec une teinte violette en dessus et verte en dessous. La femelle est un peu plus petite. En outre, elle est d'un noir moins intense.

Cet oiseau a eu, dans tous les temps, une mauvaise réputation. On l'a toujours représenté comme un animal désagréable, dégoûtant et sinistre. Son extérieur, ses habitudes, ont été le fondement du premier sentiment, et la superstition a inspiré le second ; en lui accordant la finesse et la sagacité, on l'a accusé de ruse, d'aimer à dérober, à amasser et à cacher. Ainsi, ses bonnes qualités même ont tourné à son désavantage, et lui ont fait attribuer des intentions dont un animal de cet ordre n'est pas susceptible. Que n'a-t-on pas dit dans l'ancienne Rome, sur le présage qu'on pouvait tirer de son vol, de sa voix dont les aruspices comptaient et distinguaient plus de soixante inflexions, sur les armées de Corbeaux qui, combattant dans les airs, annonçaient les combats des hommes sur la terre ?

Le Corbeau est répandu dans presque toutes les contrées de l'Europe : dans plusieurs de nos départements, on le désigne vulgairement sous le nom de *Colas*. Il ne fréquente guère que les régions où se trouvent de vastes forêts, et il se plaît surtout sur les montagnes, dont il ne descend guère qu'en hiver. Son cri, auquel on donne le nom de *croassement*, est rauque, sonore et grave. Il vit de charognes, et, à leur défaut, de fruits, de graines, d'insectes, de limaçons. On assure même qu'il attaque et dévore les petits animaux.

Cet oiseau fait son nid sur les arbres les plus élevés, dans les fentes des rochers et dans les trous des vieilles constructions. Ce nid est spacieux et construit avec des rameaux et d'autres substances dures, mais l'intérieur en est tapissé d'herbes fines, de mousse et de bourre. La femelle y pond, au commencement de mars, cinq ou six œufs d'un vert sale, marquetés de brunâtre. L'incubation, qui dure vingt jours, est faite alternativement par le mâle et la femelle. Les petits s'appellent *Corbillards*.

Le Corbeau s'habitue très-aisément à la captivité, surtout quand il a été pris jeune. Il apprend à parler et à dire quelques mots. Il est naturellement pantomime et gesticulateur. Ses différents gestes et ses mouvements singuliers fixent l'attention du spectateur, mais il faut se tenir sur ses gardes, car il est traître et méchant, hardi et très-porté à donner des coups de bec, et ces coups sont assez forts pour percer les vêtements peu épais, entamer la peau et faire une plaie. Aussi, ne craint-il aucun des animaux domestiques, et tous le redoutent. Enfin, il est doué d'un odorat exquis, et ne craint ni le froid ni le chaud. Une fois qu'il est bien dressé, on peut le laisser aller en liberté. Jamais, en effet, il ne s'éloigne beaucoup, et, lorsqu'on l'appelle par le nom qu'on lui a donné, il s'empresse de revenir.

En captivité, on nourrit le Corbeau avec du pain, de la viande, et, en général, avec tous les débris de la table.

B. La CORNEILLE. Elle diffère du Corbeau, avec la femelle duquel on la confond quelquefois, en ce qu'elle est plus petite, et qu'elle a la queue plus carrée et le bec moins arqué en dessus.

Il en existe deux espèces :

a. La CORNEILLE COMMUNE (*Corvus corone*, Linné), appelée vulgairement *Corbine, Cornouaille, Corvant,* souvent même *Corbeau* par erreur, qui a 45 centimètres de longueur et le plumage entièrement noir, avec quelques reflets violets sur la partie supérieure du corps ; et

b. La CORNEILLE MANTELÉE (*Corvus cornix,* Linné), nommée vulgairement *Corbeau mantelé, Bedaude, Meunière* ou *Jacobine,* qui est longue de 55 centimètres et a le plumage noir, à l'exception du dos, de la poitrine et du ventre, qui sont d'un gris cendré.

Les Corneilles ont le même genre de vie que le Corbeau, et vivent en captivité de la même manière.

C. Le FREUX (*Corvus frugilegus,* Cuvier). Il est tout noir. Sa taille est un peu plus petite que celle de la Corneille commune, dont il se distingue encore par son bec, qui est plus droit et plus pointu. Sauf dans l'extrême jeunesse, il a la base du bec dépouillée de ses plumes, à cause de l'usage où il est de fouiller constamment dans la terre pour y chercher sa nourriture.

Cet oiseau a les mêmes mœurs que les précédents. Toutefois, il ne se nourrit pas de charognes, mais de vers, de larves, d'insectes et de graines. On le conserve rarement en cage.

D. Le CHOUCAS (*Corvus monedula,* Linné), appelé aussi PETITE CORNEILLE DES CLOCHERS. Il est noir comme les autres Corbeaux, mais avec les yeux blanchâtres, des reflets violets sur le dos et verts sur les ailes, la tête cendrée et la gorge pointillée de blanc. Sa longueur n'est que de 35 centimètres, et sa taille est à peu près celle d'un Pigeon.

Cette espèce s'apprivoise sans peine et apprend facilement à parler. Quand il a été élevé jeune, il devient presque domestique, et reste volontiers avec la volaille.

En liberté, le Choucas se nourrit de graines, de vers de terre et de larves d'insectes, et ne touche aux charognes qu'à défaut d'autres aliments. En captivité, il mange toute espèce de graines.

L'oiseau appelé vulgairement *Choucas des Alpes,* n'est pas un Choucas proprement dit. Il appartient au genre Chocard ou Choquard, également de la famille des Corvidés, et son nom véritable est CHOCARD DES ALPES (*Pyrrho-corax alpinus*, Linné). Cet oiseau est gros comme le pré-cédent. Son plumage est noir. Il se tient, pendant l'été, dans les montagnes les plus élevées, d'où il descend dans les vallées, aux approches de l'hiver.

4° *Les Rolliers.*

Comme les Corbeaux, les Geais, etc., les *Rolliers* appar-tiennent à la famille des Corvidés. Ce sont des oiseaux à forme trapue, à bec un peu crochu, à pattes très-cour-tes. La seule espèce qu'on trouve en Europe est

Le ROLLIER COMMUN (*Coracias garrula*, Linné). Cet oi-seau a presque la taille et la forme du Geai. Sa longueur est d'environ 32 centimètres, dont 11 à 12 pour la queue. Il est remarquable par la beauté de son plumage. En effet, il a la tête entière, le cou, la gorge, la poitrine, le ventre, les grandes couvertures des ailes et toutes les couvertures du dessous, d'un beau vert bleuâtre; le dos, les épaules, les trois dernières pennes, de couleur brune hépatique; les couvertures de la queue, les petites couvertures des ailes et la partie cachée des pennes au bord intérieur, d'un beau bleu d'indigo; tout le dessous des pennes d'un bleu foncé, leur barbe extérieure noire, et de la base au milieu d'un vert bleuâtre. La queue, droite, est d'un vert-bleu sale vers la base, et plus clair, de même que plus pur vers le bout : les deux plumes médianes sont entièrement d'un vert-brun, les quatre suivantes seulement brunâtres, avec une grande tache bleue sur la barbe intérieure; la plus extérieure enfin est noire à la pointe : toutes ces couleurs percent en dessous. Le reste du plumage est d'un vert bleuâtre changeant en vert de mer.

La femelle et les jeunes de la première année, ont la tête, le cou, la poitrine et le ventre d'un gris roussâtre, lavé de vert bleuâtre ; le dos et les dernières pennes d'un gris clair; le croupion vert lavé d'indigo; la queue noirâtre, avec une teinte de vert-bleu ; le reste comme le mâle.

Le Rollier vit dans les bois les moins fréquentés, et nous quitte, pendant l'hiver, pour des climats plus chauds. Il niche dans les creux d'arbres. La ponte est de quatre à sept œufs blancs, que les deux sexes couvent alternativement. L'incubation dure dix-huit à vingt jours. Les petits n'acquièrent toute la beauté de leur plumage qu'à la seconde année. Avant cette époque, ils ont la tête, le cou et la poitrine d'un gris blanchâtre.

La nourriture du Rollier consiste en vers de terre, insectes, petites grenouilles, blé, glands, racines bulbeuses, etc. C'est un oiseau essentiellement sauvage. Néanmoins, quand on le prend jeune, on peut l'apprivoiser sans trop de peine. Voici, d'après le docteur Meyer, d'Offenbach, comment on doit procéder :

« Il faut prendre les jeunes du nid lorsqu'ils ne sont qu'à demi-développés, et les nourrir avec des petits morceaux de cœur de bœuf ou autre partie maigre et tendre, même de la tripaille, etc., jusqu'à ce qu'ils puissent manger seuls ; on peut alors ajouter de petites grenouilles, des vers et des insectes. La manière dont ils s'y prennent pour tuer et avaler ces animaux est assez curieuse : ils commencent par les saisir et les écraser dans le bec, les jettent ensuite plusieurs fois pour les recevoir dans le gosier qui est fort large. Lorsque le morceau est gros ou que l'animal remue encore, ils le frappent fortement contre terre, et recommencent à le jeter en l'air, jusqu'à ce que, ne tombant point en travers, mais enfilant le gosier, il puisse commodément être avalé.

« Après les avoir ainsi nourris pendant un assez long temps, on peut mêler à la viande un peu de gruau d'orge. On est même parvenu à leur faire manger du pain, des légumes et des gruaux humectés ; mais le cœur de bœuf reste toujours le manger préféré. On ne les a jamais vus boire.

« Ils connaissent parfaitement la personne qui prend

soin d'eux, ils viennent à son appel pour recevoir le manger de ses mains, sans cependant se laisser prendre; mais
ils ne deviennent jamais bien privés et se défendent souvent avec leur bec. Ils font très-peu de mouvements, si
ce n'est pour chercher leur manger, et restent presque
constamment tranquilles à la place où ils sont fixés. S'il
leur arrive de sautiller dans la chambre, c'est d'une manière gauche et gênée, à cause de leurs pattes courtes ;
en revanche, ils volent parfaitement, mais on ne peut
leur en laisser l'entière liberté dans la chambre, ni même
les tenir en cage, parce qu'ils sont si faciles à effaroucher,
que de frayeur ils se donneraient de violents coups à la
tête, et pourraient aisément se tuer. Le meilleur est de
leur rogner une aile et de les laisser ainsi courir dans la
chambre. Ils sont assez querelleurs entre eux, surtout le
soir pour la place sur le juchoir. Je les ai tenus pendant
quelque temps dans une grande volière, avec des oiseaux
de grande et de petite taille, une autre fois avec mes pigeons. Mais, qu'ils soient seuls ou en société, ils paraissent également sains et dispos. »

5° *Le Casse-noix.*

Le CASSE-NOIX (*Corvus caryocatactes*, Linné; *Corvus
nucifraga*, Bresson) se distingue par son bec dont les
deux mandibules sont également pointues, droites et
sans courbure. Son plumage est brun, tacheté de blanc
sur tout le corps. Sa longueur totale est de près de
35 centimètres. La femelle est d'un brun roussâtre.

Le Casse-noix habite les pays de forêts, principalement
de forêts résineuses. Il niche dans les trous d'arbres, où
il pond cinq à six œufs d'un gris fauve avec quelques
taches plus foncées. Il s'habitue assez aisément à vivre
en captivité.

A l'état de liberté, le Casse-noix se nourrit d'insectes
et de larves d'insectes, que la forme de son bec lui permet d'extraire de dessous l'écorce des arbres. Il mange

aussi des glands, des faînes, des noisettes, des amandes de pin et de sapin, diverses baies, etc. En captivité, on le traite comme le Geai, mais il faut se garder d'enfermer avec lui des petits oiseaux, même des oiseaux de sa taille, parce qu'il ne manquerait pas de les tuer. On nourrit les petits avec de la viande hachée très-menu.

§ VIII. Les Sturnidés.

1º *L'Etourneau.*

L'ÉTOURNEAU (*Sturnus vulgaris*, Linné), que l'on appelle aussi SANSONNET, est un des plus beaux Passereaux conirostres de nos climats. Il habite toute l'Europe, mais, l'hiver, il émigre dans les contrées méridionales. Moins gros que le Merle et long de 23 centimètres, il a des formes sveltes et allongées que font valoir ses mouvements rapides et gracieux.

Cet oiseau a le plumage d'un beau noir lustré, à reflets verts, pourpres et violets sur diverses parties, tant en dessus qu'en dessous. Chaque plume est terminée par une tache roussâtre sur les parties supérieures et sur les couvertures des ailes et de la queue. Cette même teinte borde les pennes alaires et caudales, qui sont d'un brun noirâtre à l'intérieur. Les plumes de la tête et du cou sont longues et étroites. Celles des joues, du devant du cou, de la poitrine et du ventre ont à leur extrémité une tache blanchâtre. Les pieds sont couleur de chair et les ongles noirâtres. Le bec, jaunâtre à l'origine, est brun vers le bout. Tel est le mâle après la mue, pendant l'hiver, et dans les premiers mois du printemps ; mais, vers le mois de mai, son bec devient totalement d'un beau jaune orangé ; les mouchetures rousses et blanches disparaissent en presque totalité, principalement sur les parties antérieures ; alors les plumes qui ne sont point mouchetées ont des reflets plus vifs et sont d'un beau noir brillant.

Le plumage de la femelle a moins de reflets, et des mouchetures plus larges, plus longues et plus nombreuses. En outre, son bec est brun, et ne se colore point comme celui du mâle.

Les jeunes, dans leur premier âge, sont d'une couleur brune noirâtre, sans taches blanches et sans reflets. Les mouchetures commencent à paraître à la première mue, tantôt sur une partie du corps, tantôt sur une autre, mais, le plus souvent, sur les inférieures, ensuite sur la tête et après sur le dos. Pendant la mue, peu d'oiseaux offrent des variétés de plumage plus nombreuses et plus agréables que les Étourneaux.

Les deux sexes portent, dans leur jeunesse, une robe si ressemblante, qu'il est impossible de les distinguer. Comme le mâle est seul susceptible d'éducation, et par conséquent seul recherché, les oiseleurs le reconnaissent, à cet âge, par une tache noirâtre presqu'imperceptible qu'il a sous la langue ; il faut que ce soit vraiment un caractère distinctif, puisqu'ils ne s'y trompent que lorsqu'ils veulent abuser l'acheteur. Selon Salerne, la différence entre les deux sexes consisterait dans la forme de la langue ; le mâle l'aurait fourchue et la femelle pointue.

Le temps des amours pour les Étourneaux commence dans les premiers jours de printemps ; alors chaque paire s'assortit et s'isole ; mais cette union ne se fait pas aisément. Les mâles se disputent les femelles avec acharnement, et celles-ci n'ont pas le droit du choix : elles appartiennent aux vainqueurs. C'est à cette époque qu'ils font entendre leur chant, qui est un gazouillement presque continuel ; ils ont en outre un cri qui n'est qu'un sifflement long et très-aigu.

Une fois appariés, les Étourneaux cherchent un endroit favorable pour y poser le berceau de leur progéniture. Les uns s'emparent d'un nid de Pivert ; d'autres font leur ponte dans les colombiers, sous les couvertures des maisons, des églises, et même dans des trous de rochers ;

mais il n'est pas certain qu'ils construisent leur nid sur
les arbres. Les matériaux qu'ils emploient, sont de la
paille à l'extérieur, du gros foin pour le centre, et des
herbes fines et quelques plumes pour l'intérieur ; c'est
dans ce berceau fait sans art, que les femelles déposent
quatre œufs d'un bleu verdâtre, qu'elles couvent pendant
dix-huit à vingt jours ; le mâle partage avec elle l'incubation. Ils ne font que deux couvées par an, dans nos
climats tempérés, encore la seconde est-elle peu nombreuse. Les jeunes ne sortent du nid que lorsqu'ils sont
très-emplumés.

L'Étourneau n'est point recherché pour son chant naturel, mais pour son plumage, et spécialement pour sa
docilité et son aptitude à apprendre tout ce qu'on lui en-
seigne ; sa voix devient claire et sonore, son sifflet très-
agréable ; il prononce facilement des mots, et quelquefois une phrase de suite, et il répète des airs de serinette
en perfection. Enfin, son gosier souple se prête à toutes
les inflexions, à tous les accents.

Pour avoir un chanteur parfait, il faut le prendre dans
le nid trois ou quatre jours après sa naissance, car s'il y
en restait dix à douze, il se souviendrait toujours de son
ramage naturel et de son cri désagréable. On le tient à
cet âge tendre dans une petite boîte garnie de mousse
qu'on a soin de changer tous les jours, car de la propreté
dépend le succès ; et on lui donne souvent à manger,
mais peu à la fois. Dès cet instant, on lui répète ce qu'on
désire lui apprendre.

Pour se procurer des petits avec plus de facilité, si les
vieux ont établi leur demeure sous les toits des églises et
des colombiers, on attache sur les murs des vases de
terre, comme on le fait pour les Moineaux ; ils ne manqueront pas de s'en emparer, surtout si on les trouble
dans les lieux où ils couvent ordinairement, et quoiqu'on leur retire leurs petits, cela ne les empêchera pas
d'y couver de nouveau.

Lorsqu'on veut élever des jeunes, on leur donne pour

nourriture du cœur de mouton haché par petits morceaux et dans la forme de petites chenilles ; on les leur présente au bout d'un petit bâton, jusqu'à ce qu'ils puissent manger seuls. Alors on les nourrit avec la pâte que l'on donne aux Rossignols ; cependant on doit varier leurs aliments, car ils s'accommodent volontiers de tout dans l'état sauvage. Ils vivent de limaces, de vermisseaux, de scarabées, de diverses graines, de baies de sureau, d'olives, de cerises et de raisins.

Le Sansonnet ne multiplie pas en captivité, mais, d'après ce que nous venons de dire, rien n'est plus facile que de s'en procurer de jeunes. Il vit sept à huit ans. On en cite même qui ne sont morts qu'à vingt. L'épilepsie est la maladie à laquelle il est le plus sujet.

Il existe en Europe un autre Étourneau, qui est d'un noir lustré uniforme, à légers reflets pourprés : c'est l'ÉTOURNEAU UNICOLORE (*Sturnus unicolor*). Cet oiseau paraît propre à l'île de Sardaigne. Il a les mêmes mœurs que le précédent, et s'élève de la même manière.

2° *Les Troupiales.*

Les TROUPIALES (*Oriolus*, Linné ; *Icterus*, Brisson) sont des oiseaux d'Amérique qui ont des mœurs assez semblables à celles de nos Étourneaux. Leur nom vient de ce qu'ils vivent communément en troupes. Ils nichent dans le voisinage les uns des autres, se nourrissent d'insectes, de baies et de graines, et s'abattent par bandes nombreuses sur les terres ensemencées.

Une des espèces les plus remarquables est le TROUPIALE VARIÉ (*Oriolus varius*, Linné), qui habite la Guyane, et que l'on appelle vulgairement *Étourneau des bergers*. Le plumage de cet oiseau éprouve de très-grandes variations de couleurs suivant l'âge et le sexe. Ce n'est même qu'au troisième printemps que le mâle a sa livrée définitive. A cette époque, ce dernier a le plumage noir, avec le bas du dos, la croupe et le ventre d'un brun

marron : les pennes secondaires sont bordées de blanc.
Longueur totale : 16 centimètres.

3° *Les Carouges.*

Les Carouges (*Oriolus*, Linné ; *Pendulinus*, Vieillot) ne se
rencontrent qu'en Amérique. La plupart vivent par paire.
Quelques-uns cependant ont l'instinct social des Troupiales, avec lesquels ils se mêlent quelquefois. Ils ne paraissent, du reste, différer extérieurement de ces derniers que par la forme du bec. Ces oiseaux sont plutôt
insectivores que granivores. Aussi, les rencontre-t-on
beaucoup plus souvent dans les taillis et les endroits
fourrés, où ils trouvent une nourriture abondante, que
dans les champs ensemencés.

Les Carouges sont surtout recherchés à cause de leur
plumage. Il suffira d'en citer quelques espèces.

Le Carouge baltimore (*Oriolus baltimore*, Gmélin ; *Icterus minor*, Brisson), nommé vulgairement *Baltimore*. Il
a la tête, le cou, la gorge et le haut du dos noirs ; le reste
du dos, la poitrine, le ventre, le croupion et le dessous
de la queue, d'un jaune orangé, qui est un peu plus
clair sur les épaules ; les grandes rémiges brun noirâtre ;
les rémiges secondaires noires, avec une bordure blanche ; les rectrices jaunes, avec la base et les deux intermédiaires noires. Longueur totale : 18 centimètres. Habite l'Amérique du Nord, surtout la Louisiane.

Le Carouge jamac (*Oriolus jamacaii*, Gmélin). Tout le
devant du cou, la tête, les ailes, la queue, ainsi qu'une
bande transversale sur le dos, sont d'un noir profond.
Le derrière et les côtés du cou, le bas du dos, le croupion, les petites couvertures des ailes, et tout le dessous,
à partir de la poitrine, sont d'un rouge orangé éclatant.
Longueur totale : 25 centimètres. Ce Carouge est propre
au Brésil.

Le Carouge vulgaire (*Oriolus icterus*, Gmélin), appelé
vulgairement Carouge. Le plumage est fauve, avec la

tête, la gorge, le dos, les tectrices et les rémiges d'un beau noir ; une bande blanche coupe obliquement les ailes. Longueur : 25 centimètres. Il vit dans plusieurs parties de l'Amérique du Nord, où on l'élève en domesticité pour détruire les insectes.

Le CAROUGE OU TROUPIALE COMMANDEUR (*Oriolus phœniceus*, Gmélin). Il est entièrement noir, sauf les épaules qui sont d'un rouge de feu. On le trouve dans toutes les contrées comprises entre New-York et le Pérou. Sa longueur totale est de 22 à 25 centimètres.

Le CAROUGE BRUNET (*Fringilla pecoris*, Gmélin), nommé vulgairement *Brunet*. Le plumage est d'un noir-violet, à l'exception de la tête et du cou, qui sont d'un gris-brun. Longueur : 16 centimètres. Cette espèce est commune aux États-Unis, où elle fréquente habituellement le bétail.

4° *Les Cassiques.*

Les CASSIQUES (*Oriolus*, Linné; *Cassicus*, Daudin) font partie du même groupe que les Troupiales et les Carouges, avec lesquels on les a longtemps confondus. Comme eux, ils sont propres à l'Amérique, où on les appelle vulgairement *Yapus*.

Ces oiseaux se tiennent presque exclusivement dans les forêts et ne vivent pas en bandes. Ils sont à la fois insectivores, vermivores, baccivores et granivores. En captivité, ils mangent à peu près de tout. En outre, ils s'apprivoisent avec beaucoup plus de facilité que les Troupiales et les Carouges. Ils réussissent même à apprendre des airs et à prononcer des mots. Nous citerons les espèces suivantes :

Le CASSIQUE JUPUYA (*Oriolus hemorrhoüs*, Linné; *Cassicus ruber*, Brisson). Il est d'un beau noir avec le bas du dos, le croupion et les couvertures supérieures de la queue d'un rouge de feu. Longueur totale : de 29 à 30 centimètres. Cet oiseau habite le Brésil.

Le CASSIQUE YAPOU (*Oriolus persicus*, Gmélin). Il est tout

noir, avec les épaules, le bas-ventre, le croupion et la base de la queue d'un jaune d'or. Mêmes dimensions que le précédent. Toute l'Amérique tropicale est la patrie de cette espèce.

Le Cassique huppé (*Oriolus cristatus*, Gmélin; *Cassicus cristatus*, Daudin). Le plumage est d'un noir terne, avec le croupion et le bas-ventre d'un roux ferrugineux, les rectrices moyennes noires et les externes jaunes. Longueur : 48 centimètres. Ce Cassique vit au Brésil.

§ IX. Les Tanagridés.

1° *Les Tangaras.*

Les Tangaras appartiennent tous à l'Amérique méridionale. Ils ressemblent beaucoup à nos Moineaux et vivent de graines, d'insectes et de baies. Nous citerons les espèces suivantes :

Le Tangara archevêque (*Tanagra archiepiscopus*, Desmaret), appelé vulgairement l'*Archevêque de Cayenne*. Il a la tête, la gorge et la poitrine violettes; le bas-ventre et le croupion gris; le dos olivâtre; les rémiges et les tectrices d'un brun noirâtre, bordées de vert jaunâtre; les petites rectrices des ailes, d'un jaune doré. La femelle est d'un gris-brun en dessus; d'un gris cendré avec des reflets violets en dessous : une tache violette derrière l'œil. La Guyane et le Brésil sont la patrie de cet oiseau.

Le Tangara évêque (*Tanagra episcopus*, Gmélin), vulgairement appelé l'*Évêque de Cayenne*. Le plumage est violâtre, avec les petites tectrices alaires d'un blanc bleuâtre, les moyennes nuancées de violet, les grandes cendrées, les rectrices et les rémiges noirâtres, bordées de bleu. La femelle est d'un gris foncé teint d'olivâtre. De plus, elle a les pennes des ailes olivâtres à la base, et brunes à l'extrémité. Vit au Brésil et à la Guyane.

Le Tangara a miroir (*Tanagra speculifera*, Temminck).

Il a le dessus du corps d'un brun-noir, le dos et le croupion jaunes ; la queue noire, ainsi que les ailes, dont le milieu porte un miroir verdâtre ; la gorge jaune d'or, et le ventre d'un vert très-clair : une touffe fauve se trouve sur chaque côté du croupion. La femelle est olivâtre en dessus et jaune en dessous. Cette espèce habite la Guyane et le Brésil.

Le Tangara olivet (*Tanagra olivacea*, Gmélin), nommé vulgairement l'*Olivet*. Il est vert olive en dessus, avec la poitrine jaune et le ventre blanchâtre. La femelle est d'un olivâtre sale. Vit à la Guyane.

Le Verderoux (*Tanagra guianensis*, Gmélin). Tout le plumage est d'un vert plus ou moins foncé, avec un bandeau roux, la calotte et le ventre gris. Habite la Guyane.

Le Grand Tangara (*Tanagra magna*, Gmélin). Cette espèce, qui est la plus grande, a la taille d'une grive. Le plumage est d'une couleur brune olive sur la tête, le cou, le dessus du corps, les ailes et la queue ; glacé de bleu sur le front ; couleur de brique sur le ventre et la poitrine. Le gosier est blanc, bordé d'un trait blanc de chaque côté. Habite les forêts de la Guyane.

Le Tangara noir (*Tanagra atra*, Gmélin), appelé vulgairement le *Camail*. Il est cendré, moins la gorge, les joues et le front, qui sont noirs chez le mâle, et bruns chez la femelle. Vit à la Guyane.

Le Tangara cardinal : il en existe plusieurs espèces, toutes caractérisées par la couleur dominante du plumage, laquelle est un rouge plus ou moins vif. Il suffira de citer : le **Tangara cardinal du Canada** (*Tanagra rubra*, Gmélin), de l'Amérique septentrionale, qui est d'un rouge vif, avec les rectrices et les rémiges noires ; et le **Tangara oriflamme** (*Tanagra flammiceps*, Temminck), du Brésil, qui est tout rouge, avec une huppe de même couleur, mais plus vive sur la tête.

1° *Les Euphones.*

Les oiseaux de ce groupe sont tous remarquables par la douceur de leur chant. Ils ont la même taille, les mêmes mœurs et la même patrie que les précédents ou Tangaras proprement dits. Les principales espèces sont :

L'Euphone téité (*Tanagra violacea*, Latham). Le dessus du corps est d'un noir foncé à reflets violets ; le bec, les pieds, les rémiges et les rectrices sont d'un noir mat ; le front, la gorge, le devant du cou et la poitrine, d'un jaune orangé ; le ventre d'un jaune pur. Cet oiseau habite la Guyane et le Brésil. Il est recherché pour la douceur de son chant, aussi bien que pour la beauté de son plumage.

L'Euphone organiste (*Pipra musica*, Gmélin ; *Euphonia musica*, Vieillot). Le sommet de la tête et la nuque sont bleus, bordés, de chaque côté, par un trait noir ; les rémiges et les rectrices sont d'un noir-violet très-brillant ; le front, le croupion et le dessus du corps d'un jaune orangé. Cette espèce vit aux Antilles, principalement à Porte-Rico et à Haïti.

2° *Les Ramphocèles.*

A cette section appartiennent

Le Ramphocèle bec-d'argent (*Tanagra jacapa*, Gmélin ; *Ramphocelus purpureus*, Vieillot), appelé vulgairement Bec d'argent. Cet oiseau doit le nom vulgaire sous lequel il est généralement connu, à une singularité que présente la forme de son bec. Les bases de la mandibule inférieure se prolongent jusque sous les yeux en s'arrondissant, et forment de chaque côté une plaque épaisse qui, pendant la vie, semble être de l'argent le plus brillant, et qui se ternit après la mort.

Le Bec d'argent a le plumage tout entier d'un pourpre obscur, à l'exception de la gorge, de la tête et de l'estomac, où il est d'un pourpre très-brillant. Une espèce de demi-collier, formé de longs poils qui débordent un peu les plumes, entoure l'occiput. La femelle diffère du mâle en ce qu'elle n'a point de demi-collier, et que son plumage est roussâtre en dessous. et brun avec quelques teintes pourpre obscur en dessus.

Le Bec d'argent est propre à la Guyane, au Brésil, et, probablement aussi, à plusieurs autres contrées chaudes de l'Amérique méridionale. Il fréquente de préférence les lieux découverts, sans fuir cependant le voisinage des habitations. Il est exclusivement frugivore.

Le RAMPHOCÈLE ÉCARLATE (*Tanagra brasilia*, Linné ; *Ramphocelus coccineus*, Vieillot). Il est tout entier d'un rouge écarlate très-vif, à l'exception des ailes, de la queue et des jambes, qui sont d'un noir velouté. Chez la femelle, les parties supérieures sont vertes, les inférieures d'un vert jaunâtre, les rémiges et les rectrices d'un brun verdâtre. Comme le Bec d'argent, cette espèce appartient à la Guyane et au Brésil.

§ X. Les Fringillidés.

1º Les Bruants.

Les BRUANTS (*Emberiza*, Linné) se distinguent par une particularité caractéristique : c'est qu'ils portent au palais une petite protubérance osseuse qui leur sert à broyer les graines.

Ces oiseaux sont propres à l'ancien continent. Ils habitent généralement la lisière des bois, et se tiennent dans les haies ou dans les blés. La plupart émigrent. Ils sont essentiellement granivores, mais, à défaut de graines, ils se nourrissent de baies et d'insectes.

Les Bruants forment un assez grand nombre d'espèces. Les plus importantes sont :

A. Le BRUANT COMMUN OU BRUANT JAUNE (*Emberiza citrinella*, Linné). Il est connu, dans nos campagnes, sous les noms de *Verdier* (1), *Verdière*, *Verdelet*, à cause du

_____

(1) « Le *Bruant* des ornithologistes est donc le *Verdier* en langue

reflet verdâtre de son plumage, où le brun et le jaune dominent.

Le Bruant a la tête et la partie inférieure du corps jaunes ; sur la tête, cette couleur est variée de brun, tandis qu'elle est pure sur les côtés, sous la gorge, sous le ventre et sur les couvertures du dessus de la queue ; elle est mêlée de marron clair sur tout le reste de la partie inférieure. Le dessus du cou et les petites couvertures des ailes sont olivâtres ; le noirâtre, le gris et le marron clair sont répandus sur le dos et les quatre premières pennes de l'aile ; le brun se montre sur les autres, dont le bord extérieur est jaunâtre et gris. Un marron clair règne sur le croupion et les grandes couvertures de la queue, et un gris-blanc termine chaque plume. Les pennes de la queue sont brunes et bordées de gris, à l'exception des deux extérieures de chaque côté, dont la bordure est blanche. Longueur totale : 16 centimètres.

La femelle a moins de jaune que le mâle, et plus de taches sur le cou, la poitrine et le ventre. Quant aux jeunes, leur plumage diffère de celui des vieux en ce qu'il est privé de jaune.

Le plumage qui vient d'être décrit est bien celui de la très-grande partie des Bruants communs, mais les couleurs varient sur différents individus, soit pour la teinte, soit pour la distribution. Ainsi, quelquefois le jaune est pur sur la tête et les autres parties du corps qui sont de cette couleur. D'autres fois, la tête est d'un cendré jaunâtre, le cou tacheté de noir, le ventre, les cuisses et les pieds d'un jaune safran, la queue brune, bordée de jaune. Il arrive aussi parfois que le dessus est jonquille et le dessous blanc. Enfin, il n'est pas rare de voir, au mois d'août, des vieux mâles dont le jaune de la tête est couleur paille,

vulgaire, et le *Verdier* des oiseleurs et des gens de la campagne est le *Bruant* des ornithologistes. Il eût peut-être mieux valu respecter une dénomination usitée parmi le peuple, et, en quelque sorte, consacrée par l'usage. » (MAUDUYT.)

sans aucun mélange : les oiseleurs leur donnent le nom de *Verdiers-paillets.*

· Un grand nombre de Bruants voyagent dans les contrées méridionales pendant l'automne. Ceux qui restent se rassemblent entre eux pendant l'hiver, et se réunissent avec les Pinsons, les Verdiers, etc. Ils s'approchent alors des fermes et même des villes, fréquentent les grands chemins, où ils cherchent leur nourriture jusque dans la fiente des chevaux. Cette réunion d'espèces différentes n'a lieu que pendant le jour. Quelques heures avant la nuit, chaque famille s'isole, et chacune se retire dans les lieux où elle couche ordinairement.

Au printemps, et pendant l'été, les Bruants se tiennent le long des haies, sur la lisière des bois, dans les bosquets, les taillis, et rarement dans l'intérieur des forêts. Leur vol est rapide ; ils se posent au moment où on s'y attend le moins, et presque toujours sous le feuillage le plus épais.

Dans l'hiver, on les voit, vers la fin du jour, au sommet des arbres, d'où ils ne descendent qu'après le coucher du soleil. C'est aussi à cette élévation que se plaît le mâle dans le temps des amours ; là, pendant des heures entières, sans changer de place, il fait entendre un ramage composé de sept notes, dont les six premières égales, et sur le même ton, et la dernière plus aiguë et plus tranchée, *ti, ti, ti, ti, ti, ti, ti.* De plus, les Bruants ont deux cris particuliers : l'un est celui du ralliement qu'ils jettent presque toujours en volant, et sur le soir pendant l'hiver ; l'autre exprime leur inquiétude lorsqu'on leur porte ombrage, et surtout si l'on approche de leur nid ou de leurs petits.

Cette espèce fait ordinairement trois pontes : la dernière a lieu à la fin d'août. Elle pose son nid, soit à terre dans une touffe d'herbes, mais toujours au pied d'un buisson ou d'une haie, soit sur les branches d'un arbre, à une petite élévation. Elle le construit de mousse ou de foin à l'extérieur : le chevelu des racines, le crin et la laine matelassent le dedans.

Oiseaux de Volière. 17

Les œufs, ordinairement au nombre de quatre, et quelquefois de cinq, sont blancs, tachetés, avec des lignes irrégulières et en zigzag d'un brun de différentes nuances.

La femelle couve avec un tel attachement, que souvent on la prend à la main en plein jour. Le mâle partage avec elle ce soin, mais il est plus méfiant. C'est ordinairement vers le milieu du jour qu'il remplace sa compagne, et n'y reste que le temps qu'elle emploie à chercher sa nourriture.

Les Bruants sont granivores et insectivores. Ils abecquent leurs petits et les nourrissent d'insectes, tant qu'ils ne peuvent voler. Ceux-ci naissent couverts de duvet, et abandonnent le nid avant que leurs ailes aient acquis toute leur croissance : alors ne pouvant pas même voler, ils se cachent dans les herbes et les broussailles. Quand ils peuvent se suffire à eux-mêmes, ils joignent aux insectes les petites graines, le millet, le chènevis, et surtout l'avoine. Si l'on veut les élever, il faut les prendre à l'époque où ils doivent quitter le nid. Le Bruant est délicat, et s'élève difficilement. La nourriture qui paraît mieux lui convenir est la pâte préparée pour les jeunes Serins, à laquelle il faut joindre du chènevis broyé. Lorsqu'on le prend adulte, surtout en hiver, l'on jouit de son chant au printemps suivant. Il est d'abord deux ou trois mois où il ne fait entendre que son cri ordinaire, après quoi il donne à son gosier toute son étendue.

Cet oiseau est sujet au mal caduc.

B. Le Bruant ortolan (*Emberiza hortulana*, Linné), appelé vulgairement Ortolan. Il est un peu moins gros que le Moineau franc, et sa longueur totale est de 15 à 16 centimètres. Il a la tête et le cou d'un cendré olivâtre; le tour des yeux, la gorge jaunâtres; la poitrine, le ventre, les flancs et les couvertures inférieures de la queue roux, avec quelques mouchetures; le dessus du corps varié de marron brun et noirâtre; le croupion et les couvertures supérieures de la queue d'un marron brun uniforme; les pennes de l'aile noirâtres, les grandes bordées extérieurement de gris, les moyennes de roux, leurs couvertures supérieures variées de brun et de roux, les inférieures d'un jaune soufre; les pennes de la queue noirâtres et à bords roux, les deux plus extérieures bordées de blanc; le bec et les pieds jaunâtres.

La femelle a un peu plus de cendré sur la tête et sur le cou, n'a pas de taches jaunes au-dessus de l'œil, et ses autres couleurs sont moins vives.

L'Ortolan habite principalement l'Europe tempérée et l'Europe méridionale, mais il est de passage dans la plupart des contrées. Il paraît, au printemps, à peu près dans le même temps qu'arrivent les Hirondelles, et devance un peu les Cailles; mais son passage n'est pas régulier dans les mêmes cantons, surtout aux environs de Paris. Les individus qui viennent, dit-on, de la basse Provence, remontent jusqu'en Bourgogne, fréquentent les vignes, où ils se nourrissent des insectes qui courent sur les pampres et sur les tiges.

Le ramage de l'Ortolan a de l'analogie avec celui du Bruant, mais il chante au printemps, la nuit comme le jour, ce que ne fait pas ce dernier. Des personnes trouvent que sa voix a de la douceur, ce qui le fait élever pour la cage dans certains pays; on a même remarqué que, lorsqu'il est jeune, il prend quelque chose du chant des autres oiseaux, si on le laisse longtemps près d'eux.

Il construit son nid assez négligemment, à peu près comme celui des Alouettes. En Bourgogne, il le place sur les ceps; mais, dans d'autres pays, comme en Lorraine, il le fait à terre et par préférence dans les blés. Ce nid est composé de joncs secs et de joncs verts. La femelle y dépose quatre ou cinq œufs d'une teinte pourpre très-pâle, parsemée de très-petites mouches noirâtres, et fait ordinairement deux pontes par an.

Dès les premiers jours du mois d'août, les jeunes prennent le chemin des provinces méridionales, et les vieux ne se mettent guère en route qu'au mois de septembre et même sur la fin.

En captivité, on nourrit l'Ortolan avec du millet, du chènevis et de l'avoine mondée. C'est, du reste, un oiseau très-délicat que l'on ne peut guère conserver plus de trois ou quatre ans.

On sait que l'Ortolan, quand il est bien gras, constitue un menu gibier très-apprécié des gourmets. La méthode qu'on emploie pour l'engraisser est fort simple.

On enferme les oiseaux dans une chambre suffisamment close pour que le jour extérieur ne puisse y pénétrer. Cette chambre est ce qu'on appelle une *mue*. Elle est éclairée avec une lampe extérieure, sans interruption, afin que les prisonniers ne puissent point distinguer le jour de la nuit, et ne doit leur procurer que la clarté nécessaire pour distinguer leur mangeaille, leur boisson et leur juchoir. Les uns les laissent libres dans leur prison et ont soin de répandre une grande quantité de graines, telle qu'avoine, millet, panis, etc.; d'autres les tiennent dans des cages basses et couvertes, où les augets seuls sont éclairés. Dans l'un et l'autre cas, les graines leur sont prodiguées avec abondance, leur eau et leur abreuvoir doivent toujours être très-nets.

La porte de la *mue* est ordinairement très-basse, les murs sont teints de gris et doivent être surtout bien crépis pour garantir les oiseaux des rats, des souris et autres petits animaux, qui mangent le grain et tuent souvent les Ortolans. A chaque coin de la chambre est placée, pour leur servir de juchoirs, une grande perche garnie de traverses. Des perches plus petites garnies de même sont le long des murs; celles-ci doivent être à 15 centimètres de distance environ l'une de l'autre, et avoir les traverses d'en haut moins longues que celles d'en bas.

A côté de la *mue*, il y a une petite chambre éclairée qui y communique par une porte que l'on n'ouvre qu'aux époques où l'on a besoin d'oiseaux. Ceux-ci, attirés par une plus grande clarté, passent de l'une à l'autre; mais, dès que le nombre désiré est complet, on les y enferme, en tirant la porte par le moyen d'une ficelle. De cette manière, ceux qui restent ne sont point effarouchés en voyant prendre leurs compagnons, ce qui souvent les jette dans la mélancolie et l'inquiétude, et les fait maigrir si l'on agit autrement.

On peut être sûr avec ce régime de les engraisser très-promptement; il ne faut que huit jours pour qu'ils soient au point convenable, et même ils prennent une telle quantité de graisse, qu'ils finiraient par mourir de gras-fondure, si on ne prévenait cet accident en les tuant à propos, ou en n'engraissant à la fois que le nombre dont on a besoin.

On peut employer les mêmes moyens pour les Cailles, les Tourterelles, les Grives, etc.; seulement, on nourrit ces dernières de diverses baies et de farine pétrie avec des figues sèches. Une précaution qu'on ne doit pas perdre de vue, c'est de donner très-peu, ou même de ne pas donner du tout de chènevis aux oiseaux qu'on engraisse pour la table, par ce que cette graine communique à leur graisse un goût huileux et désagréable.

Quand on veut faire voyager les Ortolans engraissés, on les enferme, tout plumés, dans une petite caisse remplie de millet.

C. Le BRUANT PROYER ou, simplement, le PROYER (*Emberiza miliaria*, Linné). Toutes les plumes des parties supérieures sont brunes, bordées de gris. Le dessous du corps est d'un blanc-gris, varié de petites taches d'un brun roussâtre, rondes et triangulaires au cou, allongées sur la poitrine et les flancs. Longueur totale : 19 centimètres.

Cette espèce est commune dans nos département méridionaux, et y vit sédentaire. Son nid, placé dans les prairies et dans les guérets, contient de quatre à six œufs d'un gris cendré, roussâtre ou violacé. Elle n'a rien qui la fasse rechercher. Néanmoins, on l'élève quelquefois en cage. On la soumet au même régime que le Bruant jaune.

D. Le BRUANT ZIZI (*Emberiza cirlus*, Linné), appelé

vulgairement Bruant des haies. Il tient le milieu, quant à la taille, entre l'Ortolan et le Verdier, car sa longueur est de 16 centimètres et demi. Il a le dessus du corps cendré olivâtre, la gorge noire et les côtés de la tête jaunes. La femelle a des couleurs beaucoup plus claires.

On rencontre cet oiseau dans tout le midi de l'Europe, où il niche près de terre, dans les taillis, et où il se nourrit de chenilles de chou et autres insectes, et, quand la saison le permet, d'orge, de froment, de millet, d'avoine, etc. On le recherche à cause de son chant, qui est presque aussi agréable que celui de l'Ortolan. Il réclame les mêmes soins et la même nourriture que ce dernier.

E. Le Bruant fou (*Emberiza cia*, Linné), nommé vulgairement Bruant des prés. Il se distingue surtout en ce qu'il a le dessous du corps gris roussâtre, et les côtés de la tête blanchâtres, entourés de lignes noires en triangle. Sa longueur est de 16 centimètres et demi. La femelle diffère peu du mâle.

Ce Bruant est très-commun dans tout le midi de l'Europe. Il est sédentaire dans quelques localités de la Provence; partout ailleurs, il est simplement de passage. On le recherche pour son chant et pour sa gaîté, et on le traite comme l'Ortolan. Il peut vivre cinq à six ans en captivité.

F. Le Bruant de neige (*Emberiza nivalis*, Linné), vulgairement nommé *Moineau des dunes* ou *Pinson du Nord*. Il diffère des précédents en ce qu'il a l'ongle du pouce presque droit et allongé en arrière. Il est d'un blanc pur partout, à l'exception du dos, des scapulaires, de la moitié inférieure des rémiges et des deux rectrices médianes, qui sont d'un noir profond. La femelle ne diffère guère du mâle qu'en ce qu'elle a la tête d'un gris roussâtre, et que les parties blanches sont d'une teinte moins pure.

Cette espèce a les mœurs des Alouettes et voyage souvent avec elles. C'est un oiseau granivore et insectivore, qui habite les régions boréales de notre continent, mais il est quelquefois de passage dans nos départements du Nord. On le nourrit en cage avec du millet, de l'avoine, de l'œillette, de la navette, etc. ; mais il faut avoir soin de le tenir dans un endroit peu chauffé, car la chaleur le ferait périr.

G. Le BRUANT MONTAIN (*Fringilla laponica*, Linné), appelé aussi *Grand Montain*. Il a l'ongle du pouce disposé comme celui du précédent, et son plumage est d'un noir profond, comme velouté, avec les sourcils blancs, le dessus du cou ferrugineux, et les deux rectrices externes marquées d'un tache blanche.

· Cet oiseau habite la Laponie : il se montre en France dans ses migrations d'automne. Comme les Alouettes, il chante en se soutenant dans les airs. On le traite en captivité de la même manière que le Bruant de neige.

2° *Moineaux proprement dits*.

A. Le MOINEAU DOMESTIQUE OU MOINEAU FRANC (*Fringilla domestica*, Linné ; *Pyrgita domestica*, Cuvier), vulgairement appelé *Moineau, Moisson, Pierrot* et *Mouchon*. Il a le dessus de la tête d'un cendré bleuâtre ; le derrière des yeux et la partie supérieure du cou d'un marron pur ; le dessus du corps, également d'un marron pur, avec des raies longitudinales noires ; le croupion et les sus-caudales cendrés ; la gorge, le devant du cou et le haut de la poitrine d'un noir profond ; le reste de la poitrine, l'abdomen et les sous-caudales, d'un gris blanchâtre ; la région parotique et les côtés du cou blancs ; les ailes traversées d'une bande d'un blanc pur ; les couvertures pareilles au manteau ; les rémiges brunes, lisérées, en dehors, de marron clair; la queue brune ; le bec noir et les pieds rougeâtres. On connaît des variétés blanches, noires, isabelle, rousses, gris-de-lin, tapirées de blanc, bleues et cendrées. Longueur totale : 15 centimètres. La femelle, plus petite que le mâle, manque de la pièce noire de la gorge et du devant du cou, ces parties étant d'un gris clair ; le dessus de la tête est d'un brun-roux, les autres nuances de son plumage sont généralement plus claires. Les jeunes mâles ressemblent aux femelles, et ce n'est qu'à leur première mue qu'ils prennent le plumage qui distingue leur sexe.

L'habitude de vivre au milieu de nous a perfectionné l'instinct des Moineaux ; ils savent plier leurs mœurs aux situations, aux temps et aux autres circonstances ; ils savent en quelque sorte varier leur langage, et, comme ils sont très-parleurs, l'on peut à chaque instant distinguer leurs cris d'appel, de crainte, de colère, de plaisir ; mais, au sein d'une association qu'ils ont seuls formée contre le gré d'une des parties et même de la plus puissante, pour leur seul avantage, et au détriment de ceux avec lesquels ils établissent cette communauté forcée, les Moineaux ont conservé leur indépendance. Plus hardis que les autres oiseaux, ils ne craignent pas l'homme, l'environnent dans les villes, à la campagne, se détournent à peine pour le laisser passer sur les chemins, et surtout dans les promenades publiques, où ils jouissent d'une entière sécurité ; sa présence ne les gène point, ne les distrait point de la recherche de leur nourriture, ni de l'arrangement de leur nid, ni des soins qu'ils donnent à leurs petits, ni de leurs combats, ni de leurs plaisirs ; ils ne sont assujettis en aucune manière, et à vrai dire, ils ont plus d'insolence que de familiarité.

« Dans quelque contrée que le Moineau habite, dit Buffon, on ne le trouve jamais dans les lieux déserts, ni même dans ceux qui sont éloignés du séjour de l'homme. Les Moineaux sont, comme les rats, attachés à nos habitations ; ils ne se plaisent ni dans les bois, ni dans les vastes campagnes : on a même remarqué qu'il y en a plus dans les villes que dans les villages, et qu'on n'en voit point dans les hameaux et dans les fermes qui sont au milieu des forêts ; ils suivent la société pour vivre à ses dépens ; comme ils sont paresseux et gourmands, c'est sur des provisions toutes faites, c'est-à-dire sur le bien d'autrui qu'ils prennent leur subsistance. »

Ces oiseaux emploient du foin et des plumes pour la construction de leur nid ; ils se contentent d'arranger négligemment ces matériaux dans les pots qu'on leur offre, sous les tuiles, dans les trous et les crevasses de murailles, etc. ; mais ils en forment un tissu quand ils nichent sur les grands arbres, tels que les charmes, les noyers, les saules ; ils donnent alors à leur nid une forme arrondie ; mais ce qu'il y a de singulier, c'est qu'ils y ajoutent une espèce de calotte par dessus qui le couvre, en sorte que l'eau de la pluie ne peut y pénétrer, et ils laissent une ouverture pour entrer en dessous de cette calotte. Quelques-uns s'emparent des nids des Hirondelles, des Corvines, des Pigeons, etc.

Leur ponte est de cinq, de six et quelquefois de huit œufs, d'un cendré blanchâtre, avec beaucoup de taches brunes. Les petits naissent sans plumes ni duvet, et ils sont tout rouges.

Quelque part que les Moineaux s'établissent pour multiplier leur espèce, ils ne paraissent nullement affectés du bruit qui se fait autour d'eux, et auquel ils sont accoutumés dès leur naissance. Vieillot dit avoir eu sous les yeux plusieurs couples de Moineaux qui couvaient, ou dont les petits venaient d'éclore, dans les fentes d'un vieux mur que l'on abattait ; les coups redoublés des outils, les débris qui tombaient, tout le fracas de la démolition n'empêchaient pas ces oiseaux d'entrer et de sortir de leur trou, de couver leurs œufs ou d'apporter à manger à leurs petits, et ce ne fut qu'à l'instant où la place qu'ils occupaient fut attaquée par les ouvriers, et qu'il ne leur restait plus d'espoir de conserver leur domicile et leur progéniture, qu'ils les abandonnèrent, non sans voltiger autour à plusieurs reprises, en donnant plutôt des signes de colère que de regrets. Des Moineaux, ajoute le même écrivain, avaient fait leur nid dans le chœur d'une église de bénédictins, et

précisément dans la manche d'une statue de saint Benoît.
Les offices de la nuit ne les dérangeaient pas plus que
ceux du jour, et ils passèrent plusieurs années dans cet
asile sacré : ils sortaient et entraient librement par quelques carreaux cassés des vitraux. Un procureur s'avisa
de faire rétablir les vitres endommagées ; mais à peine
les carreaux par lesquels entraient les Moineaux se trou-
vèrent-ils raccommodés, que ces oiseaux les mirent en
pièces à coups de bec, et rétablirent ainsi la communication entre le nid et l'extérieur de l'édifice.

Des oiseaux qui viennent d'eux-mêmes faire en quelque sorte société avec l'homme, sont doués de toutes les
dispositions à une association plus intime. Les Moineaux
s'élèvent aisément en cage, s'accoutument sans peine à la
captivité, ont assez de docilité pour obéir à la voix, pour
recevoir leur manger de la main qui l'offre, pour se laisser
prendre, toucher, caresser, enfin, pour amuser. Ils vivent
très-longtemps, surtout s'ils sont sans femelles ; car on
prétend que l'usage immodéré qu'ils en font abrège
beaucoup leur vie.

Les Moineaux mangent de tout : ils se nourrissent
d'insectes, de grains, de fruits et de légumes. Quand on
les prend jeunes, on leur fait d'abord une pâte un peu
liquide ; ensuite, on leur donne des graines concassées ;
enfin, lorsqu'ils sont assez forts, on les soumet au régime des adultes.

B. Le MOINEAU FRIQUET (*Fringilla montana*, Linné), vulgairement nommé *Moineau des bois*, *Moinequin*, *Moineau
des haies*, *Hambouvreux*. Le Friquet a le sommet de la
tête, l'occiput et une partie de la nuque, d'un rouge
bai ; le bas de la nuque, le haut du dos et les scapulaires, d'un roux marron, tacheté longitudinalement de
noir ; le bas du dos et les sus-caudales, d'un cendré
rougeâtre ; la gorge et le devant du cou noirs ; le dessous du corps blanchâtre, lavé de brunâtre sur les flancs
et les sous-caudales ; la région parotique et les côtés du
cou blancs ; les ailes de la couleur du dos, avec deux

bandes transversales blanches ; les rémiges noirâtres, bordées de roux en dehors ; la queue brune, faiblement lisérée de roussâtre ; le bec noir et les pieds d'un gris roussâtre : une sorte de collier blanc, tacheté de noir à la nuque, entoure le cou. Il y a des variétés blanches, tapirées, isabelle. Longueur : 13 centimètres environ.

Le Friquet est répandu, non-seulement en Europe, mais encore dans tout le nord de l'Amérique et de l'Asie. Il se tient habituellement dans les jardins et les vergers, ainsi que dans les champs bien garnis d'arbres et de haies. Il niche dans les trous des arbres fruitiers ou dans le creux des saules. Ses œufs, au nombre de cinq à six, sont de couleur variable, mais le plus souvent gris ou d'un brun clair, avec de fines raies d'un gris-brun ou d'un brun-violet.

Cet oiseau a le plumage plus beau que le Moineau franc. Il a aussi le chant moins monotone. On l'élève en cage absolument de la même manière que ce dernier, mais il ne vit pas longtemps en captivité et meurt presque toujours de marasme.

C. Le Moineau soulcie (*Fringilla petronia*, Linné), appelé vulgairement *Gros-bec soulcie*. Il a le dessus de la tête brun grisâtre, avec deux bandes latérales d'un brun foncé ; la nuque brun grisâtre ; le dessus du corps brun cendré clair, varié de taches longitudinales noires et brunes, avec les bordures des plumes d'une teinte plus claire et la plupart des scapulaires terminées de blanchâtre ; le croupion et les sus-caudales d'un cendré brun jaunâtre, plus clair sur le bord des plumes ; la gorge, le bas de la face antérieure du cou, la poitrine et l'abdomen, d'un blanc terne, avec des taches grises et brunes, surtout aux flancs, et une tache de jaune vif au milieu du cou ; les sous-caudales d'un blanc terne, avec des taches longitudinales brunes ; les côtés de la tête et du cou cendrés, avec une bande blanc roussâtre au-dessus des yeux, et une brune en dessous ; les ailes de la même couleur que le dessus du corps, avec les couvertures

terminées de gris roussâtre ; les rémiges brunes et lisérées, en dehors, de cette dernière couleur ; enfin, les rectrices brunes, terminées, à l'exception des deux médianes,
par une tache blanche et ronde, située sur les barbes
internes. Longueur totale : 15 centimètres et demi.

Le Soulcie habite tout le midi de l'Europe. En France,
il est commun dans les anciennes provinces de Languedoc
et de Provence. On le trouve aussi quelquefois, mais seulement de passage, dans nos départements du nord. On
le rencontre encore au nord de l'Afrique et dans l'ouest
de l'Asie.

Cet oiseau est d'un naturel sauvage et s'accoutume
assez difficilement à la captivité. Il n'a, du reste, rien
qui puisse le faire bien rechercher. En cage, on le traite
comme les espèces qui précèdent.

D. Le Moineau des saules (*Passer salicicola*, Vieillot).
Cette espèce a le dessus de la tête et du cou d'un marron
foncé ; le dessus du corps noir, avec les bordures des
plumes d'un cendré roussâtre ou blanchâtre, et les sus-
caudales d'un brun cendré ; la gorge, le devant du cou
et le haut de la poitrine, d'un noir profond ; le milieu de
l'abdomen et les sous-caudales d'un blanc pur ; les flancs
lavés .de cendré et marqués de taches longitudinales
noires ; la région parotique et les côtés du cou d'un beau
blanc ; les ailes avec une bande transversale blanche et
noire formée par l'extrémité des petites couvertures :
celles-ci roux marron, les autres largement bordées de
cendré roussâtre ; la queue brune, avec les pennes lisérées très-faiblement de cendré. Longueur totale : 15 centimètres environ.

Le Moineau des saules habite l'Espagne, la Sardaigne,
la Sicile et l'Italie. Il est de passage dans nos departe-
ments méridionaux. On le trouve aussi au nord de l'A-
frique et dans les îles du cap Vert. C'est un oiseau qui
n'est pas très-commun, et qui, avec quelques soins, s'habitue à vivre en captivité. On le soumet au même régime
que ses congénères.

E. Le Moineau d'Italie (*Passer italiæ*, Vieillot). C'est le *Moineau soufré* de Buffon. Cet oiseau est à peu près gros comme une Alouette. Il a le dessus de la tête, du cou et du corps, d'un marron vif, avec des raies noires sur le dos ; les sus-caudales brunes, bordées de cendré roussâtre ; la gorge, le devant du cou et le haut de la poitrine, d'un noir profond ; le reste des parties inférieures d'un blanc jaunâtre, lavé de cendré brunâtre sur les flancs ; la région parotique et les côtés du cou d'un blanc pur ; les petites couvertures alaires, d'un roux marron vif ; les moyennes noirâtres, terminées d'un blanc, qui forme, par le rapprochement des plumes, une bande transversale, comme dans le Moineau domestique ; les grandes couvertures, également noirâtres et largement bordées de fauve ; les rémiges brunes, lisérées de roux en dehors ; et la queue brune. Longueur totale : 15 centimètres environ.

Comme le Moineau des saules, le Moineau d'Italie est propre aux contrées les plus méridionales de l'Europe, surtout à celle dont il a pris le nom ; mais il est de passage dans nos départements du sud-est. Il habite aussi l'Asie-Mineure, notamment les environs de Smyrne. Quoiqu'il s'accommode du régime alimentaire des autres Moineaux, il vaut mieux cependant le nourrir d'avoine et de chènevis.

3° Les Pinsons.

Les Pinsons ou Pinçons (*Fringilla*, Linné) ont le bec un peu moins arqué que celui des Moineaux, mais un peu plus fort que celui des Linottes. Ils ont aussi les ailes plus longues et la queue un peu fourchue.

A. Le Pinson ordinaire (*Fringilla cœlebs*, Linné), appelé aussi *Gros-bec pinson* ou simplement Pinson, est l'espèce la plus connue de ce genre. Il a le front noir, le haut de la tête et la nuque d'un bleu cendré pur ; le dos et les scapulaires châtains, avec une légère nuance noirâtre ;

le croupion vert; toutes les parties inférieures d'une couleur lie de vin roussâtre, qui devient plus claire sur le ventre et blanchâtre sur l'abdomen; les ailes et la queue noires, avec deux bandes transversales blanches sur les rémiges, et une tache conique aussi blanche sur les deux rectrices latérales. Le bec, qui est blanc en hiver, devient bleu foncé au printemps, et il conserve cette teinte jusqu'à la mue. La longueur totale de l'animal est de 18 centimètres.

La femelle diffère du mâle en ce qu'elle est un peu plus petite. En outre, elle a la tête, le cou et le haut du dos d'un gris-brun, et tout le dessous d'un blanc sale. Les jeunes lui ressemblent beaucoup, ce qui les fait appeler *têtes grises* par les oiseleurs. Du reste, le plumage du Pinson change suivant les saisons. Il éprouve aussi, surtout en captivité, des modifications assez nombreuses, dues pour la plupart à l'influence du régime, et qui produisent les variétés dites *à collier*, *tachetées*, *panachées*, etc. Quant à la distinction que font certains amateurs entre les *Pinsons des bois* et les *Pinsons des jardins* ou *des vergers*, elle n'a aucune espèce d'importance et provient seulement du lieu où l'on a pris ces oiseaux.

Le Pinson commun est très-recherché pour son chant. Il chante de très-bonne heure, ordinairement dans les beaux jours de février, et il ne finit que vers le solstice d'été. D'un caractère très-vif, il est toujours en mouvement, et cette circonstance, jointe à la gaîté de son ramage, a donné lieu au proverbe : *gai comme un pinson*.

Le Pinson commun est très-répandu dans toute l'Europe, sédentaire dans quelques contrées et émigrant dans d'autres. En hiver, il se joint à une foule d'autres oiseaux et va par volées chercher sa nourriture dans les champs et les vignes. Au commencement du printemps, les couples se forment et s'isolent : les uns restent dans nos jardins et nos vergers; les autres se retirent dans les bois taillis. Le mâle, d'un naturel jaloux, une fois accouplé et fixé dans l'arrondissement qu'il a adopté, n'en souffre pas d'autre dans le voisinage, et si deux mâles se rencontrent, ils se battent avec acharnement jusqu'à ce que le plus faible cède la place, ou succombe ; il ne quitte point sa femelle tandis qu'elle couve, se tient la nuit fort près du nid, et s'il s'en éloigne un peu pendant le jour, ce n'est que pour aller à la provision, dont il lui fait part à son retour.

La femelle seule travaille à la construction du nid, et lui donne cette forme élégante et ce tissu solide qui le fait citer comme un des plus jolis de notre pays. Elle le pose sur les arbres et arbustes les plus touffus, même dans nos jardins et nos vergers, sur les arbres fruitiers. On a remarqué qu'elle le place très-haut dans les bois, et que dans les vergers il n'est souvent qu'à la hauteur d'un homme ; mais qu'elle le cache si bien, qu'on passe souvent auprès sans l'apercevoir. Différentes mousses blanches et vertes, et de petites racines, sont à l'extérieur recouvertes en entier d'un lichen pareil à celui des branches sur lesquelles le nid est posé ; l'intérieur est garni de laine, de crin et de plumes, liés ensemble avec des toiles d'araignées. Elle y dépose quatre à six œufs gris, rougeâtres, semés de taches noirâtres, plus abondantes au gros bout.

L'incubation, que ne partage pas le mâle, dure treize jours, et les petits naissent couverts de duvet. Le père et la mère les nourrissent d'abord d'insectes et de chenilles. Ils joignent ensuite à ces aliments diverses sortes de graines, notamment celles de pin, de sapin, de cameline, de lin, de navette, de chou, de laitue, etc., qu'ils savent fort bien écorcer pour en tirer la substance intérieure.

Le Pinson s'habitue très-facilement à vivre en captivité, mais on ne doit pas oublier qu'il est très-sensible au froid. Il s'apprivoise aussi aisément quand on l'a pris tout jeune, et alors il devient très-familier. On peut encore l'instruire de la même manière qu'on instruit le Rossignol et le Canari. Comme on a remarqué qu'il

chante beaucoup plus quand il est aveugle, parce qu'il
n'éprouve aucune distraction, quelques amateurs ont la
barbarie, afin de jouir sans interruption de son chant,
de lui ôter la vue en lui passant un fer rouge assez près
des yeux pour les brûler.

La nourriture qui convient le mieux au Pinson est la
navette d'été. Cette graine peut être donnée sèche, mais
il vaut mieux la faire gonfler dans l'eau. Au printemps,
on y ajoute un peu de chènevis ou de graine de chanvre
bâtard, ce qui excite le petit prisonnier à chanter, et en
hiver, quelques œufs de fourmi ou des vers de farine et
un morceau de pomme. Enfin, il ne faut pas oublier de
garnir la cage de verdure (mouron, laitue, etc.), comme
de tenir le vase à eau toujours plein d'eau fraîche.

Le Pinson commun couve fort bien en captivité; mais
il ne faut jamais mettre deux mâles dans la même volière, parce qu'ils ne feraient que se battre. On peut apparier un Pinson mâle avec une femelle de Canari.

Outre les maladies communes aux oiseaux, le Pinson
est très-sujet à perdre la vue. On reconnaît qu'il est
atteint de cette affection quand ses yeux pleurent, que
ses plumes se gonflent et se hérissent. On le guérit en
lui faisant boire, d'un jour à autre et pendant quatre ou
cinq jours, un mélange d'eau, de sucre et de jus de
feuilles de bette ou de poirée, puis on le nourrit, pendant deux ou trois jours, avec de la graine de melon
mondée.

B. Le PINSON D'ARDENNES OU DE MONTAGNE (*Fringilla
montifringilla,* Linné), appelé aussi ARDERET, ou *Gros-bec
d'Ardennes.* Il a les mêmes mœurs que le précédent,
mais il est plus petit, car sa longueur ne dépasse guère
16 centimètres.

Au printemps, le mâle a la tête, la nuque, les joues,
les côtés du cou et le haut du dos d'un noir brillant; la
gorge, le devant du cou, la poitrine et le haut de l'aile
d'un beau roux orangé; le croupion et les parties inférieures d'un blanc pur; les flancs roussâtres avec des

taches noires. Ce qui distingue la femelle, c'est que ses couleurs sont plus uniformes. Elle a du brun là où le mâle a du noir, et du roussâtre là où il a du roux.

L'Arderet est de passage dans presque toutes les parties de l'Europe; mais il paraît habiter plus particulièrement le Nord, à l'époque des chaleurs. On l'élève et on le conserve quelquefois en cage, quoiqu'il ne dise presque rien en captivité. Sa nourriture est la même que celle du Pinson ordinaire. Néanmoins, on peut ne lui donner que du chènevis et du panais.

C. Le Pinson de neige ou Niverole (*Fringilla nivalis,* Linné). Il est presque de la même taille que le Pinson ordinaire. Son nom lui vient, soit de son séjour sur les hautes montagnes, soit de sa ressemblance avec l'Ortolan de neige.

Le mâle a le sommet de la tête, la nuque et les joues d'un cendré bleuâtre; le dos et les scapulaires d'un brun foncé, avec des bordures plus claires; les rectrices blanches terminées de noir; les rémiges d'un noir profond; les parties inférieures blanches ou blanchâtres suivant l'âge. La femelle a la tête d'un gris roussâtre et le dessous du corps tout blanc, avec les côtés tachetés de noir.

Le Niverole habite les Alpes suisses, les Pyrénées et les Alpes du Nord. Il est rarement de passage dans les plaines. Son chant est peu agréable. On le garde cependant en cage à cause de sa rareté. Les graines de sapin et de chanvre bâtard sont la nourriture qu'il semble préférer. Il mange aussi la navette, le millet et le chènevis, ainsi que les vers de farine.

4° *Les Linottes.*

Avec un plumage brun rougeâtre, les Linottes ou Linots ont le bec tout-à-fait conique, court et sans aucun renflement. Ces oiseaux vivent en troupes, sauf toutefois à l'époque de la reproduction. L'été, ils se tiennent généralement dans les buissons, les halliers et les haies;

et, l'hiver, ils descendent dans les plaines et les lieux découverts et cultivés. Toutes les espèces sont granivores, et la plupart font entendre un chant agréable, qui les fait d'autant plus rechercher qu'elles s'accoutument très-facilement à la captivité.

I. La Linotte la plus répandue est la LINOTTE COMMUNE (*Fringilla cannabina*, Linné), appelée aussi *Linotte des vignes, Grande Linotte, Gros-bec linotte, Friant*, ou simplement LINOTTE. Elle est grosse comme un Moineau, et compte 15 centimètres de long. C'est le type du genre. Cet oiseau abonde dans presque toute l'Europe, principalement en France, en Angleterre, en Allemagne et dans les contrées méridionales.

La livrée de la Linotte commune éprouve, chez le mâle, des changements très-remarquables qui n'ont pas lieu chez la femelle, et qui proviennent surtout de l'âge et de la saison. C'est de ces changements que proviennent les *Linottes rouges* ou *sanguines*, les *Linottes grises* et les *Linottes jaunes*, qui ont été prises par plusieurs ornithologistes pour des races particulières.

Les Linottes grises sont des jeunes ayant au moins un an. Le gris-brun domine dans leur plumage, notamment sur la tête, qui n'a encore rien de rouge. Cette couleur ne commence à paraître que plus tard. Elle couvre la tête et la poitrine des Linottes rouges, et augmente avec l'âge. Chez les Linottes jaunes, ces parties sont d'un jaune roussâtre qui paraît venir d'une dégradation du rouge causée par la vieillesse ou par quelque maladie arrivée pendant la mue. Il est à remarquer que les Linottes élevées jeunes dans la chambre ne prennent jamais du rouge au front et à la poitrine : elles restent toujours grises comme les mâles de première année. De même, les Linottes adultes, transportées rouges dans la chambre, perdent, à la première mue, leur coloration caractéristique, et ne la recouvrent plus : elles deviennent grises comme les jeunes.

La femelle se distingue du mâle en ce qu'elle est plus

petite, et qu'ensuite elle est d'un gris tacheté de noir
sur la tête, et d'un roussâtre varié de taches brunes sur
la poitrine.

La Linotte commune n'est pas moins recherchée que le
Chardonneret et le Bouvreuil, car elle a des qualités
vraiment intéressantes. Elle réunit un naturel docile et
susceptible d'attachement, un ramage agréable, un gosier
qui se ploie facilement aux différents airs qu'on désire
lui enseigner; on parvient même à lui apprendre à répéter distinctement quelques mots de telle langue que
ce soit : *petite vie, petit fils, baisez, baisez, petit fils*, sont
des demi-phrases qu'elle prononce franchement et avec
un accent si touchant, qu'il semble exprimer le sentiment.

Cet oiseau est d'une amabilité étonnante; il sait très-
bien distinguer les personnes qui le soignent; il vient se
poser sur elles de préférence, leur prodigue ses caresses,
et semble même exprimer son affection par la douceur
de ses regards. Outre cela, il a la faculté d'imiter et de
joindre aux modulations variées de sa charmante voix, le
chant des autres oiseaux qui se trouvent à sa portée. Si
on élève un très-jeune Linot avec un Pinson, une Alouette
ou un Rossignol, il apprend à chanter comme eux; mais
il perd souvent son chant naturel, et ne conserve guère
que son petit cri d'appel.

Les Linottes se réunissent en société vers le mois de
septembre, y restent pendant l'hiver, volent très-serrées,
s'abattent, s'élèvent toutes ensemble et se posent sur les
mêmes arbres. Leur vol est suivi, et ne va point par élans
répétés comme celui du Moineau ; elles marchent en sautillant, elles passent la nuit dans les bois, et choisissent
pour asile les arbres dont les feuilles, quoique sèches, ne
sont pas encore tombées, tels que les chênes, les charmes, etc. Elles fréquentent alors les terres en friches et
les champs cultivés où elles se nourrissent de divers petits grains ; elles piquent aussi les boutons des peupliers
des tilleuls et des bouleaux. Vers le commencement du

printemps, on les entend chanter toutes à la fois, et leur chant est toujours devancé par une espèce de prélude ; c'est alors qu'elles s'accouplent ; une fois leur choix fait, chaque couple s'isole et affecte un canton d'où il ne s'éloigne point pendant tout l'été.

La Linotte commune place son nid sur les arbustes, dans les joncs marins, quelquefois sur les arbres, mais à une moyenne hauteur. L'extérieur est composé de petites racines, de mousse, et l'intérieur, de plumes, de crins, de laine et de bourre. La ponte est ordinairement de quatre à six œufs blancs, un peu lavés de bleu, et pointillés de rouge-brun, surtout vers le gros bout.

Le mâle ne partage ni le travail du nid, ni l'incubation ; mais rempli de petits soins pour sa femelle, il lui apporte des aliments qu'il lui dégorge comme le Serin, égaie la monotonie de sa position par un joli ramage, sans cesse répété pendant qu'elle couve, et veille encore à sa sûreté. Dès qu'on lui porte ombrage, il jette un cri plaintif, voltige de buisson en buisson, s'éloigne un moment, mais pour reparaître aussitôt. Plus on approche de sa compagne, plus ses cris redoublent ; alors sa femelle, avertie par ses plaintes et pressée par le danger, quitte le nid. Aussitôt tous les deux s'en éloignent et n'y reviennent ordinairement qu'après une heure d'absence ; mais lorsque les petits sont près d'éclore, ils y retournent plus tôt. Le père et la mère ont beaucoup d'affection pour leur nouvelle famille ; ils la nourrissent de graines tendres préparées dans leur jabot, et qu'ils lui dégorgent dans le bec. La Linotte commune fait ordinairement deux ou trois pontes, et même quatre si elle est troublée dans les premières.

Pour élever des jeunes Linots, il faut choisir des mâles, car les femelles ne chantent ni n'apprennent à chanter. On les reconnaît à la couleur blanche des ailes, qui est plus pure et plus étendue ; mais ceux qu'on désire instruire doivent être pris dans le nid lorsque les plumes commencent à pousser, car, pris adultes, au filet ou autrement, il est rare qu'ils profitent des leçons qu'on pourrait leur donner.

On les instruit le soir à la chandelle avec un flageolet ou une serinette, et quand on veut leur apprendre quelques mots, il faut bien les articuler. On peut encore, lorsqu'ils mangent seuls, les mettre sous de bons mâles serins : en moins de six mois, ils chanteront aussi fort qu'eux et prendront le même ton. Il faut préférer les petites cages aux grandes.

On les nourrit d'abord avec du gruau d'avoine et de la navette broyée dans du lait ou de l'eau ; d'autres remplacent le gruau par de la mie de pain, et y joignent un jaune d'œuf dur. On leur donne la becquée comme aux Serins, et il faut les tenir chaudement et proprement. Si on veut les rendre plus familiers, on leur présente cette nourriture à la main et on leur donne quelques douceurs avec la bouche. Lorsqu'ils commencent à vouloir manger seuls, on laisse la navette entière, mais attendrie dans l'eau, afin qu'ils puissent la casser plus aisément ; ensuite, l'on varie leur nourriture avec du panis, du millet, de l'alpiste, des graines de raves, de choux, de laitue, de plantain et quelquefois celle de melon broyée ; de temps en temps du massepain, de l'épine-vinette, du mouron : il leur faut très-peu de chènevis, parce qu'il les engraisse trop, ce qui les fait périr ou les empêche de chanter. Beaucoup de personnes ne leur donnent pour nourriture que de la navette ; mais il en résulte le même inconvénient : plus on variera leur nourriture, moins ils auront de maladies.

Les Linottes communes sont sujettes à une maladie qu'on appelle *subtile*. Leur tristesse, leur silence, leurs plumes roides et hérissées en sont les indices, et lorsqu'elle fait des progrès, leur ventre devient dur, leurs veines sont grosses et rouges, leur poitrine est tuméfiée, leurs pieds s'enflent, sont calleux et à peine peuvent-elles se soutenir. Il faut avoir soin de mettre dans leur cage un petit platras ou morceau de craie, ce qui leur évitera la constipation à laquelle elles sont également sujettes; on indique aussi ce même remède contre le mal caduc; mais le mal du bouton est presque incurable; cependant on conseille de le percer promptement et d'étuver les petites plaies avec du vin.

Enfin, outre toutes ces maladies, dont la plupart sont les effets de la captivité, elles souffrent encore de l'asthme, ce qu'elles indiquent en frappant souvent du bec avec colère. On met alors un peu d'oxymel dans leur abreuvoir, et on change leur nourriture pendant quelques jours, en leur donnant de la chicorée sauvage tendre et pilée avec de l'épine-vinette ou du chou.

Rien n'est meilleur pour tenir la Linotte commune gaie et en bonne santé, que de lui donner des groseilles rouges. On doit aussi garnir le fond de sa cage d'une couche de menu sable qu'il faut renouveler de temps en temps, et, comme elle aime à se baigner, il est indispensable de tenir à sa portée une petite baignoire dont on change l'eau tous les jours.

II. Outre la Linotte commune, on élève en cage, mais plus rarement :

a. Le Cabaret ou petite linotte (*Linaria rufescens*, Bechstein), qui a 12 centimètres de long. Elle arrive en France par troupes à la fin de septembre, et part au mois d'avril pour les pays plus septentrionaux ;

b. La Linotte de montagne (*Fringilla montium*, Vieillot; *Linaria flavirostris*, Bechstein), appelée aussi *Linotte montagnarde, Linot des oiseleurs, Linotte aux pieds noirs, Linotte à gorge jaune, Gros-bec à gorge rousse*, qui a également 12 centimètres de long. Elle habite les pays méridionaux et passe dans nos contrées au printemps et en automne ;

c. La Linotte boréale (*Fringilla linaria*, Vieillot; *Linaria canescens*, Bechstein), appelée aussi *Linotte du Nord*, Sizerin, qui est longue de 14 centimètres. Elle vit dans les parties les plus septentrionales de l'Europe, et ne vient dans les départements qui avoisinent Paris que dans les hivers rigoureux ;

e. La LINOTTE VENTURON (*Fringilla citrinella*, Linné), appelée aussi *Gros-bec venturon* ou simplement VENTURON, qui est longue de 13 à 14 centimètres. Elle est très-commune dans l'Europe méridionale, mais elle ne fait que passer dans les autres contrées.

5° *Le Tarin.*

Le TARIN (*Fringilla spinus*, Linné ; *Serinus spinus*), appelé aussi *Gros-bec Tarin*, fait le passage du genre Chardonneret, dont il a le bec, au genre Serin, dont il a le plumage.

Le mâle a le sommet de la tête noir, le reste du dessus du corps olivâtre, un peu varié de noirâtre ; le croupion teinté de jaune, les petites couvertures supérieures de la queue tout à fait jaunes ; les grandes, olivâtres, terminées de cendré ; quelquefois la gorge brune et même noire ; les joues, le devant du cou, la poitrine et les couvertures inférieures de la queue d'un beau jaune citron ; le ventre blanc jaunâtre, les flancs également d'un blanc jaunâtre, mais mouchetés de noir. Deux raies transversales olivâtres ou jaunes se montrent sur les ailes, dont les pennes sont noirâtres, bordées extérieurement de vert d'olive. Les pennes de la queue sont jaunes, excepté les deux intermédiaires, qui sont noirâtres, bordées de vert d'olive : toutes ont les côtés noirs. Enfin, le bec est blanc, avec la pointe brune, et les pieds sont gris. Sa longueur totale est de 10 à 11 centimètres. La femelle diffère du mâle en ce qu'elle n'a pas le dessus de la tête noir comme ce dernier, mais un peu varié de gris. De plus, elle a la gorge blanche.

Le Tarin habite toutes les contrées de l'Europe, mais, en hiver, il erre et change de place pour chercher sa nourriture et un climat plus chaud. Il niche sur les pins, les sapins et les aunes, et fait deux pontes par an.

Cet oiseau est doué d'un ramage agréable, quoique fort inférieur à celui du Chardonneret, qu'il s'approprie, dit-on, assez facilement : il s'approprierait de même celui du

Serin, de la Linotte, etc., s'il était à portée de les entendre dès le premier âge. Il apprend à faire aller la galère comme le Chardonneret ; il n'a pas moins de docilité que lui, et, quoique moins agissant, il est plus vif à certains égards et vif par gaîté. Toujours éveillé le premier dans la volière, il est aussi le premier à gazouiller et à mettre les autres en train. On l'apprivoise plus facilement qu'aucun autre oiseau pris dans l'âge adulte ; il ne faut pour cela que lui présenter habituellement dans la main une nourriture mieux choisie que celle qu'il a à sa disposition, et bientôt il est aussi apprivoisé que le Serin le plus familier. On peut même l'accoutumer à venir se poser sur la main au bruit d'une sonnette : il ne s'agit que de la faire sonner dans les commencements, chaque fois qu'on lui donne à manger.

En liberté, le Tarin varie sa nourriture suivant les saisons. En hiver, il mange la graine d'aune et les boutons des arbres ; en automne, la graine de houblon, de chardon et de bardane ; en été, celles de pin et de sapin. En captivité, on lui donne du pain et du chènevis écrasé, ou bien un mélange de graines de pavot et de chènevis. Quoiqu'il semble choisir avec soin la nourriture, il ne laisse pas de manger beaucoup : cependant on ne peut pas l'accuser de gourmandise, car il se fait toujours un ami dans la volière parmi ceux de son espèce, et à leur défaut parmi d'autres espèces ; il se charge de nourrir cet ami comme son enfant, et de lui donner la becquée. Souvent il paraît être encore plus grand consommateur qu'il ne l'est en effet, par l'habitude ou l'amusement qu'il prend d'écorcer une grande quantité de graines sans les manger. Au reste, il boit autant qu'il mange, ou du moins il boit très-souvent, mais il se baigne peu : on a observé qu'il entre rarement dans l'eau, mais qu'il se met sur le bord de la baignoire, et qu'il y plonge seulement le bec et la poitrine sans faire beaucoup de mouvement, excepté peut-être dans les grandes chaleurs.

L'épilepsie est une des maladies auxquelles la Tarin

est le plus sujet : elle est souvent mortelle. Avec les soins convenables, on peut le conserver huit à douze ans.

6° *Le Chardonneret.*

Sauf la couleur du plumage, le Chardonneret (*Fringilla carduelis*, Linné) diffère fort peu de la Linotte et du Serin. Cet oiseau est doué d'un instinct très-remarquable de sociabilité, et figure dans le nombre des chanteurs les plus agréables. Il vit de graines. Néanmoins, il ne dédaigne pas les insectes et leurs larves, mais ce n'est que lorsqu'il n'a pas autre chose à manger. Les graines de millet, de chardon, de chicorée sauvage sont celles qu'il aime le mieux.

Le Chardonneret a une taille svelte et bien prise, un plumage velouté et brillant, un chant des plus suaves. En résumé, c'est un des plus charmants oiseaux d'Europe, et il ne lui manque, pour être apprécié à sa juste valeur, que d'être né dans quelque coin de l'Inde ou de l'Amérique. Sa longueur totale est de 14 centimètres.

Le mâle a le sinciput, les joues et le haut de la gorge d'un rouge éclatant, bordé de noir sur les parties antérieures ; le sommet de la tête et l'occiput noirs ; le dessous du cou et le dos d'un brun rougeâtre, plus clair sur le croupion et les couvertures de la queue ; les côtés de la tête et du cou, le ventre blancs ; les petites couvertures, les pennes des ailes et de la queue noires ; les grandes couvertures moitié jaunes, et les pennes alaires, à l'exception de la première, de cette même couleur sur le côté extérieur ; l'aile, lorsqu'elle est dans son état de repos, présente une suite de points blancs ; les côtés de la poitrine ont une teinte rougeâtre ; la queue est un peu fourchue ; le bec blanc est noir à son extrémité ; les pieds sont bruns. La femelle diffère du mâle en ce que les couleurs sont moins vives, que le noir de la tête et des petites couvertures est d'un brun noirâtre, et que le rouge est orangé. Les jeunes n'ont des vieux que le jaune des ailes, les taches blanches de pennes et celles de la queue. Ce n'est qu'au printemps qui suit la première mue, que, chez eux, le rouge prend tout son éclat. Leur plumage est un mélange de blanc sale et de gris, ce qui les a fait appeler *Grisets*. Comme chez d'autres oiseaux, le plumage du Chardonneret varie accidentellement et subit parfois l'influence de la captivité. C'est ainsi que le rouge de la face s'éteint et devient orangé ou jaunâtre. On en voit aussi qui sont blancs on blanchâtres, avec les couleurs de la tête et des ailes très-peu marquées. D'autres sont tapirés irrégulièrement de plumes blanches. Il en est qui, nourris exclusivement de chènevis, sont très-bruns et même noirâtres. Enfin, l'on en trouve de couleur isabelle. On appelle *Chardonneret royal* celui qui est âgé et qui a la gorge bien blanche avec la tête d'un rouge très-vif.

Le Chardonneret doit son nom au goût tout particulier qu'il a pour les graines de chardon. Outre ce nom, il en porte plusieurs autres dans le langage vulgaire, tels que ceux de *Cardaline, Cardonnette, Cardinat, Chardonneau, Chardrier, Cadoreu,* etc. Les marchands d'oiseaux lui en donnent encore d'autres, qu'ils tirent du nombre des taches terminales blanches de la queue, « distinction insignifiante, puisque ces taches ne sont pas persistantes et que leur nombre augmente ou diminue après chaque mue. » Les six pennes intermédiaires de la queue sont, en effet, terminées par de petites taches blanches, dites communément *fèves*, et les deux pennes latérales ont de chaque côté, sur leurs barbes intérieures, une tache ovale de même couleur. Ceux qui ont six taches sont appelés *Sixains*, ceux qui en ont huit *Huitains*, et ceux qui en ont quatre *Quatrains*. On croit que ce sont les Sixains qui chantent le mieux, mais cette croyance ne repose sur aucun fait positif, et ce qui semble le prouver, c'est que le nombre et l'intensité des taches varient suivant les saisons.

Le Chardonneret est commun dans presque toutes les·

parties de l'Europe, ainsi que dans la plupart des contrées de l'Asie et de l'Afrique qui avoisinent la Méditerranée. Il ne s'éloigne guère du pays qui l'a vu naître. Le mâle fait entendre sa jolie voix dès les premiers jours du printemps, mais c'est au mois de mai qu'il tire de son gosier les sons les plus doux. Perché alors à la cime d'un arbre de moyenne taille, surtout d'un arbre fruitier, il en fait retentir nos vergers dès la pointe du jour, et son chant ne finit qu'au coucher du soleil. Il le continue ainsi jusqu'au mois d'août; mais il l'interrompt lorsqu'il a des petits. Comme il a pour eux beaucoup d'attachement, les soins paternels remplisssent tous ses moments. Il les nourrit avec des graines tendres, telles que sont alors celles du séneçon, du mouron, de la laitue et autres plantes. Lorsque ses petits sont plus avancés en âge, il y joint des graines d'une digestion plus laborieuse; cependant, il les fait ramollir dans son jabot, pour les regorger comme font les Canaris. Il est tellement attaché à sa progéniture, que, renfermé avec elle dans une cage, il continue d'en avoir soin; mais afin qu'il les amène à bien, il faut lui donner en abondance du séneçon, du mouron, et surtout de la graine de chardon.

Lorsque la femelle couve, le mâle se tient et chante sur un arbre voisin. Il s'en éloigne rarement, à moins qu'il ne soit inquiété; alors il s'écarte, mais pour peu de temps : c'est de sa part une petite feinte, afin de ne pas déceler son nid, car si l'on persiste, il ne tarde pas à revenir. Il ne quitte pas sa chère moitié ; il l'accompagne dans toutes les courses qu'exige le besoin d'aliments ou la construction du nid, mais il ne partage avec elle ni ce travail ni l'incubation. Il veille seulement à sa sûreté lorsqu'elle est à terre, soit pour chercher sa nourriture, soit pour choisir les matériaux nécessaires au berceau de ses enfants, et se perche toujours sur la branche la plus voisine.

La femelle montre encore un attachement plus grand pour ses petits; rien ne peut la distraire de l'incubation;

elle brave tout, vents impétueux, pluies d'orage, grêle épaisse, pour garantir ses œufs, surtout au moment où ils sont prêts à éclore. Elle pose ordinairement son nid sur les arbres fruitiers, et choisit les branches les plus faibles. Cependant, quelquefois, elle le fait dans les taillis et les buissons épineux. Elle emploie pour le dehors, la mousse fine, les lichens, l'hépatique, les joncs, les petites racines, la bourre des chardons, tout cela entrelacé avec beaucoup d'art; et pour l'intérieur, l'herbe sèche, le crin, la laine et le duvet.

Elle commence à pondre vers le milieu du printemps; cette première ponte est de cinq ou six œufs tachetés de brun rougeâtre vers le gros bout : lorsqu'ils ne viennent pas à bien, elle fait une seconde ponte et même une troisième, lorsque la seconde ne réussit pas; mais le nombre des œufs va toujours en diminuant à chaque ponte, dont la dernière est en août.

Les jeunes ne peuvent se suffire à eux-mêmes que longtemps après leur sortie du nid; aussi, il faut de la patience lorsqu'on veut les élever. L'on prétend que les meilleurs sont ceux qui naissent dans les buissons épineux et ceux qui proviennent des dernières nichées : ils sont, dit-on, plus gais, et chantent mieux que les autres. Il faut les prendre au nid, lorsque toutes leurs plumes sont poussées, et les nourrir avec la composition suivante : On pile ensemble des échaudés, des amandes mondées et de la graine de melon, ou bien des noix, ou du massepain. De la pâte qui résulte de ce mélange, on fait des boulettes comme des petits grains de vesce; on les donne une à une avec la brochette, jusqu'à trois ou quatre de suite, à chaque jeune oiseau, auquel on présente ensuite l'autre bout de la brochette, garni d'un peu de coton trempé dans l'eau. Lorsqu'ils commencent à manger seuls, on les nourrit de chènevis broyé avec de la graine de melon et de panis; et quand ils sont forts, on leur donne seulement du chènevis. Comme cette pâte est un peu compliquée, on peut la remplacer par une

autre, formée de chènevis et de navette broyés, de mie
de pain et de jaune d'œuf, le tout délayé dans un peu
d'eau, et on leur donne la becquée de la même manière
qu'on le fait aux jeunes Serins. Enfin, quand ils mangent seuls, on doit remplacer le chènevis par le millet,
surtout si on veut les accoupler avec les Canaris.

Le Chardonneret se ploie facilement à l'esclavage et devient très-familier. Son activité et sa docilité font qu'il
se prête volontiers à mettre de la précision dans ses mouvements, à faire le mort, à mettre le feu à un pétard, à
exécuter diverses autres manœuvres, telles qu'à sauter
sur une roue dans une cage, à y monter, à en descendre
en volant, à tirer des petits seaux qui contiennent son
eau et sa nourriture; mais pour lui apprendre ce dernier
exercice, que l'on nomme *galère*, il faut savoir l'*ha-
biller.*

L'habillement consiste en une petite bande de cuir doux
de 4 millimètres environ de large, percée de quatre trous
par lesquels l'on fait passer les ailes et les pieds, et dont
les deux bouts, se rejoignant sous le ventre, sont main-
tenus par un anneau auquel s'attache la chaîne du petit
galérien. A l'autre extrémité de cette chaîne se trouve un
anneau passé dans le demi-cercle de bois qui sert de juchoir à l'oiseau, et dont les deux bouts sont fixés dans la
planche du fond. Sur cette planche, il y a une petite glace
en face du cercle, et au-dessous de celui-ci en est un autre d'un diamètre plus grand, pour que l'oiseau puisse
y monter et descendre à volonté. Les deux seaux sont
suspendus au cercle d'en haut au moyen d'une petite
chaîne; dans l'un est le manger et dans l'autre le boire,
et ils sont disposés de telle sorte que l'un ne peut
descendre sans faire monter l'autre. Alors, il faut qu'il
use d'industrie pour attirer à lui celui qu'il veut
avoir.

Le besoin de société pour le Chardonneret, qui recherche celle de ses pareils, paraît chez lui être de première
nécessité. C'est pourquoi il aime à se regarder dans la

glace et on le voit souvent prendre son chènevis grain à grain, et l'aller manger devant elle, croyant sans doute le manger en compagnie.

Quelquefois, on supprime la glace et on la remplace par une petite trémie close de tous les côtés, à l'exception d'une étroite ouverture sur le devant, et fermée avec une bascule arrangée de manière qu'elle obéit au moindre attouchement et se referme d'elle-même. Dans ce cas, pour faire connaître à l'oiseau l'endroit où est sa nourriture, on tient la bascule à demi-ouverte, ensuite fermée aux trois quarts : trouvant alors une opposition et voyant toujours la graine, il l'abaisse avec son bec. Enfin, on la ferme totalement. Il use alors de toute son adresse pour l'ouvrir et la tient ouverte avec ses pieds en les posant sur la partie inférieure. Quant à l'eau, elle est dans un petit seau attaché avec une chaîne à un des cercles; l'oiseau l'attire à lui en saisissant la chaîne avec son bec, et en la retenant sous ses pieds jusqu'à ce qu'il ait étanché sa soif.

Le Chardonneret, naturellement actif et laborieux, veut de l'occupation dans sa prison, et s'il n'a quelques têtes de pavots, des tiges de chènevis et de laitue à éplucher pour le tenir en action, il remuera tout ce qu'il rencontrera. Un seul, qui se trouve dans une volière où couvent des Serins, s'il est sans femelle, suffit pour faire manquer toutes les pontes : il se bat avec les mâles, inquiète les femelles, détruit les nids, casse les œufs. Cependant ces oiseaux, vifs et pétulants, vivent en paix les uns avec les autres, et n'ont de querelle que pour le manger et le juchoir, car tous veulent avoir celui qui est au plus haut de la volière pour se coucher, et le premier qui s'en empare n'en veut point souffrir d'autres à ses côtés. Il faut, pour pouvoir les contenter tous, placer à cette hauteur le plus de juchoirs qu'il est possible; ne donner à ces appareils que la longueur nécessaire pour un seul oiseau, et les isoler tous les uns des autres.

Il ne faut qu'une seule femelle au mâle Chardonneret,

et pour que leur union soit féconde, il est à propos qu'ils soient tous deux libres : ce qu'il y a de singulier, c'est que ce mâle se détermine beaucoup plus difficilement à s'apparier efficacement dans une volière avec sa femelle propre qu'avec une femelle étrangère, par exemple, avec une Serine ; mais il est rare que la femelle du Chardonneret s'accouple avec un Canari. Ce n'est point la conformité du chant, encore moins celle du plumage, qui donne lieu à cet accouplement, mais parce que l'un et l'autre dégorgent leur manger, et que c'est de cette manière que le Chardonneret plaît à la Serine, la met en amour et la nourrit lorsqu'elle couve, ce qu'on ne peut attendre du Bruant, du Pinson et autres, parce qu'ils portent la becquée à leur femelle et à leurs petits. Ce fait ne doit pas être oublié toutes les fois que l'on veut apparier ensemble des oiseaux de races différentes.

C'est la femelle du Canari qui entre en amour la première. Elle n'oublie rien pour communiquer à son mâle le feu dont elle brûle. Toutefois, ce n'est qu'à force d'agaceries que ce dernier devient capable de s'unir à l'étrangère ; encore faut-il qu'il n'y ait dans la volière aucune femelle de son espèce. Les préliminaires durent ordinairement six semaines, pendant lesquelles la Serine a tout le temps de faire une ponte entière d'œufs clairs dont elle n'a pu obtenir la fécondation, quoiqu'elle n'ait cessé de la solliciter. Un amateur a suivi avec attention le petit manége d'une Serine panachée en pareille circonstance ; il l'a vue s'approcher souvent du mâle Chardonneret, s'accroupir comme la poule, mais avec plus d'expression, appeler ce mâle, qui d'abord ne paraît point l'écouter, qui commence ensuite à y prendre intérêt, puis s'échauffe doucement et avec toute la lenteur des gradations : il se pose un grand nombre de fois sur elle avant d'en venir à l'acte décisif, et à chaque fois elle épanouit ses ailes et fait entendre de petits cris ; mais, lorsqu'enfin cette femelle est devenue mère, il est fort assidu à remplir les devoirs de père, soit en l'aidant à faire le nid, soit en lui portant la nourriture, tandis qu'elle couve ses œufs ; de plus il l'aide à élever ses petits.

Le bec du Chardonneret est sujet à s'allonger, surtout en captivité, au point même quelquefois qu'une mandibule dépasse tellement l'autre, qu'il ne peut saisir ses aliments. Si les mandibules s'allongent également, elles deviennent très-aiguës et il en résulte un autre inconvénient ; car, soit en dégorgeant la nourriture dans le bec des petits ou de sa femelle, soit en donnant à celle-ci des preuves de son amour, il arrive souvent qu'il les blesse, même grièvement. Pour prévenir cet accident, il faut égaliser les mandibules et les émousser avec des ciseaux.

Quoique les couvées réussissent quelquefois entre une Serine et un Chardonneret sauvage, c'est-à-dire pris au filet, il vaut mieux élever ensemble ceux dont on veut obtenir de la race, accoutumer le Chardonneret à la nourriture de la femelle, qui est le millet, l'alpiste et la navette, et ne les apparier qu'au bout de deux ans. Il serait mieux aussi que la Serine n'eût jamais été accouplée avec un mâle de son espèce, et qu'au printemps elle ne pût ni le voir ni l'entendre.

Les métis, appelés vulgairement *Mulets*, sont plus robustes que les Serins, vivent plus longtemps et ont un chant plus éclatant. Ils ressemblent au mâle par la forme du bec, par les couleurs de la tête et des ailes, et à la femelle par le reste du corps. Il résulte quelquefois de cette alliance de belles variétés, surtout si la Serine est de la belle race des panachés.

En captivité, les Chardonnerets sont sujets à plusieurs maladies souvent mortelles. La plus fréquente est le mal caduc. Cette affection peut être attribuée au chènevis, seule nourriture que l'on donne à ces oiseaux, maladie qui attaque aussi les Serins, les Bouvreuils, dès qu'on les borne à ce seul aliment, et à laquelle le Chardonneret est très-rarement sujet lorsqu'il est totalement privé de cette graine. Quoi qu'il en soit, le mal caduc est pour lui une maladie très-violente et si dangereuse, que souvent, en moins d'un demi-quart d'heure, il en meurt. Quand elle le prend, il tombe, après avoir fait quelques mouvements fort précipités, étendu dans sa cage, les deux pieds en l'air et les yeux renversés ; si on ne lui apporte un prompt secours, il rend les derniers soupirs.

De tous les remèdes, le plus sûr et celui qui réussit le mieux, est de le prendre promptement et de lui couper, avec des ciseaux, l'extrémité des ongles et surtout ceux de derrière : il en sort quelques gouttes de sang. On lui lave ensuite les pieds plusieurs fois dans du bon vin blanc tiède, et si c'est en hiver, on lui en fait avaler aussi quelques gouttes, en y mettant un peu de sucre fondu. Ce remède soulage l'oiseau, qui reprend de nouvelles forces et jouit, peu d'heures après, d'une santé aussi bonne que celle qu'il avait auparavant.

On recommande encore de ne jamais laisser les Chardonnerets sans un morceau de plâtre suspendu dans leur cage, de manière qu'ils puissent le becqueter facilement. Quand ces oiseaux sont bien soignés et tenus proprement, ils vivent seize à dix-huit ans, quelquefois même davantage.

7°. Les Serins.

Les SERINS, sauf leur plumage, ne se distinguent des Linottes et des Chardonnerets que par la forme de leur bec qui rappelle celui des Bouvreuils.

I.

Serin cini.

Le SERIN CINI (*Fringilla serinus*, Linné ; *Serinus meridionalis*, Cuvier), appelé vulgairement *Gros-bec Cini*, SERIN VERT, CINI, appartient à l'Europe méridionale. En France, c'est dans les départements formés de l'ancienne Provence, qu'on le trouve le plus communément. Il est de passage, du mois de mars à celui d'octobre, dans les contrées du centre.

Le Cini est un peu plus petit que le Tarin. Son plumage est olivâtre en dessus, jaunâtre en dessous, tacheté de brun avec une bande jaune sur l'aile. Sa longueur ne dépasse guère 11 centimètres. La femelle est assez difficile à distinguer.

Cette espèce est essentiellement granivore. Le plantain, le mouron, le séneçon constituent sa nourriture ordinaire. Elle fréquente de préférence les jardins, les vergers et les bosquets. Son nid, qui est le plus souvent placé sur les poiriers et les pommiers, à une petite hauteur, contient de trois à cinq œufs presque semblables à ceux du Canari. Les petits naissent au bout de treize à quatorze jours. Ils sont d'abord gris, et ils ne prennent le plumage parfait qu'à l'époque de la mue.

Le Cini s'apprivoise avec un extrême facilité, et il devient bientôt le plus aimable des oiseaux de chambre. Il aime beaucoup la compagnie du Chardonneret, dont il imite sans peine tous les tons. Sa voix est très-mélodieuse, et, à l'exception de quelques passages qui rappellent celui de l'Alouette, sont chant ressemble complétement à celui du Canari. On lui donne, en captivité, de la navette additionnée d'un peu de graines d'œillette, et à ce mélange on ajoute de temps en temps une petite quantité d'avoine et de chènevis. Du reste, on le traite comme le Canari.

Cet oiseau se reproduit très-bien en cage, et il donne, avec le Tarin, le Serin, la Linotte et le Chardonneret, des métis qui ne sont pas moins recherchés que leurs parents. On peut aussi élever des petits pris au nid, en leur donnant de la navette humectée d'eau, ou mieux en les faisant nourrir, quand la chose est possible, par leur père et leur mère, mais ils ne deviennent jamais aussi beaux que ceux qui vivent en liberté.

II.

Le Serin des Canaries.

1° Origine. — Le SERIN DES CANARIES (*Fringilla canaria,*
Linné ; *Serinus canaria,* Cuvier), appelé vulgairement
CANARI ou SERIN, est originaire des îles de ce nom. Il a
été importé en Europe vers le milieu du seizième siècle.
Il ne vit chez nous qu'à l'état de domesticité, mais l'agrément de sa voix et la docilité de son caractère ont engagé à le multiplier d'une façon prodigieuse. On est
même parvenu, au moyen de croisements variés, à tellement modifier la race qu'on a changé son plumage et
même ses formes. En effet, dans son pays natal, le Canari est d'un vert sombre avec des bandes brunes sur
le dos et sur les ailes : c'est la domesticité qui a produit
les variétés jaunes.

Conrad Gessner, qui écrivait vers 1555, est le premier
auteur qui parle des Canaris. Ces oiseaux venaient alors
de leur pays d'origine, et ils étaient vendus à un prix
si considérable, qu'il n'était permis qu'aux gens riches
d'en avoir. On les nommait *oiseaux de sucre,* parce qu'on
prétendait qu'ils étaient friands de cannes à sucre, et
qu'ils mangeaient beaucoup de sucre.

C'est vers le milieu du dix-septième siècle que l'on a
commencé à élever les Canaris en Europe. L'événement
que nous allons citer d'après Olina, a donné lieu à cette
éducation. Un vaisseau qui portait, outre plusieurs autres marchandises, une grande quantité de Serins, vint
s'échouer sur les côtes d'Italie, et les oiseaux qui furent
mis en liberté par suite de cet accident, se sauvèrent sur
le rivage le plus voisin, c'est-à-dire dans l'île d'Elbe. Ils
y trouvèrent un climat si convenable à leur tempérament qu'ils s'y propagèrent dans l'indépendance, et qu'ils
s'y seraient peut-être naturalisés si on ne leur eût donné
la chasse. Mais aujourd'hui il ne s'y en trouve plus. Olina
dit que leur race s'était abâtardie dans cette île. Ces oi--

seaux, qui tous étaient probablement des mâles, auront fait dans l'île d'Elbe ce que les Européens ont coutume de faire dans les Indes : ils auront engendré des mulâtres avec les oiseaux indigènes. Gessner et d'autres naturalistes ont décrit les produits de ces mélanges.

Dans le principe, l'éducation des Serins était très-difficile, soit parce qu'on ignorait les soins qu'ils exigent, soit, ce qui est plus probable, parce qu'on n'importait en Europe que des mâles et point de femelles. On dit même que les Espagnols avaient prohibé l'exportation des mâles, afin de s'assurer le commerce exclusif de cette espèce d'oiseaux, et qu'ils avaient ordonné aux chasseurs de tuer les femelles qu'ils prenaient ou de les laisser échapper. Cette défense fut sans effet par la raison que les femelles, qui chantent peu ou rarement, étaient moins recherchées que les mâles par les personnes qui en faisaient le commerce. C'est ainsi que les Perroquets apportés en Europe, sont pour l'ordinaire des mâles, les femelles étant moins estimées parce que leur plumage a moins d'éclat. On croyait aussi, dans les premiers temps, que les Serins transportés directement des îles Canaries, étaient de meilleurs chanteurs que ceux qui naissent en Europe ; mais on doute aujourd'hui de cette assertion.

2º *Détails de mœurs.* — Tout intéresse, tout charme dans le Canari : forme élégante, joli plumage, voix mélodieuse, naturel aimant, docilité et familiarité : il réunit toutes les qualités, tous les petits talents qui sont isolés dans les autres. Cet aimable oiseau fait surtout l'amusement des jeunes personnes ; et qui mieux qu'elles peut aider au développement de ses habitudes douces et sociales ? soins, attentions, caresses, baisers, rien n'est épargné. Son enfance, son éducation causent quelquefois de petits embarras, mais ce n'est point un ingrat ; capable de reconnaissance et d'attachement, il en donne des preuves à chaque instant du jour ; le soir, ses adieux sont des caresses ; le matin, à peine éveillé, sa bienfai-

trice est l'objet de ses premiers regards, son premier vol
est à elle, il la flatte de ses ailes, la becquète tendre-
ment, et semble exprimer le sentiment qui l'anime, par
des demi-sons enchanteurs et pénétrants.

Si les jeunes personnes font leur amusement de ce
charmant oiseau, et puisent dans son petit ménage l'exemple des soins délicats qu'exige une famille naissante;
s'il charme les ennuis du cloître, il ne plaît pas moins
aux vieillards, qui trouvent dans sa société un adoucis-
sement à leurs souffrances : son amabilité et ses gentil-
lesses rappellent dans leur âme la gaîté qu'en avait ban-
nie le poids des années.

Ce petit musicien a ses dépits, ses emportements; mais
ils ne blessent ni n'offensent. Cependant, on doit le ménager, car des agaceries trop répétées exaltent si vivement sa colère, qu'il en est quelquefois la victime. Doué
d'un gosier qui se prête à l'harmonie de nos voix et de
nos instruments, il apprend à parler et à siffler les airs les
plus mélodieux. Les mots, les petites phrases les plus
tendres sont ceux qu'il semble retenir et prononcer avec
plus de facilité. C'est, de tous les oiseaux, celui qui prend
le plus de part et contribue le plus aux agréments de la
société. Il a plus d'oreille, plus de facilité d'imitation,
plus de mémoire; il est d'un naturel plus caressant ; son
ramage, qui est un modèle de grâce, se fait entendre en
tout temps, et nous récrée lorsque tout se tait dans la
nature. C'est, enfin, de tous les oiseaux, celui qu'on élève
avec plus de plaisir, parce que son éducation est la plus
facile et la plus heureuse.

3º *Races et variétés.* — Il nous paraît inutile d'entrer
dans les détails du plumage Nous nous bornerons à dire
que, sous le rapport de la couleur, les Canaris sont
jaunes ou *gris.* Il y en a aussi de *panachés*, c'est-à-dire
dont le plumage est bigarré. Les jaunes présentent des
nuances extrêmement variées, depuis le jonquille et le
jaune d'or jusqu'au blanc presque pur. Toutefois, il est
à remarquer que la couleur jaune n'existe qu'à l'extré-

mité des plumes, lesquelles sont blanches dans tout le
reste, mais cette couleur paraît seule quand les plumes
sont couchées les unes sur les autres. Les Serins gris,
que l'on appelle aussi *Serins verts*, sont revêtus du plumage de leur pays d'origine : ils sont en tout semblables à ceux qui ont été apportés dans le principe.

La femelle des Serins jaunes se distingue extérieurement du mâle, par sa coloration, qui est plus pâle, et
par la forme de sa tête, qui est un peu moins longue et
un peu moins grosse. En outre, le mâle est plus haut
monté, est plus vif dans sa démarche, et a, sous le bec,
une espèce de flamme jaune qui descend plus bas que
chez la femelle. Néanmoins, chez certains variétés, comme
les jonquilles et les jaunes dorés, les jeunes sont tellement semblables qu'il est presque impossible, à l'aspect
seul du plumage, de déterminer le sexe auquel ils appartiennent. Le gazouillement seul peut alors mettre
sur la voie. Le mâle, en effet, se prend à gazouiller aussitôt qu'il mange seul : il s'essaie à imiter son père, qui
semble lui-même vouloir instruire ses petits. Quelques
femelles gazouillent bien aussi, mais leurs phrases sont
plus courtes et leurs sons moins forts.

La femelle des Serins gris se reconnaît à ce qu'elle
n'a presque point de jaune.

Que les Canaris soient jaunes, gris ou panachés, la
couleur, les pieds, la force, le chant, distinguent les
vieux des jeunes. Les premiers ont les teintes plus foncées, plus vives que les jeunes de leur race : leurs pieds
ont des écailles plus brillantes, plus rudes; les ongles
sont plus gros, plus longs. Les derniers ont des écailles
peu apparentes; le pied paraît uni et les ongles sont
courts. Les vieux, après deux mues, sont plus vigoureux,
ont le corps plus plein que les jeunes, qui sont ordinairement fort fluets. En outre, le chant de l'adulte a plus
de force, plus d'étendue et plus de durée; celui du jeune
n'est entièrement formé qu'un an après sa naissance. Une
vieille femelle se reconnaît à ses pieds et à son corps plus

arrondi que celui de la jeune femelle. Enfin, son gazouillement est plus fort que celui de cette dernière, qui se
tait pour l'ordinaire pendant les six premiers mois de sa
jeunesse.

On reconnaît généralement vingt-neuf variétés de Canaris, savoir :

Le *Serin plein*, qui est pleinement et entièrement jaune
jonquille ;

Le *Serin gris commun* : c'est celui qui se rapproche le
plus de la race primitive ; son duvet est noirâtre, ainsi
que dans le *Canari sauvage;*

Le *Serin gris,* au duvet et aux pattes blanches (*panaché*) ;

Le *Serin gris à queue blanche* (*panaché*) ;

Le *Serin blond commun;*

Le *Serin blond aux yeux rouges ;*

Le *Serin blond doré;*

Le *Serin blond au duvet* (*panaché*) ;

Le *Serin blond à queue blanche* (*panaché*) ;

Le *Serin jaune commun;*

Le *Serin jaune au duvet* (*panaché*) ;

Le *Serin jaune à queue blanche* (*panaché*) ;

Le *Serin agate commun ;*

Le *Serin agate aux yeux rouges ;*

Le *Serin agate à queue blanche* (*panaché*) ;

Le *Serin agate au duvet* (*panaché*) ;

Le *Serin isabelle commun ;*

Le *Serin isabelle aux yeux rouges ;*

Le *Serin isabelle doré;*

Le *Serin isabelle au duvet* (*panaché*) ;

Le *Serin blanc aux yeux rouges ;*

Le *Serin panaché commun;*

Le *Serin panaché aux yeux rouges;*

Le *Serin panaché de blond ;*

Le *Serin panaché de blond aux yeux rouges ;*

Le *Serin panaché de noir ;*

Le *Serin panaché de noir, jonquille, aux yeux rouges ;*

Le Serin panaché de noir, jonquille et régulier ;

Le Serin à huppe, ou plutôt *à couronne :* c'est un des plus beaux. On en voit dans cette race de *blancs,* de diverses nuances de *jaune,* de *panachés* et de *gris ;* la couronne est beaucoup plus large et couvre les yeux dans les premiers et les derniers. Les plus rares de cette famille sont les *Serins panachés* régulièrement, et ceux qui, avec un plumage uniforme, blanc ou jaune, ont une couronne d'une autre couleur.

On connaît si des *Serins gris, jaunes, blonds,* etc., sont de races panachées : 1° par quelques plumes blanches qu'ils ont à la queue ; 2° par quelques ergots blancs aux doigts ; 3° par le duvet qui se voit, lorsqu'en prenant l'oiseau dans la main, on souffle les plumes du ventre : ce petit duvet est blanc, attaché à la plume de couleur différente à l'extérieur ; les uns en ont plus, les autres moins, et il ne vient ordinairement qu'après la première mue.

On distingue deux races particulières dans l'espèce du Canari : la première est composée des *Canaris panachés,* la seconde de ceux qui ne le sont pas. Les *blancs* et les *jaunes citron* ne sont jamais panachés ; seulement l'extrémité des ailes et de la queue de ces derniers devient blanche lorsqu'ils ont quatre ou cinq ans. Les *gris* ne sont pas d'une couleur uniforme ; il en est de plus ou moins gris, d'autres d'un gris plus clair, plus foncé, plus brun ou plus noir. Les *agates* sont ordinairement de couleur uniforme ; mais il en est où la teinte est plus claire ou plus foncée. Les *isabelles* ne varient point ; leur couleur *ventre de biche* est constante, uniforme, soit dans le même oiseau, soit dans plusieurs individus. Dans les *panachés,* les *jaunes jonquille* se panachent de noirâtre et ont ordinairement du noir sur la tête. Enfin, il y a des *panachés* dans toutes les couleurs simples indiquées ci-dessus ; mais les *jaunes jonquille* sont plus panachés en noir.

En dehors des différences de couleur, on divise les

Canaris en *Serins ordinaires* et *Serins hollandais*. Ces derniers proviennent de croisements successifs obtenus en Hollande avec des sujets de premier choix. Ils ont la forme plus élancée que les autres, les pattes plus longues, et chantent infiniment mieux ; mais ils sont plus difficiles à conserver et réclament beaucoup plus de soins.

Le Serin a de longueur, depuis le bout du bec jusqu'à celui de la queue, 142 millimètres ; et jusqu'à celui des ongles, 11 millimètres. Son bec est long de 19 millimètres depuis la pointe jusqu'au coin de la bouche ; sa queue a 58 millimètres de longueur ; son pied 16 millimètres, et celui du milieu des trois doigts extérieurs, joint aussi l'ongle, 19 millimètres : les doigts latéraux sont beaucoup plus courts, et celui de derrière est de la même longueur que ceux-ci. Son envergure est de 190 millimètres ; et ses ailes étant pliées, s'étendent un peu au-delà de la moitié de la longueur de la queue.

4° *Détails sur le caractère.* — Les Canaris ont presque tous des inclinations et un tempérament différent les uns des autres. Des mâles sont d'un tempérament triste, rêveur, pour ainsi dire, et presque toujours bouffis, chantant rarement, et ne chantant que d'un ton lugubre ; ils sont des temps infinis à apprendre ce dont on veut les instruire, ne savent que très-imparfaitement ce qu'on leur a montré, et oublient aisément le peu qu'ils savent à la première mue ou autres maladies ; ils prennent un tel chagrin de se voir couverts, lors de l'instruction, que souvent ils en meurent. Enfin, pour les tirer de leur apathie, il leur faut pour instituteurs de vieux Serins, ardents et pleins de vivacité ; alors ils chantent et s'animent un peu. Ces mêmes individus sont naturellement malpropres ; leurs pieds et leur queue sont toujours sales, leur plumage est mal peigné et jamais lisse.

De tels mâles ne peuvent plaire aux femelles. D'un caractère mélancolique, ils ne les réjouissent presque jamais par leur chant, même lorsque les petits viennent d'éclore, et d'ordinaire, ces petits ne valent pas mieux qu'eux. En outre, le moindre accident qui arrive dans leur ménage, les rend taciturnes, les attriste et les désole au point d'en mourir. Ainsi, ces oiseaux doivent être rejetés par ceux qui veulent faire couver des Serins et leur donner de l'éducation.

D'autres ont un caractère si méchant, qu'ils tuent la femelle qu'on leur donne ; mais ces mauvais mâles ont quelquefois des qualités qui réparent en quelque sorte ce défaut, comme par exemple, d'avoir un chant mélodieux, un beau plumage, et d'être très-familiers (1). On doit conserver ces oiseaux, mais ne pas les apparier. Cependant, il y a un moyen de dompter le mauvais caractère d'un pareil mâle. Pour cela, on prend deux fortes femelles d'un an plus vieilles que lui ; on met ces deux femelles quelques mois ensemble dans la même cage, afin qu'elles se connaissent bien, et que, n'étant pas jalouses l'une de l'autre, elles ne se battent pas lorsqu'elles n'auront qu'un seul mâle. Un mois avant l'époque de l'incubation, on les lâche toutes deux dans une même cabane, et quand le temps de les accoupler est venu, on met le mâle avec elles. Ce dernier ne manque pas de vouloir les battre ; mais elles se réunissent pour leur défense commune, finissent par lui en imposer, et le vainquent par l'amour. Ces sortes d'alliances forcées réussissent quelquefois mieux que d'autres, dont on attendait beaucoup, et qui souvent ne produisent rien.

Il y en a d'autres d'un naturel si barbare, qu'ils détruisent les œufs, et souvent les mangent à mesure que la femelle les pond, ou si ces pères dénaturés les laissent couver, à peine les petits sont-ils éclos, qu'ils les saisissent avec leur bec, et les traînent dans la volière jusqu'à ce qu'ils soient morts. Des Serins d'un pareil naturel doivent être rejetés.

On remarque encore, parmi les Serins, des individus

(1) Vieillot a remarqué que plus les Serins mâles ou femelles sont doux et caressants envers leur maître, plus ils font mauvais ménage.

toujours sauvages, d'un naturel rude, farouche, d'un
caractère indépendant, qui ne veulent ni être touchés,
ni caressés, qui ne veulent être ni gouvernés, ni traités
comme les autres. De pareils Serins réussiraient certainement s'ils étaient en pleine liberté : une prison étroite,
telle qu'une cage ou une cabane, ne leur convient point;
il leur faut ou un grand cabinet ou une volière en plein
air. Cependant, si on ne peut faire autrement que de les
tenir en cabane, une fois qu'on les a posés dans un lieu
quelconque, il ne faut ni les toucher, ni se mêler de leur
ménage : on doit se borner à leur fournir le nécessaire,
et les laisser vivre à leur fantaisie.

Il y a des mâles d'un tempérament faible, indifférents
pour leurs femelles, toujours malades après la nichée; il
ne faut pas les apparier, car on a remarqué que les petits leur ressemblent. Il y en a d'autres qui battent leur
femelle pour la faire sortir du nid, et l'empêchent de
couver; ceux-ci sont les plus robustes, les meilleurs
pour le chant, et souvent les plus beaux pour le plumage, et les plus doux. On doit leur donner deux femelles.

Enfin, il est des Serins toujours gais, toujours chan-
tants, d'un caractère doux, d'un naturel heureux, si familiers qu'ils prennent à la main et même à la bouche
tout ce qu'on leur présente. Bons maris, bons pères,
susceptibles enfin de toutes les bonnes impressions, et
doués des meilleurs inclinations, ils récréent sans cesse
leur femelle par leur chant, prennent un tel soin d'elle
qu'ils lui dégorgent à chaque instant sa nourriture favo-
rite, la soulagent dans la pénible assiduité de couver,
semblent l'inviter à changer de situation, couvent eux-
mêmes pendant quelques heures dans la journée, et
nourrissent leurs petits, dès qu'ils sont éclos. Outre ces
bonnes qualités propres au ménage, ils sont susceptibles
d'une éducation plus perfectionnée; ils apprennent aisément des airs de serinette et de flageolet, et les poussent
d'un ton plus élevé que les autres. C'est d'après ces

Serins qu'il faut juger l'espèce, puisque ce sont les plus communs; et même le mauvais naturel de ceux qui cassent les œufs ou tuent leurs petits, n'est souvent qu'apparent; il vient de leur tempérament trop amoureux : c'est pour jouir de leur femelle plus pleinement et plus souvent, qu'ils la chassent du nid et lui ravissent ce qu'elle a de plus cher. Aussi, observe Vieillot, la meilleure manière de faire nicher ces derniers, n'est pas celle indiquée ci-dessus, laquelle consiste à les tenir en cabane. Ils se plaisent davantage dans une chambre bien exposée au soleil et au levant d'hiver : ils y multiplient mieux. On ne doit pas oublier de mettre, dans la chambre, plus de femelles que de mâles. Pendant que l'une couvera, ils en chercheront une autre; d'ailleurs, les mâles, par jalousie, se donnent entre eux de fortes distractions; et l'on assure que lorsque l'un d'eux tourmente une femelle et paraît lui vouloir casser les œufs, les autres le battent assez pour amortir ses feux.

La même différence pour le caractère et pour le tempérament se fait remarquer dans les femelles comme dans les mâles. Les femelles *agates* sont les plus faibles, ainsi que les mâles de cette couleur, et meurent assez souvent sur leurs œufs; elles sont remplies de fantaisies et souvent quittent leurs petits pour se donner au mâle. Les *panachées* sont assidues sur leurs œufs et bonnes pour leurs petits; mais les mâles sont les plus ardents de tous les Canaris et ont besoin, pour amortir leur ardeur, de deux et même de trois femelles : sans cela, ils les tourmentent dans leur nid et cassent les œufs. Ceux qui sont entièrement *jonquilles* ont à peu près la même pétulance, il leur faut aussi plusieurs compagnes; mais les femelles de cette couleur sont les plus douces. Il est enfin des femelles qui sont très-paresseuses, telles sont les grises; mais ce sont ordinairement de bonnes nourrices.

Les Canaris ont entre eux des rapports d'inclination et une aversion naturelle que rien ne peut vaincre. La sympathie d'un mâle se connaît en le mettant seul dans une volière où il y a plusieurs femelles, même de couleur dissemblable à la sienne. En peu d'heures il en choisira une ou deux, ne cessera de leur prouver son attachement en leur donnant la becquée à chaque instant, tandis qu'il marquera pour les autres la plus grande indifférence. Il choisira même une femelle sans la voir ; il suffit qu'il l'entende crier, et il ne cessera de l'appeler, quoiqu'il en ait d'autres avec lui dans la même cage. Cette manière de s'apparier devient quelquefois dangereuse pour lui, puisqu'on en a vu mourir de chagrin, si elle appartient à une autre personne et si on ne peut la lui procurer. Ce qui est dit des mâles doit aussi s'entendre des femelles.

Les mâles donnent plus de marques d'antipathie naturelle que leurs compagnes, et ne peuvent s'accoupler indifféremment avec toutes sortes de femelles. Tous les soins sont inutiles si celles qu'on leur donne ne leur conviennent pas : ils se querellent à chaque instant, se battent continuellement, leur antipathie se fortifie de plus en plus, et les choses en viennent au point que si on les laisse ensemble, ils s'échauffent, s'exténuent en ne mangeant point, et périssent souvent à un jour l'un de l'autre. Pour s'assurer de cette aversion mutuelle, il suffit de les séparer, de les laisser reposer quelques jours, et ensuite de les lâcher tous les deux dans une grande volière où il y ait plusieurs mâles et femelles. On voit alors chaque mâle s'attacher en peu de jours à une autre femelle, et les deux oiseaux s'apparient avec autant de promptitude que s'ils avaient été toujours ensemble. Leur antipathie ne cesse pas pour cela, car s'il s'élève quelque dispute dans la volière, soit pour le choix d'un boulin, soit pour le manger ou autre chose, les antagonistes se mettent à la tête chacun d'un parti et fomentent la discorde. L'antipathie est plus remarquable entre les Serins de couleur différente ; un panaché, par exemple, qui vient de perdre sa compagne, prend une aversion invincible pour une femelle d'une autre couleur, surtout si elle est d'une teinte sombre, comme les grises.

Il est enfin des Canaris, mais c'est le plus petit nombre, qui ne sympathisent point avec les oiseaux de leur espèce. Leur antipathie est même telle, qu'on ne peut les apparier avec aucun : ils meurent plutôt que de s'accoupler. Ces individus demeurent toujours inactifs et stériles. On rencontre plus de mâles que de femelles ainsi constitués ; ordinairement ce sont les meilleurs chanteurs et ceux qui vivent le plus longtemps. On doit donc éviter de faire de ces alliances forcées, puisqu'il n'en résulte que des couvées manquées et souvent la perte des Serins ainsi appariés. Enfin, il en est, surtout parmi les mâles, qui ont une telle aversion pour leurs pareils, qu'ils en donnent des preuves, quoiqu'ils soient éloignés les uns des autres : il suffit qu'ils s'entendent chanter pour se disputer, exhaler une colère extraordinaire, chercher tous les moyens de s'évader de leur cage pour aller se déchirer l'un l'autre. Les oiseaux de ce caractère doivent être tenus à une distance suffisante pour qu'ils ne puissent s'entendre, sans quoi ils tomberaient malades et périraient immanquablement. Cette maladie est d'autant plus difficile à guérir, que souvent on n'en aperçoit pas la cause : elle se manifeste si un Serin répond à un autre du voisinage, en se débattant avec violence et se mettant en colère.

Le mâle, comme dans tous les oiseaux, indique son ardeur par l'extension de sa voix. Ce n'est point ainsi que la femelle l'exprime, ou du moins ce n'est tout au plus qu'un petit ton de tendre satisfaction, un signe de contentement qui n'échappe qu'après qu'elle a écouté longtemps le mâle, qui s'efforce d'exciter ses désirs en lui transmettant les siens ; mais, une fois excitée, l'amour devient pour elle un grand besoin, car elle tombe malade et meurt lorsqu'étant séparée, celui qui a fait naître sa passion ne peut la satisfaire.

5° *Appariement des canaris avec des oiseaux d'espèces différentes.* — Des oiseaux de même espèce qui montrent entre eux une si grande antipathie, ne devraient pas, à

ce qu'il semble, sympathiser avec ceux des autres espèces, tels que les Linots, les Chardonnerets, les Tarins, les
Bouvreuils, les Venturons, les Cinis, les Verdiers, les Pinsons, les Bruants, etc. La vérité est cependant que tous
ces oiseaux, quand on prend les soins nécessaires, peuvent produire avec les Canaris, et l'on donne le nom de
Mulets aux produits de ces accouplements. Toutefois,
l'antipathie est toujours plus marquée chez les mâles que
chez les femelles. Aussi la réussite est-elle plus certaine
avec un mâle étranger et une Serine qu'avec un Serin et
une femelle étrangère. Il vaut donc mieux employer des
femelles Canaris à ces essais, puisqu'elles produisent avec
tous les oiseaux nommés ci-dessus, et qu'on n'est pas certain que le mâle Canari puisse produire avec les femelles
de tous ces mêmes oiseaux.

Les Serines ne produisent ordinairement avec des mâles étrangers que depuis l'âge d'un an jusqu'à quatre,
tandis qu'avec leurs mâles naturels, elles produisent jusqu'à huit et neuf; il faut cependant en excepter la femelle
panachée.

Le Tarin, le Chardonneret et la Linotte sont ceux sur
lesquels il paraît que la production du mâle avec la femelle Canari, soit bien constatée. Si l'on veut se procurer des mulets de ces oiseaux, il faut les prendre dans le
nid, les élever à la brochette avec les Canaris mêmes, leur
donner la même nourriture et les laisser dans la même
volière. Le Chardonneret, par exemple, qui est celui
qu'on choisit de préférence, doit être sevré de chènevis
et accoutumé, dès qu'il commence à manger seul, au millet, etc. On doit rendre ces oiseaux, naturellement sauvages, aussi familiers que les Canaris, ce qu'on fait en les
plaçant dans un lieu bas, où il y ait toujours du monde.
Ce que nous disons du Chardonneret s'applique également aux autres oiseaux.

A l'égard de l'union des Canaris avec les Tarins mâles
ou femelles, elle demande moins de soins et d'attentions.
Il suffit souvent de lâcher simplement un ou plusieurs

de ces oiseaux, mais toujours du même sexe, dans une chambre ou une grande volière avec des Serins, et on les verra s'apparier aussitôt les uns avec les autres. Nous disons qu'il ne fallait en mettre que du même sexe, parce qu'ils donneraient toujours la préférence à ceux de leur espèce s'ils étaient de sexe différent. Le Chardonneret, au contraire, ne s'apparie en cage qu'avec le Canari; la Linotte, le Verdier, le Bouvreuil, s'accouplent des deux manières.

Les plus beaux métis sont ceux qui sortent du Chardonneret; les plus curieux, les plus rares, naissent de l'alliance du Bouvreuil; les plus communs viennent de l'accouplement du Tarin, de la Linotte et du Verdier; les plus recherchés de tous pour leur ramage et leur beauté, sont ceux qui sortent des mâles Serins et des femelles étrangères. Les mulets de Verdiers ont une couleur généralement bleuâtre, et les mâles chantent très-mal, surtout si le père est Verdier et la femelle Serin; les mâles mulets nés d'une Linotte chantent beaucoup mieux, mais leur plumage est très-ordinaire; ceux du Tarin sont petits et chantent mal. Quant au Bouvreuil, les petits qui en sortent sont susceptibles d'une éducation parfaite et ont un plumage singulier; mais cette alliance réussit très-rarement. Il dégorge, il est vrai, comme le Serin, il a beaucoup d'attention pour sa femelle, même plus que le mâle Canari: mais celle-ci se prête difficilement à ses désirs, elle le fuit autant qu'elle peut, ses cris d'amour et l'ouverture de son grand bec l'épouvantent. Il faut donc choisir une femelle ou un mâle vigoureux, qui aient été élevés avec des Bouvreuils, qui soient âgés au moins de deux ans, et pour le mieux, qu'ils n'aient jamais été accouplés avec un oiseau de leur espèce.

Pour avoir de beaux mulets et de bons chanteurs, il faut qu'ils soient de la race du Chardonneret. On doit choisir cet oiseau robuste, gai, ardent pour le chant et d'un beau plumage. Celui qui a été pris au filet peut aussi s'accoupler, mais il faut qu'il ait passé au moins un an avec les Serins, et qu'il ait été accoutumé à leur nourriture dès l'instant qu'il a été pris, car il périrait si on voulait par la suite le sevrer du chènevis, aliment qu'on lui donne ordinairement. Lorsqu'il sera accouplé, on lui donnera de temps à autre de la graine de chardon, on ne l'épargnera même pas lorsqù'il aura des petits ; le séneçon lui convient aussi et remplace le chardon quand il n'est pas à sa maturité.

Les métis chantent plus longtemps que les Canaris, sont d'un tempérament plus robuste, et leur voix très-sonore est plus forte ; ils doivent être mis sous de vieux Serins ardents à chanter, afin qu'ils leur servent de maîtres de musique, pour les instruire dans leur chant naturel. On doit faire la même chose pour les jeunes Serins ; il faut toujours avoir, soit dans la volière, soit auprès, trois ou quatre vieux Serins bons chanteurs.

6º *Cages et cabanes.* — Parmi les cages que l'on donne aux Canaris, la plus commode est celle qui est longue, large à proportion, et d'une bonne hauteur, afin que l'oiseau qui l'habite, ne puisse s'étourdir, pouvant voler en hauteur, et se promener en longueur ; il devient par là plus fort et plus robuste. Il ne doit point y avoir d'augets aux deux côtés comme dans les autres cages, en sorte qu'on puisse toujours voir à découvert le prisonnier, quelqu'éloigné qu'on en soit. Les deux augets sont en plomb, placés dans le bas et enchâssés dans le tiroir, de sorte qu'en le tirant, ce qui se fait par le derrière de la cage, on attire à soi en même temps les deux augets où sont la graine et l'eau. Ces augets doivent être grillés par devant, de place en place, en dedans de la cage, afin que l'oiseau, ne pouvant que passer la tête, ne puisse renverser sa nourriture.

Une cage ainsi construite présente plusieurs avantages : 1º l'oiseau ne peut se dérober à la vue par aucun mouvement ; 2º il n'a point continuellement sous les yeux sa pâture, lorsqu'il est perché sur les bâtons ; il mange moins souvent, prend en conséquence moins de graisse, n'est pas sujet à *s'avaler*, maladie qui provient ordinairement de trop manger, et dont rarement on guérit les Canaris lorsqu'ils en sont atteints ; 3° elle est pour eux d'un grand secours lorsqu'ils sont indisposés ou qu'ils ont mal aux pieds, puisqu'ils trouvent leur nourriture de plain pied, sans être obligés de monter sur les juchoirs, où souvent ils ne peuvent se soutenir.

La meilleure cabane est celle qui est construite en chêne ou en bois de noyer, dont les fonds et les tiroirs sont tout d'une pièce; celles en bois de sapin sont, il est vrai, à meilleur marché, mais elles ont un grand inconvénient, car après avoir servi une année, elles se déjettent de toutes parts, et donnent une retraite aux mittes et aux punaises. Les quatre faces doivent être en fil-de-fer, avec deux portes aux deux côtés, aussi grandes que celles du milieu.

Cette espèce de cabane doit être préférée, parce qu'on voit les oiseaux à découvert dans telle position qu'elle soit dans l'appartement : les deux portes servent à faciliter le passage des serins d'une cabane à l'autre, sans les toucher et les effaroucher, soit pour la nettoyer, soit pour toute autre chose. De plus, avec une pareille construction, on peut faire de plusieurs de ces cabanes réunies, une grande volière, en les approchant, les serrant l'une contre l'autre, et en ouvrant toutes les portes de communication. De plus, ces oiseaux étant ainsi découverts, deviennent plus familiers et sont à l'abri des petits accidents qui arrivent fort souvent à ceux qu'on tient dans des cabanes obscures. Si l'on s'en sert pour les faire couver, on doit pratiquer en dessus, deux petites coulisses directement au-dessus du boulin, pour voir ce qui se passe dans le nid, sans y toucher en aucune manière, ce qui dérange la couveuse et déplaît fortement à ceux d'un naturel rude et farouche.

7° *Époque de l'accouplement ; précautions à prendre.* — Il est difficile de déterminer l'époque propre pour l'accouplement des Canaris; il faut se diriger suivant la

saison ; mais on ne doit jamais presser le temps de la première nichée. On a coutume de permettre à ces oiseaux
de s'unir vers le 20 ou le 25 mars et même plus tôt ; l'on
ferait mieux d'attendre la mi-avril ; car, lorsqu'on les
met ensemble dans un temps encore froid, ils se dégoû-
tent souvent l'un de l'autre : et si, par hasard les femelles font des œufs, elles les abandonnent, à moins que
la saison ne devienne plus chaude ; on perd donc une
nichée toute entière en voulant avancer le temps de la
première.

Pour les apparier, on met d'abord un mâle et une femelle dans une petite cage, ce qui leur convient mieux
qu'une grande, vu qu'étant plus serrés et plus près l'un
de l'autre, ils font plus tôt connaissance. On les y laisse
huit à dix jours, et l'on connaît qu'ils se conviennent
lorsqu'ils ne se battent plus, ce qui leur arrive ordinairement dans les premiers jours, et qu'ils se font de petites amitiés en s'abecquant l'un l'autre : alors on les
lâche dans une cabane qui leur est destinée, et qui est
munie de tout ce qui est nécessaire à leur petit ménage.

Quoique ces oiseaux couvent dans telle position que
soit leur domicile, la meilleure, pour avoir une réussite
complète, est l'exposition au levant. Le père et la mère
sont plus gais, se portent mieux, et les petits profitent
plus en un jour qu'en deux dans une autre exposition.
L'exposition du midi ou du couchant leur échauffe la tête,
engendre une grande quantité de mittes, fait suer les femelles qui étouffent alors leur progéniture. Celle du nord
leur est préjudiciable en ce que, quoiqu'en été, le vent
qui souffle de cette partie cause la mort aux petits nouvellement nés, et souvent même aux vieux. Un lieu obscur
les rend mélancoliques, et donne lieu à des absences qui
les font périr. Enfin, il faut, autant qu'il est possible, se
rapprocher en tout de la nature.

Dans leur pays natal, les Canaris se tiennent sur les
bords des petits ruisseaux ou des ravins humides ; il ne
faut donc jamais leur laisser manquer d'eau tant pour

boire que pour se baigner. Comme ils sont originaires
d'un climat très-doux, il faut les mettre à l'abri de la
rigueur de l'hiver. Cependant, étant anciennement naturalisés en France, ils se sont habitués au froid; c'est
pourquoi on peut les conserver en les logeant dans une
chambre sans feu, dont il n'est pas même nécessaire
que la fenêtre soit vitrée : une grille maillée pour les
empêcher de fuir, suffira. Par ce traitement, on en perd
moins, que quand on les tient dans des chambres échauffées par le feu.

Les petits qui proviennent de l'accouplement de Canaris de couleur uniforme sont pareils à leurs parents.
Ainsi, on ne doit attendre d'un mâle et d'une femelle
de couleur grise, que des oiseaux *gris ;* il en est de
même des *isabelles,* des *blonds,* des *blancs,* des *jaunes,* des
agates, etc.; tous produisent leurs semblables en couleur.
Mais lorsqu'on mêle ces différentes races, il en résulte
de beaux oiseaux, et même de plus beaux et de plus
rares que ceux que l'on en espérait.

Un mâle panaché de *blond* avec une femelle *jaune à
queue blanche,* donne une fort belle production. De deux
panachés mis ensemble, il n'en proviendra que des panachés et quelquefois des *gris, jaunes* ou *blancs.* Si le
père ou la mère sont issus de ces races, il n'est pas
même nécessaire d'employer des oiseaux panachés pour
que leurs descendants le soient ; il suffit seulement qu'ils
tiennent à cette variété par leurs ascendants, soit du côté
paternel, soit du côté maternel ; mais, pour en avoir de
très-beaux, il faut assortir un mâle *panaché de blond* avec
une femelle *jaune queue blanche,* ou bien un mâle *panaché*
avec une femelle *blonde queue blanche* ou autre, excepté
seulement la femelle *grise queue blanche.*

Si l'on veut se procurer cette belle race que l'on appelle
Serin plein, il faut mettre un mâle *jonquille* avec une
femelle de même couleur. Enfin pour avoir un beau
jonquille, il faut accoupler un mâle panaché de *noir* avec
une femelle *jaune queue blanche :* les petits qui naissent

de cette race, sont d'une complexion plus délicate que les autres ; ce sont les plus difficiles à élever s'ils sortent de deux *jonquilles*.

Comme ce nombre de combinaisons de races que l'on peut croiser est presque inépuisable, et que les mélanges que l'on peut faire des *canaris panachés* avec ceux de couleur uniforme, les augmente encore de beaucoup, il en doit résulter des nuances et des variétés qui n'ont point encore paru.

Pour faire cette double alliance, il faut choisir un mâle fort, vigoureux et très-vif : on lui reconnaît ces qualités lorsqu'il est sans cesse en mouvement dans sa cage, et qu'il ne reste pas un instant à la même place ; lorsqu'il chante d'un ton fort élevé, longtemps et souvent. Le choix fait, on a deux petites cabanes dans chacune desquelles est une femelle : on les pose de manière qu'elles se communiquent par une porte, et on y lâche le mâle ; appelé par les deux femelles, il ira de l'une à l'autre, et les satisfera toutes deux. On peut aussi se servir d'une seule cabane, mais il faut qu'elle soit grande et qu'il y ait dans le milieu une séparation suffisante pour que les deux femelles ne puissent se voir lorsqu'elles couvent. Enfin, ces accouplements se font naturellement dans une grande volière ou un cabinet. Quatre mâles vigoureux peuvent suffire à douze femelles.

On donne ordinairement aux Serins, pour faire leur nid, de la bourre ordinaire, ou de la bourre de cerf qui n'ait pas été employée à d'autres usages, de la mousse, du coton haché, de la filasse de chanvre, du chiendent, du petit foin sec et très-menu ; mais de tous ces matériaux, il n'y en a guère que deux dont ils puissent se servir avec avantage : le petit foin menu, pour faire le corps du nid, et un peu de mousse séchée au soleil. On peut y joindre, lorsque le nid est presque fait, une pincée de bourre de cerf, mais seulement à la première couvée, parce qu'alors il n'y a pas encore de grandes chaleurs, et l'on doit s'en abstenir pour les autres ; car cette bourre réchauffe la femelle au point de la faire suer, et cette sueur étouffe les petits lorsqu'ils viennent de naître. Le coton haché et la filasse, s'ils ne sont pas bien hachés, s'embarrassent aux pieds de la couveuse, et il arrive très-souvent que, pour peu qu'elle sorte du boulin avec vivacité, elle enlève avec elle le nid et les œufs.

On trouve chez les fabricants de vergettes un chiendent qui est très-propre à la construction du nid. On choisit le plus délié, on le secoue bien pour en faire sortir la poussière, on le lave et on le fait sécher au soleil ; enfin, on le coupe, et on l'éparpille dans la cabane. Le chiendent seul peut suffire et donner au nid une forme et une solidité qu'on ne doit pas attendre des autres matériaux ; d'ailleurs, il peut servir à plusieurs reprises : il suffit, pour cela, de le laver à l'eau bouillante chaque fois qu'on en a besoin.

On donne aux Serins, pour placer leur nid, des boulins d'osier, de bois ou de terre. Les boulins d'osier sont les meilleurs, mais ils ne doivent pas être trop grands. Ceux de bois et de terre échauffent trop la femelle et la font suer. De plus, les nids construits surtout dans les boulins de bois tiennent si peu que, souvent, ils sont entraînés par les doigts du mâle ou de la femelle, ce qui occasionne la destruction des œufs ou la chute des petits.

Il est bon de ne donner à chaque couple qu'un panier à la fois ; car, lorsqu'on en donne deux, les deux oiseaux se portent tantôt dans l'un et tantôt dans l'autre, et se jouent longtemps avant de s'occuper réellement de leur nid, ce qu'ils ne font pas lorsqu'ils n'en ont qu'un. On ne doit leur donner le second panier que douze jours après la naissance des petits, et on le place du côté opposé, parce qu'alors ils font une nouvelle ponte, quoiqu'ils nourrissent leurs petits.

Pour les Serins paresseux, comme les panachés, il vaut mieux faire soi-même le nid : s'ils ne le trouvent pas à leur fantaisie, ils n'ont que la peine de le raccommoder.

Il ne faut pas manquer de leur donner, surtout lorsqu'ils sont en cabane, du sable de rivière bien sec et bien fin, qu'on a eu soin de passer au tamis.

On ne doit pas réunir le mâle et la femelle avant le 15 avril. Autrement, la ponte commencerait trop tôt et les couvées ne réussiraient pas.

Il y a des femelles qui ne pondent pas du tout, et qu'on appelle *bréhaignes*, et d'autres qui ne font qu'une ponte. Après avoir pondu leur premier œuf, celles-ci se reposent souvent le lendemain, et ne pondent le second que deux ou trois jours après. Il en est d'autres qui ne font que trois pontes, lesquelles sont assez réglées, ayant trois œufs à chacune, et pondus tout de suite, c'est-à-dire sans intervalle de jour. Une quatrième espèce, que l'on peut appeler *commune*, parce qu'elle est nombreuse, fait quatre couvées, chacune de quatre à cinq œufs ; mais elle n'est pas toujours bien réglée. On voit enfin d'autres femelles, ce sont les plus fécondes, qui font cinq pontes, et qui en feraient même davantage si on les laissait faire ; chacune de leurs pontes est souvent de six à sept œufs. Quand cette dernière espèce de Serin couve bien, c'est une race parfaite.

Comme l'on fait bien de séparer les mauvais œufs des bons, il faut, pour les connaître d'une manière sûre, ne les regarder que lorsque la femelle les a couvés pendant huit à neuf jours. Pour cela on les prend doucement l'un après l'autre, par les deux bouts, crainte de les casser, et on les mire au grand jour ou à la lumière d'une chandelle ; si l'on s'aperçoit qu'ils sont troubles et pesants, c'est une marque qu'ils sont bons, et que les petits se forment ; si au contraire ils sont aussi clairs que le jour où la femelle a commencé à les couver, c'est un indice qu'ils sont mauvais : pour lors on doit les jeter, car ils ne font que fatiguer inutilement la couveuse. En triant ainsi les œufs clairs, on peut aisément de trois pontes n'en faire que deux, lorsqu'on a plusieurs Serins qui couvent en même temps ; la femelle qui se trouvera libre travaillera bientôt à une seconde couvée.

Dans la distribution que l'on fait de ces œufs d'une femelle à d'autres, il faut qu'ils soient tous bons, car les femelles *panachées* auxquelles on donnerait des œufs clairs ou mauvais, ne manqueraient pas de les jeter elles-mêmes hors du nid, au lieu de les couver ; il en résulterait même un inconvénient plus grave, si le nid était trop profond pour qu'elles pussent les faire couler à terre ; car elles ne cesseraient de les becqueter jusqu'à ce qu'ils fussent cassés, ce qui gâterait les autres œufs, infecterait le nid et ferait avorter la couvée entière. Les femelles des autres couleurs couvent les œufs clairs qu'on leur donne. Du reste, c'est toujours la plus robuste qui doit être préférée : il en est qui peuvent couver cinq à six œufs.

Des oiseleurs recommandent d'enlever les œufs à la femelle à mesure qu'elle les pond, et de leur substituer des œufs d'ivoire, afin que tous puissent éclore en même temps ; dès qu'elle a cessé sa ponte, on lui rend de grand matin ses œufs en lui ôtant les faux d'ivoire. D'ordinaire la ponte se fait toujours à la même heure entre six et sept heures du matin, si la femelle est dans le même état de santé ; mais, quand elle retarde seulement d'une heure, c'est un signe de maladie ; cependant il faut faire une exception pour le dernier œuf, qui est ordinairement retardé de quelques heures et quelquefois d'un jour. Cet œuf est constamment plus petit que les autres, et le petit qui en provient est souvent mâle.

Les partisans de cette pratique en usent ainsi, parce que, disent-ils, si on laissait aux femelles leurs œufs sans les leur ôter, ils seraient couvés en différents temps, et les premiers nés étant plus forts que ceux qui naîtraient deux jours après, prendraient toute la nourriture, écraseraient et étoufferaient souvent les derniers. D'autres oiseleurs trouvent que cette pratique est contraire au procédé de la nature, et prétendent qu'elle fait subir à la mère une plus grande déperdition de chaleur, et la surcharge tout à la fois de cinq ou six petits qui, venant tous ensemble, l'inquiètent plus qu'ils ne la réjouissent ; ils ajoutent qu'en n'ôtant pas les œufs à la femelle, et les laissant éclore successivement, ils avaient toujours mieux réussi que par cette substitution d'œufs d'ivoire. Au reste, les pratiques trop recherchées et les soins scrupuleux sont souvent plus nuisibles qu'utiles ; il faut, autant qu'il est possible, se rapprocher en tout de la nature.

L'incubation dure treize jours, mais elle peut être retardée ou devancée d'un jour, ce qui provient de quelque circonstance particulière. Le chaud accélère l'éclosion des petits, le froid la retarde : c'est pourquoi au mois d'avril elle dure treize jours et demi ou quatorze jours au lieu de treize, si l'air est alors plus froid que tempéré ; et au contraire, aux mois de juillet et d'août, il arrive quelquefois que les petits éclosent au bout de douze jours. On prétend que le tonnerre fait tourner les œufs et tue souvent les petits qui sont dans le septième ou le huitième jour de l'incubation : un peu de fer mis dans le nid en empêche, dit-on, l'effet. Enfin, on doit s'abstenir de toucher les œufs sans nécessité urgente, comme ne font que trop souvent les jeunes personnes, ce qui les refroidit, et retarde la naissance des petits ; souvent même ces attouchements réitérés les empêchent de venir à terme.

Dans tous les cas, la veille du jour où les petits doivent éclore, il faut avoir soin de changer le sable fin et tamisé de la cage. Cette précaution a pour objet d'empêcher les œufs de s'endommager, lorsque, ce qui arrive quelquefois, la femelle pond dans le bas de la cabane. Elle est également destinée à empêcher les petits de se blesser, quand, pour une cause quelconque, ils viennent à tomber du nid. En même temps qu'on change le sable, on nettoie les bâtons, on remplit la mangeoire de graine nouvelle, et l'auget d'eau bien fraîche. De plus, outre une moitié d'échaudé (1), dont la croûte est enlevée, et

(1) On peut remplacer l'échaudé par un morceau de pain blanc,

un petit biscuit (1), le tout bien dur, on met dans la cage une pâte composée d'un quartier d'œuf dur, jaune et blanc, haché très-menu, et un morceau d'échaudé sans sel, imbibé d'eau, le tout pressé dans la main et déposé sur une petite soucoupe : dans une autre soucoupe, on place de la navette qu'on aura trempée dans l'eau, ou mieux, à laquelle on a fait jeter un bouillon afin de lui ôter toute son âcreté. A ces aliments on ajoute une très-petite quantité de verdure, de préférence du mouron ou du séneçon, et, à défaut, un cœur de laitue pommée, de la chicorée ou du plantain bien mûr. On renouvelle la nourriture trois fois par jour, à cinq ou six heures du matin, à midi et vers cinq heures du soir; et, chaque fois, il ne faut pas oublier de jeter ce qui reste de l'ancienne, et de bien nettoyer la mangeoire et les soucoupes (2).

Il est rare que les Serins élevés en chambre tombent malades avant la ponte, il y a seulement quelques mâles qui s'excèdent et meurent d'épuisement. Cependant il arrive quelquefois qu'un mâle tombe malade lorsque sa femelle a le plus besoin de lui, soit au moment de sa ponte, soit lorsque ses petits ont sept à huit jours, époque où un bon mâle doit la soulager dans les soins

humecté et pressé dans la main; mais ce pain, étant moins nourrissant que l'échaudé, empêche les Serins d'engraisser pendant la ponte.

(1) Vieillot et plusieurs autres amateurs recommandent de rejeter le biscuit sucré, parce qu'il est trop échauffant, et ils assurent que les Serins qui en sont nourris font souvent des œufs clairs ou des petits faibles et trop délicats.

(2) « On trouve encore d'autres pratiques indiquées par les auteurs, mais on ne doit pas se piquer de les suivre à la lettre; elles sont souvent plus préjudiciables qu'utiles à la santé de nos petits prisonniers; trop de soins et d'attention, trop de douceurs, en font autant périr que la négligence. Une nourriture réglée de navette et de millet, de l'eau une ou deux fois par jour dans l'été, d'un jour à l'autre pendant l'hiver, de la verdure de temps en temps, de l'avoine battue, et surtout une grande propreté, leur conviennent beaucoup mieux. » (LESSON).

qu'exige leur nourriture. Si alors il est atteint d'une maladie quelconque, on le retire de la cabane ou du cabinet, et on le met à part dans une petite cage ; on cherche à découvrir la maladie dont il est attaqué, et, dès qu'on l'a reconnue, on y apporte le remède qui convient et qui doit se trouver dans ceux indiqués ci-après.

On commence par mettre le malade au soleil, et on lui soufflera un peu de vin blanc sur le corps, remède qui convient à toutes les maladies ; ensuite on le traitera suivant le mal qu'il aura. Si malgré cela sa maladie empire, si la femelle prend du chagrin de l'absence de son mâle, on doit en substituer un autre à la place du malade. Cependant il est des femelles qui, quoique privées de leur mâle, nourrissent très-bien leurs petits ; d'autres sont moins indifférentes, mais il en est peu qui ne supportent l'absence de leur mâle pendant huit à dix jours. Pour que la femelle ne se chagrine pas trop, on lui fait voir le malade de temps en temps, en mettant sa petite cage dans la cabane.

Cette incommodité vient ordinairement ou de ce que l'oiseau s'est trop échauffé avec sa femelle, ou de ce qu'il a mangé en trop grande abondance des nourritures succulentes qu'on leur prodigue alors. Huit ou dix jours de repos le guérissent infailliblement de la première maladie, et une diète de plusieurs jours, pendant lesquels on ne lui donne que de la navette pour toute nourriture, est un remède certain pour l'autre. Après ce traitement, on le lâche avec sa femelle, et l'on reconnaîtra, par son maintien et son empressement auprès d'elle, s'il est guéri ou non ; mais si la maladie l'attaque de nouveau, il faut le retirer et ne plus le remettre, quoiqu'il guérisse, car c'est une preuve d'un tempérament trop délicat. On donne alors à la femelle un autre mâle ressemblant à celui qu'elle perd ; à défaut, on lui en donne un de la même race qu'elle ; car il y a ordinairement plus de sympathie entre ceux qui se ressemblent qu'avec les autres, à l'exception des Serins isabelles, qui donnent la préférence à des Serins d'une autre couleur. Mais il faut que ce nouveau mâle, qu'on veut substituer au premier, ne soit point novice en amour, et que par conséquent il ait déjà niché.

Si la femelle tombe malade, on lui fera le même traitement qu'au mâle. Néanmoins, si elle couve, il faudra retirer ses œufs et les donner à des femelles qui couvent à peu près dans le même temps, ainsi que ses petits s'ils sont trop jeunes pour être élevés à la brochette, quand même le mâle les nourrirait, puisque tels soins qu'il en eût, ils mourraient de froid, n'ayant plus de mère pour les échauffer.

Il arrive des accidents faute de précautions, comme de casser des œufs pour n'avoir pas fait assez d'attention. Une femelle, au lieu de pondre dans son panier, fait son œuf dans un coin de sa cabane, souvent il est couvert par la verdure qu'on lui a donnée la veille, et d'après cela très-exposé à être cassé lorsqu'on nettoie la volière, ce qui doit se faire tous les matins. Dès que cette femelle est dans sa ponte, l'œuf doit se trouver dans la volière, s'il n'est pas dans le nid. On le cherche donc plutôt des yeux que de la main, et quand on l'a trouvé, on le saisit délicatement avec les doigts par les deux extrémités (il sera moins en risque d'être cassé qu'en le prenant par le milieu), et on le place dans le nid.

Les femelles, dans le temps de leur ponte, sont sujettes à une maladie fort grave dont voici les symptômes : elles sont bouffies, ne veulent plus manger, quelquefois même elles sont si malades qu'elles n'ont plus la force de se tenir sur leurs pieds ; elles se renversent sur le sable, et, si on ne vient promptement à leur secours, elles périssent.

Cette maladie, dont elles sont attaquées le soir ou dès le grand matin, empêche ordinairement la ponte. S'il en est ainsi, on prend la malade dans la main et on met, avec la tête d'une grosse épingle, de l'huile d'amande douce aux conduits de l'œuf, ce qui dilatera les parois et en fa-

cilitera le passage, mais si cela ne suffit pas, on lui fait
avaler quelques gouttes de cette même huile, ce qui apaise
les tranchées et les douleurs aiguës qu'elle ressent. On la
laisse ensuite dans une cage couverte d'une étoffe chaude
et garnie de menu foin ou de mousse, et on la met au
soleil ou devant le feu, jusqu'à ce qu'elle ait pondu et
repris sa première vigueur. On lui donne alors pour aliments de la graine bouillie, du biscuit, de l'échaudé sec
et de la graine d'œillette. Si, malgré la bonne nourriture, elle a de la peine à revenir, on lui souffle quelques gouttes de vin blanc et on lui en fait avaler un peu
de tiède, dans lequel on a mis du sucre candi. Si l'on
vient à bout de la guérir, on ne doit pas lui laisser ses
œufs, s'il y en a de pondus, car elle ne retournera pas
au nid et on doit les donner à couver à d'autres. Cette
maladie n'attaque ordinairement qu'à la ponte du premier ou du second œuf, mais il est des femelles qui en
sont attaquées au dernier, et beaucoup en meurent si on
ne leur apporte un prompt secours.

C'est ordinairement huit à dix jours après leur naissance, que la mère arrache les plumes de ses petits à mesure qu'elles poussent. On remédie à cet accident de deux
manières différentes. On la prive de sa jeune famille si
celle-ci est en état d'être élevée à la brochette, ou si l'on
est obligé de la laisser, on la met avec le nid dans une
petite cage posée au milieu de la cabane. Les grillages de
cette cage doivent être très-éloignés les uns des autres,
à une distance suffisante pour que les parents puissent
donner aux petits la becquée sans les déplacer, et aussi
facilement que s'ils n'étaient pas enfermés dans cette
petite prison.

Il arrive quelquefois à une femelle de suer sur les petits lorsqu'ils n'ont que deux à trois jours, et même aussitôt qu'ils sont nés, ce qu'on aperçoit aisément, puisqu'a-
lors elle a les plumes du dessous du ventre et de l'estomac
mouillées, et que le duvet des petits s'étend très-difficilement, ce qui cause la mort à un très-grand nombre ; mais

ils sont hors de danger lorsqu'ils ont atteint six jours. Le seul remède est de les retirer et de les donner à une autre femelle qui ait des petits du même âge ; autrement, il est rare que la couvée réussisse.

On a vu souvent des femelles qui pondent trois ou quatre œufs à la première couvée, et qui ensuite les abandonnent. Pour s'en assurer, on laisse les œufs deux ou trois jours dans le berceau, et si décidément elles n'y retournent point, ce qu'elles indiquent souvent en défaisant le nid, on les ôtera et on les mettra sous d'autres femelles qui couvent. Cependant, Hervieux a remarqué qu'ordinairement les œufs de ces femelles sont clairs, ce dont elles s'aperçoivent très-bien ; c'est pourquoi elles refusent de les couver. Il ne faut pas néanmoins rejeter de pareilles femelles, car c'est trop souvent à des jeunes que cela arrive, et souvent à leur première couvée, tandis qu'elles mènent à bien toutes celles qui suivent. Comme il y a des femelles (ce qui est très-rare) qui ne veulent jamais couver, ou qui ne couvent que leur dernière ponte, on les laissera pondre et on donnera leurs œufs à couver à d'autres, après les avoir néanmoins laissés dans le nid un jour ou deux pour sonder leurs dispositions.

Il arrive quelquefois qu'un Serin se casse une patte, accident qu'on peut éviter aisément en mettant dans la cabane des juchoirs bien stables, et en ne faisant aux bâtons de sureau que des trous où l'on ne puisse passer que la pointe d'une aiguille, car lorsque ces trous sont un peu grands, les ongles s'y accrochent, de manière que l'oiseau reste suspendu en l'air et se casse les jambes en faisant des efforts pour s'en retirer. On doit aussi lui couper les ongles lorsqu'on l'établit dans son ménage, mais on ne doit en couper que la moitié, car si on les coupait plus courts, ils ne pourraient se soutenir sur leurs juchoirs ; par ce moyen, on met ces oiseaux à l'abri de divers accidents qui n'ont d'autre cause que la longueur des ongles.

Il est des femelles qui couvent très-bien, mais qui ne

veulent pas nourrir leurs petits. Il faut alors avoir la précaution de les leur ôter, et les donner promptement à une
autre femelle dont les petits soient à peu près de la même
force. Lorsque dans une couvée il s'en trouve de moins
avancés en âge que les autres, on doit user du même
moyen, car il arrive souvent que ceux qui sont plus forts,
ou les étouffent, ou les font périr de faim en s'emparant
de la nourriture que leur apportent le père et la mère.

Quant aux Serins qu'on soupçonne de n'avoir pas soin
de leur jeune famille, tels sont souvent les Agates, les
Blancs et les Jaunes aux yeux rouges, les Blonds, les
Jonquilles et même quelques Panachés, il faut alors retirer les œufs avant que les petits ne soient éclos, et les
passer sous une femelle grise à qui l'on ôte les siens; on
les jette si l'on n'a pas de femelles pour les couver : la
perte n'est pas grande, puisqu'il n'en peut sortir que des
couleurs très-communes.

Les femelles métis sont aussi de bonnes nourrices, et comme il est très-rare qu'elles pondent des œufs féconds, on ne
court aucun risque de les en priver. Il suffit qu'une femelle couve depuis quatre ou cinq jours pour lui en donner de prêts à éclore. On peut même, quand on se trouve
à la campagne, mettre des œufs de Serin dans des nids de
Chardonneret ; il suffit de s'assurer si ceux de ces derniers sont au même degré d'incubation, ce qu'on voit facilement en en cassant un. Par ce moyen, l'on a des jeunes
qui ne causent aucun embarras : il suffit de les retirer,
lorsqu'ils ont dix ou douze jours, pour les élever à la brochette, ou bien l'on continuera de les faire nourrir par
leur père et leur mère adoptifs, en les mettant dans une
cage basse; le Chardonneret est celui avec qui on est plus
certain de réussir. Les nids de tous les granivores ne
conviennent pas ; la Linotte et le Pinson abandonnent souvent leurs œufs lorsqu'on y touche ; ce dernier sait très-
bien distinguer ceux des autres oiseaux et les fait couler
hors du nid ; le Verdier dégorge, il est vrai, mais il mange
de certaines graines qui font mourir les Serins.

Quelquefois une femelle tombe malade quelques jours
après que les petits sont éclos, ou les abandonne. Si alors
l'on n'en a pas d'autre à laquelle on puisse les donner,
il faudra aussitôt se procurer une nichée de Moineaux
très-jeunes, et en mettre quelques-uns dans le nid des
petits Serins, afin qu'ils puissent entretenir leur chaleur
naturelle, et on leur donnera la becquée d'heure en heure
jusqu'à ce qu'ils aient douze jours, de la manière pres-
crite ci-après. Si le temps est froid, on les couvrira avec
une petite peau d'agneau, douce et mollette. On nourrit
les Moineaux avec des aliments plus communs, afin qu'ils
ne deviennent pas trop gros en peu de temps.

Tels sont les accidents les plus ordinaires qui peuvent
arriver aux Serins lorsqu'ils sont en cabane; mais ils sont
très-rares si on tient ces oiseaux dans un cabinet ou
dans une grande volière.

Ceux qui veulent ménager une femelle plus que les autres, soit parce qu'elle est plus délicate, soit parce qu'elle
est plus belle et plus rare, la mettent particulièrement
dans une cabane avec son mâle, lui présentent son nid tout
fait, lui donnent quelques matériaux, afin qu'elle puisse
le changer s'il n'est pas à son goût, lui laissent couver
ses œufs pendant sept jours, et les retirent alors pour les
donner à une autre qui achève de les couver. Ils la laissent ensuite se reposer pendant deux ou trois jours, lui
présentent un second nid fait comme le premier, et lorsqu'elle a couvé pendant cinq ou six jours, ils lui retirent
ses œufs et lui en donnent d'autres prêts à éclore, ils lui
laissent élever les petits pendant douze jours, si elle nourrit bien; autrement ils les lui ôtent la veille qu'ils doivent éclore. Après sa troisième couvée, que l'on conduit
de même, si ce n'est qu'on lui laisse ses propres œufs
jusqu'à la veille du jour où les petits doivent naître, on
la retire d'avec son mâle et on la tient dans une cage séparée jusqu'à la mue. Par ce moyen, cette femelle ne sera
point fatiguée de ses trois couvées, vivra longtemps et
aura la force de supporter la mue, maladie qui fait souvent mourir celles qui se sont trop épuisées.

Quoique cette maladie soit une des plus dangereuses pour les Canaris, des mâles soutiennent assez bien ce changement d'état, et ne laissent pas de chanter un peu chaque jour ; mais la plupart perdent la voix, et quelques-uns dépérissent et meurent : ce sont ordinairement ceux qui se sont épuisés dans leurs amours. La mue est mortelle pour la plupart des femelles qui ont atteint l'âge de six ou sept ans ; les mâles y résistent plus aisément et vivent trois ou quatre années de plus ; elle est moins dangereuse pour ceux qu'on tient dans de grandes volières avec de la verdure, ce qui doit être, puisque cette manière de vivre les rapproche de leur état de liberté ; mais étant contraints dans une petite prison, étant nourris d'aliments peu variés, ils deviennent plus délicats, et la mue, qui n'est pour l'oiseau libre qu'une indisposition, un état de santé moins parfaite, devient pour des captifs une maladie grave, très-souvent funeste, à laquelle on ne peut opposer que des palliatifs ; car il n'y a point de remède qui puisse les tirer de cet état maladif.

La mue est d'autant moins dangereuse qu'elle arrive plus tôt, c'est-à-dire dans les chaleurs. Les jeunes muent six semaines après qu'ils sont nés (les plus faibles sont les premiers qui subissent ce changemet d'état), les plus forts muent quelquefois un mois après eux. La mue des Serins jonquilles est plus longue, et ordinairement elle est plus funeste que celle des autres. Ces oiseaux deviennent mélancoliques, paraissent bouffis, dorment pendant le jour, mettent souvent la tête dans leurs plumes, perdent leur duvet, mais ne jettent les pennes des ailes et de la queue qu'à l'année suivante ; ils sont alors très-dégoûtés, ils mangent peu, ne touchent pas même à ce qu'ils aiment le mieux lorsqu'ils sont en bonne santé. Les jeunes des dernières couvées souffrent plus que tous les autres, car ils ne muent que dans les temps froids, en septembre et octobre, et le froid est très-contraire à cet état : c'est pourquoi il faut les tenir dans un lieu

chaud. Un coup d'air peut faire périr ces petits oiseaux
nés dans nos appartements ; ceux qui naissent dans des
volières à l'air sont plus acclimatés et accoutumés aux
changements de température : c'est pourquoi il en périt
beaucoup moins. Ces derniers ont un tempérament si
robuste, qu'ils ne sont nullement sensibles au froid ; on
les voit, dans les plus grands froids, se baigner, se vau-
trer dans la neige. Le bain est très-nécessaire à tous les
Serins, même en toute saison : c'est pourquoi on doit
toujours leur donner des baignoires dont on changera
l'eau au moins une fois par jour.

On est quelquefois obligé, pour une cause quelconque,
d'élever les petits *à la brochette*. On les nourrit alors
avec une pâtée, pour la préparation de laquelle Hervieux
à donné des instructions qu'il est bon de suivre. « Les
trois premiers jours, dit-il, pour donner la becquée aux
petits Serins, je prends un morceau d'échaudé dont la
croûte est ôtée, à cause de son amertume ; j'y ajoute un
très-petit morceau de biscuit, le tout dur, et je les ré-
duis en poudre ; j'y mets ensuite une moitié ou plus,
selon le besoin que j'en ai, d'un jaune d'œuf dur que je
détrempe avec un peu d'eau, le tout bien délayé, en
sorte qu'il n'y ait aucun durillon. Il ne faut jamais que
la pâte soit trop liquide, car lorsqu'on la leur donne
ainsi, elle ne les nourrit pas si bien, et à tous moments
ils demandent ; ils sont même dévoyés lorsque le composé est trop liquide, et ils ont de la peine à en revenir ;
mais lorsque la pâte est un peu plus ferme, elle reste
plus longtemps dans leur jabot, et les nourrit mieux
quand l'œuf dur est frais ; le blanc se délaie aussi bien
que le jaune, et ne les échauffe pas tant que s'il n'y
avait que du jaune. Après les trois premiers jours écou-
lés, on ajoute à cette pâte une pincée de navette bouillie
sans être écrasée ; elle nourrit les petits sans les échauffer. Si, malgré cela, on s'aperçoit qu'ils soient échauffés,
on ajoute une petite pincée de graine de mouron, la plus
mûre qu'on puisse se procurer. Cette pâte qui s'aigrit

très-aisément d'après les ingrédients qui y entrent, doit
être renouvelée deux fois par jour dans les grandes
chaleurs. Si, malgré cela, il y a des petits malades, on
met, au lieu d'eau, du lait de chènevis, que l'on se procure en écrasant cette graine dans un mortier avec un
peu d'eau, et l'exprimant fortement dans un linge blanc ;
mais il ne faut user de ce remède que dans un besoin
urgent, parce qu'il échauffe extraordinairement.

« Mais ce n'est pas assez de savoir faire la pâte propre
aux jeunes Serins, il faut encore savoir leur refuser et
leur donner leurs aliments à propos. Le moindre excès
de nourriture les fait périr, le défaut d'ordre les rend
minces, maigres et fluets : de pareils oiseaux résistent
difficilement à la maladie de la mue, et de ceux qui lui
échappent, les femelles sont ordinairement de mauvaises
couveuses, périssent souvent aux premiers œufs qu'elles
pondent, et les mâles, toujours languissants, sont presque toujours inféconds. Avec un régime bien observé,
tous deviennent, au contraire, aussi forts et aussi robustes que s'ils étaient élevés par le père et la mère.

« Voici, pour avoir une parfaite réussite, la règle que
l'on doit suivre. On leur donne la becquée pour la première fois, à six heures et demie du matin au plus tard ;
la seconde fois à huit heures ; la troisième à neuf heures
et demie ; la quatrième à onze heures ; la cinquième à
midi et demi ; la sixième à deux heures ; la septième à
trois heures et demie ; la huitième à cinq heures ; la
neuvième à six heures et demie ; la dixième à huit heures, et la onzième à huit heures trois quarts ; cette dernière becquée n'est pas absolument nécessaire, et on leur
donne moins de nourriture qu'aux autres ; s'ils la refusent, il ne faut pas les tourmenter pour la prendre. On
leur présente chaque fois quatre ou cinq becquées avec
une petite brochette de bois bien unie, mince par le
bout, et de la largeur du petit doigt au plus.

« A vingt-quatre ou vingt-cinq jours, on cessera de
leur donner la becquée, surtout lorsqu'on les verra sai-

sir assez bien la pâte qu'on leur offre : on doit continuer ces soins plusieurs jours de plus aux agates et aux jonquilles, car ils apprennent à manger seuls, plus difficilement que les autres. Quand les jeunes oiseaux commenceront à se suffire à eux-mêmes, on les tiendra dans une cage sans bâtons, où il y aura dans le bas du petit foin ou de la mousse bien sèche, et on leur fournira pendant le premier mois une nourriture composée de chènevis écrasé, de jaune d'œuf dur, et de mie de pain ou d'échaudé râpé, avec un peu de mouron bien mûr ; et pour boisson, de l'eau dans laquelle on ajoutera un peu de réglisse : on mettra aussi de la navette sèche dans leur mangeaille.

« On a remarqué qu'il y a des Serins qui, après avoir mangé seuls pendant plus d'un mois, tombent en langueur et redemandent la becquée ; il ne faut pas la leur refuser s'ils veulent la reprendre, c'est un moyen sûr de les réchapper de la mue, qui, les tourmentant alors, les dégoûte de tout à un tel point, qu'ils ne mangent plus que ce qu'on leur présente à la becquée. La pâte doit être composée de même que celle qu'on donne à ceux qui n'ont que quinze jours, à l'exception qu'elle ne doit pas être aussi liquide. »

8º *Nourriture des Canaris.* — La nourriture des Canaris en cage se compose d'un mélange de deux tiers de graine de navette et d'un tiers de graine de millet. De temps en temps, on y ajoute un peu d'avoine et de chènevis, mais on ne doit pas leur en donner habituellement, parce qu'ils s'échaufferaient. Nous en dirons autant de la graine d'alpiste et de la graine de plantain. Il faut aussi aux Canaris de l'eau très-propre, et, pour les rafraîchir, un peu de verdure, notamment du mouron ou du séneçon, et de la graine ou du cœur de laitue. Enfin, un fragment d'échaudé sans sel, appelé *colifichet*, doit être suspendu dans la cage, ainsi qu'un os de sèche, que l'oiseau se plaît à becqueter pour aiguiser le tranchant des bords de son bec. Les sucreries doivent être pros-

crites, ou, du moins, n'être données que très-rarement,
parce qu'elles sont toujours plus ou moins nuisibles.

9° *Éducation des Canaris.* — Les Canaris sont très-
faciles à instruire, et ils apprennent, sans grande difficulté, à siffler et à chanter. On se sert pour cela d'un
flageolet ou d'une serinette. Quand on veut faire une
éducation de ce genre, on isole le sujet, dans une cage
séparée, huit ou quinze jours après qu'il a commencé à
manger seul. S'il se met à gazouiller, c'est une preuve
qu'il est mâle. On l'enferme alors dans une cage couverte d'une toile fort claire, on le place dans une chambre
éloignée de tout autre oiseau, de manière qu'il ne puisse
entendre aucun ramage, et on joue l'air qu'on veut lui
apprendre : si c'est avec un flageolet, il faut que les tons
ne soient pas trop élevés. Quinze jours après, on remplace cette toile claire par une serge verte ou rouge
très-épaisse, et on le laisse dans cette situation jusqu'à
ce qu'il sache parfaitement son air. Lorsqu'on lui donne
sa nourriture, qui doit être pour deux jours au moins,
on doit ne le faire que le soir, et jamais pendant le jour,
afin qu'il ne soit pas distrait, et qu'il apprenne plus
promptement sa leçon.

Un prélude et un seul air choisi sont suffisants pour
sa mémoire, car un plus grand nombre et même un air
trop long le fatiguent et il les oublie facilement. Ces
oiseaux n'ont pas la même aptitude à s'instruire; les uns
se développent après deux mois, il en faut à d'autres
plus de six. On ne doit pas croire qu'il résultera d'un
grand nombre de leçons des progrès plus rapides; au
contraire, on fatigue l'écolier, et l'on finit par le dé-
goûter. Cinq ou six leçons par jour suffisent pour son
instruction : on en donne deux le matin en se levant,
quelques-unes vers le milieu du jour, et deux le soir
en se couchant. Il profite plus avec celles du matin et
du soir qu'avec les autres, parce qu'alors il a moins de
dissipation, et retient plus aisément ce qu'on lui apprend.

L'air doit être répété chaque fois, au moins neuf ou
dix fois de suite, sans aucune répétition du commencement ou de la fin. Il ne faut pas instruire deux oiseaux
à la fois dans la même chambre, et encore moins les
tenir dans la même cage. Si l'on se permet cette réunion,
ce ne peut être que pour peu de temps ; et aussitôt que
l'un des deux commencera à se déclarer, on devra les
séparer promptement, et les éloigner l'un de l'autre, de
manière qu'ils ne s'entendent pas ; sans quoi, ils brouil-
leraient réciproquement leur chant.

Tous les Serins ne sont pas susceptibles d'une pareille
instruction ; les beaux *Jonquilles* sont trop délicats et
n'ont pas la voix assez forte ; un mâle serin blanc ou un
gris queue blanche de bonne race, sont ceux qui ont le
plus de disposition.

10º *Transport des Canaris au loin.* — Les soins qu'exigent les Serins lorsqu'on veut les faire voyager conviennent à presque tous les autres oiseaux.

1º On ne doit les mettre en route ni dans le cours de
l'hiver, ni dans le milieu de l'été : les saisons les plus
favorables sont le printemps et le commencement de
l'automne.

2º Si le chemin qu'ils doivent parcourir est long,
comme de cent à deux cents lieues, on doit les faire sé-
journer de trois jours l'un.

3º Il faut que leur cage soit de bois, longue, basse, de
sorte qu'ils puissent se promener en long et en large,
sans pouvoir voler. Si dans le nombre, il s'en trouve de
méchants, on fait deux petites séparations dans les coins
de la cage, afin de les y tenir à l'écart ; si l'on ne prend
pas cette précaution, les autres arrivent déplumés et
maltraités de toutes les manières.

4º On les tient toujours couverts d'une toile, la couleur
est indifférente, mais elle ne doit point être trop épaisse,
ce qui les échaufferait : il faut qu'ils puissent entrevoir
un peu le jour pour manger et ne pas s'ennuyer.

5º Si c'est à une distance peu éloignée qu'on les envoie,

on doit les porter à pied, soit sur le dos, soit à la main,
car à cheval on les secoue trop et dans une voiture ils
fatiguent beaucoup, à moins qu'elle ne soit bien suspen-
due; alors on fixe la cage sur l'impériale, où ils sont
beaucoup plus commodément que dans la voiture.

6° La conduite que l'on doit tenir pour leur nourriture
consiste à leur donner, le premier jour, une partie de
leur graine concassée; le second jour, on leur fait une
pâtée avec un œuf haché menu et de la mie de pain
humectée; le jour de repos, on les récrée avec de la graine
de mouron et du séneçon, et on découvre leur cage : si
ce n'est pas la saison de ces graines, on y supplée par
la laitue, et l'on continue ainsi jusqu'à ce' qu'ils soient
arrivés à leur destination; il ne faut pas oublier de
mettre dans leur abreuvoir une petite éponge qui sur-
nagera l'eau et que l'on changera deux fois le jour. Cette
éponge bien imbibée sera suffisante pour désaltérer les
petits voyageurs, qui ne manqueront pas de la becqueter
lorsqu'ils auront soif.

11° *Maladies des Canaris.* — Les Canaris sont sujets
aux mêmes maladies que les autres oiseaux. Quoique
nous ayons donné, au commencement de ce traité, de
nombreux détails à ce sujet, nous croyons devoir y revenir ici à cause de l'importance que l'éducation de ces
Passereaux a prise chez nous.

La cause la plus ordinaire des maladies du Canari en
captivité, est la trop abondante ou la trop bonne nourriture, les excès de l'amour, les désirs non satisfaits, et
les travaux du ménage. C'est ordinairement après les
couvées que les maux et les infirmités se déclarent, et
qu'ils sont accrus par la *mue* où ils vont entrer. On ne
peut atténuer la malignité de cette espèce de maladie
que par les remèdes que nous avons indiqués. Nous
ajouterons cependant, en ce qui concerne spécialement
les Canaris, que c'est un morceau d'acier et non de fer,
qu'il faut mettre dans leur eau. Suivant le père Bourjot,
c'est le seul remède qu'on doive leur appliquer; il faut

seulement mettre un peu plus de chènevis dans leur nourriture ordinaire pendant ce temps critique. Nous disons de l'acier au lieu de fer, afin d'être sûr qu'on ne mettra pas dans l'eau du fer rouillé, qui ferait plus de mal que de bien.

Voici maintenant quelques mots sur les affections les plus graves qui attaquent les Canaris. Pour les autres, nous renvoyons à ce que nous en avons dit, p. 14-30.

Asthme. On s'aperçoit qu'un Canari est attaqué de ce mal, lorsqu'à chaque instant il jette un petit cri qui sort de l'estomac. On le guérit avec de la graine de plantain et du biscuit dur trempé dans du bon vin blanc.

Avalure. Cette maladie, la plus dangereuse et la plus ordinaire, surtout aux jeunes Canaris, est d'une guérison tellement difficile, que souvent on ne fait que prolonger leur vie de quelques jours. Ils en sont ordinairement attaqués un mois ou six semaines après leur naissance.

Les signes qui indiquent cette maladie sont externes; les intestins semblent être descendus jusqu'à l'extrémité du corps; le ventre est clair, très-gros, fort dur, et couvert de petites veines rouges; l'oiseau maigrit tous les jours. Les uns ne cessent pas de manger malgré cette infirmité, tandis que d'autres sont toujours dans leur mangeoire et ne mangent plus : tous meurent en peu de jours, si on ne vient promptement à leur secours.

Deux causes produisent l'avalure : 1° la qualité trop succulente de la nourriture qu'on a donnée aux jeunes élevés à la brochette, comme aussi le sucre et le biscuit qu'on leur prodigue par amitié; 2° la grande quantité d'aliments qui sont trop à leur goût et qu'ils mangent sans discrétion lorsqu'ils commencent à manger seuls.

Pour prévenir cette affection, il faut sevrer les jeunes sujets de la pâture qui leur fait le plus de plaisir, et ne leur en donner que de temps à autre, sans leur en faire une habitude. S'ils en sont attaqués, on met fondre dans leur eau un petit morceau d'alun gros comme un pois, et on la renouvelle tous les jours pendant l'espace de trois ou quatre.

On indique encore d'autres remèdes : 1° mettre un clou dans l'abreuvoir, et changer l'eau deux fois la semaine sans le retirer. 2° Oter le soir la boisson, et la remplacer par de l'eau salée : l'oiseau ne manque pas de boire quelques gouttes de cette dernière, le lendemain matin, et quand il en a bu plusieurs fois, on la retire, et on remet la boisson habituelle. On continue ce remède pendant cinq à six jours, et si l'on n'aperçoit pas d'amendement, on ôte la graine ordinaire, et on lui donne dans un petit pot de l'alpiste bouilli et dans un autre du lait bouilli avec de la mie de pain : on continue cette nourriture quatre ou cinq matinées de suite, et l'après-midi on lui remet la première nourriture. Les cinq jours expirés, on jette dans l'eau, à six heures du matin, gros comme la moitié d'une lentille de thériaque, et on la lui laisse jusqu'à ce qu'on l'ait vu boire une fois ou deux; on lui continue cette boisson pendant trois jours de suite, après quoi on lui donne une pâtée, composée d'une pincée de millet, d'autant d'alpiste, d'un peu de navette et de quelques grains de chènevis, auxquels on a fait jeter dans l'eau un ou deux bouillons, et qu'on rince après dans de l'eau fraîche : on y joint le quart d'un œuf frais durci, un petit morceau de biscuit dur, plein une coquille de noix de graine de laitue, et d'une même quantité de graine d'œillette. En outre, on présente au malade quelques feuilles de chicorée bien jaune. Ce remède doit être réitéré pendant tout le temps de la maladie. 3° Donner à l'oiseau malade de la noix concassée avec de l'alpiste bouilli, et ensuite une feuille de choux blanc et du céleri. 4° Enfin, un dernier remède, que l'on assure efficace, c'est de faire prendre un demibain dans du lait tiède, n'y mettant que le ventre et le bas-ventre du malade pendant un demi-quart-d'heure; on lave ensuite ces parties dans de l'eau de fontaine tiède, et on les essuie avec un linge chaud, après quoi on pose l'oiseau auprès du feu ou au soleil, afin qu'il se sèche, et on lui donne force graine de laitue : on lui administre ce remède trois fois de deux jours l'un. Comme moyen de guérison pour une maladie presque incurable, Vieillot conseille encore celui-ci : retirer au malade sa nourriture habituelle, le mettre dans une cage séparée, et ne lui donner que de l'eau et de la graine de laitue. Ce purgatif tempère l'ardeur qui le consume, et opère quelquefois des évacuations qui lui sauvent la vie.

Flux de ventre. On ajoute, pour les Canaris, à la nourriture indiquée, du jaune d'œuf dur et de la graine de laitue.

Gale à la tête et aux yeux. Se guérit comme les Abcès.

Langueur. Cette maladie attaque souvent les Canaris lorsqu'ils sont tenus dans un endroit sombre et triste; ou lorsque, se trouvant plusieurs mâles dans une même cage, ils prennent de l'aversion les uns contre les autres. Pour la première cause, il suffit de les mettre dans un lieu clair et gai ; pour la seconde, on les tient dans une cage particulière jusqu'à ce qu'ils soient entièrement guéris ; on leur donne quelque petite douceur à manger et on met un peu de réglisse dans l'eau.

Maigreur. Les Canaris sont souvent rongés par de petits insectes ou poux qui se tiennent dans leurs plumes, ce dont on s'aperçoit lorsqu'on les voit s'éplucher à tout instant. Ces animaux les fatiguent tellement qu'ils maigrissent et périssent.

Mal caduc. Les Serins jaunes tombent plus souvent que les autres du mal caduc, et dans le temps même qu'ils chantent le mieux. On ne doit pas faire couver un Canari qui est sujet à cette maladie.

Maladie d'amour. La femelle y est plus sujette que le mâle, et c'est au printemps, avant d'être appariée, qu'elle en est attaquée; elle se dessèche peu à peu et meurt en peu de jours. Il suffit, pour la guérir, de lui donner un mâle dès qu'on s'en aperçoit.

Malpropreté des pieds. Ce n'est pas à proprement par-

ler une maladie, mais c'est un germe qui se développe si
on néglige de les nettoyer. Pour cela, on prend l'oiseau
dans la main, et l'on ôte peu à peu le calus qui s'est formé
sous les doigts, les empêche de se percher et fait souvent
tomber les ongles ; les uns se servent de salive, d'autres,
ce qui vaut mieux, les nettoient avec de l'eau, mais elle
doit être tiède, si ce n'est dans les grandes chaleurs ; car
étant froide, outre qu'elle n'enlève pas aussi bien les ordures et le calus, elle met l'oiseau en danger de mourir,
étant saisi tout à coup par la fraîcheur, surtout en hiver.
Il faut aussi avoir les mains chaudes lorsqu'on prend celui qui est dans cet état.

Mue. Les Canaris attaqués de cette maladie doivent être
exposés au soleil, ou mis dans un endroit chaud où il ne
passe aucun vent, car le moindre froid, dans ce temps-là,
leur est mortel. On leur donne, pendant toute leur mue,
de la graine de talitron ou argentine, mêlée avec un peu
de graine d'œillette dans un petit pot à pommade au milieu de leur cage, un autre jour on leur donne un peu
de biscuit et d'échaudé à sec ; on leur en met aussi
trempé avec du vin blanc, ce qui leur fait grand bien
s'ils en mangent. On leur souffle trois fois la semaine, à
un jour d'intervalle, du vin blanc sur le corps, et aussitôt on les met sécher au soleil ou devant le feu ; quand
on les voit bien malades, on leur fait avaler, tous les
jours, trois ou quatre gouttes du même vin, où l'on a
mis un petit morceau de sucre candi ou autre ; et l'on
met dans leur abreuvoir un peu de racine de réglisse
nouvelle bien ratissée ; elle donne une saveur à l'eau
sans trop les échauffer. Si on n'aperçoit point de soulagement, on donne sans ménagement aux Serins, outre
ce qui est indiqué, toutes sortes d'autres nourritures,
comme œuf dur blanc et jaune, échaudé, un peu de
graine de laitue, du chènevis concassé, de l'alpiste, de
la graine bouillie et autres.

Peau cassée. Nom que les amateurs donnent à l'extinction de voix des Canaris ; ce qui leur arrive ordinaire-

ment après la mue, pour avoir été trois mois sans chanter. On leur donne alors du jaune d'œuf haché avec de la mie de pain, et on met dans leur eau de la réglisse nouvelle bien ratissée, afin de leur humecter le gosier.

Poux, pucerons, mites. La malpropreté étant la seule cause de cette maladie. Il faut, pour la prévenir, les nettoyer souvent, leur donner de l'eau pour se baigner, ne les jamais mettre dans des cages ou des cabanes de vieux ou de mauvais bois, ne leur jamais donner de vieux boulins pour couver, ne les couvrir qu'avec des étoffes neuves et propres où les teignes n'aient point travaillé, bien vanner, bien laver les herbes et les graines qu'on leur fournit.

Serin échauffé. On le prive de sa nourriture habituelle, comme alpiste, millet, chènevis, etc., pour ne lui donner que de la navette, et ce, pendant quinze jours; on y joint de la graine de laitue, de séneçon, de mouron bien mûr, des feuilles de raves et autres herbes rafraîchissantes. On assure que le mouron et le séneçon sont très-dangereux pour les Canaris pendant l'hiver et aux approches du printemps; on doit donc s'abstenir de leur en donner à ces époques.

Serins trop gras. Les Canaris trop bien nourris engraissent au point qu'ils en sont incommodés. Quand on s'en aperçoit, on doit leur ôter tous les aliments succulents et ne les nourrir que de navette; s'ils ont de la peine à la manger, on la fera tremper pendant quelques heures avant de la leur donner.

Tic. Cette maladie, qui est mortelle pour les Canaris, est très-souvent occasionnée par la précipitation que l'on met à les prendre. Elle s'annonce, lorsqu'on les tient dans la main, par un petit bruit semblable à celui qui se fait entendre lorsqu'on tire un doigt en l'allongeant. Ce *tic* du Serin est souvent suivi de quelques gouttes de sang, qu'il jette par le bec. L'oiseau reste alors comme pâmé et ne peut remuer les ailes. Il faut le remettre promptement dans sa cage, la couvrir d'une toile un peu claire, et la placer dans un lieu éloigné du monde, afin que le malade ne se tourmente point. On mettra le boire et le manger au bas de la cage, dont on aura eu soin de retirer tous les juchoirs : on ne doit alors donner que de bonnes nourritures. Si le Canari résiste au mal pendant deux heures, il sera hors de danger.

Comme cette maladie n'est occasionnée que par la faute de la personne qui veut prendre l'oiseau, il faut user de précaution pour ne pas y exposer le prisonnier. On prélude de la voix et de la main en approchant de la cage ou de la cabane, afin de le préparer. Lorsqu'il est dans une volière ou une grande cabane, il vaut beaucoup mieux le prendre avec un filet fait exprès pour cela. Il y a des amateurs qui font faire un petit trébuchet, ils le posent dans la volière, après y avoir mis du biscuit et de l'échaudé pour appât : en peu de temps les Serins s'y jettent les uns après les autres, et quelquefois même plusieurs ensemble. On prend ceux qui sont tombés dans le trébuchet, on les met dans une cage ; on remet ensuite le trébuchet dans la volière, jusqu'à ce qu'on ait attrapé celui qu'on souhaite.

Purgation. On s'aperçoit qu'un Serin a besoin d'être purgé : 1º lorsqu'il a de la peine à pousser la fiente, preuve évidente qu'il est échauffé ; 2º lorsqu'il renverse continuellement avec son bec la graine qui est dans son auget, indice certain qu'il mange très-peu. En le purgeant deux fois par mois, on aura des oiseaux toujours gais, bons chanteurs et de bon appétit.

Infirmerie. Une infirmerie est nécessaire à ceux qui ont beaucoup de Canaris ; car il est rare que dans le nombre il n'y en ait pas de malades, et on ne peut les guérir si on ne les sépare des autres. Un Canari malade, mis dans une infirmerie est à moitié guéri ; il suffit de lui donner ce qui est propre à la maladie dont il est attaqué, et d'avoir soin de ne le remettre avec les autres que lorsqu'il est parfaitement guéri.

Cette infirmerie n'est autre chose qu'une cage d'une

bonne grandeur, doublée dessus, derrière et des deux
côtés, d'une serge épaisse, rouge ou verte, et qui ne reçoit le jour que par le devant. Elle doit être faite en
osier et non en fil de fer qui est toujours froid et humide.
Dans l'été, on place cette cage au soleil, et pendant l'hiver dans un lieu où l'on fait toujours du feu ; mais il
faut éviter de la mettre dans un endroit où il y a de la
fumée. La fumée est, en effet, très-pernicieuse aux Serins,
soit malades, soit en bonne santé ; en leur entrant dans
la gorge, surtout lorsqu'ils chantent, elle les étouffe en
peu de temps.

Si malgré tous ces soins, le Canari malade vient à
perdre sa chaleur naturelle, ce qu'il est facile de reconnaître à son air triste et endormi, à ce qu'il a toujours
le bec dans ses ailes, et à son indifférence pour les aliments, on le prend dans la main, et après lui avoir fait
avaler deux ou trois gouttes de bon vin blanc sucré, on
le met seul dans une petite cage qu'on appelle *aigrenoir*,
où il y a au bas et autour une petite peau fine d'agneau ;
on le laisse reposer la nuit dans cet état, en ayant encore soin de mettre la cage dans un endroit bien chaud ;
le lendemain on en retire le malade pour le mettre
dans une autre petite cage bien couverte, sans bâtons,
et on ne le remet avec les autres que quand il est en
parfaite santé.

Il arrive souvent que les Canaris d'une cabane neuve
deviennent malades, et meurent quelquefois, même peu
de jours après qu'on les y a mis : c'est inutilement qu'on
chercherait à leur procurer du secours, ils n'en mourraient pas moins. La cause de leur maladie est interne,
c'est la raison pour laquelle la plupart des curieux ne la
connaissent pas : elle provient ordinairement de ce que
la cabane se trouve construite tout récemment de douves
de tonneaux, qui ont contenu pendant plusieurs années
des vins fumeux : ce bois conserve toujours en lui-même
une odeur forte et vineuse, qui étourdit et enivre les
petits Serins ; aussi y meurent-ils la plupart en peu de

jours et quoique quelquefois les pères et les mères s'habituent à vivre dans cette cabane, les petits étant plus délicats y périssent ordinairement.

Pour éviter cet accident, on ne doit point s'adresser aux ouvriers qui font usage de ce mauvais bois ; on s'en aperçoit facilement, lorsqu'on remarque que la cabane se trouve construite de vingt ou vingt-quatre pièces rapportées. Ce qui ne doit pas être ; mais si par hasard on a de ces sortes de cabanes, il faut, avant de s'en servir, les placer dans un lieu bien aéré, pour leur faire perdre la mauvaise odeur qu'elles ont naturellement ; après cela, on peut y mettre sûrement les Serins.

8° *Les Bouvreuils.*

Les **Bouvreuils** se reconnaissent à leur bec arrondi, renflé et bombé sur tous les côtés. L'espèce que l'on rencontre le plus souvent en Europe est

Le BOUVREUIL COMMUN (*Loxia pyrrhula*, Linné ; *Pyrrhula vulgaris*, Brisson), appelé vulgairement le *Bouvreuil.*. Cet oiseau est de la grosseur du Moineau franc, mais il paraît plus gros, parce que ses plumes sont longues et soyeuses. Un beau noir lustré, avec des reflets violets, est répandu sur la tête, autour du bec, sur le menton, les couvertures moyennes, les pennes des ailes, celles de la queue et les couvertures supérieures. Un beau rouge domine sur la gorge, la poitrine et le haut du ventre ; un cendré bleuâtre couvre le dessus du cou, le dos, les petites couvertures des ailes, la moitié des moyennes ; le blanc domine sur le croupion, le bas-ventre et les couvertures inférieures de la queue ; un cendré bleuâtre borde l'extérieur des pennes primaires vers l'extrémité ; le bec est noir, les pieds sont noirâtres.

La femelle diffère en ce que le noir est sans reflets, et qu'une teinte d'un cendré vineux remplace le rouge.

Les jeunes ont la tête et le dessus du corps d'un gris bleuâtre, la gorge et la poitrine d'un gris roussâtre, le ventre fauve, la bande transversale des ailes roussâtre, le bas-ventre et le croupion d'un blanc sale, le bec noirâtre.

Joli plumage, belle voix, gosier flexible, familiarité, attachement, telles sont les qualités qui ont mérité au Bouvreuil la place qu'il occupe dans une volière. Dans l'état sauvage, sa voix est composée de trois cris distincts, qui paraissent exprimer les syllabes *tui, tui, tui.* L'un se fait entendre d'abord seul, lorsqu'il débute, ensuite trois ou quatre fois ; à ces coups de sifflet, succède un gazouillement enroué et finissant en fausset. Il a, outre cela, un autre cri doux et plaintif qu'il répète très-souvent, et qu'il fait entendre sans aucun mouvement du bec et du gosier, mais qu'il accompagne d'un remuement dans les muscles de l'abdomen. Toutefois, le Bouvreuil ne chante pas véritablement ; il ne fait guère que jaser et ramager, mais il est doué d'une mémoire très-heureuse qui lui permet d'apprendre très-facilement les airs des autres oiseaux, ainsi que ceux de la serinette et du flageolet. Il arrive même à répéter quelques petites phrases du langage humain.

La femelle est aussi susceptible d'éducation, apprend à siffler et à parler, talents que ne partagent pas celles des autres oiseaux chanteurs, et qui rendent cette espèce plus précieuse : sa voix, plus douce que celle du mâle, se rapproche davantage du flageolet, et ses caresses expriment plus de sensibilité.

Peu d'oiseaux sont susceptibles d'un attachement aussi fort et aussi durable que le Bouvreuil : il sait très-bien distinguer les étrangers de la personne qui lui a donné ses soins.

Le Bouvreuil est essentiellement frugivore et granivore. En liberté, les fruits du frêne et de l'érable, les semences du pin et du sapin, les graines de lin, d'ortie, de millet, de navette, etc., constituent sa nourriture habituelle. Il mange aussi de toute espèce de baies, particulièrement de celles du sorbier. Il est également très-friand des bourgeons des arbres fruitiers, et c'est à cette circonstance qu'il doit le nom d'*Ébourgeonneux* sous lequel on le désigne vulgairement dans plusieurs de nos départements du Midi. En captivité, on lui donne, soit de la pâtée dite universelle, à laquelle on ajoute, de temps en temps, un peu de navette, soit simplement de la navette trempée dans l'eau. Il est utile de lui donner un peu de mouron, de laitue, de chicorée, de cresson de fontaine, ou encore un morceau de pomme, des baies de sorbier, etc. Les sucreries doivent être proscrites.

Les Bouvreuils sont répandus dans toutes les parties de l'Europe. En hiver, ils forment des petites bandes, mais chaque bande n'est composée que d'une seule famille, et rarement cette famille se réunit à une autre; chacune vit séparément. Si, dans cette saison, l'on ne rencontre que deux de ces oiseaux ensemble, il est presque certain que c'est un mâle et une femelle dont les couvées ont été détruites, car il n'en est pas de cette espèce comme de beaucoup d'autres : le mâle et la femelle restent appariés toute l'année, vivent ensemble et s'éloignent peu l'un de l'autre.

Les Bouvreuils habitent ordinairement les bois situés sur les montagnes, et ne les quittent qu'à la mauvaise saison, pour descendre dans les plaines. Alors on en voit près des habitations, le long des haies, dans les vergers et les bosquets voisins. On les approche aisément; mais dès qu'ils aperçoivent l'oiseau de proie ou toute autre chose qui les inquiète, ils plongent, en criant tous en même temps, se cachent dans les buissons voisins, et là, pendant quelques instants, ils gardent le silence le plus profond, et ne se permettent pas le moindre mouvement.

Au printemps, la famille se disperse, chacun choisit sa compagne. Ce n'est plus alors au haut des arbres qu'il faut les chercher, mais dans les buissons les plus épais, où il serait difficile de les apercevoir, si leur cri continuel ne les trahissait. Ce cri, qui sert de ralliement au mâle et à la femelle, est celui qu'il faut imiter pour les attirer dans les piéges qu'on leur tend. Quelques-uns restent dans les vergers et les charmilles, où ils font leur nid : ils le placent ordinairement dans l'épaisseur des buissons isolés, de préférence dans ceux d'épines blanches. Ils nichent à la fin d'avril, quelquefois en mars, lorsque les feuilles sont totalement développées, époque qui paraît tardive pour des oiseaux sédentaires, mais qui cesse d'étonner, lorsqu'on sait que les petites graines doivent avoir acquis une certaine maturité pour qu'ils puissent en nourrir leurs petits : ils ne portent pas la becquée à ces derniers, mais leur dégorgent la nourriture, comme font les Serins.

Le mâle est très-attaché à sa femelle; il l'aide dans la construction du nid, et la nourrit pendant le temps de l'incubation. Lorsqu'il veut s'apparier, il se tient à une petite distance d'elle, relève les plumes de sa tête en forme de huppe, épanouit sa queue, lui donne une pente inclinée tantôt d'un côté, tantôt de l'autre, s'en approche lentement, s'incline et se relève souvent dans sa marche; s'approche insensiblement sans cesser de chanter, et si elle approuve son amour, il s'empresse de lui dégorger les aliments qui sont dans son jabot, et qu'elle reçoit, comme la femelle du Serin, en battant des ailes.

La femelle construit son nid de petites bûchettes à l'extérieur, arrangées négligemment dans la bifurcation des branches, et garnit l'intérieur de fibres ou du chevelu des racines et de quelques crins. Sa ponte est de cinq ou six œufs d'un blanc bleuâtre, sur lesquels sont répandues quelques petites taches rouges, et d'autres d'un pourpre obscur, plus nombreuses vers le gros bout; elle fait ordinairement deux pontes par an. L'incubation dure quinze jours.

Ces oiseaux couvent aussi en volière, et font leur nid dans les boulins qui servent pour les Serins. Dans ce cas, il est nécessaire qu'ils aient deux ans de cage, surtout s'ils ont été pris à l'état adulte, ou s'ils ont été élevés dans les bois, par leur père et leur mère. Sans cette précaution, la réussite serait peu certaine.

Les Bouvreuils qu'on veut instruire, doivent avoir été pris au nid et presque couverts de plumes ; il faut les tenir sur la mousse et toujours proprement. On les nourrit avec une pâte faite de pain blanc et de navette gonflée dans l'eau, à laquelle on ajoute, à tort, suivant plusieurs amateurs, une petite quantité de chèvenis et de jaune d'œuf. Quand ils mangent seuls, on donne de la consistance à cette pâte, puis on la remplace par la nourriture ordinaire. Comme les mâles sont préférables aux femelles sous tous les rapports, on les reconnaît à leur poitrine rougeâtre, ce qui permet de les choisir dans le nid même.

On commence l'éducation des jeunes Bouvreuils avant qu'ils mangent seuls. On emploie, pour cela, les mêmes instruments que pour les Serins, mais il faut qu'ils soient bien justes, parce que ces oiseaux répètent exactement les airs comme ils les entendent. Les leçons les plus profitables sont celles qui ont lieu aussitôt qu'ils ont mangé. Il faut ordinairement neuf mois de soins assidus pour que l'éducation soit bien complète. Encore même, après ce temps, est-il nécessaire, surtout pendant la mue, de siffler aux chanteurs les airs qu'on leur a appris, sans quoi ils les oublieraient en partie. Une autre précaution importante, c'est de les tenir constamment éloignés des autres oiseaux, parce que leur mémoire est si prodigieuse, qu'ils ne tarderaient pas à mêler à leur chant celui de ces derniers.

Tous les oiseaux en volière demandent une grande propreté, spécialement le Bouvreuil, qui, sans cela, est souvent attaqué d'une espèce de goutte occasionnée par les ordures qui s'attachent à ses doigts, surtout par la fiente. Celle-ci durcit au point qu'il est très-difficile de l'enlever ; et il en résulte d'abord la perte des ongles, et ensuite celle des doigts, les uns après les autres. Cet oiseau est aussi sujet à la constipation, à la diarrhée, etc., maladies

que l'on traite comme nous l'avons dit au commencement du volume.

Le Bouvreuil pris adulte peut vivre sept à huit ans.
Celui qu'on a élevé du nid vit rarement au-delà de
six ans. Pour familiariser le premier avec la captivité,
il est nécessaire, dans les premiers quinze jours, de lui
donner à manger si largement qu'il marche dessus, sans
quoi il se laisserait mourir de faim. Cet oiseau, si doux
lorsqu'on l'élève pris dans le nid, a de la difficulté à
s'apprivoiser lorsqu'il a goûté de la liberté, et surtout
lorsqu'il est adulte : il regrette longtemps les bois, sa
demeure native ; mais lorsqu'il les a totalement oubliés,
il devient assez familier pour s'attacher à son maître.

L'on peut apparier le Bouvreuil avec la femelle du Serin ;
mais cette alliance présente des difficultés qu'on ne peut
vaincre qu'avec de la patience. Voici le moyen qui doit
être suivi si l'on veut réussir. Il faut choisir un Bouvreuil de la petite espèce ; ceux qu'on élève jeunes sont
meilleurs : les autres, après deux ans de cage peuvent
servir. On le tient pendant un an enfermé avec la femelle du Canari. Celle-ci doit être dans sa première année, n'avoir pas encore pondu, ni avoir eu aucune communication avec les mâles de son espèce ; il est encore
mieux de placer ces derniers de manière qu'elle ne
puisse entendre leur cri ni leur chant.

Les plus grandes difficultés que présente cette alliance,
ne proviennent que de la femelle, car le mâle fait tout
son possible pour s'apparier. Une fois accouplé, il a pour
elle les plus grandes attentions, petits soins, dégorge-
ment de nourriture, et soulagement dans la construction
du nid, en lui apportant les matériaux nécessaires. Enfin, lorsqu'elle couve, il ne souffre aucun autre oiseau
aux environs du nid, et veille à ce qu'elle ne soit pas
interrompue. Mais, soit qu'il ne reconnaisse pas ses enfants, soit tout autre motif, il est à propos de le séparer
d'elle à l'époque où les petits doivent éclore ; car il lui
arrive quelquefois de les tuer, en leur ouvrant la tête à

coups de bec. Pour éviter ce malheur, il faut avoir une cage double, pareille à celle dont on se sert pour les mauvais mâles Serins.

Vieillot assure qu'il existe deux races de Bouvreuils, l'une petite, qui est celle dont il vient d'être question ; l'autre plus grande et plus grosse d'un sixième au moins. Ces gros Bouvreuils sont bien connus des oiseleurs, qui les mettent à un prix plus fort du double que les petits. Ils ont le même genre de cri que les autres ; mais ils font bande à part, quoiqu'habitant souvent un seul canton. Quelquefois ces deux espèces se réunissent sur le même arbre, attirées par la nourriture, qui leur est commune ; mais c'est pour peu de temps : dès qu'elles le quittent, chaque famille se sépare. Vieillot les regarde comme formant une race particulière, qui ne se distingue de l'autre que par sa grosseur et une tache longitudinale rouge, plus prononcée sur la plume des moyennes couvertures des ailes, la plus proche du corps et la plus courte de toutes.

Outre cette race particulière, l'on voit quelquefois des Bouvreuils noirs, blancs, ou seulement tachetés de ces deux couleurs. Ces dissemblances dans le plumage sont dues, soit à l'âge, soit à la nourriture qu'on leur donne en cage (ces individus sont presque tous des oiseaux de volière). L'on a remarqué, en effet, que les oiseaux auxquels on ne donne que du chènevis pour toute nourriture, sont sujets à devenir noirs ; de là viennent ces Bouvreuils, ces Chardonnerets, ces Alouettes, dont le plumage tient plus ou moins de cette couleur. Le blanc s'acquiert ordinairement par la vieillesse. Cependant il n'est pas rare de trouver dans le nid des petits totalement blancs ; mais souvent ces jeunes reprennent à la mue les couleurs de leur race.

9° *Le Verdier.*

Le VERDIER (*Loxia chloris*, Linné ; *Coccothraustes chlo-*

ris, Cuvier), appelé vulgairement *Vert-montant*, ne doit pas être confondu avec le Bruant, quoiqu'il en porte le nom dans plusieurs de nos départements. Sans parler des autres différences, il n'a point le tubercule osseux que présente le palais de ce dernier.

Cet oiseau est gros comme le Moineau franc. Il doit son nom à la couleur générale de son plumage, qui est vert en effet, mais ce vert, au lieu d'être pur, est ombré de gris-brun sur la partie supérieure du corps et sur les flancs, et il est mêlé de jaune sur la gorge et sur la poitrine : le jaune domine sur le haut du ventre, des couvertures inférieures de la queue et des ailes et sur le croupion. Toutes les pennes sont noirâtres et la plupart bordées de blanc à l'intérieur. Enfin, le bas-ventre est de cette dernière couleur, et les pieds sont d'un brun rougeâtre. Longueur totale : 15 centimètres. La femelle diffère du mâle en ce qu'elle a plus de brun, que son ventre est presque entièrement blanc, et que les couvertures inférieures de la queue sont mêlées de blanc, de brun et de jaune.

Le Verdier est répandu dans presque toute l'Europe. L'hiver, il se tient dans les bois, particulièrement sur les arbres qui conservent encore leur feuillage. Au printemps, il fait, sur ces mêmes arbres, et quelquefois dans les buissons, un nid très-artistement construit, dans lequel la femelle pond cinq ou six œufs d'un blanc verdâtre, tachetés de rouge-brun au gros bout. Le mâle partage avec la femelle les soins de l'incubation.

Le Verdier n'est pas un oiseau chanteur proprement dit. Néanmoins, il a un ramage qui n'est pas désagréable, et qui se perfectionne, dit-on, dans les métis qu'on obtient avec le Canari. Du reste, il est très-doux et très-facile à apprivoiser. Il apprend à prononcer quelques mots, et aucun autre oiseau ne se façonne plus aisément à la manœuvre de la galère.

Le Verdier est à la fois insectivore et granivore, mais principalement granivore. Pendant la belle saison, il se nourrit de toute espèce de graines, surtout de celles du chènevis, qui est son aliment de prédilection. Il mange aussi des chenilles, des sauterelles, des fourmis, etc. L'hiver, il vit généralement de baies de genièvre, et, quand l'état de la végétation le permet, il pince les boutons des arbres, entre autres ceux du marsaule.

Quand on laisse le Verdier aller en liberté dans la chambre, on le nourrit avec une pâtée faite de pain blanc imbibé d'eau, de gruau d'orge ou de froment et de carotte râpée. On y ajoute de temps en temps un peu de chènevis ou de graine de navette. En cage, on ne lui donne guère que du chènevis et de la navette. En toute saison, il est utile de tenir à sa disposition un peu de verdure, comme mouron, laitue, etc.

10° Le Bec-croisé.

Le BEC-CROISÉ (*Loxia curvirostra*, Linné) est un des plus singuliers Passereaux conirostres de nos climats. En raison de sa tournure et de ses habitudes, il peut être considéré comme représentant, en Europe, la famille des Perroquets. Ce qui le caractérise avant tout, c'est la forme de son bec, dont les mandibules sont tellement courbes que leurs pointes se croisent en déviant légèrement à droite et à gauche ; de là l'origine de son nom vulgaire.

Le Bec-croisé est lourd et trapu comme les Perroquets. A l'âge adulte, il est gros comme un Merle. Ses pieds, courts, solides et munis d'ongles très-forts et peu crochus, forment de véritables mains dont il se sert pour grimper sur les arbres et pour saisir sa nourriture. Son plumage est assez beau et varié de plusieurs couleurs, mais il diffère beaucoup suivant l'âge et le sexe. Ainsi, les jeunes sont d'abord d'un brun grisâtre avec quelques parties jaunâtres. A la première mue, ils prennent une livrée entièrement rouge, mais plus foncée en dessus qu'en dessous, avec les pennes et les plumes de la queue noirâtres. A la seconde mue, le rouge se transforme en un vert jaunâtre. D'après cela, les *Becs-croisés gris* des oiseleurs sont des jeunes ; les *rouges* sont ceux qui ont subi la première mue ; les *cramoisis* sont les mêmes qui approchent de la seconde mue ; les *tachetés de jaune et de rouge*, sont ceux de deux ans qui se trouvent en pleine mue ; et les *jaunes* sont des vieux. Les jeunes qu'on élève en captivité ne deviennent jamais rouges : ils conservent leur plumage gris pendant la seconde année, ou prennent directement la couleur vert jaunâtre. Les femelles sont généralement grises, avec quelques mouchetures rouges et jaunes sur le ventre.

Le Bec-croisé est originaire des contrées les plus septentrionales de l'Europe ; mais il descend, de temps en temps, dans celles du centre, sans qu'il y ait rien de régulier dans ses voyages. Il se multiplie en France aussi bien qu'en Suède et en Norwége, et, ce qu'il y a de singulier, c'est qu'il niche en toute saison, particularité unique dans l'histoire des oiseaux.

Le Bec-croisé se tient presque toujours dans les grandes forêts résineuses. Les graines des pins et des sapins sont ses aliments de prédilection. A leur défaut, il mange les bourgeons de ces arbres. Il se nourrit aussi de pommes.

On recherche le Bec-croisé uniquement à cause de sa rareté et surtout de la conformation de son bec. Il vit en cage trois ou quatre ans, sans paraître trop s'inquiéter de la perte de sa liberté : il s'apprivoise même assez facilement. On lui donne du chènevis, des graines de pin, de la navette, des fruits, etc. Du reste, il finit par devenir omnivore comme le Perroquet. Il faut avoir soin de l'enfermer dans une cage à barreaux métalliques, parce qu'il aurait bientôt brisé ceux de bois.

On élève quelquefois des petits dans la chambre. La nourriture qui leur convient le mieux est un mélange composé de pain blanc imbibé de lait et d'une petite quantité de graines de pavot.

Le Bec-croisé perroquet (*Loxia pytiopsittacus*) diffère surtout du précédent en ce qu'il est un peu plus grand, et qu'il a le bec plus court et plus bombé, avec la mandibule inférieure moins crochue. Il vit avec ce dernier et en a toutes les habitudes, mais il est beaucoup moins commun.

11° *Les Veuves*.

Sous le nom de **Veuves** (*Vidua*, Cuvier; *Emberiza*, Linné) on désigne de petits Passereaux conirostres, qui se font surtout remarquer en ce que la queue de la femelle est courte et horizontale, tandis que celle du mâle est verticale et a, de plus, des rectrices très-allongées. Toutefois, ce dernier ne garde sa longue queue que pendant la saison des amours, c'est-à-dire pendant six mois. Cette saison passée, il se dépouille de sa parure et change sa queue verticale contre une horizontale. Il est alors tellement semblable à sa femelle qu'il est presque impossible de les distinguer l'un de l'autre. Les Veuves doivent leur nom vulgaire à la couleur noire qui fait le fond de leur plumage (1). Ce sont des oiseaux très-vifs et très-remuants, qui habitent les Indes et l'Afrique, où ils aiment à vivre avec les Bengalis et les Sénégalis, auxquels ils semblent servir de conducteurs. Leur taille varie de 12 à 13 centimètres. Ils se construisent, avec du coton,

(1) « Il est assez singulier que ce nom de *Veuves*, sous lequel ces oiseaux sont désignés, et qui paraît si bien leur convenir, ne leur ait été donné que par pure méprise. Les Portugais les appelèrent d'abord *Oiseaux de Whidah* (c'est-à-dire de *Juida*), parce qu'ils sont très-communs sur cette côte d'Afrique. La ressemblance de ce mot avec celui qui signifie *veuve* en langue portugaise, aura pu tromper des étrangers; quelques-uns auront pris l'un pour l'autre, et cette erreur se sera accréditée d'autant plus facilement, que le nom de *Veuves* paraissait, à plusieurs égards, fait pour ces oiseaux. »

(Guéneau de Montbelliard.)

des nids que plusieurs voyageurs assurent renfermer deux étages, dont l'un, le supérieur, est occupé par le mâle, pendant que la femelle couve dans l'autre.

On nourrit les Veuves avec du millet, de l'alpiste, du gruau d'orge, et, de temps en temps, on leur donne un peu de verdure, surtout de la laitue ou de la chicorée. Comme elles aiment à se baigner, il ne faut pas oublier de tenir de l'eau fraîche à leur disposition. De plus, afin qu'elles ne puissent endommager leur queue, il est indispensable de les enfermer dans une cage d'assez grandes dimensions. Ces oiseaux se reproduisent très-difficilement dans nos climats.

Une des plus belles espèces de Veuves est la VEUVE A COLLIER D'OR (*Emberiza paradisea*, Linné), appelée aussi VEUVE ou GRANDE VEUVE D'ANGOLA, parce qu'elle est très-commune sur la côte d'Afrique de ce nom. Ses dimensions sont un peu plus grandes que celles du Moineau. Elle a la tête, le menton, le devant du cou, le dos, les ailes et la queue d'un noir profond; le derrière du cou d'un jaune orange clair; la poitrine, les cuisses et le haut du ventre blancs; le bas-ventre noir. Les deux plumes intermédiaires de la queue sont longues de 10 à 11 centimètres, très-larges et terminées par un long fil. Les deux qui suivent ont plus de 35 centimètres. Elles sont très-larges au milieu, étroites et pointues au sommet; et, du milieu de leur tige, sort un fil de près de 3 centimètres. La longueur des autres plumes latérales ne dépasse pas 6 centimètres.

Cet oiseau est sujet à deux mues. A la première, qui arrive en novembre, le mâle perd sa belle queue. En outre, sa tête se raie de noir et de blanc, et le reste de son corps est varié de noir et de roux. A la seconde mue, qui a lieu au printemps, il reprend son plumage ordinaire, mais sa queue n'atteint toutes ses dimensions qu'au mois de juillet.

La femelle, tant qu'elle est jeune, a une livrée presque absolument semblable à celle du mâle pendant l'hiver:

elle ne prend son plumage propre que pendant la troisième année.

La Veuve à collier d'or a un chant qui est assez agréable. Elle nous arrive du Sénégal, de la Guinée, et de
plusieurs autres points de la côte d'Afrique.

La Veuve dominicaine ou Petite Veuve (*Emberiza se-
rena,* Linné) est plus petite que la précédente. Elle a la
tête noire, sauf le sommet, qui est d'un blanc roussâtre.
Cette dernière couleur est aussi celle de la partie inférieure du corps, depuis le menton et les tempes jusqu'au-dessous de la queue. Le dessus du cou et le dos
sont noirs, mais les plumes sont bordées de blanc. La
queue est également noire. Ses deux plumes intermédiaires se terminent en pointe et dépassent les autres
de plus de 5 centimètres. La femelle est entièrement
brune. Cette espèce est sujette à deux mues comme la
Veuve à collier. Pendant ce temps, le plumage du mâle
est d'un blanc sale.

La Dominicaine nous est apportée d'Afrique. Il en est
de même de la Veuve a quatre brins (*Emberiza regia,*
Linné). Cette Veuve a le dessus du corps noir, avec les
côtés de la tête, les yeux, le cou et les parties inférieures
aurore. De la queue partent quatre plumes ou brins, de
couleur brune et noire, qui sont longues de 24 à 27 centimètres, et s'élargissent en palette à leur extrémité. La
femelle est brune. Le plumage du mâle est gris pendant
l'hiver.

La Veuve a deux brins (*Fringilla superciliosa,* Vieillot)
a le plumage noir, mais avec la gorge, le devant du cou,
le ventre et les parties postérieures d'un blanc de neige.
Une sorte de ceinture noire traverse le blanc de la poitrine. De plus, cet oiseau offre, au-dessus des yeux, une
bandelette blanche qui se prolonge jusque sur les côtés
de la nuque : une seconde bandelette de même couleur
part de la base du bec et s'étend jusqu'au sommet du
ventre. Enfin, deux bandes semblables ornent transversalement les ailes. Les deux rectrices intermédiaires de

la queue ont 16 centimètres de longueur et dépassent les autres de 11 centimètres.

La Veuve a épaulettes rouges (*Emberiza longicauda*, Gmélin) a tout le plumage noir, à l'exception des petites couvertures des ailes, qui sont d'un beau rouge, et des moyennes, qui sont d'un blanc pur. D'après Levaillant, cette espèce vit en société, dans une sorte de république composée d'environ quatre-vingts femelles et douze à quinze mâles, et se construit des nids très-rapprochés les uns des autres.

La Veuve a épaulettes jaunes (*Vidua macrocerca*, Lichtenstein) a le plumage en entier d'un noir profond, avec les épaules d'un jaune citron. Un petit faisceau de plumes, blanches à la base, orne la poitrine. Cette espèce est propre à l'Abyssinie.

La Veuve a ailes rouges (*Emberiza longicauda*, Linné) est noire, à très-longue queue, avec les ailes de trois couleurs : rouge vif à l'épaule, blanc pur au milieu, brunâtre à l'extrémité. Elle habite l'Afrique australe.

La Veuve a poitrine rouge ou Veuve du Cap, ou encore Veuve en feu (*Emberiza pavayensis*, Linné), a, au milieu de la région thoracique, une tache rouge qui tranche sur le noir du plumage. Elle vit aux Philippines et non au Cap de Bonne-Espérance, comme on l'a cru pendant longtemps.

La Grande Veuve (*Emberiza vidua*, Linné) a le plumage égayé par la couleur rouge de son bec; par une bande vert bleuâtre qui est répandue sur les parties noires; par deux bandes, l'une blanche et l'autre jaunâtre, qui ornent transversalement les ailes; et, enfin, par la couleur blanchâtre des pennes latérales de la queue et de la partie inférieure du corps. Les quatre longues plumes de la queue sont noires et très-étroites.

La Veuve mouchetée (*Emberiza principalis*, Linné) est ainsi appelée, parce qu'elle a la partie supérieure du corps mouchetée de noir sur un fond orangé. Elle a, en outre, de l'orangé sur la poitrine, sur le bord des pennes et sur les grandes couvertures de l'aile. On suppose qu'elle n'est autre chose que la précédente dans un état particulier de plumage.

12° Les Sénégalis.

Les SÉNÉGALIS (*Amadina*, Swainson; *Fringilla senegala*, Gmélin) ont à peu près la même taille que le Roitelet. Ils sont ainsi appelés parce que, dans l'origine, on les apportait surtout du Sénégal. La même cause les faisait aussi appeler *Moineaux du Sénégal*. Ces oiseaux sont répandus dans presque toutes les parties chaudes de l'Asie, de l'Afrique et de l'Océanie, ainsi que dans plusieurs des îles adjacentes, telles que celles de Madagascar, de la Réunion, de France, de Java, etc. Comme les Moineaux d'Europe, ils sont familiers et destructeurs. Ils s'approchent des cases, pénètrent jusqu'au milieu des villages, et se jettent par grandes troupes dans les champs semés de millet, car ils ont une prédilection très-marquée pour cette graine; ils aiment aussi à se baigner.

Les Sénégalis comptent plus de cinquante espèces, toutes remarquables par leur gentillesse, la beauté de leur plumage et la douceur de leur chant. Ils se transportent assez difficilement, et ne s'accoutument qu'avec peine à un autre climat; mais une fois acclimatés, ils vivent jusqu'à sept ou huit ans, c'est-à-dire autant que certaines espèces du pays : ils se reproduisent même aisément. Ces oiseaux ont, du reste, les mœurs très-douces et très-sociables. Ils se caressent souvent, surtout les mâles et les femelles, se perchent sur la même branche en se pressant les uns contre les autres, et chantent tous à la fois en mettant un certain ensemble dans cette espèce de chœur. Suivant Guéneau de Montbelliard, le chant de la femelle ne serait pas inférieur à celui du mâle.

On conserve les Sénégalis dans des cages à barreaux très-rapprochés, que l'on a soin de munir d'un ou de plusieurs boulins ou d'un ou de plusieurs trous creusés dans un fragment de branche d'arbre. En tout temps, le même boulin ou le même trou d'arbre sert de retraite nocturne et de retraite diurne à huit à dix de ces oiseaux, et même à un plus grand nombre s'il peut les contenir, habitude qui contribue beaucoup, surtout pendant l'hiver, à leur faire supporter l'intempérie de nos saisons.

C'est depuis le mois de février jusqu'au mois d'août que les Sénégalis nichent dans notre climat. Ils aiment à faire leur nid avec de la bourre et du coton haché. Le mâle et la femelle travaillent l'un et l'autre à le construire. L'un et l'autre aussi couvent alternativement pendant le jour. Les œufs sont blancs et ordinairement au nombre de six ou sept. L'incubation dure une quinzaine de jours. Les petits naissent couverts d'un léger duvet et sont, dès leur première année, semblables aux vieux.

· Quand plusieurs couples sont réunis dans la même volière, il arrive quelquefois que quatre ou cinq femelles pondent dans le même nid, vivent ensemble d'un commun accord, couvent alternativement les œufs les unes des autres, et nourrissent indistinctement tous les petits. Mais il vaut mieux, au moment de la ponte, isoler les paires, car il résulte toujours de cette réunion d'œufs pondus à des époques différentes, que les petits les premiers éclos étouffent ceux qui naissent plus tard, et que les faibles sont privés de nourriture quand les autres en regorgent.

L'alpiste et le millet, soit en grains, soit en grappes, sont la nourriture que préfèrent les Sénégalis, et celle aussi qu'ils donnent à leurs petits. Ils aiment aussi beaucoup le pain et le biscuit détrempés dans du lait. On doit, du reste, sous ce rapport, les traiter à peu près comme les Bengalis.

L'espèce type du genre est

Le Sénégali rouge (*Fringilla senegala*, Gmélin ; *Amadina cantans*, Temminck), qui a les côtés de la tête, la gorge, la poitrine, le ventre et le croupion d'un rouge vineux, avec le dessus de la tête et le cou d'un gris verdâtre, le dos et les ailes d'un gris olivâtre, et la queue noire. Le bec est rouge, strié de noir, avec du brun sur les bords. La femelle, brune sur le dos, est d'un roux nuancé de rougeâtre sur les parties où le mâle est rouge, et d'un blanc sale sous le ventre. Le Sénégali rouge vient de la côte d'Afrique. Il est moins sensible au froid que les autres espèces, et la chaleur de nos climats suffit pour qu'il multiplie. Toutefois, comme la ponte a lieu quelquefois à la fin de l'hiver, il est nécessaire, pour obtenir une réussite complète, de retarder les couvées jusqu'au mois de mai, en séparant les mâles des femelles, ou bien de procurer aux femelles une température un peu supérieure à celle de nos étés. Le Sénégali rouge a un ramage moelleux et flûté qui offre de la ressemblance avec le murmure d'un petit ruisseau entendu d'une certaine distance.

Parmi les autres espèces, nous nous bornerons à nommer : le SÉNÉGALI AURORE (*Fringilla sublava*, Vieillot), le SÉNÉGALI SANGUINOLENT (*Fringilla sanguinolenta*, Temminck), le PETIT SÉNÉGALI ROUGE (*Fringilla minima*, Vieillot), le SÉNÉGALI A GORGE NOIRE (*Fringilla atricollis*, Vieillot), le SÉNÉGALI A FRONT POINTILLÉ (*Fringilla frontalis*, Vieillot), etc., qui habitent tous le Sénégal et la Gambie.

13° *Les Bengalis* ou *Astrilds*.

Les BENGALIS (*Estrelda*, Swainson ; *Lonigilla*, Lesson) appartiennent à la même famille que les Sénégalis. Ils ont aussi les mêmes mœurs que ces derniers et habitent les mêmes contrées ; seulement, ils sont un peu plus grands.

De tous les oiseaux de la zone torride, les Bengalis sont ceux que l'on recherche le plus en Europe. Quoique très-sensibles au froid, ils s'acclimatent facilement en France si l'on a la précaution de les tenir chaudement la première année. Ils ne demandent même, pour multiplier dans notre climat, qu'une température convenable et un arbrisseau touffu, où ils puissent se livrer sans

inquiétude à l'éducation de leurs petits. « En leur procurant, dit Vieillot, à l'époque de la mue et à celle des
couvées, un climat artificiel de vingt à vingt-cinq degrés, on est certain d'en tirer de nouvelles générations
et d'en jouir sept à huit ans, terme ordinaire de leur vie.
Il est vrai que plusieurs d'entre eux, le Mariposa surtout, ressentent le besoin de se reproduire, et nichent
même sous une température moins élevée; mais alors
les femelles périssent à la ponte, ou tombent dans un
état de souffrance qui ne leur permet pas de couver leurs
œufs, et que suit de près la mort. »

Le centre d'un arbrisseau bien garni de feuilles est
l'endroit que la femelle recherche pour y placer le berceau de sa nouvelle progéniture. Elle fait son nid, en
forme de melon, avec des brins d'herbes sèches qu'elle
entrelace avec soin, elle en garnit l'intérieur avec des
plumes et du coton. Les plumes lui sont si nécessaires
que lorsqu'elle n'en possède pas, elle se glisse sous le
ventre des oiseaux qui sont à sa proximité et même sous
celui de son mâle, et leur en arrache avec beaucoup
d'adresse et de vivacité. Du reste, le mâle l'aide à chercher les matériaux dont elle a besoin, ainsi qu'à construire le nid ; il partage également avec elle les fatigues
de l'incubation.

Les œufs sont au nombre de quatre ou de cinq. Les
petits naissent au bout de quinze jours, et atteignent
rapidement toute leur croissance.

Comme celle des Sénégalis, la nourriture des Bengalis
se compose de graines d'alpiste et de millet. Ils mangent
aussi avec plaisir les graines tendres du mouron, de la
laitue et du séneçon. Le père et la mère nourrissent leurs
petits en leur dégorgeant les grains qu'ils ont à demi
digérés dans le jabot. Ils joignent à ces aliments les insectes, particulièrement les chenilles non velues et les
larves, dont ils sont très-friands. Cette nourriture ani-
male est presque indispensable pour les jeunes, surtout
dans les premiers jours de leur naissance. Aussi, faut-il
ne pas oublier d'en approvisionner la mangeoire.

Les espèces de Bengalis sont assez nombreuses. La plus répandue est le BENGALI MARIPOSA (*Fringilla bengalus*, Linné ; *Fringilla mariposa*, Buffon), appelé vulgairement *Mariposa*, qui se trouve au Sénégal, en Abyssinie et dans l'Afrique australe. Cet oiseau est d'un bleu d'azur clair, avec le dessus du corps d'un brun rembruni et lustré et le bec d'un rouge incarnat clair. Le mâle porte, de chaque côté de la tête, au-dessous de l'œil, un croissant pourpré qui tranche sur le bleu clair des joues et des parties inférieures. La femelle, qu'on appelle vulgairement *Cordon bleu*, est dépourvue de ce croissant pourpre.

Nous ne ferons que citer le BENGALI PIQUETÉ (*Fringilla amandava*, Gmélin) ; l'ASTRILD A VENTRE ROUGE (*Fringilla rubriventris*, Vieillot) ; le BENGALI MOUCHETÉ (*Fringilla guttata*, Vieillot), etc., qui sont tous d'origine africaine ; tandis que le BENGALI A OREILLES BLANCHES (*Fringilla leucotis*, Vieillot) ; le BENGALI A COU BRUN (*Fringilla fuscicollis*, Vieillot) ; le BENGALI IMPÉRIAL (*Fringilla imperialis*, Latham) ; le BENGALI A TÊTE D'AZUR (*Fringilla picta*, Latham), etc., viennent de Chine ; et l'ASTRILD A MOUSTACHES ROUGES (*Fringilla nupacea*, Daudin) est apporté de la Cochinchine.

Le BEAU-MARQUET (*Fringilla elegans*, Gmélin) appartient à la famille des Bengalis, de même que le GRENADIER (*Fringilla granatina*, Linné). Le premier a d'abord été appelé *Moineau de la côte d'Afrique*, du pays d'où on l'a primitivement trouvé. C'est Buffon qui, pour le distinguer des espèces semblables, lui a donné son nom actuel, parce que, dit le grand naturaliste, ce nom « indique qu'il est beau et bien marqué sous le ventre. »

14° Le Comba-Sou.

Le COMBA-SOU (*Loxigilla*, Vieillot) habite les mêmes contrées que les Bengalis et les Sénégalis, avec lesquels il a les plus grands rapports. C'est un oiseau d'un carac-

tère turbulent et d'une extrême mobilité. Doué d'un
courage au-dessus de ses forces, il ne craint point d'attaquer les oiseaux plus grands que lui, et vient souvent à
bout de les mettre en fuite. Non moins babillard que pétulant, il ne cesse de pousser des cris aigres et per-
çants.

Le Comba-Sou est un oiseau chanteur, mais son ramage est peu agréable. En général, c'est surtout à cause
de sa gentillesse, de sa vivacité et de sa belle livrée
qu'on le recherche. Il désole les petits oiseaux qui sont
enfermés avec lui dans la même cage ; aussi, vaut-il
mieux l'isoler. On le nourrit de la même manière que les
Bengalis et les Sénégalis. Comme eux aussi, il se reproduit dans notre climat ; mais il est à remarquer, d'après
Vieillot, que la femelle « se refuse aux désirs amoureux
du mâle si elle n'a pour ses ébats une volière vaste,
remplie d'arbrisseaux verts, et dont la température soit
élevée de vingt-quatre à vingt-huit degrés. »

Une des plus brillantes espèces de ce genre est le
COMBA-SOU BRILLANT (*Loxigilla nitens*, Chenu), qui habite
l'Abyssinie. Cet oiseau est d'un magnifique bleu foncé,
avec les pieds roses et le bec couleur de corne argentée.
Sa longueur est de 9 centimètres.

Une autre espèce est également fort remarquable : c'est
la LOXIE FASCIÉE (*Loxia fasciata*, Linné), appelée vulgairement *Collerette*, *Gros-bec fascié*. D'un cendré rougeâtre
en dessus, avec deux bandes transversales noirâtres sur
chaque plume, elle a le ventre noir tacheté de blanc
rougeâtre, et le reste des parties inférieures d'un gris-
brun roussâtre, avec une bordure noirâtre à chaque
plume. Un trait rouge pourpre entoure les joues et le
menton, circonstance qui la fait aussi désigner sous le
nom de *Cou-coupé*. Cet oiseau habite le Sénégal.

15° *Les Tisserins.*

LES TISSERINS (*Oriolus*, Linné ; *Ploceus*, Cuvier) sont

ainsi appelés parce qu'ils *tissent* leur nid en entrelaçant des brins d'herbes, de la laine, du coton, des joncs, de la soie, et, en général, toute espèce de substances filamenteuses. Ces oiseaux habitent l'Amérique, l'Afrique et les Indes orientales. Ils vivent ordinairement en troupes et se nourrissent de graines de céréales, de bourgeons, et de fruits sucrés, surtout de raisins et de figues.

Une des espèces les plus répandues dans nos volières est

Le CAP-MORE (*Oriolus textor*, Gmélin), du Sénégal. Cet oiseau a la taille du Moineau. Il est ainsi appelé à cause du capuchon mordoré qui orne sa tête, et qui constitue la particularité la plus remarquable de son plumage. La couleur générale du corps est un jaune plus ou moins orangé, qui règne en dessus aussi bien qu'en dessous. Cette même couleur borde aussi les couvertures des ailes, leurs pennes et celles de la queue, lesquelles ont toutes le fond noirâtre. Le capuchon qui décore la tête est brun, mais il paraît mordoré au soleil. Il manque chez les jeunes et chez la femelle, dont le plumage est d'une teinte moins foncée que chez le mâle adulte. Ce dernier ne le prend même que vers la fin de la seconde année, et il le perd à la mue de l'arrière-saison, pour le reprendre au printemps.

Le DIOCH (*Quelea sanguinirostris*, Vieillot) paraît être aussi un Tisserin. Il habite toute l'Afrique tropicale, où il vit ordinairement par bandes. Cet oiseau a le dessus du corps varié de noir, qui occupe le milieu des plumes, et de brun, qui les borde. La poitrine et les côtés sont d'un gris-brun tacheté de brunâtre. Le ventre et les couvertures du dessus de la queue sont blanchâtres. Les ailes et la queue sont colorées, sur leur face supérieure, comme le dessus du corps, et d'un gris uniforme sur leur face inférieure. Enfin, le tour du bec, le bas des joues et la gorge sont noirs; le haut et le devant du cou d'un rouge sombre, ainsi que le bec; les pieds et les ongles gris, mais ceux-ci d'une nuance plus claire.

Le Dioch s'accoutume assez facilement à vivre en captivité, mais comme il est d'un caractère querelleur, méchant et acariâtre, on doit, en volière, le séparer des espèces douces et tranquilles, telles que les Bengalis, les Sénégalis, les Grenadins, etc., car il les inquiète de toutes les manières. « Il se fait surtout un jeu de les saisir par l'extrémité de la queue et quelquefois par les plumes de la tête, et de les tenir ainsi suspendus en l'air pendant plusieurs secondes, en ne cessant de crier tant que dure cette sorte d'amusement. Quand ces petites victimes n'opposent aucune résistance et contrefont le mort, ce qui arrive ordinairement, elles en sont quittes pour la peur; mais s'il en est autrement, elles perdent leurs plumes. » Les Diochs n'agissent pas de même entre eux. Ils aiment, au contraire, à vivre ensemble, quoiqu'ils paraissent être dans une guerre continuelle, car ils murmurent et grondent sans cesse : la femelle même, quoique accouplée, n'est pas à l'abri des brusqueries du mâle.

16° *Les Paroares.*

Les PAROARES sont des passereaux Conirostres de l'Amérique méridionale, que l'on recherche uniquement à cause de la beauté de leur plumage, car leur chant consiste, en général, en un simple cri d'appel.

A ce groupe appartiennent :

Le PAROARE DOMINICAIN (*Loxia dominicana*, Linné; *Paroaria dominicana*, Ch. Bonaparte), appelé vulgairement *Cardinal dominicain*, ou, par abréviation, le *Dominicain*. Cet oiseau, qui est un peu plus gros que le Moineau franc, a la tête, la gorge et une partie du cou d'un rouge magnifique; le derrière de la tête d'un noirâtre mélangé d'un peu de blanc; les côtés du cou, la poitrine et le ventre blanchâtres. Les couvertures supérieures de la queue et les scapulaires sont d'un gris tacheté de noir. Les couvertures inférieures sont de la même couleur que le ventre. Enfin, les pennes sont noires, bordées de blanc.

La femelle diffère du mâle en ce que le devant de la tête n'est pas rouge, mais d'un jaune orangé semé de points rougeâtres. Cet oiseau habite le Brésil et la Guyane. Aux grandes forêts de ces contrées, il préfère les buissons des plaines, et vit des semences de l'eupatoire et des graminées.

Le Paroare a capuchon (*Loxia cucullata*, Daudin; *Paroaria cucullata*, Ch. Bonaparte). Il ne diffère du précédent, avec lequel il vit généralement, qu'en ce que, chez lui, les plumes du derrière de la tête, longues et étagées, se relèvent en forme de capuchon. Il y a plusieurs années, à Florence, une paire d'oiseaux de cette espèce construisit, dans les branches d'un arbrisseau, un nid avec des feuilles de graminées, et y fit trois œufs blancs, tachetés de vert. Les petits naquirent, mais les parents ne leur donnant pas de nourriture, ils périrent bientôt. A une autre couvée, les choses se passèrent tout autrement : cette fois, les petits vinrent parfaitement, parce qu'on avait eu soin de mettre près du nid des insectes, des vers et de la viande hachée très-finement, que les adultes venaient prendre pour les porter à leur progéniture.

Le Paroare a huppe ou Paroare huppé (*Paroaria cristata*, Ch. Bonaparte), appelé vulgairement *Cardinal huppé*. Sous le rapport de la taille, de la couleur générale du plumage et des mœurs, il a les plus grands rapports avec les deux espèces qui précèdent. Ce qui le distingue essentiellement, c'est une huppe ou aigrette rouge qu'il a sur la tête. C'est l'oiseau que Buffon a décrit sous le nom de *Cardinal dominicain huppé de la Louisiane*, parce que l'individu qu'il avait sous les yeux lui avait été envoyé de ce pays.

17° *Les Cardinaux.*

Dans le langage vulgaire, le nom de *Cardinal* est donné à un grand nombre de Passereaux qui ont du rouge dans leur plumage, mais il s'applique spécialement à un genre américain qui est très-voisin des Paroares. Toutes les espèces de ce genre ont la tête ornée d'une huppe, effilée et presque droite, qui garnit toute la largeur du front. L'espèce type est

Le CARDINAL DE VIRGINIE (*Loxia cardinalis*, Linné), appelé aussi *Cardinal huppé de Virginie, Gros-bec de Virginie*, ou simplement CARDINAL. Il a la gorge noire, ainsi que la partie de la tête qui avoisine le bec. Le reste du corps est d'un magnifique rouge vif, qui est cependant moins brillant sur les pennes et les plumes de la queue, lesquelles sont brunes antérieurement. Une belle huppe, également rouge, surmonte la tête. Le bec et les pattes sont d'un rouge clair. Longueur totale : 22 centimètres. Le plumage de la femelle est en général brun rougeâtre.

Cet oiseau est originaire d'Amérique. On le trouve surtout dans plusieurs contrées des Etats-Unis, où il vole en troupes. Il est doué d'un chant aussi harmonieux que celui du Rossignol, circonstance qui, dans le langage vulgaire, lui a fait donner le nom de *Rossignol de Virginie*; mais sa voix est si forte qu'elle en devient fatigante : il chante toute l'année, sauf le temps de la mue. En liberté, il fait sa principale nourriture de graines de maïs et de sarrazin, mais il mange aussi du riz et même des insectes. En captivité, on lui donne du millet, de la navette, du chènevis et autres graines semblables.

Au même groupe appartient

Le CARDINAL COULEUR DE CHAIR (*Cardinalis carneus*, Lesson), qui a le dessus d'un brun ferrugineux ou ochracé en dessus, et d'un brun olivâtre en dessous, avec la huppe couleur de chair, les ailes brunes, les flancs d'un rouge sanguin, la queue rougeâtre, les pieds bleus et le bec rouge. Cet oiseau habite le Mexique.

18° *Le Ministre.*

Le MINISTRE (*Emberiza ciris*, Linné ; *Passerina ciris*, Vieillot), appelé aussi ÉVÊQUE, VEUVE BLEUE et TANGARA BLEU DE LA CAROLINE), est un Passereau dentirostre de l'Amérique. Il habite surtout les parties montagneuses de la Caroline. C'est un oiseau éminemment chanteur, dont le chant est comparable à celui de notre Linotte, d'où le nom de *Linotte bleue,* qui lui a été donné par quelques auteurs.

Cet oiseau est de la grosseur du Serin et long de 13 à 14 centimètres. Il a le plumage d'un bleu céleste magnifique, qui est plus foncé et plus brillant sur le sommet de la tête que partout ailleurs. Les grandes pennes sont brunes, bordées de bleu. La queue est également brune, mais d'une teinte plus claire. La femelle ressemble beaucoup à la Linotte. Il en est de même du mâle pendant la mue, car il n'est bleu qu'à l'époque des amours. Néanmoins, on le reconnaît toujours à la bande grise que présentent les ailes et qui est d'une nuance moins foncée que chez la femelle.

Le Ministre est recherché à cause de sa beauté et de son chant. On le nourrit avec du millet, de l'alpiste, du chènevis écrasé et de la graine de pavot.

19° Le Padda. ou Calfat

Le PADDA (*Fringilla oryzivora,* Linné ; *Loxia oryzivora,* Gmélin) est un Gros-bec de la taille du Bouvreuil. Il est d'une couleur générale gris perle, avec les joues blanches, ainsi que la couverture inférieure de la queue ; le croupion, la queue et les grandes pennes noires ; la tête, la gorge et une raie qui entoure les joues, également noires. Le bec et les pattes sont d'un beau rose, mais celles-ci d'une teinte plus pâle. « Tout le plumage, dit Buffon, est si parfaitement arrangé, qu'une plume ne passe pas l'autre, et qu'elles paraissent duvetées ou plutôt couvertes partout d'une sorte de fleur, comme on voit sur les prunes, ce qui leur donne un reflet très-agréable. » Longueur totale : un peu plus de 13 centimètres. La femelle ne se distingue guère du mâle qu'en ce qu'elle a des teintes un peu plus claires sur le dos et sur le ventre. Quant aux jeunes, outre qu'ils sont aussi plus pâles, ils ont, en outre, aux joues et au bas-ventre, des taches brun foncé placées irrégulièrement.

Le Padda est originaire de Java, mais il s'est répandu dans la plupart des îles de l'archipel Indien, ainsi qu'en Chine, en Cochinchine, à l'Ile de France, etc. Il se tient habituellement dans les champs de riz, où il fait de grands dégâts : de là le nom d'*Oiseau de riz* sous lequel on le désigne souvent dans le langage vulgaire. On l'appelle aussi quelquefois *Moineau de Java* et *Moineau indien*. Il n'est recherché que pour la beauté de son plumage, car son chant n'a rien d'agréable.

20° *Commandeur*.

Le COMMANDEUR (*Gubernatrix*, Lesson), appelé aussi *Bruant commandeur* et *Huppe jaune*, vit dans les forêts du Paraguay et du Brésil. Depuis quelques années, on l'apporte assez fréquemment en Europe, où il est à peu près exclusivement recherché à cause de la magnificence de son plumage.

La seule espèce connue est le COMMANDEUR CRISTATELLE (*Gubernatrix cristatella*). Cet oiseau est long de 17 centimètres. Il a la tête, les joues, la gorge et la moitié du devant du cou d'un beau noir. Le reste des côtés de la tête et ceux du cou, le pli de l'aile, ainsi que le dessous du corps et des ailes, sont jaunes. Un trait d'un jaune pur s'étend des narines jusqu'au-delà des yeux. Les plumes du derrière du cou sont noires dans leur milieu et d'un jaune verdâtre dans le reste. Le dos est vert. Les pennes des ailes et leurs couvertures supérieures sont noirâtres et bordées de jaune verdâtre. Les quatre pennes intermédiaires de la queue sont teintes des mêmes nuances, tandis que les autres sont d'un jaune pur. Enfin, le bec est noir en dessus et bleu de ciel en dessous.

On le nourrit de la même manière que les Veuves, les Tangaras, etc.

21° *L'Outre-mer*.

L'Outre-mer (*Fringilla ultramarina*, Latham) a de très-grands rapports, sous le rapport de la taille et du chant, avec le Canari. Toutefois, il a la tête un peu plus ronde que ce dernier, et ses ailes vont un peu au-delà de la moitié de la queue. Un beau bleu foncé est la couleur de tout son plumage ; c'est même à cette circonstance qu'il doit le nom vulgaire sous lequel il est connu, et qui lui a été donné par Buffon. Il est à remarquer que cette couleur n'appartient qu'au mâle ; encore même ne la prend-il que la seconde année, un peu avant l'équinoxe du printemps. Avant cette époque, il est d'un gris semblable à celui de notre Alouette. Il a le bec blanc et les pieds rouges. La femelle diffère surtout du mâle en ce qu'elle est constamment grise.

L'Outre-mer est propre à l'Abyssinie. Il vit habituellement dans certains cantons déterminés, d'où il ne s'éloigne que très-rarement. On le traite comme le Canari.

22° *Le Worabée*.

Le Worabée (*Fringilla abyssinica*, Latham) ressemble au Canari sous le rapport de la taille, de la forme du bec et des allures. Il a les côtés de la tête jusqu'au-dessus des yeux, la gorge, le devant du cou, la poitrine et le haut du ventre jusqu'aux jambes, d'un noir assez profond. Le dessus de la tête, le dos et le bas-ventre sont jaunes, à l'exception d'une espèce de collier noir qui embrasse le cou par derrière, et qui tranche avec le jaune. Les couvertures et les pennes des ailes sont noires, bordées d'une couleur plus claire. Les pennes de la queue sont également noires, mais bordées de jaune verdâtre. Enfin, le bec est noir et les pieds d'un brun clair.

Comme l'Outre-mer, le Worabée est un Moineau d'Abyssinie. Il vit ordinairement par bandes, mais sans trop s'écarter des lieux où croit une plante oléagineuse, appelée *nuck* dans le pays, et dont la graine constitue sa principale nourriture. En Europe, où on l'apporte assez rarement, on lui donne du millet, de l'alpiste, et, en général, les mêmes aliments qu'au Canari.

23° *Le Grenadin.*

Le GRENADIN (*Fringilla granatina*, Linné) est aussi connu sous le nom de *Pinson rouge et bleu du Brésil*. Il a le bec et le tour des yeux d'un rouge vif; les yeux noirs; sur les côtés de la tête, une grande plaque pourpre, presque ronde, dont le centre est sur le bord postérieur de l'œil, et qui est interrompue entre l'œil et le bec par une tache brune. L'œil, la gorge et la queue sont noirs. La partie postérieure du corps, tant dessus que dessous, est d'un violet-bleu. Tout le reste du plumage est mordoré, mais il est varié de brun verdâtre sur le dos, et cette même couleur mordorée borde extérieurement les couvertures des ailes. Les pieds sont d'une couleur de chair obscure. Enfin, chez quelques individus, la base de la mandibule supérieure est entourée d'une zone pourpre. Longueur totale : 14 centimètres. La femelle est de la même taille que le mâle, mais, entre autres différences, elle a la gorge et le dessous du corps d'un fauve pâle, avec le dos gris-brun et le bas-ventre blanchâtre.

Le Grenadin vit au Brésil, où on lui donne vulgairement le nom de *Capitaine de l'Orénoque*. C'est un oiseau chanteur dont le chant peut être comparé à celui du Chardonneret.

24° *L'Ignicolore.*

L'IGNICOLORE (*Loxia ignicolor*, Vieillot) nous vient de l'Afrique. Il ressemble par sa grosseur, ainsi que par son plumage ordinaire, au Moineau franc, mais on le considère comme l'un des plus jolis oiseaux de chambre quand il a acquis ses belles couleurs, ce qui arrive à la seconde mue. Dans cet état, il a la tête et le ventre d'un noir ma-

gnifique, avec une large bande d'un rouge pourpre obscur autour du cou. Le dessus du corps est d'un cendré
rougeâtre du côté de la tête et d'un jaune roussâtre du
côté de la queue. Cette dernière couleur est aussi celle
de la partie supérieure de la queue, dont les pennes et
les plumes sont noirâtres. Les pattes sont couleur de
chair, et le bec, épais à la base, se termine en pointe
comme celui du Chardonneret. La femelle diffère du mâle
en ce qu'elle n'a point de collier et que son plumage est
plus clair.

L'Ignicolore ne chante pas. Il est seulement doué d'un
petit ramage un peu criard, qu'il fait entendre au commencement du printemps, quand il est placé à une exposition convenable. Son cri d'appel ressemble beaucoup
à celui du Moineau.

L'Ignicolore n'est donc recherché qu'à cause de son plumage. On le nourrit avec du millet et de l'alpiste.

25° *Le Pape.*

Le Pape (*Emberiza ciris*, Linné; *Passerina ciris*, Vieillot) est ún oiseau d'Amérique qui s'étend depuis le Canada jusqu'à la Guyane et au Brésil. On l'appelle ainsi à
cause d'une espèce de camail violet qui lui couvre la tête
et le cou, puis revient sur la gorge. On lui donne aussi
le nom de *Verdier de la Louisiane* à cause d'une des couleurs dominantes de son plumage. C'est un oiseau chanteur, et son chant a du rapport avec celui de la Fauvette
à tête noire.

Cet oiseau a la tête et le cou d'un bleu-violet, avec le
tour des yeux rouge; le haut du dos et les scapulaires
d'un vert jaunâtre; le bas du dos, le croupion et le dessous du corps d'un beau rouge; les petites couvertures
des ailes d'un brun-violet avec une teinte rouge : les
grandes couvertures vert mat; les pennes brunes, avec
une bordure rouge pour quelques-unes, et grise pour les
autres. Les pennes de la queue sont aussi brunes, mais

les deux intermédiaires brillent d'un rouge changeant, tandis que les autres sont bordées de cette même couleur. Longueur totale : environ 15 centimètres. La femelle diffère du mâle en ce qu'elle est vert mat en dessus et vert-jaune en dessous. De plus, elle a les pennes brunes, bordées de vert, et la queue d'un brun mêlé de vert.

Il est à remarquer que le Pape n'est paré de toutes ses couleurs que pendant la troisième année, en sorte qu'avant d'atteindre cette époque, il change plusieurs fois de plumage. Ainsi, dans sa première année, les deux sexes sont semblables. Le mâle ne prend son camail bleu-violet qu'à la seconde année. En même temps, le reste de son plumage est vert-bleu, couleur qui est également celle des pennes et des plumes de la queue, dont le fond est brun. A la même époque, la femelle est d'un beau bleu changeant. Ces variations provenant de l'âge, jointes à celles qui résultent de la mue et des maladies, font qu'il est presque impossible de trouver deux oiseaux qui se ressemblent parfaitement.

Le Pape est recherché, comme le Ministre, pour son chant et pour sa beauté. On lui donne à manger du millet, de l'alpiste, de la graine de chicorée, de la graine d'œillette, etc. Avec des soins, on peut le conserver une dizaine d'années.

26° *Le Bec sanguin.*

Les oiseleurs donnent le nom de Bec sanguin (*Loxia sanguinirostris*, Linné), à cause de la couleur de son bec, à un Moineau des Indes et d'Afrique. Cet oiseau a le front et le menton noirs ; le dessus du corps d'un rouge roussâtre tacheté de noir, et le dessous d'un rouge ferrugineux nuagé de blanchâtre, qui est moins foncé sur le bas-ventre et les côtés. Le coude des ailes est blanc jaunâtre. Les pennes et les plumes de la queue sont brun obscur, avec une bordure roussâtre. Enfin, le bec est d'un rouge sanguin obscur, et les pattes sont couleur de chair très-rouge, avec les ongles noirs. Longueur : 9 centimètres, dont un peu plus de 2 pour la queue. Le plumage de la femelle est moins foncé que celui du mâle. De plus, elle n'a point de taches noires sur la tête, et les parties inférieures sont d'un gris tirant sur le roux.

Le Bec sanguin habite les mêmes contrées que les Sénégalis et les Bengalis, avec lesquels il a plus d'un rapport. On l'apporte surtout de la côte d'Afrique et de l'Inde. C'est un oiseau très-remarquable par sa gentillesse, et qui, de plus, est doué d'un chant mélodieux, quoique faible. Quand on enferme un mâle et une femelle dans la même cage, ils semblent uniquement préoccupés de se donner des preuves de leur tendresse mutuelle.

CHAPITRE III.

LES GALLINACÉS.

Les oiseaux de cet ordre se lient les uns aux autres par des rapports très-naturels. On les reconnaît à leur bec toujours voûté en dessus et muni d'une cire qui en enveloppe la base, ce qui les rapproche des oiseaux de proie. Leurs jambes sont médiocres, fortes, à larges écailles en scutelles ou disposées en aréoles. Un repli membraneux est interposé entre les doigts, et prend plus d'ampleur entre le médius et l'indicateur. Les ailes sont amples, concaves, et la queue est très-variable dans sa forme, bien qu'elle soit presque toujours composée de 12 à 18 rectrices.

A cet ordre appartiennent la plupart des oiseaux de basse-cour. Les espèces qui le composent vivent de graines et de pousses d'herbes, et leur chair est en général recommandable par sa délicatesse et son fumet.

§ I. Les Perdicinés.

1° Les Perdrix.

Les PERDRIX ont le corps arrondi, la tête petite, les

Oiseaux de Volière.   26

jambes courtes, la queue également courte et, de plus
pendante. Leurs habitudes sont essentiellement terrestres.
Les unes aiment les lieux accidentés, les autres préfèrent
les pays plats; mais toutes se cantonnent, c'est-à-dire
restent constamment dans un étroit espace de terrain.
Elles ne volent que dans les cas de nécessité absolue :
habituellement elles marchent ou courent.

Ces oiseaux vivent en famille presque toute l'année. Ils
possèdent même l'instinct de la sociabilité à un si haut degré, que si une cause quelconque les force à se séparer,
ils se rapprochent et s'assemblent de nouveau aussitôt
qu'ils le peuvent. Un autre trait de mœurs non moins remarquable, c'est la régularité qu'ils apportent dans leurs
habitudes, et par suite de laquelle ils ont des heures déterminées pour leurs repas, leur sommeil, etc.

Les Perdrix font leur nid dans un trou du sol. La femelle seule s'occupe de le construire, et, quand elle l'a
terminé, elle le recouvre d'herbes sèches. Les œufs, au
nombre de douze à quinze, sont jaunâtres. L'incubation
dure environ vingt jours. Les petits, qu'on appelle *per-
dreaux*, suivent leur mère, mais ne peuvent voler. Celle-
ci les conduit aux fourmilières pour leur faire manger
des nymphes ou œufs de fourmi et même des fourmis.
Lorsqu'ils sont un peu forts, ils se nourrissent de graines
et, pendant l'hiver, des feuilles de quelques plantes.

Les Perdrix s'accoutument sans peine à vivre en captivité. Elles finissent même, avec quelques soins, par devenir très-familières. On leur donne de l'orge, du blé, du
pain, du chou, de la laitue, de la bette, du trèfle et de
plusieurs autres verdures. Il faut avoir soin de mettre,
dans la cage ou dans la chambre où on les tient, une
couche assez épaisse de sable humide afin qu'elles puissent s'y rouler, ce qu'elles aiment beaucoup. Quand on
élève des jeunes, on leur donne des œufs de fourmi et
des œufs durs hachés avec de la salade, jusqu'à ce qu'ils
soient assez forts pour manger du blé, de l'orge et autre
nourriture plus sèche.

L'Europe possède quatre espèces de Perdrix.

A. La PERDRIX GRISE (*Tetrao perdix*, Linné; *Perdix cinerea*, Latham). Cet oiseau, de taille moyenne et long de 35 centimètres, a le bec et les pieds cendrés, la tête d'un roux clair, et le plumage varié de différents gris. En outre, le mâle a sur l'abdomen un croissant d'un brun marron.

C'est en Allemagne, dans le nord de la France, en Belgique et dans plusieurs parties de la Hollande, que cette espèce est le plus multipliée. On la trouve aussi très-abondamment dans la Russie méridionale. Elle ne quitte guère les pays plats. Elle s'accoutume si aisément à vivre en captivité , qu'il serait probablement possible de l'acclimater dans nos basses-cours et d'en faire un véritable oiseau domestique.

On regarde comme une simple variété de là Perdrix grise, la **Perdrix de passage** (*Perdix damascena*, Latham), qui n'en diffère qu'en ce qu'elle est plus petite, et que, de plus, elle a l'humeur voyageuse.

Plusieurs naturalistes pensent aussi que la **Perdrix de montagne** (*Perdix montana*, Latham) n'est qu'une autre variété de la Perdrix grise.

B. La PERDRIX ROUGE (*Tetrao rufus*, Linné ; *Perdix rufa* ou *rubra*, Brisson). Son nom vient de la couleur de son bec et de ses pieds. Elle a le dessus d'un brun rougeâtre, le front cendré ; la gorge, les joues et le haut du cou blancs ; les plumes des flancs d'un cendré bleuâtre, rayées de blanc, de roux et de noir. Le mâle a un ergot qui le distingue de la femelle.

Cette Perdrix aime les lieux accidentés, les coteaux coupés de vallées et couverts de bois taillis, de vignes ou de bruyères. Elle ne se trouve que dans les contrées méridionales. En France, c'est la seule espèce que l'on rencontre dans les plaines et sur les coteaux de la Provence et du Languedoc.

C. La PERDRIX GRECQUE OU BARTAVELLE (*Perdix græca*, Brisson; *Perdix saxatilis*, Meyer). C'est la plus grosse de toutes nos Perdrix. Elle a au moins une fois et demie la taille d'une poule domestique. Les parties supérieures de son corps sont d'un gris cendré nuancé de rougeâtre. Les joues, le devant du cou et la gorge sont d'un blanc pur, encadré par une bande noire qui prend naissance sur le front. Les plumes des flancs sont cendrées, coupées par une double raie noire et terminées de brun rougeâtre. L'abdomen est jaunâtre.

La Bartavelle habite les lieux élevés, arides et rocailleux, les hautes montagnes, et ne descend dans les plaines qu'en hiver et à l'époque de la ponte. Elle est surtout commune en Grèce : de là son nom scientifique. En France, on la trouve sur les Pyrénées, le Jura, les Alpes, ainsi que sur les Cévennes.

D. La PERDRIX DE ROCHE ou le GAMBA (*Perdix petrosa*, Latham). Elle a le front, le sommet de la tête et la nuque d'un marron foncé, qui se dilate sur les côtés en un large collier varié de taches blanches. La gorge est bleuâtre, ainsi que les tempes et les sourcils. Les plumes des flancs sont coupées par une large bande mi-partie blanche et rousse, qui accompagne des deux côtés une bande noire très-étroite.

Le Gamba habite les parties montueuses de l'Espagne, des îles Baléares, de la Corse, de la Sardaigne, et de l'Italie méridionale. On le rencontre quelquefois en Provence et dans ceux de nos départements qui avoisinent les Pyrénées.

2° *Les Cailles*.

Les CAILLES ressemblent beaucoup aux Perdrix, mais elles sont plus petites et plus ramassées. En outre, elles émigrent pendant l'hiver. Une seule espèce est propre à l'Europe ; c'est

La CAILLE VULGAIRE (*Perdix coturnix*, Linné), appelée aussi PERDRIX NAINE. Elle a le dessus du corps tacheté de brun-noir et de roux avec quelques petits traits blancs ; le dessous du cou et de la poitrine d'un roux pâle, rayé longitudinalement de traits obscurs : le ventre d'un blanc sale, et les cuisses d'un gris roussâtre. La gorge, qui est brun-noir, est entourée de deux bandes couleur de châtaigne. Les pennes, d'un gris obscur, sont traversées de raies rousses. La queue, très-courte, est d'un brun obscur rayé transversalement de blanc roussâtre. Le bec et les ongles sont gris, et les pattes couleur de chair. Longueur totale : 20 centimètres. La femelle diffère du mâle en ce qu'elle a la gorge blanche et la poitrine tachetée de noir comme celle de la Grive.

La Caille est célèbre par ses migrations, et elle parcourt, suivant les saisons, l'Europe et une partie de l'Afrique et de l'Asie. Elle arrive en France au mois d'avril et part à la fin de septembre. Quoiqu'elle paraisse mal conformée pour le vol, elle n'en traverse pas moins la Méditerranée pour aller passer l'hiver en Afrique. L'instinct de migration est tellement développé chez cet oiseau qu'à l'époque des deux voyages périodiques, c'est-à-dire au printemps et à l'automne, les individus qui sont en captivité, éprouvent une agitation singulière, surtout pendant la nuit : ils s'élèvent alors, dans leurs cages, avec une si grande violence qu'ils se briseraient infailliblement la tête, si l'on n'avait soin de former de toile la partie supérieure de la prison.

Pendant son séjour chez nous, la Caille se tient constamment dans les champs de blé, mais elle n'y vit pas en compagnies comme la Perdrix grise. Elle se nourrit de grains et d'insectes. Son nid consiste en un simple trou qu'elle creuse en grattant la terre. Les œufs, au nombre de dix à quatorze, sont d'un blanc bleuâtre, tachetés de brun. L'incubation dure environ trois semaines. Le mâle ne prend aucun soin de la couvée. Il ne s'occupe pas davantage des petits, qui se séparent de leur mère aussitôt qu'ils sont assez forts pour se suffire à eux-mêmes.

La Caille est recherchée à cause de sa beauté et de son chant. Comme elle ne chante bien que lorsqu'elle est dans l'obscurité, il faut l'enfermer dans une cage à parois pleines, sauf sur deux ou trois points où l'on pratique des trous pour garnir les mangeoires et donner de l'air. Le dessus doit être en toile comme nous l'avons dit (on le fait ordinairement en drap vert), et le fond doit être couvert de sable humide, surtout au temps de la mue, qui a lieu deux fois par an, en automne et au printemps.

On nourrit les Cailles en captivité avec du blé, du millet, du chènevis, de la graine d'œillette, des insectes, des œufs de fourmi, du pain, du gruau d'orge imbibé de lait, et, de temps en temps, de la salade ou du chou haché bien menu. On donne aux jeunes, au commencement, des œufs durs bien hachés et du millet.

3° *Les Colins.*

Les COLINS sont les représentants des Cailles et des Perdrix dans le Nouveau-Monde. Les uns ont la tête surmontée d'une aigrette, tandis que les autres sont dépourvus de ce genre d'ornement. Les plus connus sont,

Parmi les espèces à aigrette : le COLIN ZONÉCOLIN, appelé par Buffon *Caille huppée du Mexique*, qui vit au Mexique et à la Guyane ; le COLIN DE SONNINI, qui habite l'Amérique méridionale ; le COLIN DE DOUGLAS, le COLIN COQUET et le COLIN A AIGRETTE qui tous trois se trouvent en Californie ;

Parmi les espèces sans aigrette : le COLIN TOCRO ou PERDRIX DE LA GUYANE, qui habite la contrée de ce nom, et le COLIN DE VIRGINIE, COLIN HOUI ou PERDRIX BORÉALE, qui est répandu dans toutes les parties des États-Unis.

Deux espèces surtout, le *Colin à aigrette*, nommé vulgairement *Perdrix de la Californie*, et le *Colin houi*, sont acclimatées en Europe, du moins en Angleterre et en France, où on les élève à la fois comme oiseaux de luxe et oiseaux de produit. Le Colin à aigrette (*Tetrao californius*, Shaw) est de la taille d'une Perdrix. Il a la gorge noire encadrée de blanc, les côtés du cou perlés, les flancs et le ventre maillés de bleu et de noir. La huppe est formée de plumes noires recourbées. Le Colin houi (*Perdix virginiano*, Linné) a les parties supérieures d'un roux fauve, avec le bord des plumes frangé de noir et de cendré, le front noir, la gorge blanche, encadrée de noir, et les flancs roux tachetés de blanc.

On tient généralement les Colins dans des cages ou volières rectangulaires munies de perchoirs et ayant leur aire recouverte d'une couche assez épaisse de sable fin. Il est préférable que ces cages ne soient ouvertes que sur le devant, où elles sont fermées par un grillage. Quant à la grandeur, il suffit qu'elles aient un mètre de longueur et un demi-mètre de hauteur et de largeur, pour que deux oiseaux, un mâle et une femelle, puissent y être à l'aise.

Pendant toute l'année, on nourrit les Colins avec du millet, du petit blé de mars et de la verdure. On leur donne aussi, de temps en temps, du sarrazin et de la graine d'alpiste, ainsi que, mais seulement à l'époque des grands froids, une petite quantité de chènevis. Au printemps, quinze jours avant la ponte, on ajoute à la nourriture ordinaire une pâte formée de mie de pain et d'œufs durs hachés, et l'on continue ainsi jusqu'à ce que la pondeuse ait fait tous ses œufs.

La ponte commence du 10 au 20 avril pour le Colin de Californie, et seulement vers le 15 mai pour le Colin de Virginie : elle dure ordinairement jusqu'au 15 ou au 20 juillet.

Tantôt, on laisse couver les œufs par la femelle; tantôt, au contraire, on les confie à une poule. Dans tous les cas, les petits naissent au bout de vingt-deux à vingt-trois jours. On les nourrit d'abord avec des œufs de fourmi, mais, à partir du dixième ou du quinzième jour, on leur donne en même temps une pâte d'œufs durs et de mie de pain, dont on augmente graduellement la quantité. On ne cesse l'usage de cette pâte que lorsque la mue est passée, ce qui a lieu à l'âge de deux mois. On ne doit pas attendre ce moment pour commencer de soumettre les jeunes Colins au régime alimentaire des adultes. Il faut, au contraire, leur distribuer de bonne heure des menues graines, et l'on ne peut les considérer comme définitivement hors de danger que lorsqu'ils se sont bien habitués à manger le chènevis et le millet.

§ II. Les Gélinottes.

Deux Gallinacés d'Europe portent le nom de **Gélinotte**. Ils appartiennent tous les deux à la famille des Tétras ou des Tétraonidées.

La GÉLINOTTE COMMUNE (*Tetrao bonasia*, Linné), appelée vulgairement *Poule des coudriers* ou *des bois*, est à peu près aussi grosse que la Perdrix rouge. Elle a le plumage varié de brun, de roux, de blanc et de gris. On la trouve sur les montagnes boisées, principalement sur celles où croissent des pins, des sapins, des bouleaux et des coudriers.

La GÉLINOTTE DES PYRÉNÉES OU GANGA CATA (*Pterocles setarius*, Temminck) a la même grosseur que la précédente. Elle a le plumage écaillé de fauve et de brun, avec les deux pennes du milieu de la queue très-allongées en pointe. Elle vit dans les landes stériles du midi de la France.

Les Gélinottes sont tellement jalouses de leur liberté qu'on n'est pas encore parvenu à les élever en domesticité, ni même à les habituer à vivre dans les parcs comme les Faisans. Mais il est assez facile de faire couver leurs œufs et d'élever les petits qui en proviennent.

Pour élever des Gélinottes, il est indifférent d'en choisir qui soient de telle ou telle couleur; il faut seulement avoir attention de prendre les femelles bien saines, fortes, et dont les yeux, ainsi que les mouvements, annoncent la vivacité.

On a d'abord cru que les vapeurs et l'odeur du bois nuisaient aux œufs qu'on fait couver ; mais l'expérience a montré le contraire. On doit éviter de faire du bruit près des œufs, quand ils ont un certain temps d'incubation.

Dès qu'il y aura quelques petits d'éclos, on les ôtera

de dessous la mère, on les mettra dans un pot peu profond et rempli de plumes, et on les y laissera jusqu'à ce que les autres petits soient éclos. On aura soin de les tirer du pot de temps en temps, pour qu'ils pourvoient à leurs besoins. Quand on s'apercevra que les petits ne peuvent sortir de leur coque qu'avec peine, il faudra mettre sur les œufs du serpolet : l'odeur de cette herbe fortifie les petits, et ils se font bientôt un passage à travers la coque : une poignée de serpolet suffit pour toute la couvée.

La Gélinotte, lorsqu'elle couve, quitte son nid avec peine ; elle y fait beaucoup d'ordures, qu'il faut avoir soin d'enlever quand on l'en tire pour la faire manger.

On nettoiera souvent les petits et l'on changera fréquemment la paille des paniers où ils seront.

Une précaution nécessaire est d'ôter du nid les œufs gâtés ; un seul suffirait pour corrompre tous les autres. On distingue aisément les œufs gâtés ; ils sont diaphanes à certains endroits : de plus, on sent, en les remuant, que la substance est détachée de la coque. En mettant les œufs dans l'eau, les bons touchent au fond et les mauvais surnagent.

Quand les petits sont sales et qu'il s'est attaché des excréments à quelque partie de leur corps, il faut nettoyer doucement cette partie avec un linge trempé dans de l'eau tiède.

Les jeunes Gélinottes sont sujettes à des maladies de nerfs, aux pattes. Pour les en préserver, on a soin, dès qu'elles sont écloses, de leur tremper les pattes dans de l'eau-de-vie, et de ne les point faire manger par terre, mais de les mettre pour cela sur une table ou sur quelque planche ou banc couvert d'un linge. Ce linge sert à leur tenir les pieds en bon état, et empêche qu'en mangeant elles donnent trop fortement du bec contre le bois ou la pierre. Sans cette précaution, il arrive, souvent que les petits émoussent leur bec et s'ébranlent le cerveau, ce qui en fait périr un grand nombre et occasionne à d'autres des vertiges dont ils se ressentent habituellement.

Il est bon de donner aux jeunes, pendant les deux premiers jours seulement, des œufs durs réduits en miettes, parce que cette nourriture est très-indigeste. Après ce terme, on leur fait manger de l'herbe appelée *mille-feuille*. On hache bien cette herbe et on la fait tremper dans du lait avant de la leur donner. Ensuite, on revient aux œufs durs, puis à la mille-feuille, et l'on continue ainsi alternativement pendant quelque temps, en diminuant toujours un peu la portion d'œufs durs. Pour les engager à manger les mille-feuilles au lait, il suffit d'y mettre le bec de quelques petits; la douceur du lait les attire : ils viennent alors manger d'eux-mêmes, et les autres petits suivent leur exemple. A cette nourriture succèdent le persil et la salade, mêlés avec de la mie de pain blanc. Ce mélange sert à désaccoutumer plus tôt les petits de manger des œufs durs. On leur donne ensuite du millet et autres choses semblables; mais la mille-feuille continue à faire leur principale nourriture. Quand ils sont devenus plus forts, il faut leur donner, à la place du lait dans lequel on trempait la mille-feuille, du lait de beurre qui ne soit pas aigre. Enfin, lorsque la couvée a toute sa crue, on la nourrit avec du blé et d'autres grains : le lait caillé leur sert de boisson.

S'il fait beau temps et chaud, surtout si le soleil luit, on fait prendre l'air aux petits et à la mère, d'abord près de la maison, ensuite un peu plus loin, dans un jardin ou dans un pré fauché; mais, dès qu'on craint la pluie, il faut les ramener et les remettre au nid. Lorsqu'on a commencé à les faire sortir, on leur donne à manger en plein air.

Un riche propriétaire silésien qui a publié ces détails, a perpétué, dit-on, depuis cinquante ans, les races qu'il a commencé à élever; elles ne sont pas abâtardies, et il continue à y faire des profits considérables.

§ III. Les Coqs domestiques.

Les **Coqs domestiques** peuvent se diviser en deux groupes, celui des races de grande taille, et celui des races de taille moyenne ou petite.

Les *races de grande taille* paraissent descendre du Coq IAGO ou COQ GÉANT (*Gallus giganteus,* Temminck), qui habite Java et Sumatra. Les principales sont le *Coq russe,* aujourd'hui si répandu en France, et les *Coqs de Caux, de Padoue, de Perse, de Bahia, de Rhodes* et *de Pégu.*

Quant aux *races de moyenne* ou *de petite taille,* on admet généralement qu'elles sont issues du COQ BANKIVA, qui habite Java et Sumatra, comme le Coq géant, et, de plus, les Philippines. Les principales sont notre *Coq ordinaire* ou *Coq domestique,* le *Coq pattu,* le *Coq à cinq doigts* ou *Coq Dorking,* le *Coq de Bantam,* appelé aussi *Petite poule anglaise,* le *Coq huppé,* le *Coq frisé* ou *Coq crépu,* le *Coq de Turquie* et le *Coq nain* ou *Coq de Madagascar.*

Les soins que réclame l'éducation du Coq et de la Poule, nécessitent des détails qui ne seront pas dédaignés par les amateurs ou les économistes qui désirent s'affranchir des habitudes de la routine.

Le vingt-unième jour de l'incubation, les Poussins brisent leur coque en l'usant avec la protubérance osseuse et caduque qu'ils ont sur le bec. On ne doit chercher à aider les Poussins dans cette opération qu'avec une extrême réserve, et dans les seuls cas où l'on a cru remarquer d'inutiles efforts pendant un temps considérable, car la moindre égratignure les exposerait à périr. Au vingt-quatrième jour, on peut ôter du panier les œufs non éclos et sur lesquels il n'y a plus d'espoir. Les Poussins n'ayant pas besoin de manger le jour de leur naissance, on les laisse dans le nid ; mais le lendemain, on les porte sous une *mue,* sorte de grand panier garni d'étoupes, et on leur donne pour nourriture des miettes de pain trempées dans du vin ou dans du lait, et des jaunes d'œufs, si l'on remarque qu'ils soient dévoyés. On leur met tous les jours de l'eau nouvelle très-pure, et on leur distribue aussi, de temps en temps, des porreaux hachés. Quand les Poussins ont été tenus chaudement sous la mue pendant cinq ou six jours, on leur fait prendre un peu l'air au soleil, vers le milieu de la journée, et on leur donne de l'orge bouillie, du millet mêlé avec du lait caillé, et quelques herbes potagères hachées.

Au bout de quinze à dix-huit jours, on permet à la Poule de conduire ses petits dans la basse-cour. Comme elle est alors en état d'en soigner vingt-cinq à trente, on peut joindre à sa couvée celle d'une autre poule, et on remet celle-ci à pondre ou à couver, en préférant, pour la conduite des Poussins, celle des deux poules dont la taille est la plus haute, et dont les ailes ont le plus d'ampleur.

Dans les endroits où l'on élève beaucoup de poulets, il s'est établi un usage qui fournit le moyen de rendre les deux mères à leurs fonctions de pondeuses. Au moment où l'on donne la liberté aux Poussins, on substitue à la Poule un Chapon, qui en conduira deux fois autant que la Poule en aura couvé. Pour rendre ainsi utile pendant sa vie un animal qui ne l'est ordinairement qu'après sa mort, on a eu soin précédemment de le plumer sous le ventre, de le frotter avec des orties, et de l'enfermer dans une chambre avec deux ou trois Poussins, qui, s'approchant de lui comme de leur mère, pour se réchauffer, lui font éprouver un frais agréable et modèrent ses cuisons. Le Chapon se prête en conséquence à leurs désirs, et en peu de temps, le soin de couver lui est devenu si agréable, qu'il permet à peine aux Poussins de sortir de dessous ses ailes. On augmente successivement le nombre des Poussins, jusqu'au moment où on lui donne la liberté d'en conduire dehors jusqu'à vingt-cinq; il les mène et les soigne avec autant d'attention que leur propre mère, qu'on éloigne et qu'on tient à l'écart pendant quelques jours. Le Chapon qui, depuis l'opération de la castration, ne se montrait dans la cour qu'avec un air triste et humilié, y reparaît fier et altier avec ce cortège. Comme sa voix n'est pas aussi expressive que celle de la Poule pour engager les Poussins à le suivre et à se ranger près de lui, on y supplée en lui mettant au cou un grelot. Le service qu'on obtient de lui dans cet état, a donné l'idée de le faire couver, et on est parvenu à l'y habituer par les mêmes procédés.

Les Poussins deviennent des *Poulets*, lorsqu'ils sont revêtus de toutes leurs plumes, et qu'ils ont acquis la moitié de la taille à laquelle ils doivent parvenir. On garde les Poulettes pour remplacer les vieilles Poules, et les jeunes Coqs les plus vigoureux pour succéder à ceux qui sont épuisés. Le surplus est vendu, à l'exception des individus destinés à la castration, opération pour laquelle on préfère ceux qui proviennent de grandes espèces, lesquels s'engraissent plus facilement et deviennent plus gros que les autres. Cette opération consiste à leur faire, auprès des parties génitales, une incision par laquelle on enlève les testicules, en tâchant de ne pas offenser les intestins : après quoi, l'on coud la plaie, on la frotte d'huile et on la saupoudre de cendre ; on leur coupe aussi la crête, et on nourrit ces Chapons pendant trois ou quatre jours avec une soupe au vin, en les tenant enfermés pour éviter la gangrène dans un endroit où la température n'est pas élevée. Ces oiseaux, dont la voix perd sa force, ne sont presque plus sujets à la mue ; ils sont traités durement par les Coqs, et détestés par les Poules, dont ils deviendraient bientôt les victimes, si on ne les séquestrait pour les engraisser.

En enlevant l'ovaire aux Poules avant qu'elles aient pondu, et lorsqu'elles ont cessé de pondre, on les rend stériles. Alors elles deviennent des Poulardes disposées à prendre beaucoup d'embonpoint et à acquérir une chair fine et délicate. On préfère, pour cette opération, des

Poules auxquelles on a remarqué des défauts qui les rendent peu propres à pondre et à couver, ou celles qui proviennent de grandes races.

Si, en engraissant la volaille, on ne cherchait qu'à lui procurer une santé vigoureuse, il suffirait de lui distribuer, à des heures réglées, une nourriture saine et abondante ; mais, au lieu de la fortifier, on cherche à lui donner une sorte de cachexie, dont l'effet est de procurer un embonpoint extraordinaire.

Une des méthodes employées pour obtenir ce résultat, consiste à enfermer la volaille dans un endroit obscur, où on la nourrit abondamment avec de l'orge, du sarrazin ou du maïs cuits séparément et mis en boulettes.

Dans une autre méthode, qui est pratiquée au Mans, on forme, avec deux parties de farine d'orge, une partie de sarrazin et du lait, des boulettes plus grosses et plus longues qu'on fait avaler de force à l'oiseau.

Dans une troisième méthode, on met les volailles dans une cage appelée *épinette*, qui se compose d'une suite de loges si étroites que chaque individu ne peut s'y retourner et a seulement la faculté de passer la tête par un trou et de rendre ses excréments par l'autre. En cet état, les prisonniers sont deux ou trois fois par jour pâtés, au moyen d'un entonnoir, avec la farine d'orge, d'avoine, de petit millet ou de maïs, détrempée dans du lait et formant un mélange assez liquide pour tenir lieu de boisson ; la dose en est augmentée successivement jusqu'à emplir le jabot ; mais on laisse le temps de digérer à ces oiseaux, pour lesquels on se borne, en certains lieux, à déposer la nourriture dans une auge régnant le long de la cage, où les poulets la prennent à volonté.

Si la chair du Chapon et des Poulardes devient ainsi fort délicate, celle du Coq ne peut être employée qu'à faire des bouillons, des consommés et des gelées, qu'on dit fort restaurants, tandis que ceux qui se font avec des Poulets sont rafraîchissants et légers.

Les Poulets, les Poules et les Coqs sont sujets à différentes maladies qu'on pourrait bien souvent prévenir par
des soins bien entendus, c'est-à-dire : 1° en leur procurant une nourriture suffisante et bien appropriée ; 2° en
les abreuvant d'une bonne eau ; 3° en les faisant jouir,
pendant le jour, d'un grand espace où ils puissent s'ébattre à leur aise, se réchauffer au soleil, trouver un abri
contre la pluie, le vent et le froid ou le chaud excessif,
et être en sûreté contre tous leurs ennemis.

Les maladies les plus ordinaires et les plus graves sont :

1° Le flux de ventre, pour les Poulets, qui deviennent
tristes, ont les ailes pendantes, les plumes hérissées, les
excréments séreux. Le froid, l'humidité et les aliments
trop aqueux sont les causes les plus ordinaires de cet accident, auquel on remédie en tenant les Poulets plus
chaudement, en leur faisant boire de l'eau rouillée ou
dans laquelle on a fait bouillir des orties, en leur donnant
de plus un peu de vin, et les nourrissant d'orge bouillie
avec du coing haché.

2° La constipation, produite ordinairement par une
longue sécheresse et des aliments trop stimulants. On
parvient à la faire cesser en enlevant quelques plumes
autour de l'anus, qu'on frotte d'huile et dans l'intérieur
duquel on tâche même d'en introduire, à l'aide d'un morceau de bois lisse et arrondi. En même temps, on donne
au mâle, pour nourriture, de la farine d'orge bouillie
avec des feuilles de laitue et de poirée hachées, et pour
boisson, de l'eau blanche préparée avec de la farine
d'orge.

3° La pépie, à laquelle les Poules sont sujettes comme
les Poulets, et qui est causée souvent par une eau sale
ou fétide, ou par le défaut de boisson. On la guérit facilement en enlevant la pellicule qui la produit, et en mettant ensuite un peu de lait sur la langue de l'oiseau,
auquel on ne donne des aliments qu'une heure après l'o-
pération.

4° Des aphtes ou ulcères, qui attaquent les angles du

bec des Poulets, et surtout des Poules, le palais, la base
de la langue ou l'intérieur des narines. On les guérit en
les frottant, plusieurs fois dans la journée, avec un pinceau trempé dans du vinaigre, dont on fait avaler quelques gouttes mélangées d'eau au malade, qui, d'ailleurs,
est soumis à un régime rafraîchissant.

Outre ces maladies, les Poules et les Poulets sont quelquefois attaqués d'un abcès nommé *ciron*, qui survient
à la partie moyenne du croupion, et cause de l'assoupis-
sement à l'animal, dont le bec se porte souvent vers
cette partie. Il consiste en une tumeur oblongue, qui,
d'abord rouge, devient ensuite molle, blanche et fluc-
tuante. On incise cette tumeur avec la pointe d'un instrument tranchant, pour en faire sortir le pus par une
compression de bas en haut; après quoi, l'on donne à
l'animal une nourriture rafraîchissante.

Enfin, ces oiseaux sont sujets à des maux d'yeux, à la
goutte, à l'épilepsie, à la phthisie, et les Poulets plus
particulièrement à des maladies convulsives. Mais souvent l'individu n'est point d'une importance assez grande
pour qu'on le soumette au traitement que ces maladies
exigeraient.

Quoique la mue ne soit pas une maladie proprement
dite, plusieurs individus en périssent; et, comme la
santé de ceux qui sont nés dans l'arrière-saison, et qui
ne l'éprouvent qu'en novembre ou décembre, en est plus
spécialement affectée, il en résulte que le froid est préjudiciable dans cette circonstance. On ne doit donc pas
laisser sortir les oiseaux en mue d'aussi bonne heure, et
il convient de les faire rentrer plus tôt, pour ne pas les
exposer au frais du matin et du soir.

Après avoir remarqué que des œufs déposés ou aban-
donnés dans des endroits où régnait une température
aussi élevée et aussi constante que celle qu'aurait pro-
curée l'incubation, étaient éclos d'eux-mêmes, on a dû
être porté à rechercher les moyens d'imiter les procédés
que le hasard avait indiqués. On trouvera la description

de ces procédés dans un autre volume de cette collection (1).

§ IV. Les Pintades.

Les Pintades sont des Gallinacés d'origine africaine qui se font remarquer par la forme ramassée et arrondie de leur corps. Depuis plus de dix-huit cents ans, une espèce est acclimatée en Europe, où on l'élève comme oiseau de basse-cour. C'est

La Pintade vulgaire ou Pintade méléagride (*Numida meleagris*, Linné; *Numida galeata*, Pallas), appelée aussi *Poule d'Afrique, de Numidie* ou *de Barbarie*, ou simplement Pintade. Cet oiseau est un peu plus petit que notre Poule. Il a le plumage noir, mais finement strié de cendré et tout couvert de petites taches rondes rapprochées avec régularité et du plus bel effet. La protubérance qu'il porte au front est d'un bleu rougeâtre, de même que la partie dénudée du cou. Les barbillons sont bleuâtres, mais bordés de rouge vif dans le mâle.

On laisse généralement les Pintades en liberté. A l'état adulte, elles sont d'une grande rusticité. Elles peuvent alors être laissées dehors, même pendant la nuit. Quant à leur nourriture, elle est la même que celle des Dindons.

C'est aussitôt qu'il commence de faire chaud que les Pintades s'occupent de leur nid. Elles l'établissent au milieu d'une haie ou d'un buisson, très-souvent à une grande distance du logis.

Les œufs sont au nombre de dix-huit à vingt-cinq. Il faut avoir soin de les enlever, sauf un, à mesure que la femelle les pond. Celle-ci les couve elle-même, s'il est possible de la placer dans un endroit isolé, et où rien ne

(1) W. Maigne, *Manuel des Conserves alimentaires*, contenant l'histoire des substances destinées à la nourriture de l'homme, leurs propriétés, les moyens de les conserver, les falsifications dont elles sont l'objet, etc. In-18.

puisse venir la déranger. A défaut d'un endroit semblable, il est préférable de les donner à une poule.

Les petits naissent au bout de trente jours. Il faut les tenir, pendant les premiers temps, dans un chambre bien sèche et chaude, et leur donner, pour nourriture, soit des œufs de fourmi, soit des fourmis que l'on a préalablement fait périr en les exposant à la chaleur du four. Au bout de quelques jours, quand ils sont devenus un peu forts, on commence à les faire sortir, pourvu que l'air ne soit ni froid, ni humide. En même temps, on mêle à leur nourriture primitive des orties hachées très-menu, du son, du millet, du chènevis, etc., dont on augmente peu à peu la dose. Ils sont généralement hors de danger après le deuxième mois, mais il est indispensable, afin de ne pas les perdre, de les habituer de bonne heure à ne pas trop s'écarter du logis.

§ V. Les Pigeons domestiques.

On attribue au *Pigeon roussard* (*Columba guinea*, Latham), au *Pigeon à taches* d'Edwards et au *Biset*, les nombreuses variétés de PIGEON DOMESTIQUE (*Columba domestica*) que se plaisent à élever les amateurs. Le tableau suivant énumère toutes celles qui sont pour les pigeonniers, soit un ornement, soit une ressource précieuse.

Le Pigeon de colombier ou Bizet (*Columba livia*).

Sous-variété. Le *Pigeon brun du Mexique* (*Columba fusca*).
1re RACE. Le *Pigeon mondain* (*Columba mansuefacta*).
    A. Le *Gros Mondain*.
    B. Le *Mondain patu ordinaire*.
    C. Le *Mondain de Berlin*.
        § Le *Patu Limousin*.
        §§ Le *Patu et Huppé*.
    D. Le *Mondain patu plongeur* ou *planeur*.
    E. Le *Mondain frisé*.

F. Le *Capé du Mans.*

G. Le *Mondain coquille hollandais.*

ı H. Le *Mondain volant messager.*

§ Le *Pigeon volant soie.*

I. Les *Pigeons suisses.*

§ A collier doré.

K. Les *Pigeons maillés.*

2ᵉ RACE. Le *Pigeon miroité (Columba specularis).*

3ᵉ RACE. Le *Pigeon grosse-gorge'(Columba gutturosa).*

A. Le *Tillois.*

B. Le *Claquort* ou le *Batteur.*

C. Le *Cavalier* (métis du Patu et du Tillois).

4ᵉ RACE. Le *Pigeon culbutant (Columba giratrix).*

A. Le *Culb. anglais* ou le *Trumbler.*

5ᵉ RACE. Le *Pigeon tournant (Columba girans).*

6ᵉ RACE. Le *Pigeon trembleur* ou *Paon (Columba lali-cauda).*

A. Le *Tremblant de la Guyane.*

B. Le *Tremblant à queue étroite* (métis du glou-glou et du paon).

7ᵉ RACE. *Pigeon hirondelle (Columba hirundinina).*

A. Le *Pigeon heurté.*

8ᵉ RACE. *Pigeon tambour* ou *glou-glou (Columba tym-panians,* Frisch).

A. Le *Patu de Norwége.*

B. Le *Patu crapaud-volant* (métis du glou-glou et du volant).

9ᵉ RACE. Le *Pigeon nonnain (Columba cucullata).*

A. Le *Maurin.*

B. Le *Capé* (métis d'un nonnain et d'un mon-dain).

10ᵉ RACE. Le *Pigeon à cravate (Columba turbita).*

11ᵉ RACE. Le *Pigeon polonais (Columba brevirostrata).*

A. Le *Polonais benin.*

12ᵉ RACE. Le *Pigeon romain (Columba campana).*

A. *Romain ordinaire.*

B. Le *Café au lait.*

  C. Le *Cavalier* (*Columba eques*).
  D. Le *Cavalier faraud*.
13e RACE. Le *Pigeon turc* (*Columba carunculata* ou *tur-*
      cica).
  A. L'*Ordinaire à tête nue*.
  B. *Huppé*.
14e RACE. Le *Pigeon bagadais* (*Columba fortirostrata*).
  A. Le *Batave*.
  B. Le *Bagadais à tête grise*.
  C. Le *Petit Batave*.

Les Pigeons et les Tourterelles sont granivores, ils
mangent nos diverses graines céréales, le sarrazin, le
maïs, les pois, les lentilles, les féverolles, les graines des
baies de raisin, le chènevis, l'alpiste, le millet, etc. ;
mais en domesticité, dans les volières surtout, la vesce.
Cette dernière est à la fois leur nourriture la plus éco-
nomique et la plus saine. Ils la digèrent très-bien : si
elle est incommode quelquefois, c'est seulement dans
certaines dispositions maladives. Au contraire, on a remarqué : 1° que le blé, lorsque ces oiseaux sont enfermés
dans une volière, les relâche beaucoup, peut leur donner
un dévoiement dangereux, retarder la ponte des femelles, et rendre inféconds les œufs ; 2° que les graïns de
raisins dont ils sont friands, relèvent leurs forces et leur
sont très-utiles en hiver ; 3° que les semences de l'alpiste
et le chènevis sont un stimulant énergique pour eux :
un échauffement maladif, ou une irritation inflammatoire du tube digestif peuvent même naître de l'usage
un peu prolongé de cette dernière nourriture.

D'après les effets différents de chaque espèce de graines
sur l'organisme des Pigeons, on sera à même de juger
quand on devra préférer celle-ci à celle-là, corriger les
inconvénients des unes par l'action opposée des autres.
Il n'est pas superflu d'ajouter ici, que la vesce la meilleure est pesante, dure, d'un noir luisant et foncé, et
qu'elle doit avoir au moins un an, et mieux deux ans.
Lorsqu'elle est très-nouvelle et qu'elle est récoltée de-

puis moins d'un an, elle peut troubler la santé des Pigeons, surtout celle des jeunes, et amener un dévoiement dangereux, mortel même, si l'on n'y apporte un remède prompt et presque sûr : le sel marin.

Mais les goûts, les appétits divers que montrent pour chaque espèce de substance alimentaire, les Pigeons que l'on tient enfermés dans les volières, doivent engager à varier de temps en temps la nourriture. La seule précaution à prendre est de leur laisser habituellement celle qui, d'après l'expérience, leur est le plus ordinairement salutaire ; on peut aussi les accoutumer, et cela est facile, à manger de la mie de pain, de la pâtée préparée avec le pain, le son, et diverses matières végétales.

Plusieurs espèces de Pigeons sauvages, soit par un goût naturel, soit par nécessité, mangent des insectes, divers petits coquillages. On ne voit le Pigeon domestique les imiter dans l'usage de pareils aliments, que lorsqu'il y est poussé par le besoin ; mais on a pu en accoutumer à prendre habituellement de la viande hachée. Leur tube digestif ne paraît pas au reste formé pour triturer une semblable matière alimentaire. Tout, dans ce tube et dans ses annexes, annonce qu'il doit spécialement agir sur des substances végétales, sur des graines le plus ordinairement.

La laitue cultivée et très-tendre, et l'oseille sont assez recherchées par les Pigeons ; les feuilles d'oseille paraissent surtout leur être agréables ; elles sont pour eux moins un aliment qu'une sorte d'assaisonnement. Il en est de même du sel marin.

Cette dernière substance ne saurait être nutritive, mais elle est salutaire aux Pigeons, elle facilite leurs digestions, et devient souvent un véritable remède pour plusieurs de leurs maladies ; aussi a-t-elle pour eux un puissant attrait. Ces oiseaux entreprennent de véritables voyages pour satisfaire leur goût le plus vif. On les voit prendre leur vol pour aller quelquefois jusqu'à six lieues de leur demeure, gagner les bords de la mer ; là, ils cherchent du sel dans les falaises, et, pendant des heures entières, ils sont uniquement occupés à becqueter les détritus des matières nombreuses et variées qui peuvent en offrir des efflorescences. Les fontaines d'eau salée qui existent dans plusieurs pays, sont également visitées, comme les rivages de la mer, par les Pigeons des contrées environnantes. Cette observation et l'expérience ont engagé, depuis un temps immémorial, à donner du sel marin aux Pigeons de colombier et de volière. Mais l'on a appris aussi que, s'il leur est très-avantageux lorsqu'ils en prennent une quantité modérée, il peut leur devenir fréquemment nuisible, s'ils en usent trop souvent et en quantité trop grande à la fois. Alors ont été imaginées plusieurs manières de leur présenter le sel, presque toutes plus ou moins bizarres, dégoûtantes, mal entendues, ou nuisibles.

La manière qui paraît la meilleure, de présenter le sel aux Pigeons, est de leur donner à becqueter un morceau de poisson desséché et fortement salé, comme serait une queue de morue ou un maquereau, etc., destinés à être conservés longtemps. Une queue de morue suffit pour cinquante Pigeons. Lorsque les localités ne permettent pas de recourir à de pareilles substances, soit à cause de leur prix, soit à cause de leur odeur forte et désagréable, on doit placer dans les colombiers et dans les volières, des vases qui contiennent une bonne terre de potager, à laquelle on mêle de temps en temps, à la surface, une quantité de sel ou d'eau salée, en proportion du nombre des oiseaux, et en rapport avec l'espèce de graine dont ils mangent habituellement. On doit penser en effet, que si on est forcé de donner pour principale nourriture un graine qui soit très-rafraîchissante ou indigeste, etc., une plus grande quantité de sel devient nécessaire ; au contraire, il sera convenable d'en diminuer la quantité, si des semences échauffantes sont surtout employées comme aliments.

La situation du lieu où est élevé le colombier et où est

placée la volière, exige encore quelque attention relativement à la quantité de la matière saline qui doit être employée. Si une température basse y règne habituellement, il faut donner davantage de sel. L'observation a appris que c'était en hiver, que les Pigeons s'en montrent le plus avides.

L'espèce de nourriture sèche dont habituellement le Pigeon domestique fait usage, et son goût décidé pour les choses qui ont une saveur salée, contribuent sans doute à lui rendre nécessaire une boisson abondante. Par les mêmes raisons, l'eau qu'il boit lui devient d'autant plus salutaire, qu'elle est plus douce, plus aérée, plus pure. L'eau de rivière doit lui être donnée de préférence à toute autre; à défaut de cette eau, ce doit être celle que l'homme emploie pour lui-même. Enfin, si l'on n'a que de l'eau de puits, toujours plus ou moins chargée de sels terreux, les Pigeons consentiront à la boire; mais il faut s'attendre pour l'ordinaire qu'ils en seront incommodés. Cependant il semble que l'habitude rende, pour eux, moins fréquents les inconvénients d'une mauvaise eau.

La température à laquelle le Pigeon peut prendre sa boisson varie beaucoup. En hiver, il boit l'eau que l'on vient de débarrasser de la couche de glace dont elle était couverte; mais il en boit moins très-certainement, et il ne paraît pas se plaire à y enfoncer son bec, ou bien il faut qu'il soit sollicité par une soif vive. En été, une eau fraîche est fort recherchée par lui, et il en prend beaucoup à la fois. Alors celle qui a été échauffée par le soleil lui répugne, et cependant on a vu des Pigeons de volière accoutumés à boire de l'eau très-chaude, continuer à prendre avec avidité de cette dernière.

Au reste, le goût marqué des Pigeons sauvages, de colombier et de volière, pour l'eau chaude, à un degré assez élevé, a été observé dans tous les temps. Les fontaines naturelles d'eau chaude ont toujours été en possession d'attirer les ramiers et les fuyards, et les hôtes des colombiers. Il est amusant d'habituer, dans les vo-

lières, les Pigeons à boire de l'eau chaude et à s'y baigner. Cela ne se fait que par degrés. Les oiseaux, qui
d'abord montrent de la crainte pour la vapeur qui s'é-
lève du liquide, finissent par la braver, et viennent,
après quelques mois, plonger leur bec dans une eau presque brûlante, et ils en boivent avec le plus grand plaisir
au milieu de cette même vapeur très-abondante qu'ils
avaient tant redoutée précédemment. Il n'est pas douteux que, dans plusieurs de leurs maladies, la boisson et
les bains d'eau chaude n'aient des avantages pour eux.

On a accoutumé des Pigeons de volière à boire des
eaux minérales, soit naturelles, soit factices. Ils en éprouvent des effets analogues à ceux que chacune de ces eaux
exerce communément sur l'homme : remarque singulière,
si on considère les différences d'organisation, et moins
étonnante si on fait attention à l'espèce de composé que
présente chaque eau minérale. Ainsi, on a vu l'eau de
Seltz naturelle exciter d'une manière très-marquée l'appétit des oiseaux auxquels on en a fait prendre, etc. Il
n'est donc pas douteux que les eaux minérales ne puissent entrer utilement dans la médecine et l'hygiène des
Pigeons domestiques.

On peut et on doit laisser constamment de la boisson
aux Pigeons de volière et même à ceux de colombier, parce
que l'observation a appris qu'ils en ont besoin à des époques différentes de la journée, selon que la digestion s'o-
père chez eux. On pourrait également leur laisser toujours des aliments, mais cela a souvent des inconvénients
sous le rapport de l'économie et sous celui de leur santé.
Alors il faut se régler encore sur l'observation pour les
heures auxquelles on leur jettera de la graine. Or, elle
fait découvrir que c'est particulièrement à leur réveil le
matin, et une heure avant que la clarté du jour ne commence à baisser, que ces oiseaux montrent un besoin plus
grand de prendre de la nourriture. On doit alors leur en
donner des quantités plus considérables; une demi-poi-
gnée de vesce, par exemple, est suffisante pour chaque in-

dividu. Cependant il faut faire encore une distribution
de graines dans le milieu du jour, vers les deux heures
après midi. Elle est destinée aux femelles qui couvent.
Elles quittent assez régulièrement leurs œufs tous les
jours de dix à onze heures du matin jusqu'à trois heures
du soir ; mais, comme à midi elles ont l'habitude de som-
meiller, il est plus convenable de reculer de deux heures
environ leur repas.

Il n'est personne qui n'ait vu les Pigeons saisir et avaler la graine dont ils se nourrissent. Peut-être n'est-il
pas cependant tout-à-fait superflu de dire par quel
moyen ils la font passer du bec dans la gorge : c'est en
retirant la tête en arrière, et en lâchant en même temps
la graine, qu'ils poussent celle-ci en arrière et dans leur
pharynx. Quand ils ne sont pas mus par un appétit trop
grand, par un besoin trop pressant, ils reconnaissent,
parmi les graines qu'on leur offre, celles qui leur sont
bonnes, à l'aide du sens de la vue, de celui des saveurs,
et même souvent par le simple toucher qu'exercent alors
les extrémités des deux mandibules en saisissant l'aliment. La manière dont les Pigeons boivent, a fourni aux
naturalistes un assez bon caractère pour distinguer cette
nombreuse famille d'une autre famille très-voisine, celle
des Passereaux. Lorsque ces derniers veulent étancher
leur soif, ils prennent de l'eau dans la mandibule inférieure de leur bec, et la font couler dans la gorge en
élevant avec promptitude la tête presque verticalement.
Les Pigeons, au contraire, plongent le bec dans l'eau, et
aspirent pour l'ordinaire d'un seul trait toute la quantité
de boisson dont ils ont besoin.

Quand les Pigeons ont fait passer ainsi dans leur jabot
des graines et de l'eau, la digestion commence : les matières solides se laissent pénétrer, gonfler, amollir par les
liquides. Une sorte de macération, puis de première division a lieu, non tout à la fois, mais successivement et
par petites portions, de la masse alimentaire; au bout
d'une à deux heures, de faibles quantités de cette même

masse alimentaire sont dirigées vers l'estomac. Là, elles éprouvent une trituration véritable, une extrême division par les contractions puissantes des couches musculaires et épaisses qui forment les parois de la cavité stomacale. L'action de l'estomac devient d'autant plus efficace et complète, que l'oiseau a été à même d'ingérer dans la cavité de ce viscère, des petits fragments de pierre ou des grains de sable. C'est pour cela qu'il est d'une véritable importance pour la santé des Pigeons de volière de leur donner des vases remplis de terre végétale. Le sel marin agit alors aussi, mais comme substance stimulante du jabot et de l'estomac. Après l'action de l'estomac, la pâte alimentaire éprouve celle des diverses portions de l'intestin; elle est convertie en chyme, puis une partie en chyle, et l'autre partie, toujours plus considérable, parcourt tout le tube digestif, et est à la fin rejetée au dehors à l'état de fiente ou de matière fécale et d'urine.

C'est de cette manière que tous les aliments qui avaient été introduits dans le jabot, sont ensuite soumis, par proportion, aux diverses régions du tube digestif, et que la digestion s'en opère successivement. Il faut pour l'ordinaire plusieurs heures pour qu'elle soit complète, quoiqu'elle s'exécute néanmoins assez promptement, eu égard à la nature des matières à digérer.

Pendant la première période de l'acte digestif, lorsque les graines sont encore toutes dans le jabot, l'oiseau sent évidemment ses forces remontées, et ses actions le témoignent souvent. Mais si la quantité de graines ingérée est un peu considérable, ou si rien ne stimule, n'inquiète, ne tourmente l'animal, il paraît alors assez disposé au repos, même au sommeil. Plus tard, lorsque la digestion tire à sa fin, que l'appétit commence à se réveiller, alors surtout il commence à exercer d'une manière spéciale ses organes vocaux, à manifester des phénomènes d'intelligence et de sentiment, et à exécuter diverses actions locomotrices.

Le mobile principal de toutes les réactions organiques qui ont lieu en lui, est de satisfaire ses besoins, et un

certain penchant à vivre dans la société de ses semblables, penchant qui dérive et du degré d'intelligence et
de l'étendue des affections dont il est susceptible.

Pour lui, le premier des sens est, sans aucune contes-
tation possible, le sens de la vue. Obligés par leurs besoins de parcourir les airs, de descendre à terre pour y
chercher leur nourriture, de se rendre au bord des eaux
pour se désaltérer et se baigner, le Pigeon de colombier et le Pigeon sauvage, se trouvant dépourvus d'armes
réelles, soit pour attaquer, soit pour se défendre, reste-
raient exposés aux dangers trop assurés de la poursuite
des oiseaux de proie, s'ils ne possédaient, dans l'étendue,
la vivacité, la perfection de leur vue, un moyen de conservation. Leurs yeux jouissent, en outre, d'une mobilité
très-grande dans les cavités orbitaires, et se dirigent, à
la volonté de l'animal, dans toutes les directions. Mais la
vue trouverait encore des obstacles à s'exercer vers tel
ou tel point, obstacles qui proviennent surtout de la situation des yeux sur les côtés de la tête, si l'oiseau ne
savait prendre certaines attitudes, et s'il n'était le maître
de faire mouvoir les deux paupières de chaque œil, ce
qui lui fournit de nouveaux moyens d'écarter les rayons
lumineux qui troubleraient la vision, et en même temps
de recevoir seulement ceux qui lui apportent l'image des
objets qui peuvent être dans certaines directions. Ainsi,
pour reconnaître si au-dessus de sa tête, mais en arrière, dans les airs, il ne plane pas quelque ennemi, le
Pigeon abaisse et allonge un peu le cou, relève en même
temps la tête sur le cou, et dirigeant alors ses yeux en
haut et derrière lui, peut ainsi découvrir de quel danger
il est menacé.

Après le sens de la vue, celui de l'ouïe prend rang
pour l'importance. Ce n'est cependant que, dans un âge
déjà avancé, que le Pigeon apprend qu'il ne doit pas
s'émouvoir du sifflement du vent, du choc des branches
d'arbres; mais réserver ses craintes et ses moyens de
salut quand le claquement des ailes, le cri aigre, ou le
sifflement de ses ennemis parvient à son oreille. On ne

cite que quelques exemples de Pigeons adultes, qui se
soient montrés sensibles à la musique, probablement à
cause de la simplicité de l'appareil auditif. La musique
ne paraît sur le plus grand nombre que l'effet d'un bruit
confus.

On n'a pas fait d'observations sur l'odorat des Pigeons;
mais ils perçoivent assurément de nombreuses impressions par le contact avec les objets environnants, et par
l'organe des saveurs, la langue. Ils n'en tirent pas un
parti moins important pour leur conservation, quoique
ces deux sens n'agissent que sur les objets très-rapprochés. Ainsi, on les voit se comporter différemment selon
que pèse sur eux une atmosphère sèche et humide,
calme ou orageuse, chaude ou froide, etc.; ils montrent
toujours beaucoup de défiance, lorsqu'on leur présente
une espèce de graine qu'ils ne connaissent pas. Mais si
le besoin ou la curiosité, éveillée par la gourmandise,
les presse un peu, on les voit saisir, lâcher, ressaisir à
différentes fois cette graine, et ne l'avaler enfin qu'après
de longs tâtonnements, beaucoup d'hésitation, une sorte
d'essai par une application répétée à l'organe du goût.

On ne les habitue à boire des eaux minérales qu'en les
privant tout-à-fait d'eau commune. Ils montrent une
répugnance extrême pour les substances vireuses ou
amères. On a fait avaler à des Pigeons pris pour sujet
d'expérience différentes matières dont les moindres qualités étaient une amertume désagréable. Ils témoignaient
par leurs mouvements généraux, par le soin d'essuyer
sans relâche leur bec, par des efforts pour repousser
la matière, par le rejet ou même le vomissement du
corps si péniblement savoureux, combien l'organe du
goût était affecté vivement. Il y a plus, lorsqu'on faisait
prendre un extrait amer à un Biset adulte, mâle, robuste,
fort intelligent, mais extrèmement ardent, plein de feu,
exprimant vivement ses passions, il entrait dans une
fureur si grande, qu'on ne la peindrait pas en disant
qu'il se jetait avec transport sur tous les objets renfermés
dans la volière, et sur son maître, et de préférence sur

ses compagnons d'esclavage, les frappant à coups redoublés de son bec, faisant voler en grand nombre leurs plumes, et cherchant à les déchirer de ses morsures, jusqu'à ce qu'enfin, par l'effet de toutes ses violences, son bec ne conservât plus aucune trace de la matière amère, et fût parfaitement essuyé.

§ VI. Les Faisans.

Les FAISANS sont tous originaires de l'Asie, mais plusieurs espèces habitent aujourd'hui l'Europe.

A. Le Faisan le plus répandu en Europe est le FAISAN COMMUN (*Phasianus colchicus*, Linné), trouvé, suivant la tradition, sur les bords du Phase, dans la Colchide, la Mingrélie actuelle. Le mâle est de la grosseur du coq, mais il mesure avec ses plumes une longueur de 95 centimètres et environ 80 d'envergure. Il se fait, en outre, remarquer par la beauté de son plumage. D'un vert doré à reflets bleus à la tête et au cou, il a les flancs et la poitrine d'un marron pourpré très-luisant, le manteau brun bordé de marron foncé, et la queue d'un gris olivâtre à bandes transversales noires. La femelle n'est pas aussi grande que le mâle. De plus, elle a une livrée moins éclatante et d'un fond gris terreux. Quant aux jeunes, ils sont d'un gris uniforme, et ce n'est qu'à la première mue qu'ils prennent les couleurs caractéristiques des sexes. Avant cette époque, rien ne distingue extérieurement les mâles des femelles.

Le Faisan est essentiellement granivore; néanmoins, il mange aussi des baies de néflier, de sureau, de groseillier, de mûrier sauvage, etc. : il se nourrit encore, au besoin, de limaçons, de vers et d'insectes. C'est surtout comme gibier qu'on l'élève en domesticité. On établit pour cela ce qu'on appelle une *faisanderie*.

Une faisanderie, lorsqu'elle est établie en grand, consiste en un vaste enclos, situé sur un terrain plat et élevé, et entouré de murs assez hauts pour que les renards et les autres animaux destructeurs ne puissent y pénétrer. On lui donne toujours une étendue considérable, parce qu'il est nécessaire de séparer les bandes de différents âges, la fréquentation des adultes étant toujours funeste aux petits.

Au midi de l'enclos est construite la maison du faisandier, et à droite et à gauche de cette maison, on dispose des compartiments ou *parquets*, pour recevoir les reproducteurs. Chacun de ces parquets a ordinairement 10 mètres en carré. Il est fait, partie en maçonnerie, partie en grillage, avec le dessus à ciel ouvert, simplement fermé par un filet. En même temps, on ménage, sur divers points du terrain, un grand nombre de buissons fourrés pour servir d'abri aux oiseaux pendant les fortes chaleurs, et l'on prépare des emplacements qui, étant mis en culture, leur fourniront une nourriture abondante.

C'est du 1er février au 1er mars que l'on doit renfermer dans les parquets les sujets choisis pour la ponte : on met un coq et une demi-douzaine de poules dans chacun d'eux, et on les prend toujours de l'âge d'un an ou deux ans.

« Aussitôt que les choix sont faits et les faisans renfermés, on les nourrit en leur donnant du blé à discrétion. Il faut commencer à les échauffer vers le 15 mars, en leur donnant par parquet deux œufs durs hachés et un sixième de chènevis, le tout mêlé avec le blé, dans la proportion de six litres de froment contre un litre de chènevis.

« Les poules-faisanes commencent à pondre du 8 au 20 avril; le plus ou le moins de précocité dépend du plus ou moins de chaleur de la température et de la plus ou moins bonne exposition des parquets. Celles qui se trouvent placées au midi, le long d'un mur, auront, grâce à cet abri naturel, au moins huit jours d'avance sur celles qui sont autrement situées. Elles donnent habituellement de quinze à dix-huit œufs. La ponte dure depuis le 8 avril jusqu'au 1er juin. Passé cette époque, il y a des poules qui pondent encore; mais alors la majeure partie des œufs sont clairs, et si quelques-uns se trouvent fécondés, la saison est déjà bien avancée pour que les Faisandeaux viennent bien.

« Dans une faisanderie où l'on a l'intention de faire plusieurs cents d'élèves, il faut que tous les Faisandeaux
soient éclos dans le délai d'un mois, à partir du 20 mai.
Si l'éclosion se prolongeait plus longtemps, les premiers
Faisandeaux feraient périr les derniers, attendu que le
Faisan est un gibier très-querelleur et méchant. Lorsque
les élèves ont six semaines ou deux mois, ils commencent
à se battre entre eux au moment des repas, surtout lorsqu'ils se trouvent réunis en assez grand nombre. Les plus
forts chassent les plus faibles, et s'ils ne les tuent pas à
coups de bec, ils ne les font pas moins périr à la longue,
en les empêchant d'approcher à l'heure où le faisandier
leur distribue leur nourriture habituelle.

« Il faut commencer à mettre à couver les œufs du 15
au 20 avril, suivant que la ponte a été plus ou moins hâ-
tive. Pour obtenir de bons résultats, il ne faut jamais
laisser vieillir les œufs plus d'une quinzaine. Mais, dans
tous les cas, la meilleure méthode pour bien tirer parti
de la ponte est de mettre à couver tous les quatre ou cinq
jours, de manière à n'avoir pas toutes les éclosions à la
fois, et d'échelonner convenablement les différents âges
des futurs élèves.

« L'incubation dure vingt-cinq jours, mais comme il
n'y a point de règle sans exception, cela varie quelquefois par suite du plus ou moins de chaleur de la Poule
et du plus ou moins d'assiduité qu'elle a mise à couver :
les meilleures couveuses sont des Poules communes de
moyenne grosseur, que l'on achète dans les fermes voisines.

« Dès que les petits sont éclos, il faut les tirer de dessous la Poule et les mettre dans une boîte bien close,
remplie de laine pour qu'ils y ressuient et passent la
nuit. Sans cette précaution, la Poule en étoufferait immanquablement quelques-uns. On placera cette boîte, en
ayant soin d'en entrebâiller un peu le couvercle pour
que les Faisandeaux puissent respirer, dans un endroit
où la chaleur soit tempérée.

« Le lendemain, on prendra les Faisandeaux et on les

mettra sous leur mère adoptive, douze par chaque Poule,
dans une boîte ou parquet de 1 mètre, 28 centimètres
de hauteur. A l'une des extrémités se trouve un compartiment séparé, ayant comme dimension 40 centimètres carrés dans lequel on renferme la Poule. La séparation consiste en quelques tringles en fer ou en simples
barreaux de bois espacés à 5 centimètres l'un de l'autre,
pour permettre aux petits de circuler dans toute la longueur de la boîte et de rentrer, quand ils veulent, sous
l'aile maternelle.

« Les deux premiers jours, on placera cette boîte dans
le bâtiment des élèves, s'il en existe un. Dans le cas où
l'on n'aurait point de pièce convenable, on exposera la
boîte dans un endroit bien abrité, et, autant que possible, situé au midi, afin que la chaleur vivifiante du
soleil fortifie ces frêles existences.

« Le cinquième jour, on donnera un peu plus de liberté
aux élèves, en étendant le cercle trop restreint de leur
premier domaine. On réunira leur boîte dont l'extrémité
à coulisse ouvre et se ferme à volonté, à un parquet volant formé à l'aide d'un grillage en fil de fer ou de simples claies d'osier, ayant comme dimension 2 mètres
carrés sur 1 mètre de hauteur.

« Les soins à donner aux Poules consistent simplement
à nettoyer soir et matin leur étroite cellule. On profitera
de ce moment pour leur donner à manger, et le soir on
leur mettra un peu de sable afin de neutraliser pendant
la nuit la mauvaise odeur qui pourrait nuire aux petits'
placés sous elles. On aura aussi la précaution de fermer
la boîte avec le couvercle en forme de toit à deux ver-
sants, qui sert la nuit et même le jour, en cas de mauvais
temps, à mettre à l'abri mère et élèves. Enfin, pour assurer à ceux-ci un degré de chaleur convenable et les
maintenir sous leur mère jusqu'au lendemain, on les
renfermera avec cette dernière en appliquant au compartiment dans lequel elle se trouve, la porte à coulisse
placée à l'autre extrémité de la boîte.

« Lorsque les Faisandeaux ont dix jours, on les retire

de ce parquet et on les place avec la Poule et la boîte dans l'une des allées de la faisanderie.

« A quinze jours, on ôte la Poule de la boîte et on l'attache par la patte au moyen d'un ruban en toile, à un piquet placé au pied d'une hutte en paille ayant à peu près la forme d'une ruche et qui est destinée à servir d'abri à la mère et aux petits.   '

« Lorsque les Faisandeaux ont atteint l'âge de deux mois, on retire la Poule de la hutte. A cet âge ils se suffisent complétement à eux-mêmes et peuvent sans inconvénient se passer des soins maternels. »

La nourriture des Faisandeaux doit être réglée avec le plus grand soin.

« Le premier jour où on les place dans la boîte avec la Poule qui les a couvés, on se contente de leur donner quelques œufs de fourmi de la petite espèce, si c'est possible. Dans cette première journée ils mangent fort peu et ne vivent, pour ainsi dire, qu'artificiellement; la chaleur maternelle leur suffit.

« Le second jour, on leur donnera à boire dans une petite terrine plate, en forme de lampion, afin qu'ils ne puissent pas se noyer, et on aura le soin de s'assurer plusieurs fois dans la journée si ce vase, placé de manière à ce qu'il serve à deux fins, c'est-à-dire qu'il soit à la portée de la Poule, n'est pas à sec, l'eau leur étant indispensable, surtout dans le premier âge.

« Quant à la nourriture quotidienne, à partir du second jour, on la réglera dans l'ordre et la proportion que voici :

« Les premiers repas doivent avoir lieu à cinq et sept heures du matin, et consister en œufs de fourmi.

« A neuf heures, on leur en servira un troisième, composé de mie de pain de première qualité, bien émiettée, et d'œufs durs bien hachés, le tout mêlé dans une proportion convenable.

« A onze heures, une heure et trois heures, se feront trois autres distributions d'œufs de fourmi ; à cinq heures on recommencera le même repas qu'à neuf heures ; et, enfin, la dernière ration, consistant en œufs de fourmi, se distribuera à sept heures du soir.

« Jusqu'à l'âge d'un mois, on continuera de régler la nourriture des élèves de la manière indiquée ci-dessus, en ayant soin d'observer que, pendant les quinze premiers jours, ils doivent être servis assez copieusement pour renoncer à chaque repas, tandis que pendant les quinze derniers, il ne faut, au contraire, leur servir que leur suffisance.

« Lorsque les Faisandeaux auront un mois, on leur donnera :

« A cinq heures du matin, un premier repas d'œufs de fourmi.

« A neuf heures, un second repas de mie de pain et d'œufs durs, auxquels on ajoutera une certaine quantité de bon blé.

« A une heure, un troisième repas d'œufs de fourmi ou de vers blancs, communément dits asticots.

« A cinq heures du soir, répétition du même repas qu'à neuf heures.

« Et enfin, à sept heures, dernière distribution, consistant soit en œufs de fourmi, soit en vers, que l'on aura toujours le soin de donner vivants.

« Jusqu'à l'âge de deux mois il n'y a rien à changer à ce régime. Passé cette époque critique, les élèves se passeront facilement et de vers et d'œufs de fourmi. En leur donnant à discrétion moitié orge et moitié froment, en deux repas, servis l'un le matin, l'autre le soir, ils seront en parfaite santé.

« A trois mois, âge auquel ils passent à l'état adulte, on pourra, sans inconvénient, leur supprimer le blé et ne leur donner que de l'orge, en les réglant à un décalitre environ pour cent Faisans.

« Les Faisandeaux sont sujets à trois maladies principales :

« La première les attaque dans les huit premiers jours de leur existence. Ils ne prennent que peu de nourriture, deviennent tristes, boudeurs, et périssent en peu de temps. Cette maladie est occasionnée par les temps froids et arides. En prenant dès le principe tous les soins nécessaires pour tenir chaudement les Faisandeaux souffrants, on parvient à en sauver quelques-uns.

« La deuxième maladie les prend à l'âge de quinze jours, un mois. C'est une humeur qui se porte aux yeux ; elle a pour principe la trop grande quantité de Faisandeaux réunis sous la même mère. Cette affection est contagieuse ; mais il est facile d'y parer avec un peu d'attention et d'expérience.

« La troisième maladie se déclare à l'âge de cinq à six semaines. Elle commence par une dyssenterie qui les fait peu à peu périr. Ils continuent à manger, mais ils ne profitent plus et finissent par devenir tout à fait étiques. Occasionnée par les temps orageux, de même que par les temps froids et humides, cette maladie, la plus dangereuse des trois, est à peu près incurable (1). »

B. Les autres espèces de Faisans qu'on élève en Europe ont les mêmes habitudes que le Faisan commun et réclament les mêmes soins. Ce sont :

a. Le Faisan a collier (*Phasianus torquatus*, Linné). Il ne diffère du Faisan commun que par une tache d'un blanc éclatant qui orne chaque côté du cou. De la Chine. ·

b. Le Faisan argenté, appelée aussi Faisan noir et blanc ou Faisan bicolor (*Phasianus nycthemerus*, Linné). Il a le ventre noir et les parties supérieures d'un blanc éclatant, avec des lignes noirâtres très-fines sur chaque plume. Aussi de la Chine.

c. Le Faisan doré ou Faisan tricolore (*Phasianus pictus*, Linné). C'est la plus belle espèce de tout le genre. Il a le ventre rouge de feu, le haut du dos vert, le bas et le croupion jaunes, les ailes rousses avec une tache bleue, la queue brune tachetée de gris : le cou est orné d'un camail orangé maillé de noir, et une belle huppe d'un jaune d'or pend de la tête. Cet oiseau a 92 centimètres de lon-

---

(1) *Annuaire du Sport,* 1858.

gueur, dont 62 pour la queue seulement. Il est également originaire de la Chine.

d. Le FAISAN CHARBONNIER est une simple variété du Faisan doré. Il diffère surtout de celui-ci en ce qu'il a les côtés de la tête noirs, le ventre et les cuisses d'un rouge marron. Quant au FAISAN BLANC, ce n'est autre chose qu'un albinos du Faisan commun. En s'appariant avec ce dernier, il produit le FAISAN PANACHÉ.

C. Les HOUPPIFÈRES appartiennent aussi à la famille des Faisans, mais ils sont encore peu répandus. Ils sont tous originaires de l'Inde ou des îles voisines. Ces oiseaux ont la queue verticale et les couvertures arquées, et leur tête est ornée de plumes qui peuvent se redresser de manière à former une aigrette. On les traite comme les Faisans.

§ VII. Les Paons.

On admet généralement que notre PAON DOMESTIQUE tire son origine du PAON SAUVAGE (*Pavo cristatus*, Linné), qui est encore très-commun dans la plupart des îles de la Malaisie. Cet oiseau a été connu en Europe dès la plus haute antiquité, mais il n'a véritablement commencé à s'y répandre qu'à partir de l'expédition d'Alexandre dans l'Inde.

Tout le monde connaît la magnificence du plumage du Paon, mais cette parure n'appartient qu'au mâle. Au mâle seul appartiennent également ces longues plumes ocellées, à barbes lâches et soyeuses, qui recouvrent les pennes caudales, et que l'animal étale quand il fait la roue. Toutefois, cette richesse de plumage n'existe qu'une partie de l'année : elle disparaît à l'époque de la mue, c'est-à-dire depuis la fin de l'hiver jusqu'en juin ou juillet.

Les mœurs du Paon sont à peu près celles des autres Gallinacés. Comme le Coq, un seul mâle suffit à plusieurs femelles. La Paonne est peu féconde. Elle ne fait qu'une ponte, qui a lieu en avril ou en mai, et ses œufs, au nombre de six à dix, sont blancs et presque de la grosseur de ceux du Dindon. Elle les dépose dans un nid grossier qu'elle cache avec le plus grand soin. Comme elle est mauvaise couveuse, on confie ordinairement ses œufs à une Poule ou à une Dinde. L'incubation dure de vingt à trente jours.

Les petits naissent couverts d'un duvet jaunâtre. Délicats et frileux, ils exigent les soins les plus minutieux. En général, on ne les fait manger que cinq à six heures après leur naissance, et on leur donne pour première nourriture des œufs de fourmi et une pâte faite de mie de pain et d'œufs durs hachés. On commence à les faire sortir quand ils ont huit à dix jours, si toutefois le temps est sec et chaud, et, à trois semaines, on les laisse aller librement avec leur couveuse, qui les conduit dans les bois et dans les prairies des environs, où ils trouvent eux-mêmes une partie de leur nourriture. On complète leur alimentation en leur distribuant, matin et soir, une ration de la pâte précitée, à laquelle on peut ajouter quelques grains de millet. Les Paonneaux ne peuvent vivre comme les adultes qu'à l'âge de six où sept mois, mais ce n'est qu'à trois ans qu'ils revêtent leur plumage définitif, et qu'ils sont aptes à la reproduction.

Les Paons, parvenus à l'état d'adulte, se nourrissent de toute espèce de graines. En général, ils se plaisent sur les lieux élevés, surtout sur les combles des maisons et la cime des grands arbres. La durée ordinaire de leur vie est d'environ trente ans.

Les Paons blancs, que l'on rencontre dans un grand nombre de volières, sont de simples albinos du Paon ordinaire. En les accouplant avec ce dernier, on obtient ce qu'on appelle des Paons panachés.

On élève aussi, depuis quelques années, le Paon spicifère (*Pavo muticus*, Linné), du Japon, et plusieurs espèces du genre Lophophore, toutes de l'Indoustan, notamment le Lophophore resplendissant ou Monaul (*Lophophorus refulgens*, Temminck ; *Phasianus impeyanus*, Latham). Ces oiseaux sont encore très-rares et ne figurent que dans les volières des plus riches amateurs ou des établissements publics.

CHAPITRE IV.

LES ÉCHASSIERS.

Peu d'oiseaux appartenant à l'ordre des Échassiers sont élevés par les amateurs. On les reconnaît à leurs longs tarses dépourvus de plumes sur le bas de la jambe. La plus grande partie des espèces vivent dans les marécages ou sur les bords des fleuves et des mers, et se nourrissent de matières animales, de vers et d'insectes principalement ; quelques-unes paissent l'herbe tendre.

1° *La Poule d'eau.*

La POULE D'EAU (*Gallinula chloropus*, Linné) se reconnaît aux caractères suivants : longueur, 25 à 30 centimètres ; bec verdâtre à la pointe, avec une plaque nue ovale sur le front, de couleur rouge un peu orangée ; jarretières nues de même couleur ; pattes vert-olive obscur ; les pennes antérieures et la queue d'un brun foncé ; la poitrine et le ventre cendrés ; l'anus et le bord des ailes blancs.

Quoiqu'elle n'ait pas les pieds palmés, elle nage cependant aussi bien que les oiseaux qui les ont, et a cet avantage sur eux, qu'elle peut se percher sur les arbres et arbrisseaux des rivages, comme les oiseaux de terre, s'y reposer, enfin, courir à volonté. Son nid, placé parmi les buissons riverains, ou les roseaux, est construit de fragments de plantes aquatiques, et surtout de roseaux bien entrelacés ; il est si solidement attaché, que dans un cas de crue d'eau, il surnage sans être jamais emporté ; les œufs sont souvent entourés d'eau. Sa nourriture consiste en insectes, graines et plantes aquatiques. On peut l'apprivoiser facilement, surtout en la prenant jeune ; elle aime le pain blanc imbibé de lait. Bechstein a eu de ces oiseaux dans sa basse-cour, vivant avec les poules ; ils allaient dans les étangs du voisinage, et revenaient régulièrement quelque temps après. On n'a jamais eu de peine à les apprivoiser; ils restaient presque toujours près de l'eau du fumier, cherchant et prenant les insectes et les larves qui s'y trouvaient.

2° *La Bécasse.*

On connaît la Bécasse (*Scolopax rusticola*, Gmélin) dans toute l'Europe, où il y a des forêts. Le bec, long de 8 à 10 centimètres, est droit et rougeâtre à la base; le der-rière de la tête traversé de quelques bandes brun-noir; le dessus du corps, avec les ailes, couleur de rouille rayée de gris et de noir. La poitrine et le ventre sont d'un blanc sale, avec des lignes d'un brun foncé.

Dans les pays de montagnes où elle niche, on trouve son nid sur la terre : les œufs, au nombre de trois ou quatre, sont d'un jaune pâle sale. Sa nourriture consiste en vers de terre, limaçons et larves d'insectes, qu'elle cherche dans les prairies, les marais et les champs. C'est en octobre qu'elle quitte les contrées élevées pour aller dans de moins froides. On nomme cette migration le *passage*, et comme les oiseaux de cette espèce suivent constamment la même route, c'est aussi le temps où les chasseurs, répandus sur toute cette route, se préparent à leur chasse, et les attendent au moment qu'ils se retirent des prairies dans les bois, ou se rendent des bois dans les prairies. Leur vol est lourd et maladroit.

En commençant par des insectes et des œufs de fourmi, on peut accoutumer peu à peu la Bécasse aux diverses pâtées qu'on donne aux insectivores. Bechstein rapporte qu'autrefois on voyait à Carlsruhe, dans une volière, une Bécasse apprivoisée, qui sortait de sa petite loge pour venir au-devant de l'étranger; c'était un mâle qui paraissait disposé à se reproduire, s'il eût eu une femelle.

3° *La Cigogne.*

La Cigogne (*Ciconia nigra*, Temminck) pourrait être

considérée comme un oiseau demi-domestique, puisqu'elle niche constamment sur les toits des maisons ou sur les églises et les tours, au milieu des villages et même des villes. Son bec, long et vigoureux, est d'un rouge sanguin ; ses longues pattes sont de la même couleur ; le tour des yeux est nu et noir ; les ailes sont aussi noires ; tout le reste du plumage est blanc.

C'est un oiseau voyageur qui nous quitte à la fin de septembre, et revient au commencement d'avril. Elle se nourrit d'animaux amphibies, et mange aussi les souris des champs, les taupes, les belettes même, qu'elle surprend au sortir de leur trou, les insectes, surtout les abeilles, dont elle saisit des becquetées pleines sur les fleurs ; enfin, les petits poissons. Son nid n'est qu'un amas de branches sèches entrelacées, qu'elle occupe tous les ans en se contentant de le réparer. On connaît, assure-t-on, des nids qui existent et sont habités depuis plus de cent ans, et dont le tour est garni de quantité de nids de Moineaux et d'Hirondelles. Le mâle et la femelle ne se quittent jamais, ce qui leur a mérité d'être cités comme type de fidélité conjugale. Si on prend les jeunes au nid, et si on les nourrit de grenouilles et de viande, on peut les apprivoiser au point qu'ils vont à la distance de plus d'une lieue, et reviennent régulièrement au logis. Au temps du départ, vers le mois de septembre, il est bon de prendre la précaution de rogner l'aile à ceux que l'on veut garder en hiver, pendant lequel temps il faut les tenir dans un lieu tempéré ; car leurs pattes sont fort sensibles au froid. Leur familiarité devient si grande qu'ils viennent dans la chambre aux heures des repas, pour recevoir de la viande qui est servie sur la table ; ils mangent également des autres mets. Un claquement de leur bec exprime leur passion ou leur affection. Il est agréable de voir une Cigogne apprivoisée faire ses cabrioles en l'air autour de la maison, et descendre insensiblement par une longue spirale, jusqu'à ce qu'elle soit à portée de se poser à terre.

CHAPITRE V.

LES PALMIPÈDES.

Les oiseaux *Palmipèdes* sont reconnaissables par leurs tarses courts, robustes, et par de larges membranes qui garnissent l'intervalle des doigts. Ce sont des êtres organisés pour vivre sur la surface des eaux, dont les plumes sont vernissées, et qui mangent de toutes sortes d'aliments et principalement des matières animales vivantes.

1° *Le Cygne.*

Au lieu du nom ordinaire de CYGNE PRIVÉ (*Cygnus olor*, Vieillot; *Anas olor*, Gmélin), il vaudrait mieux donner à cet oiseau celui de *Cygne muet*, afin de le distinguer du *Cygne chantant*, que l'on nomme aussi *Cygne sauvage*, quoique mal à propos, car en Russie on le conserve plus ordinairement apprivoisé que l'espèce dont il est ici question. Quoi qu'il en soit, celle-ci est répandue, dans son état sauvage, dans presque toute l'Europe; mais elle se trouve surtout en Sibérie. Quand on veut l'avoir apprivoisée sur les pièces d'eau, et la conserver ainsi toute l'année, on choisit des jeunes auxquels on casse ou coupe la première phalange de l'aile, afin qu'ils ne puissent voler, ni par conséquent partir en automne avec leurs compagnes sauvages.

Cet oiseau, plus gros qu'une oie domestique, a 1^m.50 de longueur, à cause de son long cou qu'il courbe en forme d'une S, lorsqu'il nage et se tient sur l'eau; son envergure est de 2^m.50; et son poids de 13 à 15 kilog. Le bec, rouge obscur, a sur la pointe une sorte de tête de clou noire, un peu courbée, et à sa base supérieure une excroissance ronde, également noire; une tache triangulaire de cette couleur et nue se voit encore entre le bec et les yeux. Les pattes, noires dans la première année, sont plombées dans la seconde, et enfin rouges de cinabre dans la suite. Tout le plumage est blanc de neige.

Il est bien reconnu que le prétendu chant délicieux qu'il fait entendre à sa mort n'est qu'une fable ; car l'organisation de son gosier ne lui permet autre chose qu'un léger sifflement, un murmure sourd, un croassement doux. Le chant, proprement dit, n'appartient qu'au Cygne chanteur ; un poète aura pu l'entendre une fois, et sans s'occuper de la différence d'oiseau, l'aura attribué au Cygne commun. Celui-ci se nourrit de toutes sortes de plantes et d'insectes aquatiques ; pendant l'hiver, il faut lui donner du blé et le tenir dans un lieu tempéré. La femelle fait un grand nid avec des tiges de joncs, de roseaux et autres plantes, garnissant l'intérieur des plumes de sa poitrine. Sa ponte est de six à huit œufs blanc verdâtre, qu'elle couve pendant cinq semaines. Pendant ce temps, le mâle est toujours près d'elle, écartant et poursuivant tout ce qui voudrait s'approcher ; il a tant de force dans son aile, qu'un coup bien appliqué pourrait casser la jambe à un homme. Les jeunes sont d'abord gris. Ces oiseaux peuvent, dit-on, vivre cent ans et au-delà. Leur utilité mériterait, autant que leur beauté, que l'on s'occupât davantage de leur éducation, qui est plus facile encore que celle des Oies.

2° *L'Oie sauvage.*

L'OIE SAUVAGE (*Anas ferus*, Latham) est la souche de nos Oies domestiques : quoique plus petite, elle a le cou plus long et les ailes plus grandes ; le dessus du corps est gris-brun, le dessous gris-blanc, avec la poitrine nuagée de roussâtre, le bec orangé et noir ; les pattes sont rouges. Plusieurs Oies domestiques conservent ce plumage primitif, de même que les couleurs du bec.

Elle séjourne tout l'été sur les bords de la mer du Nord ; mais elle part en automne par grandes volées disposées en triangles, pour passer dans les contrées plus méridionales, où elle passe l'hiver, et se nourrit de pousses des jeunes semailles de seigle. Il existe des endroits où des milliers de ces oiseaux se rassemblent en hiver. Ils sont très-défiants, et, dès qu'ils sont posés, établissent des sentinelles qui veillent si bien, qu'on parvient difficilement à les prendre ou à les tirer ; si par hasard le coup n'a fait que démonter une aile à l'une de ces Oies, on peut la garder aisément dans la basse-cour avec les autres volailles ; on en prend aussi dans des piéges que l'on tend aux lieux qu'elles fréquentent le plus pendant la nuit ; elles s'associent sans peine aux Oies domestiques.

3° *Le Canard sauvage.*

Nos Canards domestiques tirent leur origine du CANARD SAUVAGE (*Anas boschas,* Linné). On trouve cet oiseau répandu dans toute l'Europe, sur les lacs, les étangs et les rivières. Sa longueur est de 66 centimètres. Son plumage est gris cendré, rayé et ondulé transversalement de blanc et de brun ; la tête et le cou sont de ce vert distingué, nommé spécialement vert de canard ; la poitrine est d'un brun châtain, et le miroir vert-violet.

La femelle est grise comme une Alouette. Comme les autres oiseaux de son ordre, le Canard sauvage se réunit en automne à ses semblables, par volées très-nombreuses, mais, en été, il reste divisé par paires, qui font leur nid, soit près des eaux dans les joncs et les roseaux, soit sur des vieux troncs d'arbres, et même quelquefois assez profondément dans les bois. La ponte est de douze à seize œufs. On rencontre souvent dans la partie forestière de la Thuringe des troupes considérables de jeunes que leurs mères conduisent à quelqu'étang voisin. Si, après avoir mutilé ou estropié le bout de l'aile, on les met dans un étang avec des Canards domestiques, ils vivent et s'accouplent avec eux, s'accoutument à leur manière de vivre, et les suivent en hiver dans la maison, sans que l'on prenne d'autre soin pour les attirer que de les bien nourrir. En appareillant un mâle de canard sauvage avec une femelle de canard domestique, on obtient une race intermédiaire très-belle, et qui reste domestique.

4° *La Mouette cendrée.*

Les oiseaux de cette espèce sont longs de 40 centimètres. Ils changent de plumage jusqu'à la quatrième année, ce qui fait qu'ils sont très-variés. Les vieux ont le bec d'un jaune-vert à l'extérieur, et orangé à l'intérieur ; les pattes olives, sans doigt postérieur ; la tête, la gorge, le cou, le reste du dessus du corps et la queue blancs : on voit souvent une tache noirâtre derrière l'oreille ; le dos et les couvertures des ailes sont d'un gris pâle ou bleuâtre ; les pennes blanches, les premières avec des points noirs. Ceux de ces oiseaux qui ont un croissant gris obscur sur le cou, n'ont pas encore atteint leur quatrième année, les autres qui sont tachetés sont des jeunes.

Les Mouettes se tiennent en été dans le nord de l'Europe, et se rapprochent du midi en hiver. Quoiqu'elles se nourrissent de poisson ou d'insectes aquatiques, elles se contentent cependant dans la basse-cour, de pain et d'autre mangeaille, s'apprivoisent aisément, et vivent également bien sur l'eau ou sur la terre. On les met en hiver dans un lieu modérément échauffé : on peut même les laisser dans la cour, en les faisant rentrer le soir avec les Canards dans l'endroit approprié où elles passent la nuit.

FIN.

TABLE GÉNÉRALE DES MATIÈRES.

CHAPITRE III. — LES GALLINACÉS.

CHAPITRE IV. — LES ÉCHASSIERS.

CHAPITRE V. — LES PALMIPÈDES.

TABLE

DES

OISEAUX CITÉS DANS L'OUVRAGE.

Oiseaux de Volière.

FIN DE LA TABLE.

BAR-SUR-SEINE. — IMP. SAILLARD.

Janvier 1872.

Ce Catalogue annule les précédents.

LIBRAIRIE ENCYCLOPÉDIQUE

— DE —

RORET

RUE HAUTEFEUILLE, 12

AU COIN DE LA RUE SERPENTE

PARIS

N. B. *Comme il existe à Paris deux libraires du nom de* RORET, *on est prié de bien indiquer l'adresse.*

(Voir ci-contre la division du Catalogue.)

DIVISION DU CATALOGUE

ENCYCLOPÉDIE-RORET

COLLECTION

DES

MANUELS-RORET

FORMANT UNE

ENCYCLOPÉDIE DES SCIENCES ET DES ARTS —

FORMAT IN-18;

PAR UNE RÉUNION DE SAVANTS ET DE PRATICIENS,

Tous les Traités se vendent séparément.

La plupart des volumes, de 300 à 400 pages, renferment des planches parfaitement dessinées et gravées, et des vignettes intercalées dans le texte.

Les Manuels épuisés sont revus avec soin et mis au niveau de la science à chaque édition. Aucun Manuel n'est cliché, afin de permettre d'y introduire les modifications et les additions indispensables.

Cette mesure, qui met l'Editeur dans la nécessité de renouveler à chaque édition les frais de composition typographique, doit empêcher le Public de comparer le prix des *Manuels-Roret* avec celui des autres ouvrages, tirés sur cliché à chaque édition, et ne bénéficiant d'aucune amélioration.

Pour recevoir chaque volume franc de port, on joindra, à la lettre de demande, un mandat sur la poste (de préférence aux timbres-poste) équivalent au prix porté au Catalogue.

Cette franchise de port ne concerne que la **Collection des Manuels-Roret** (pages 3 à 30), et la **Bibliothèque des Arts et Métiers** (pages 31 et 32). Elle n'est applicable qu'à la France et à l'Algérie. Les volumes expédiés à l'Etranger seront grevés des frais de poste établis d'après les conventions internationales.

Manuel pour gouverner les Abeilles et en retirer un grand profit, par MM. RADOUAN et MALEFEYRE. 2 vol.   6 fr.

— **Accordeur de Pianos,** mis à la portée de tout le monde, par M. GIORGIO ARMELLINO. 1 vol.   1 fr. 25

— **Acide oléique, Acides gras concrets,** voyez *Bougies stéariques*.

— **Actes sous signatures privées** en matières civiles, commerciales, criminelles, etc., par M. BIRET, ancien magistrat. 1 vol.   2 fr. 50

— **Aérostation,** ou Guide pour servir à l'histoire ainsi qu'à la pratique des *Ballons*, par M. DUPUIS-DELCOURT. 1 vol. orné de figures.   3 fr.

— **Agents-Voyers.** V. *Ponts et Chaussées,* 1re *partie*.

— **Agriculture Elémentaire,** à l'usage des écoles primaires et des écoles d'agriculture, par M. V. RENDU. (*Ouvrage autorisé par l'Université*.) 1 vol.   1 fr. 25

— **Alcools,** voyez *Distillation, Liquides, Négociant en eaux-de-vie*.

— **Alcoométrie,** contenant la description des appareils et des méthodes alcoométriques, des Tables de Mouillage et de Remontage, et des indications pour la vente des alcools au poids, par M. F. MALEPEYRE. 1 vol.   1 fr. 25

— **Algèbre,** ou Exposition élémentaire des principes de cette science, par M. TERQUEM. (*Ouvrage approuvé par l'Université*.) 1 gros vol.   3 fr. 50

— **Alliages métalliques,** par M. HERVÉ, officier supérieur d'artillerie, ancien élève de l'Ecole polytechnique. Ouvrage *approuvé par le Comité d'artillerie*. 1 vol. 3 fr. 50

— **Allumettes chimiques, Coton et Papier-poudre, Poudres et Amorces fulminantes;** dangers, accidents et maladies qu'elles produisent, par le docteur ROUSSEL. 1 vol. orné de figures.   1 fr. 50

— **Amidonnier et Vermicellier,** par MM. MORIN et F. MALEPEYRE. 1 vol. avec figures.   3 fr.

— **Amorces fulminantes,** voyez *Allumettes chimiques,* *Artificier,* 1re *partie*.

— **Anatomie comparée,** par MM. de SIEBOLD et STANNIUS, trad. de l'allemand par MM. SPRING et LACORDAIRE, professeurs à l'Université de Liége. 3 gros vol.   10 fr. 50

— **Aniline (Couleurs d'), d'Acide phénique et de Naphtaline,** comprenant : l'étude des Houilles, la distillation des Goudrons, la préparation des Benzines, Nitrobenzines, Anilines, de l'Acide phénique, de la Naphtaline et de leurs dérivés, ainsi que leur Emploi en Teinture, par M. Th. CHATEAU. 2 forts volumes, avec vignettes.   7 fr.

— Animaux nuisibles (Destructeur des).

1re *partie;* contenant les animaux nuisibles à l'agriculture, au jardinage, etc., par M. Vérardi. 1 vol. orné de pl.   3 fr.

2e *partie,* contenant les Hylophthires et leurs ennemis, ou Description et Iconographie des Insectes les plus nuisibles aux forêts, avec une méthode pour apprendre à les détruire et à ménager ceux qui leur font la guerre, à l'usage des forestiers, des jardiniers, etc., par MM. Ratzeburg, De Corberon et Boisduval. 1 vol. orné de 8 planches. 2 fr. 50

— Arbres fruitiers (Taille des), contenant les notions indispensables de Physiologie végétale; un Précis raisonné de la multiplication, de la plantation et de la culture; les vrais principes de la taille et leur application aux formes diverses que reçoivent les arbres fruitiers, par M. L. de Bavay. 1 vol. orné de figures.   3 fr.

— Archéologie, par M. Nicard. 3 vol. avec Atlas. Prix des 3 volumes : 10 fr. 50; de l'Atlas séparé : 12 fr. L'ouvrage complet: 22 fr. 50

— Architecte des Jardins, ou l'Art de les composer et de les décorer, par M. Boitard. 1 vol. avec Atlas de 140 planches.   15 fr.

Le même ouvrage, texte de même format que l'Atlas. 15 fr.

— Architecte des Monuments religieux, ou Traité d'Archéologie pratique, applicable à la restauration et à la construction des Eglises, par M. Schmit. 1 gros vol. avec Atlas contenant 21 planches.   7 fr.

— Architecture, ou Traité de l'Art de bâtir, par M. Toussaint, architecte. 2 vol. ornés de planches.   7 fr.

— Arithmétique démontrée, par MM. Collin et Trémery. 1 vol.   2 fr. 50

— Arithmétique complémentaire, ou Recueil de Problèmes nouveaux, par M. Trémery. 1 vol.   1 fr. 75

— Armurier, Fourbisseur et Arquebusier, par M. Paulin Désormeaux. 2 vol. avec figures.   6 fr.

— Arpentage, ou Instruction élémentaire sur cet art et sur celui de lever les plans, par M. Lacroix, de l'Institut, MM. Hogard, géomètre, et Vasserot, avocat. 1 vol. avec figures. (*Autorisé par l'Université.*)   2 fr. 50

On vend séparément les Modèles de Topographie, par Chartier. 1 pl. col.   1 fr.

— Art militaire, par M. Vergnaud, colonel d'artillerie. 1 volume avec figures.   3 fr.

— Artificier. *Première partie,* Pyrotechnie militaire, contenant la préparation et le chargement des Projectiles, des Artifices et des Combinaisons fulminantes, l'Art du Poudrier et du Salpétrier, et la fabrication des Poudres de guerre et de chasse, par M. A.-D. Vergnaud, colonel d'artillerie et M. P. Vergnaud, lieutenant-colonel. 1 gros vol. orné de figures. 3 fr. 50

— *Deuxième partie*, Pyrotechnie civile, contenant l'art de confectionner et de tirer les Feux d'artifice, par les mêmes auteurs, 1 vol. avec planche et vignettes. 2 fr.

— Aspirants aux fonctions de Notaires, Greffiers, Avocats à la Cour de Cassation, Avoués, Huissiers, et Commissaires-Priseurs, par M. Combes. 1 vol. 3 fr. 50

— Assolements, Jachère et Succession des Cultures, par M. Victor Yvart, de l'Institut, avec des notes par M. Victor Rendu, inspecteur de l'agriculture. 3 vol. 10 fr. 50

Le même ouvrage. 1 vol. in-4, voyez page 48. 12 fr.

— Astronomie, ou Traité élémentaire de cette science, trad. de l'anglais de W. Herschel, par M. A.-D. Vergnaud. 1 vol. orné de planches. 3 fr. 50

— Astronomie amusante, traduit de l'anglais, par A. D. Vergnaud. 1 vol. avec figures. 2 fr. 50

— Avocats, voyez *Aspirants* aux fonctions d'avocats à la Cour de Cassation.

— Avoués, voyez *Aspirants* aux fonctions d'Avoués.

— Ballons, voyez *Aérostation*.

— Bibliographie Universelle, par MM. F. Denis, P. Pinçon et De Martonne. 3 vol. 20 fr.

Le même ouvrage, 1 volume grand in-8 à 3 colonnes, papier collé pour recevoir des notes, voyez page 68. 25 fr.

— Bibliothéconomie, Arrangement, Conservation et Administration des Bibliothèques, par L.-A. Constantin. 1 vol. orné de figures. 3 fr.

— Bijoutier, Joaillier, Orfèvre, Graveur sur métaux et Changeur, par M. Julia de Fontenelle. 2 v. avec fig. 7 fr.

— Biographie, ou Dictionnaire historique abrégé des grands hommes, par M. Noël, ancien inspecteur-général des études. 2 volumes. 6 fr.

— Blanchiment et Blanchissage, Nettoyage et Dégraissage des fils de lin, coton, laine, soie, etc., par MM. J. de Fontenelle et Rouget de Lisle. 2 vol. avec pl. 6 fr.

— Blason, ou Traité de cet art sous le rapport archéologique et héraldique, par M. J. Pautet, 1 vol. avec pl. 3 fr. 50

— Bleus et Carmins d'Indigo (Fabricant de), par M. Félicien Capron, de Dôle. 1 volume. 1 fr. 50

— Boissons économiques, voyez *Vins de Fruits*.

— Boissons gazeuses, voyez *Eaux Gazeuses*.

— Bois (Manuel-Tarif métrique pour la conversion et la réduction des), par M. Lombard. 1 volume. 2 fr. 50

— **Bonnetier et Fabricant de bas,** par MM. Le-
BLANC et PREAUX-CALTOT. 1 vol. avec figures. 3 fr.

— **Botanique,** Partie élémentaire, par M. BOITARD.
1 vol. avec planches. 3 fr. 50

ATLAS DE BOTANIQUE pour la partie élémentaire. 1 vol.
In-8 renfermant 36 planches. 6 fr.

— **Botanique,** 2ᵉ partie, FLORE FRANÇAISE, ou Description synoptique des plantes qui croissent naturellement
sur le sol français, par M. BOISDUVAL. 3 gros vol. 10 fr. 50

ATLAS DE BOTANIQUE, composé de 120 planches, représentant la plupart des plantes décrites dans l'ouvrage ci-dessus.
Prix : figures noires, 9 fr ; fig. coloriées. 18 fr.

— **Bottier et Cordonnier,** par M. MORIN. 1 vol.
avec figures. 3 fr.

— **Boucher,** voyez *Charcutier*.

TABLEAU FIGURATIF DES MANIEMENTS ET DES COUPES DES
ANIMAUX DE BOUCHERIE, in-plano. 25 c.

TABLEAU FIGURATIF DES DIVERSES QUALITÉS DE LA VIANDE
DE BOUCHERIE, in-plano colorié. 75 c.

— **Boucherie Taxée,** ou Code des Vendeurs et des
Acheteurs de Viande, suivi d'un Barême pour l'application
du prix à la pesée, par un MAGISTRAT. 1 vol. 1 fr. 50

— **Bougies stéariques et Bougies de paraf-
fine,** traitant de la fabrication des Acides gras concrets,
de l'Acide oléique, de la Glycérine, etc., par M. F. MALE-
PEYRE. 2 vol. accompagnés de planches. 7 fr.

— **Boulanger,** ou Traité de la Panification française
et étrangère, contenant les moyens de reconnaître la sophistication des farines, par MM. J. DE FONTENELLE et F. MA-
LEPEYRE. 2 vol. accompagnés de planches. 6 fr.

— **Bourrelier et Sellier,** par M. LEBRUN. 1 vol.
orné de figures. 3 fr.

— **Bourse et ses Spéculations** mises à la portée de tout le monde, par M. BOYARD. 1 vol. 2 fr. 50

— **Bouvier et Zoophile,** ou l'Art d'élever et de soigner les animaux domestiques, par M. BOYARD. 1 v. 2 fr. 50

— **Brasseur,** ou l'Art de faire toutes sortes de Bières
françaises et étrangères, par M. F. MALEPEYRE. 2 gros volumes accompagnés de 11 planches. 7 fr.

— **Briquetier, Tuilier,** Fabricant de Carreaux et
de tuyaux de Drainage, contenant les procédés de fabrication, la description d'un grand nombre de Machines et de
Fours usités dans ces industries, par M. F. MALEPEYRE.
2 vol. ornés de figures. 6 fr.

— **Broderie,** ou Traité complet de cet Art, par
Mᵐᵉ CELNART. 1 vol. avec un Atlas de 40 planches. 7 fr.

— **Bronzage des Métaux et du Plâtre**, traitant des Enduits et des Peintures métalliques, de la Peinture et du Vernissage des Métaux et du Bois, par MM. G. DEBONLIEZ, F. FINK et F. MALEPEYRE. 1 volume orné de figures. 2 fr. 50

— **Cadres** (Fabricant de), Passe-Partout, Châssis, Encadrements, par M. DE SAINT-VICTOR. 1 vol. avec fig. 1 fr. 50

— **Calculateur**, ou COMPTES-FAITS utiles aux opérations industrielles, aux comptes d'inventaire, etc., par M. Aug. TERRIÈRE. 1 gros vol. 3 fr. 50

— **Calendrier** (Théorie du) et Collection de tous les calendriers des années passées, présentes et futures, par M. FRANCŒUR, professeur à la Faculté des sciences. 1 vol. 3 fr.

— **Calligraphie**, ou l'Art d'écrire en peu de leçons, d'après la méthode de CARSTAIRS. 1 Atlas in-8 obl. 1 fr.

— **Canotier**, ou Traité universel et raisonné de cet Art, par UN LOUP D'EAU DOUCE; vol. orné de fig. 1 fr. 75

— **Caoutchouc, Gutta-percha, Gomme factice**, Tissus imperméables, Toiles cirées et Cuirs vernis, par M. PAULIN-DÉSORMEAUX. 1 vol. orné de fig. 3 fr. 50

— **Capitaliste**, contenant la pratique de l'escompte et des comptes-courants, d'après la méthode nouvelle, par M. TERRIÈRE, employé à la trésorerie générale de la couronne. 1 gros vol. 3 fr. 50

— **Carrier**, voyez *Chaufournier*.

— **Cartes Géographiques** (Construction et Dessin des), par M. PERROT. 1 vol. orné de planches. 2 fr. 50

— **Cartonnier**, Cartier et Fabricant de Cartonnage, par M. LEBRUN. 1 vol. orné de figures. 3 fr.

— **Caves et Celliers** (Garçons de), **Maîtres de Chais**, voyez *Vins (Calendrier des)*.

— **Chamoiseur, Pelletier-Fourreur, Maroquinier, Mégissier et Parcheminier**, par M. JULIA DE FONTENELLE. 1 vol. orné de planches. 3 fr.

— **Chandelier et Cirier**, contenant toutes les opérations usitées dans ces industries, par MM. SÉB. LENORMAND et F. MALEPEYRE. 2 vol. accompagnés de planches. 6 fr.

— **Chapeaux** (Fabricant de), par MM. CLUZ, F. et JULIA DE FONTENELLE. 1 vol. orné de planches. 3 fr.

— **Charcutier, Boucher et Equarrisseur**, contenant l'Art de préparer et de conserver les différentes parties du Porc, les maniements et le Dépeçage du Bœuf, de la Vache, du Taureau, du Veau, du Mouton, du Porc et du Cheval, et traitant de l'utilisation des débris, par MM. LEBRUN et W. MAIGNE. 1 vol. accompagné de planches. 3 fr.

— **Charpentier,** ou Traité complet et simplifié de cet Art, par MM. HANUS, BISTON et BOUTEREAU. 1 vol. accompagné d'un Atlas de 21 planches. 5 fr.

— **Charron et Carrossier,** ou l'Art de fabriquer toutes sortes de Voitures, par MM. LEBRUN, LEROY et MALEPEYRE. 2 vol. ornés de 14 planches. 6 fr.

— **Chasselas,** sa culture à Fontainebleau, par un VIGNERON des environs. 1 vol. avec figures. 1 fr. 75

— **Chasseur,** ou Traité général de toutes les chasses à courre et à tir, par MM. BOYARD et DE MERSAN. 1 volume suivi de la musique des principales fanfares. 3 fr.

— **Chasseur-Taupier,** ou l'Art de prendre les Taupes par des moyens sûrs et faciles, par M. RÉDARÈS. 1 vol. orné de figures. 90 c.

— **Chaudronnier et Tôlier,** contenant l'Art de travailler au marteau le cuivre, la tôle et le fer-blanc, ainsi que les travaux d'Estampage et d'Etampage, par MM. JULLIEN, VALÉRIO et CASALONGA, ingénieurs civils. 1 vol. et 1 Atlas in-18. (*Sous presse.*)

— **Chaufournier, Plâtrier, Carrier,** contenant l'exploitation des Carrières et la fabrication du Plâtre, des différentes Chaux, des Ciments, Mortiers, Bétons, etc., par M. D. MAGNIER. 1 vol. avec figures. 3 fr.

— **Chemins de Fer** (Construction des), contenant des Etudes comparatives sur les divers systèmes de la voie et du matériel, le Formulaire des charges et conditions pour l'établissement des travaux, etc., par M. E. WITH. 2 vol. avec atlas. 7 fr.

— **Cheval** (Education et hygiène), par M. le vicomte de MONTIGNY, 1 vol. orné de 6 planches. 3 fr.

— **Chimie Agricole,** par MM. DAVY et VERGNAUD. 1 vol. orné de figures. 3 fr. 50

— **Chimie amusante,** ou Nouvelles Récréations chimiques, par M. VERGNAUD. 1 vol. orné de figures. 3 fr.

— **Chimie analytique,** contenant des notions sur les manipulations chimiques, les éléments d'analyse inorganique qualitative et quantitative, et des principes de chimie organique, par MM. WILL, F. VŒHLER, J. LIEBIG et MALEPEYRE. 2 vol. ornés de planches et de tableaux 5 fr.

— **Chimie appliquée,** Voyez *Produits chimiques.*

— **Chimie Inorganique et Organique** par M. VERGNAUD. 1 gros vol. orné de figures. 3 fr. 50

— **Chimiques** (Produits), voyez *Produits chimiques.*

— **Chirurgie,** voyez *Médecine, Instruments de chirurgie.*

— **Chocolatier,** voyez *Confiseur.*

— **Cidre et Poiré** (Fabricant de), indiquant les moyens d'imiter, avec le suc de pomme ou de poire, le Vin de raisin, l'Eau-de-Vie et le Vinaigre de vin, par M. Dubief. 1 vol. orné de figures. 2 fr. 50

— **Cire à cacheter** (Fabrication de la), voyez *Papetier-régleur, Papiers de Fantaisie.*

— **Ciseleur**, contenant la description des procédés de l'Art de ciseler et repousser tous les métaux ductiles, bijouterie, orfèvrerie, armures, bronzes, etc., par M. Jean Garnier, ciseleur-sculpteur. 1 vol. orné de figures. 3 fr.

— **Coiffeur**, précédé de l'Art de se coiffer soi-même, par M. Villaret. 1 vol. orné de figures. 2 fr. 50

— **Colles** (Fabrication de toutes sortes de), comprenant celles de matières végétales, animales et composées, par M. Malepeyre. 1 vol. orné de planches. 1 fr. 50

— **Coloriste**, contenant le mélange et l'emploi des Couleurs, ainsi que l'Enluminure, par MM. Perrot, Blanchard et Thillaye. 1 vol. orné de figures. 2 fr. 50

— **Commerce, Banque et Change**, contenant tout ce qui est relatif aux effets de Commerce, à la tenue des livres, à la comptabilité, à la bourse, aux emprunts, etc., par MM. Gallas et Pijon. 2 vol. 6 fr.
On vend séparément la Méthode nouvelle pour le calcul des intérêts a tous les taux. 1 vol. in-18. 1 fr. 50

— **Commissaire de Police**, voyez *Police de France.*

— **Commissaires-Priseurs**, voyez *Aspirants* aux fonctions de Commissaires-Priseurs.

— **Compagnie** (Bonne), ou Guide de la Politesse et de la Bienséance, par madame Celnart. 1 vol. 1 fr. 75

— **Comptes-Faits**, voyez *Calculateur, Capitaliste, Poids et Mesures (Barème des).*

— **Confiseur et Chocolatier**, par MM. Cardelli et Lionnet-Clémandot. 1 volume orné de planches. 3 fr.

— **Conserves alimentaires**, contenant les procédés usités pour la conservation des Substances alimentaires, la composition de ces substances et le rôle qu'elles jouent dans l'alimentation, ainsi que les Falsifications qu'elles subissent, les moyens de les reconnaître, par M. W. Maigne. 1 vol. 3 fr. 50

— **Construction moderne** (La), ou Traité de l'Art de bâtir avec solidité, économie et durée, comprenant la Construction, l'histoire de l'Architecture et l'Ornementation des édifices, par M. Bataille, architecte, ancien professeur. 1 vol. et Atlas grand in-8 de 44 planches. 15 fr.

— **Contre-Poisons**, ou Traitement des Individus

empoisonnés, asphyxiés, noyés ou mordus, par M. H. Chaussier, D.-M. 1 vol.   2 fr. 50

— **Contributions Directes,** Guide des Contribua-
bles et des Comptables de toutes classes, etc.; par M.
Boyard. 1 vol.   2 fr. 50

— **Cordier,** contenant la culture des Plantes textiles,
l'extraction de la Filasse, et la fabrication de toutes sortes
de cordes, par M. Boitard. 1 vol. orné de fig.   2 fr. 50

— **Corps gras concrets,** voyez *Bougies stéariques.*

— **Correspondance Commerciale,** contenant
les Termes de commerce, les Modèles et Formules épisto-
laires et de comptabilité, etc., par MM. Rees-Lestienne et
Trémery. 1 vol.   2 fr. 50

— **Corroyeur,** voyez *Tanneur.*

— **Coton et Papier-Poudre,** voyez *Allumettes chimiques, Artificier,* 1re *partie.*

— **Couleurs et Vernis** (Fabricant de), contenant
tout ce qui a rapport à ces différents Arts, par MM. Riffault, Vergnaud, Toussaint, Malepeyre et le docteur Em.
Winckler. 2 volumes ornés de figures.   7 fr.

— **Couleurs vitrifiables et Emaux,** voyez *Peinture sur Verre, sur Porcelaine et sur Email.*

— **Coupe des Pierres,** par MM. Toussaint et H.
M.-M., architectes. 1 vol. avec Atlas.   5 fr.

— **Coutelier,** ou l'Art de faire tous les Ouvrages de
Coutellerie, par M. Landrin, ingénieur civil. 1 vol.   3 fr. 50

— **Couvreur,** voyez *Maçon.*

— **Crustacés** (Hist. natur. des), par MM. Bosc et Des-
marest, etc. 2 vol. ornés de planches.   6 fr.
Atlas pour les Crustacés, 18 pl. Fig. noires, 1 fr. 50,
— fig. coloriées.   3 fr.

— **Cuisinier et Cuisinière,** à l'usage de la ville et
de la campagne, par M. Cardelli. 1 gros vol. de 472 pages,
orné de figures.   2 fr. 50

— **Cultivateur Forestier,** contenant l'Art de cultiver en forêts tous les Arbres indigènes et exotiques, par
M. Boitard. 2 vol.   5 fr.

— **Cultivateur Français,** ou l'Art de bien cultiver les Terres et d'en retirer un grand profit, par M. Thiébaut de Berneaud. 2 vol. ornés de figures.   5 fr.

— **Dames,** ou l'Art de l'Elégance, par madame Celnart. 1 vol.   3 fr.

— **Danse,** ou Traité théorique et pratique de cet Art,
contenant toutes les *Danses de Société* et la Théorie de la
Danse théâtrale, par Blasis et Lemaitre. 1 vol.   1 fr. 25

— **Décorateur-Ornementiste**, Graveur et Peintre en Lettres, par M. Schmit. 1 vol. avec Atlas in-4 de 30 planches. 7 fr.

. — **Dentelles et Tulles.** (*Sous presse.*)

. — **Dessin Linéaire**, par M. Allain, entrepreneur de travaux publics. 1 vol. avec Atlas de 20 planches. 5 fr.

— **Dessinateur**, ou Traité complet du Dessin, par M. Boutereau. 1 volume accompagné d'un Atlas de 20 planches, dont quelques-unes coloriées. 5 fr.

—**Distillateur-Liquoriste,** contenant les Formules des Liqueurs les plus répandues, les parfums, substances colorantes, etc., par MM. Lebeaud, Julia de Fontenelle et Malepeyre. 1 gros volume. 3 fr. 50

— **Distillation de l'Eau-de-Vie de pommes de terre et de betteraves**, par MM. Hourier et Malepeyre. 1 vol. accompagné de planches. 2 fr. 50

— **Distillation de toutes les substances alcoolisables** connues, par M. Eug. Lormé. (*Sous presse.*)

— **Domestiques**, ou l'art de former de bons serviteurs, par madame Celnart. 1 vol. 2 fr. 50

— **Dorure et Argenture sur Métaux**, au feu, au trempé, à la feuille, au pinceau, au pouce et par la méthode électro-métallurgique, traitant de l'application à l'Horlogerie de la dorure et de l'argenture galvaniques, et de la coloration des Métaux par les oxydes métalliques et l'Electricité, par MM. Ol. Mathey et W. Maigne. 1 vol. orné de figures. 2 fr. 50

— **Doreur et Argenteur,** voy. *Peintre en bâtiments.*

— **Drainage simplifié,** mis à la portée des Campagnes, suivi de la législation relative au Drainage, par M. De La Hodde. 1 petit vol. orné de fig. 90 c.

— **Draps** (Fabricant de), voyez *Tissus.*

— **Eaux et Boissons Gazeuses**, ou Description des méthodes et des appareils les plus usités depuis l'origine de cette industrie, le bouchage des bouteilles et des siphons, la Gazéification des Vins, Bières et Cidres, etc., par M. Rouget de Lisle. 1 vol. orné de vignettes et de planches. 3 fr. 50

— **Ebéniste.** (*Sous presse.*)

— **Economie domestique**, V. *Maîtresse de Maison.*

— **Economie politique**, par M. J. Pautet, 1 volume. 2 fr. 50

— **Electricité atmosphérique**, ou Instructions pour établir les Paratonnerres et les Paragrêles, par M. Riffault. 1 vol. 2 fr. 50

— **Électricité médicale**, ou Eléments d'Electro-

..iologie, suivi d'un Traité sur la Vision, par M. SMEE, traduit par M. MAGNIER. 1 vol. orné de fig. 3 fr.

— **Emaillage** sur terre cuite et métaux communs, voyez *Peinture sur Verre, sur Porcelaine et sur Email.*

— **Encres** (Fabricant de toutes sortes d'), d'écriture, d'imprimerie, sympathiques, etc., par MM. DE CHAMPOUR et F. MALEPEYRE. 1 vol. 1 fr. 50

— **Engrais** (FABRICATION ET APPLICATION DES) animaux, végétaux et minéraux, ou Traité théorique et pratique de la nutrition des plantes, par MM. Eug. et Henri LANDRIN. 1 vol. orné de vignettes. 2 fr. 50

— **Enregistrement et Timbre,** par M. BIRET. 1 gros vol. 3 fr. 50

— **Entomologie élémentaire,** ou Entretiens sur les Insectes en général, mis à la portée de la jeunesse, par M. BOYER DE FONSCOLOMBE. 1 gros vol. 3. fr.

— **Entomologie,** ou Histoire naturelle des Insectes et des Myriapodes, par M. BOITARD. 3 vol. 10 fr. 50

ATLAS D'ENTOMOLOGIE, composé de 110 planches représentant les Insectes décrits dans l'ouvrage ci-dessus. Figures noires, 9 fr. — Fig. coloriées. 18 fr.

— **Épistolaire** (Style), par M. BISCARRAT et madame la comtesse d'HAUTPOUL. 1 vol. 2 fr. 50

— **Equarrisseur,** voyez *Charcutier.*

— **Équitation,** à l'usage des deux sexes, par M. VERGNAUD. 1 vol. orné de figures. 3 fr.

— **Escaliers en Bois** (Construction des), traitant de la manipulation et du posage des Escaliers à une ou plusieurs rampes, de tous les modèles et s'adaptant à toutes les constructions, par M. BOUTEREAU. 1 vol. et Atlas grand in-8 de 20 planches gravées sur acier. 5 fr.

— **Escrime,** ou Traité de l'Art de faire des armes, par M. LAFAUGÈRE. 1 vol. orné de vignettes. 2 fr. 50

— **Essayeur,** par MM. VAUQUELIN, GAY-LUSSAC et D'ARCET, publié par M. VERGNAUD. 1 vol. 3 fr.

— **État Civil** (Officier de l'), pour la Tenue des Registres et la Rédaction des Actes, etc., etc., par M. LEMOLT, ancien magistrat. 1 vol. 2 fr. 50

— **Étoffes imprimées** (Fabricant d') et Fabricant de Papiers peints, par MM. Séb. LENORMAND et VERGNAUD. 1 v. 3 fr.

— **Falsifications des Drogues** simples ou composées, par M. PÉDRONI, professeur. 1 vol. orné de fig. 2 fr. 50

— **Ferblantier et Lampiste,** ou l'Art de confectionner tous les Ustensiles en fer-blanc, par MM. LEBRUN et MALEPEYRE. 1 vol. orné de fig. 3 fr. 50

2

— **Fermier**, ou l'Agriculture simplifiée et mise à la portée de tout le monde, par M. DE LÉPINOIS. 1 vol.   2 fr. 50

— **Fermière** (Bonne), voyez *Habitants de la Campagne*.

— **Filateur**, ou Description des Méthodes anciennes et nouvelles employées pour filer le Coton, le Lin, le Chanvre, la Laine et la Soie.   (*Sous presse.*)

— **Filature de Coton**, suivi de Formules pour apprécier la résistance des appareils mécaniques, etc., par M. DRAPIER. 1 vol. avec planches.   2 fr. 50

— **Filets**, voyez *Pêcheur*.

— **Fleuriste artificiel**, ou l'Art d'imiter, d'après nature, toute espèce de Fleurs, suivi de l'Art du Plumassier, par madame CELNART. 1 vol. orné de fig.   2 fr. 50

On peut se procurer des *modèles coloriés*, dessinés d'après nature, par REDOUTÉ. La planche,   1 fr. 50

— **Fleuriste artificiel simplifié**, par mademoiselle SOURDON. 1 vol.   1 fr. 50

— **Fondeur sur tous métaux**, par MM. LAUNAY, fondeur de la colonne de la place Vendôme, VERGNAUD et MALEPEYRE (*Ouvrage faisant suite au travail des Métaux*). 2 vol. ornés d'un grand nombre de planches.   7 fr.

— **Fontainier**, voyez *Mécanicien-Fontainier*.

— **Forgeron, Maréchal, Taillandier.** Voyez *Charron, Serrurier*.

— **Forges** (Maître de), ou l'Art de travailler le fer, par M. LANDRIN. 2 vol. ornés de planches.   6 fr.

— **Forestier praticien** (Le) et Guide des Gardes-Champêtres, traitant de la Conservation des Semis, de l'Aménagement, de l'Exploitation, etc., etc., des Forêts, par MM. CRINON et VASSEROT. 1 vol.   1 fr. 25

— **Formulaire de Mécanique et d'Industrie.** Voyez *Technologie physique et mécanique*.

— **Galvanoplastie**, ou Traité complet des Manipulations électro-métallurgiques, contenant tous les procédés les plus récents et les plus usités, par M. A. BRANDELY. (*Sous presse.*)

— **Garantie des matières d'Or et d'Argent**, par M. LACHÈZE, contrôleur à Paris. 1 vol.   1 fr. 75

— **Gardes-Champêtres, Gardes-Forestiers, Gardes-Pêche et Gardes Chasse**, par M. BOYARD, ancien président à la Cour Impériale d'Orléans, et M. VASSEROT, avocat à la Cour Impériale de Paris. 1 vol.   2 fr. 50

— **Gardes-Malades**, et personnes qui veulent se soigner elles-mêmes, par M. le docteur MORIN. 1 vol. 2 fr. 50

— **Gardes nationaux de France**, contenant l'E-

cole du soldat et de peloton, les Ordonnances, Règle-
ments, etc., etc., par M. R. L. 33e édit. I vol.   1 fr. 25
— **Gaz** (Eclairage et Chauffage au), ou Traité élémentaire et pratique destiné aux Ingénieurs, aux Directeurs et
aux Contre-Maîtres d'Usines à Gaz, mis à la portée de tout
le monde, suivi d'un *Memento de l'Ingénieur-Gazier*, par
M. D. MAGNIER, ingénieur-gazier. 2 vol. accompagnés de
15 planches gravées sur acier.   6 fr.
   On a extrait de ce Manuel l'ouvrage suivant :
MEMENTO DE L'INGÉNIEUR-GAZIER, contenant, sous une
forme succincte, les Notions et les Formules nécessaires à
toutes les personnes qui s'occupent de la Fabrication et de
l'Emploi du Gaz, par M. D. MAGNIER. Brochure in-18.   75 c.
— **Géographie de la France,** divisée par bassins,
par M. LORIOL (*Autorisé par l'Université*). 1 vol.   2 fr. 50
— **Géographie générale,** par M. DEVILLIERS. 1 gros
vol. de plus de 400 pages, orné de 7 jolies cartes.   3 fr. 50
— **Géographie physique,** ou Introduction à l'étude
de la Géologie, par M. HUOT. 1 vol.   3 fr.
— **Géologie,** ou Traité élémentaire de cette science,
par MM. HUOT et D'ORBIGNY. 1 vol. orné de pl.   3 fr.
— **Glaces** (Fabrication des), voyez *Verrier.*
— **Glacier,** voyez *Limonadier.*
: — **Glycérine** (Fabr. de la), Voyez *Bougies stéariques.*
— **Gnomonique,** ou l'Art de tracer les cadrans, par
M. BOUTEREAU. 1 vol. orné de figures.   3 fr.
— **Gouache,** voyez *Miniature.*
— **Gourmands,** ou l'Art de faire les honneurs de sa
table, par CARDELLI. 1 vol.   3 fr.
— **Graveur,** ou Traité complet de l'Art de la Gra-
vure en tous genres, par MM. PERROT et MALEPEYRE. 1 vol.
orné de planches.   3 fr.
— **Greffes** (Monographie des), ou Description des di-
verses sortes de Greffes employées pour la multiplication
des végétaux, par M. THOUIN, de l'Institut, etc. 1 vol. orné
de 8 planches.   2 fr. 50
— **Greffiers,** voyez *Aspirants* aux fonctions de Greffiers.
— **Gutta-Percha,** CAOUTCHOUC, etc. Voyez *Caoutchouc.*
— **Gymnastique,** par M. le colonel AMOROS. (*Ouvrage
couronné par l'Institut, admis par l'Université, etc.*) 2 vol.
et Atlas.   10 fr. 50
— **Habitants de la Campagne** et Bonne Fer-
mière, contenant tous les moyens de faire valoir, de la manière la plus profitable, les terres, le bétail, les récoltes,
etc., par madame CELNART. 1 vol.   2 fr. 50
— **Héraldique** (Art), voyez *Blason.*

— **Herboriste,** voyez *Histoire naturelle médicale.*

— **Histoire naturelle (Atlas D').**

— Pour la Botanique, 120 planches. Fig. noires.   9 fr.
Figures coloriées.   18 fr.

— Pour les Mollusques, 51 planches, fig. noires.   3 fr. 50
Figures coloriées.   7 fr.

— Pour les Crustacés, 18 planches, fig. noires.   1 fr. 50
Figures coloriées.   3 fr.

— Pour les Insectes, 110 planches, figures noires.   9 fr.
Figures coloriées.   18 fr.

— Pour les Mammifères, 80 planches, fig. noires.   6 fr.
Figures coloriées.   12 fr.

— Pour les Minéraux, 40 planches, fig. noires.   3 fr.
Figures coloriées.   6 fr.

— Pour les Oiseaux, 129 planches, fig. noires.   10 fr.
Figures coloriées.   20 fr.

— Pour les Poissons, 155 planches, fig. noires.   12 fr.
Figures coloriées.   24 fr.

— Pour les Reptiles, 54 planches, fig. noires.   5 fr.
Figures coloriées.   10 fr.

— Pour les Zoophytes, 25 planches, fig. noires.   3 fr.
Figures coloriées.   6 fr.

— **Histoire naturelle médicale et de Pharmacographie,** ou Tableau des Produits que la Médecine et les Arts empruntent à l'Histoire naturelle, par M. LESSON, pharmacien en chef de la marine à Rochefort. 2 vol.   5 fr.

— **Histoire universelle,** depuis le commencement du monde, par CAHEN. 1 vol.   2 fr. 50

— **Horloger,** comprenant la Construction détaillée de l'Horlogerie ordinaire et de précision, de l'Horlogerie électrique, et, en général, de toutes les machines propres à mesurer le temps; par MM. LENORMAND, JANVIER et MAGNIER, revu par M. L. S.-T., ancien élève de l'Ecole Polytechnique. 1 vol. et atlas.   5 fr.

— **Horloges** (Régulateur des), Montres et Pendules, par MM. BERTHOUD et JANVIER. 1 vol. orné de fig.   1 fr. 50

— **Huiles minérales,** leur Fabrication et leur Emploi à l'Eclairage et au Chauffage, par M. D. MAGNIER, ingénieur. 1 vol. accompagné de planches.   3 fr. 50

— **Huiles végétales et animales** (Fabricant et Epurateur d'), comprenant l'Essai des Huiles et les moyens de constater leur sophistication, par MM. J. DE FONTENELLE et F. MALEPEYRE. 1 gros vol. accompagné de planches.   3 fr. 50

— **Huissiers,** voy. *Aspirants* aux fonctions d'Huissiers.

— **Hygiène,** ou l'Art de conserver sa santé, par le docteur MORIN. 1 vol.   3 fr.

— **Imprimerie**, voyez *Typographie*, *Lithographie*, *Taille-douce*.

— **Indiennes** (Fabricant d'), renfermant les Impressions des Laines, des Châles et des Soies, par MM. THILLAYE et VERGNAUD. 1 vol. avec planches. 3 fr. 50

— **Ingénieur Civil**, par MM. JULLIEN, LORENTZ et SCHMITZ, Ingénieurs civils. 2 gros vol. avec un Atlas renfermant 28 planches. 10 fr. 50

— **Instruments de Chirurgie** (Fabricant d') par H.-C. LANDRIN. 1 gros vol. orné de planches. 3 fr. 50

— **Irrigations et assainissement des Terres**, ou Traité de l'emploi des Eaux en agriculture, par M. le marquis DE PARETO, 4 vol. ornés d'un Atlas composé de 40 planches in-folio. 18 fr.

— **Jardinier**, ou l'Art de cultiver et de composer toutes sortes de Jardins, par M. BAILLY.
1re partie (POTAGER ET FRUITIER), *seule :* 2 fr. 50
2e partie (FLEURISTE), *épuisée.*

— **Jardins** (Art de cultiver les), renfermant un Calendrier indiquant mois par mois tous les travaux à faire en Jardinage, les principes d'Horticulture, etc., par UN JARDINIER AGRONOME. 1 gros vol. orné de figures. 3 fr. 50

— **Jaugeage et Débitants de Boissons**. 1 vol. orné de fig. Voyez *Vins*. 3 fr. 50

— **Jeunes gens**, ou Sciences, Arts et Récréations qui leur conviennent, et dont ils peuvent s'occuper avec agrément et utilité, par M. VERGNAUD. 2 vol. ornés de fig. 6 fr.

— **Jeux d'Adresse et d'Agilité**, contenant les Récréations à l'usage des jeunes gens et des jeunes filles de tout âge, par M. DUMONT. 1 vol. orné de figures. 3 fr.

— **Jeux de Calcul et de Hasard**, ou nouvelle Académie des Jeux, comprenant les Jeux de Cartes, de Dés, de Roulette, de Trictrac, de Dames, d'Echecs, de Billard, etc., par M. LEBRUN. 1 vol. orné de figures. 3 fr.

— **Jeux de Société**, renfermant les Rondes enfantines, les Jeux de Salon et les Pénitences, les plus en usage dans les réunions intimes, par Mme CELNART. 1 vol. 2 fr. 50

— **Jeux enseignant la Science**, ou Introduction à l'étude de la Mécanique, de la Physique, etc., par M. RICHARD. 2 vol. 6 fr.

— **Justices de Paix**, ou Traité des Compétences et Attributions tant anciennes que nouvelles, en toutes matières, par M. BIRET, ancien magistrat. 1 vol. 3 fr. 50
LE MÊME OUVRAGE, 1 vol. in-8. (*Voyez* page 69.) 6 fr.

— **Laiterie**, ou Traité de toutes les méthodes en usage

pour la Laiterie, contenant l'Art de faire le Beurre, de confectionner les Fromages, etc., par M. THIÉBAUT DE BERNEAUD. 1 vol. orné de figures. 2 fr. 50

— **Lampiste,** voyez *Ferblantier.*

— **Langage** (Pureté du), par M. BLONDIN. 1 vol. 1 fr. 50

— **Langage** (Pureté du), par MM. BISCARRAT et BONIFACE. 1 vol. 2 fr. 50

— **Limonadier,** Glacier, Cafetier et Amateur de thés, par MM. CHAUTARD et JULIA DE FONTENELLE. 1 volume avec figures. 2 fr. 50

— **Liqueurs,** voyez *Distillateur, Liquides.*

— **Lithographe** (Imprimeur et Dessinateur), traitant de l'Autographie, la Lithographie mécanique, la Chromolithographie, la Lithophotographie, la Zincographie, et suivi des Papiers de sûreté, par M. KNECHT, élève de Senefelder. 1 gros vol. avec Atlas. 5 fr.

— **Liquides (Amélioration des),** tels que Vins, Vins mousseux, Alcools, Spiritueux, Vinaigres, etc., contenant les meilleures formules pour le coupage et l'imitation des Vins de tous les crûs, etc., par M. LEBEUF. 1 vol. 3 fr.

— **Littérature** à l'usage des deux sexes, par madame D'HAUTPOUL. 1 vol. 1 fr. 75

— **Luthier,** contenant la Construction intérieure et extérieure des Instruments à cordes et à archet et la Fabrication des Cordes harmoniques et à boyaux, par MM. MAUGIN et MAIGNE. 1 volume avec planches. 2 fr. 50

— **Machines à Vapeur** appliquées à la Marine, par M. JANVIER, officier de marine et ingénieur civil, 1 vol. avec fig. 3 fr. 50

— **Machines Locomotives** (Constructeur de), par M. JULLIEN, ingénieur civil, etc. 1 gros volume avec Atlas. 5 fr.

— **Machines-Outils** employées dans les usines et ateliers de construction, pour le Travail des Metaux, par M. CHRÉTIEN. 2 vol. et atlas de 16 pl. grand in-8. 10 fr. 50 LE MÊME OUVRAGE. 1 vol. in-8° jésus, renfermant l'Atlas. Voyez page 55. 12 fr.

— **Maçon, Couvreur, Paveur, Carreleur, Stucateur et Bitumeur,** contenant l'emploi, dans ces industries, des matières calcaires, siliceuses et bitumineuses, par MM. TOUSSAINT et D. MAGNIER. 1 volume accompagné de 12 planches. 3 fr. 50

— **Magie blanche,** voyez *Sorcellerie, Sorciers.*

— **Magie Naturelle et Amusante,** par M. VERGNAUD. 1 vol. avec figures. 3 fr.

— **Maires, Adjoints, Conseillers et Officiers municipaux**, rédigé *par ordre alphabétique*, et mis au courant de la législation actuelle, par M. Ch. VASSEROT, ancien adjoint, avocat à la Cour Impériale de Paris. 1 gros vol.   3 fr. 50
Voyez *Manuel des Maires*, par M. BOYARD. 2 vol. in-8° (page 69).   12 fr.

— **Maître d'Hôtel**, ou Traité complet des menus, mis à la portée de tout le monde, par M. CHEVRIER. 1 vol. orné de figures.   3 fr.

— **Maîtresse de Maison**, ou Conseils et Recettes sur l'Economie domestique, par MMes PARISET et CELNART. 1 vol.   2 fr. 50

— **Mammalogie**, ou Histoire naturelle des Mammifères, par M. LESSON. 1 gros vol.   3 fr. 50
ATLAS DE MAMMALOGIE, composé de 80 planches représentant la plupart des animaux décrits dans l'ouvrage ci-dessus : figures noires, 6 fr. ; fig. coloriées,   12 fr.

— **Marbrier, Constructeur et Propriétaire de maisons**, par MM. B. et M. 1 vol. avec un bel Atlas renfermant 20 planches gravées sur acier.   7 fr.

— **Marine**, Gréement, manœuvre du Navire et Artillerie, par M. VERDIER. 2 vol. ornés de figures.   5 fr.

— **Mathématiques appliquées**, par M. RICHARD. 1 gros vol. avec figures.   3 fr.

— **Mécanicien-Fontainier, Sondeur, Pompier et Plombier**, par MM. JANVIER, BISTON et MALEPEYRE. 1 vol. orné de planches.   3 fr. 50

— **Mécanique**, ou Exposition élémentaire des lois de l'Équilibre et du Mouvement des Corps solides, par M. TERQUEM. 1 gros vol. orné de planches.   3 fr. 50

— **Mécanique appliquée à l'Industrie**, voyez *Technologie mécanique*.

— **Mécanique pratique**, à l'usage des directeurs et contre-maîtres, par MM. BERNOUILLI et VALÉRIUS, 1 vol. 2 fr.

— **Médecine et Chirurgie domestiques**, par M. le docteur MORIN. 1 vol.   3 fr. 50

— **Menuisier en bâtiments, Layetier-Emballeur**, par M. NOSBAN. 2 vol. accompagnés de planches et ornés de vignettes. (*Sous presse.*)

— **Menuiserie simplifiée**, à l'usage des amateurs et des apprentis, par M. BOUZIQUE. 1 vol. avec pl. 1 fr. 50

— **Métaux** (Travail des), Fer et Acier manufacturés, par M. VERGNAUD. 2 vol.   6 fr.
Voyez *Machines-Outils*, page 20.

— **Métreur et Vérificateur en bâtiments,**
ou Traité de l'Art de métrer et de vérifier tous les ouvrages
en bâtiments, par M. Lebossu, architecte expert.

Première partie. Terrasse et maçonnerie. 1 vol.   2 fr. 50
Deuxième partie. Menuiserie, peinture, tenture, vitrerie,
dorure, charpente, serrurerie, couverture, plomberie, mar-
brerie, carrelage, pavage, poêlerie, etc. 1 vol.   2 fr. 50

— **Meunier, Négociant en grains et Constructeur de moulins.** (*Sous presse.*)

— **Microscope** (Observateur au), par F. Dujardin,
1 vol. avec Atlas de 30 planches.   10 fr. 50

— **Militaire** (Art), à l'usage des Militaires de toutes
les armes, par M. Vergnaud. 1 vol. orné de fig.   3 fr.

— **Minéralogie,** ou Tableau des Substances minérales, par M. Huot. 2 vol. ornés de fig.   6 fr.

Atlas de Minéralogie, composé de 40 planches représentant la plupart des Minéraux décrits dans l'ouvrage ci-
dessus; fig. noires, 3 fr. — Fig. coloriées.   6 fr.

— **Mines** (Exploitation des), par J.-F. Blanc, ingénieur.
1re *partie*, Houille. 1 vol. avec figures.   3 fr. 50
2e *partie*, Fer, Plomb, Cuivre, Étain, Argent, Or, Zinc,
Diamant, etc. 1 vol. avec fig.   3 fr. 50

. — **Miniature,** Gouache, Lavis à la Sépia, Aquarelle
et Peinture à la cire, par MM. C. Viguier, Langlois de
Longueville et Duroziez. (*Sous presse.*)

— **Mollusques** (Histoire naturelle des) et de leurs coquilles, par M. Sander-Rang. 1 vol. avec planches. 3 fr. 50
Atlas pour les Mollusques, représentant les Mollusques
nus et les Coquilles. 51 planches, fig. noires.   3 fr. 50
Figures coloriées.   7 fr.

— **Morale,** ou Droits et Devoirs dans la Société.
1 vol.   75 c.

— **Moraliste,** ou Pensées et Maximes instructives
pour tous les âges de la vie, par M. Tremblay. 2 vol. 5 fr.

— **Mouleur,** ou l'Art de mouler en plâtre, carton,
carton-pierre, carton-cuir, cire, plomb, argile, bois, écaille,
corne, etc., par M. Lebrun. 1 vol. orné de fig.   2 fr. 50

— **Mouleur en Médailles,** suivi de l'Art de frapper des creux et des reliefs en métaux; et d'un Traité de
Galvanoplastie appliquée aux médailles, par MM. Robert
et De Valicourt. 1 vol. avec figures.   1 fr. 50

— **Moutardier,** voyez *Vinaigrier.*

— **Musique,** ou Grammaire contenant les principes
de cet Art, par M. Led'huy. 1 vol. avec musique. 1 fr. 50

— **Musique Vocale et Instrumentale,** ou Encyclopédie musicale, par M. Choron, ancien directeur de l'Opéra, fondateur du Conservatoire de Musique classique et religieuse, et M. DE Lafage, professeur de chant et de composition.

— Première partie : Exécution. Connaissances élémentaires. Sons, Notations, Instruments. 1 vol. et Atlas. 5 f.

. — Deuxième partie : Composition. Mélodie et Harmonie. Contre-Point. Imitation. Instrumentation. Musique vocale et instrumentale d'Eglise, de Chambre et de Théâtre. 3 vol. et 3 Atlas. 20 fr.

— Troisième partie : Complément ou Accessoire. Théorie physico-mathématique. Institutions. Hist. de la musique. Bibliographie. Résumé général. 2 vol. et Atlas. 10 fr. 50

SOLFÈGES, MÉTHODES.

Solfège d'Italie.	12 f.	»	Méthode de Cor.	1 f. 50
— de Rodolphe	4	»	— de Basson.	» 75
Méthode de violon.	3	»	— de Serpent.	1 50
— d'Alto.	1	»	— de Trompette et	
— de Violoncelle.	4	50	Trombone.	» 75
— de Contre-basse.	1	25	— d'Orgue.	3 50
— de Flûte.	5	»	— de Piano.	4 50
— de Hautbois. }			— de Harpe.	3 50
— de Cor anglais. }	1	75	— de Guitare.	3 »
— de Clarinette.	2	»	— de Flageolet.	2 »

— **Mythologies** grecque, romaine, égyptienne, syrienne, africaine, etc., par M. Dubois. (*Ouvrage autorisé par l'Université.*) 1 vol. 2 fr. 50

— **Nageurs,** Baigneurs et Pédicures, par M. Julia DE Fontenelle. 1 vol. orné de vignettes et de planches. 3 fr.

— **Naturaliste-Préparateur,** ou l'Art d'empailler les animaux, de conserver les Végétaux et les Minéraux, de préparer les pièces d'Anatomie et de classer et conserver les Collections d'Histoire naturelle, par M. Boitard. 1 vol. avec figures. 3 fr. 50

— **Navigation,** contenant la manière de se servir de l'Octant et du Sextant, les méthodes usuelles d'astronomie nautique, suivi d'un Supplément contenant les méthodes de calcul exigées des candidats au grade de Maitre au cabotage, par M. Giquel, professeur d'hydrographie. 1 vol. orné de fig. 2 fr. 50

— **Navigation intérieure,** à l'usage des Pilotes, Mariniers et Agents employés au service de la navigation intérieure, par M. Beauvalet, inspecteur. 1 vol. 2 fr. 50

— **Négociant en Eaux-de-vie**, Liquoriste, Marchand de vin et Distillateur, par MM. Ravon et Malepeyre, 1 vol. 75 c.

— **Notaires**, voy. *Aspirants* aux fonctions de Notaires.

— **Numismatique ancienne**, par M. Barthélemy, ancien élève de l'École des Chartes. 1 gros vol. orné d'un Atlas renfermant 433 figures. 5 fr.

— **Numismatique moderne et du moyen-âge**, par M. Barthélemy. 1 gros vol. orné d'un Atlas renfermant 12 planches. 5 fr.

— **Octrois** et autres impositions indirectes, par M. Biret. 1 vol. 3 fr. 50

— **Oiseaux de Volière et de Cage** (Eleveur d'), contenant la Description des genres et des principales espèces d'Oiseaux indigènes et exotiques, par MM. R. P. Lesson et Maigne. 1 fort volume. 3 fr.

— **Oiseleur**, ou Secrets anciens et modernes de la Chasse aux Oiseaux, par MM. J. G. et Conrard, 1 vol. orné de planches. 3 fr.

— **Onanisme** (Dangers de l'), par M. Doussin-Dubreuil. 1 vol. 1 fr. 25

— **Optique**, ou Traité complet de cette science, par Brewster et Vergnaud. 2 vol. avec fig. 6 fr.

— **Organiste**, 1re PARTIE, contenant l'histoire de l'Orgue, sa description, la manière de le jouer, etc., par M. Georges Schmitt. 1 volume orné de figures et de musique. 2 fr. 50

— **Organiste**, 2e PARTIE, contenant l'expertise de l'Orgue, sa description, la manière de l'entretenir et de l'accorder soi-même, suivi de Procès-verbaux pour la réception des Orgues de toute espèce, par M. Charles Simon. 1 vol. orné de planches et de musique. 1 fr. 50

— **Organiste**, 3e PARTIE, COMPLÉMENT, contenant le Plain-Chant romain et français, une nouvelle Méthode à l'usage des personnes qui ne connaissent pas la musique pour exécuter sur l'orgue tous les offices de l'année, suivi de Préludes pour l'Orgue, notés d'après le système ordinaire, par M. Miné. 1 vol. et un fort atlas in-8 oblong. 5 fr.

— **Orgues** (Facteur d'), contenant le travail de Dom Bédos, etc., etc., par M. Hamel, de Beauvais. 3 vol. avec un Atlas in-folio. 18 fr.

— **Ornementiste**, voyez *Décorateur*.

— **Ornithologie**, ou Description des genres et des principales espèces d'oiseaux, par M. Lesson. 2 vol. 7 fr.

ATLAS D'ORNITHOLOGIE, composé de 129 planches représentant la plupart des oiseaux décrits dans l'ouvrage ci-dessus. Figures noires, 10 fr.; figures coloriées. 20 fr.

— **Orthographiste**, ou Cours théorique et pratique d'Orthographe, par M. TRÉMERY. 1 vol. 2 fr. 50

— **Paléontologie**, ou des Lois de l'organisation des êtres vivants comparées à celles qu'ont suivies les Espèces fossiles et humatiles dans leur apparition successive; par M. MARCEL DE SERRES, professeur à la Faculté des Sciences de Montpellier. 2 vol. avec Atlas. 7 fr.

— **Papetier et Régleur** (Marchand), par MM. JULIA DE FONTENELLE et POISSON. 1 gros vol. avec pl. 3 fr. 50

— **Papiers** (Fabricant de), Carton et Art du Formaire, par M. LENORMAND. 2 vol. et Atlas. 10 fr. 50

— **Papiers de Fantaisie** (Fabricant de), Papiers marbrés, jaspés, maroquinés, gaufrés, dorés, etc.; Peau d'âne factice, Papiers métalliques; Cire et Pains à cacheter, Crayons, etc., etc., par M. FICHTENBERG. 1 vol. orné de modèles de papiers. 3 fr.

— **Papiers peints** (Fabricant de), voyez *Étoffes imprimées*.

— **Paraffine** (Fabrication et Epuration de la), voyez *Bougies stéariques, Huiles minérales*.

— **Parfumeur**, contenant une foule de procédés nouveaux, employés en France, en Angleterre et en Amérique, à l'usage des chimistes-fabricants et des ménages, par MM. PRADAL et F. MALEPEYRE. 1 vol. orné de fig. 3 fr.

— **Patinage** et Récréations sur la Glace, par M. PAULIN-DÉSORMEAUX. 1 vol. orné de 4 planches. 1 fr. 25

— **Pâtissier et Pâtissière**, ou Traité complet et simplifié de Pâtisserie de ménage, de boutique et d'hôtel, par M. LEBLANC. 1 volume. 2 fr. 50

— **Paveur et Carreleur**, voyez *Maçon*.

— **Pêcheur**, ou Traité général de toutes les pêches *d'eau douce et de mer*, contenant l'histoire et la pêche des animaux fluviatiles et marins, les diverses pêches à la ligne et aux filets en eau douce et salée, la fabrication des instruments de pêche et des filets, l'empoissonnement des étangs et des viviers, la législation relative à la pêche fluviale et maritime, par MM. PESSON-MAISONNEUVE, MORICEAU et G. PAULIN. 1 joli vol. avec vignettes et planches. 3 fr. 50

— **Pêcheur-Praticien**, ou les Secrets et les Mystères de la Pêche à la ligne dévoilés, par M. LAMBERT. 1 joli vol. orné de vignettes et de planches. 1 fr. 50

— **Peintre d'histoire et Sculpteur**, ouvrage dans lequel on traite de la philosophie de l'Art et des moyens pratiques, par M. ARSENNE, peintre. 1 vol.   3 fr. 50

.— **Peintre d'histoire naturelle,** contenant des notions générales sur le dessin, le clair-obscur, l'effet des couleurs naturelles et artificielles, les divers genres de peintures, etc., par M. DUMÉNIL. 1 vol. orné de teintes. 3 fr.

— **Peinture à la cire**, voyez *Miniature*.

— **Peinture à l'Aquarelle** (Cours de), par M. P. D. 1 vol. orné de planches coloriées.   1 fr. 75

— **Peintre en Bâtiments,** Vernisseur, Vitrier, Doreur et Argenteur sur bois, sur porcelaine et sur verre, par MM. RIFFAULT, VERGNAUD, TOUSSAINT et F. MALEPEYRE. 1 vol. orné de figures.   3 fr.

— **Peinture et Fabrication des Couleurs,** ou Traité des diverses Peintures, à l'usage des deux sexes, par M. Joseph PANIER, élève et successeur de M. LAMBERTYE, fabricant de couleurs fines, etc. 1 vol.   1 fr. 50

— **Peinture sur Verre, sur Porcelaine et sur Émail,** traitant, outre ces différents arts, de la fabrication des Emaux et des Couleurs vitrifiables, ainsi que de l'Emaillage sur métaux communs et sur poteries, par MM. REBOULLEAU et MAGNIER. 1 vol. avec figures.   3 fr. 50

— **Perspective,** Dessinateur et Peintre, par M. VERGNAUD. 1 vol. accompagné de planches.   3 fr.

— **Pharmacie Populaire,** simplifiée et mise à la portée de toutes les classes de la société, par M. JULIA DE FONTENELLE. 2 vol.   6 fr.

— **Philosophie expérimentale,** à l'usage des collèges et des gens du monde, par M. AMICE, régent dans l'Académie de Paris. 1 gros vol.   3 fr. 50

— **Photographie** sur Métal, sur Papier et sur Verre, contenant toutes les découvertes les plus récentes, par M. DE VALICOURT. 2 vol. ornés de fig.   6 fr.

— **Photographe** (Guide du), ou l'Art pratique et théorique de faire des Portraits sur Verre, Papier, Métal, etc., etc., au moyen de l'action de la lumière, par MM. J. SELLA et DE VALICOURT. 1 gros vol.   3 fr. 50

— **Photographie** (Répertoire de), par M. DE LA-TREILLE. 1 gros vol.   3 fr. 50

— **Photographie simplifiée** sur Verre et sur Papier, par M. DE VALICOURT. 1 gros volume.   1 fr. 50

— **Physicien-Préparateur,** ou nouvelle Description d'un cabinet de Physique, par MM. Ch. CHEVALIER et le docteur FAU. 2 gros vol. avec un Atlas de 88 pl.   15 fr.

— **Physiologie végétale**, Physique, Chimie et Minéralogie appliquées à la culture, par M. BOITARD. 1 vol. orné de planches. 3 fr.

— **Physionomiste et Phrénologiste**, ou les Caractères dévoilés par les signes extérieurs, d'après Lavater, par MM. H. CHAUSSIER fils et le docteur MORIN. 1 vol. avec figures. 3 fr.

— **Physionomiste des Dames**, d'après Lavater, par un Amateur. 1 vol. avec figures. 3 fr.

— **Physique appliquée aux Arts et Métiers**, principalement à la construction des Fourneaux, des Calorifères, des Machines à vapeur, des Pompes, l'Art du Fumiste, l'Opticien, Distillateur, Sècheries, Artillerie à vapeur, Éclairage, Bélier et Presse hydrauliques, Aréomètres, Lampe à niveau constant, etc., par MM. GUILLOUD et TERRIEN. 1 vol. orné de figures. 3 fr. 50

— **Physique amusante** ou Nouvelles récréations physiques, par MM. J. DE FONTENELLE et F. MALEPEYRE. 1 gros vol. orné de planches. 3 fr. 50

— **Plâtrier**, voyez *Chaufournier*.

— **Plombier-Zingueur**, voy. *Mécanicien-Fontainier*.

— **Poêlier-Fumiste**, indiquant les moyens d'empêcher les cheminées de fumer, de chauffer économiquement et d'aérer les habitations, les ateliers, etc., par MM. ARDENNI et JULIA DE FONTENELLE. 1 volume. (*Sous presse.*)

— **Poids et Mesures**, Monnaies, Calcul décimal et Vérification, par M. TARBÉ, ancien conseiller à la Cour de Cassation. 1 volume. (*Epuisé.*)

On vend séparément les extraits suivants :

PETIT MANUEL classique pour l'enseignement élémentaire, sans Tables de conversions (*Autorisé par l'Université*). Brochure in-18. 25 c.

PETIT MANUEL à l'usage des Ouvriers et des Écoles, avec Tables de conversions. Brochure in-18. 25 c.

PETIT MANUEL à l'usage des Agents Forestiers, des Propriétaires et Marchands de bois. Brochure in-18. 75 c.

POIDS ET MESURES à l'usage des Médecins, etc. Brochure in-18. 25 c.

TABLEAU SYNOPTIQUE DES POIDS ET MESURES. Une feuille in-plano. 75 c.

TABLEAU FIGURATIF DES POIDS ET MESURES. Une feuille in-plano. 75 c.

— **Poids et Mesures**, Comptes-faits ou Barême général des Poids et Mesures, par M. ACHILLE NOUHEN. *Ouvrage divisé en cinq parties qui se vendent séparément.*

1re partie : Mesures de LONGUEUR.   60 c.
2e partie,   —   de SURFACE.   60 c.
3e partie,   —   de SOLIDITÉ.   .   60 c.
4e partie,   POIDS.   60 c.
5e partie, Mesures de CAPACITÉ.   60 c.

— **Poids et Mesures** (Barème complet des), par M. BAGILET. 1 vol.   3 fr.

. — **Poids et Mesures** (Fabrication des), contenant en général tout ce qui concerne les Arts du Balancier et du Potier d'étain, et seulement ce qui est relatif à la Fabrication des Poids et Mesures dans les Arts du Fondeur, du Ferblantier, du Boisselier, par M. RAVON, ancien vérificateur au bureau central des Poids et Mesures. 1 vol orné de figures.   3 fr

— **Police de la France,** par M. TRUY, commissaire de police à Paris. 1 vol.   2 fr. 50

— **Politesse** (Guide de la), voyez *Bonne Compagnie.*

— **Pompier** (Fabricant de pompes), voyez *Mécanicien-Fontainier.*

— **Ponts-et-Chaussées :** *Première partie,* ROUTES et CHEMINS, par M. DE GAVFFIER, ingénieur en chef des Ponts-et-Chaussées. 1 vol. avec figures.   3 fr. 50

— *Seconde partie,* PONTS, AQUEDUCS, etc., par M. DE GAYFFIER. 1 vol. avec figures.   3 fr. 50

— **Porcelainier, Faïencier, Potier de Terre,** contenant des notions pratiques sur la fabrication des Grès cérames, des Pipes, des Boutons en porcelaine et des diverses Porcelaines tendres, par M. D. MAGNIER, ingénieur civil. 2 volumes avec planches.   .   5 fr.

— **Potier d'étain,** voyez *Fabrication des Poids et Mesures.*

— **Praticien,** ou Traité de la Science du Droit, mise à la portée de tout le monde, par MM. D... et RONDONNEAU. 1 gros vol.   3 fr. 50

— **Prestidigitation,** voyez *Sorcellerie.*

— **Produits chimiques** (Fabricant de), formant un Traité de Chimie appliquée aux arts, à l'industrie et à la médecine, et comprenant la description de tous les procédés et de tous les appareils en usage dans les laboratoires de chimie industrielle, par M. G.-E. LORMÉ. 4 gros volumes et Atlas de 16 planches in-8 jésus.   18 fr.

— **Propriétaire, Locataire** et Sous-Locataire, tant des biens de ville que des biens ruraux; rédigé *par ordre alphabétique,* par MM. SERGENT et VASSEROT. 1 volume.   2 fr. 50

— **Relieur** en tous genres, contenant les Arts de l'Assembleur, du Satineur, du Brocheur, du Rogneur, du Cartonneur et du Doreur, par M. Séb. LENORMAND et M· R. 1 gros vol. orné de planches.   3 fr.

— **Roses** (Amateur de), leur Monographie, leur Histoire et leur culture, par M. BOITARD. 1 vol. fig. noires, 3 fr. 50 ; — fig. coloriées.   7 fr.

— **Sapeur-Pompier,** ou Théorie sur l'extinction des Incendies, par M. PAULIN, ancien commandant des Sapeurs-Pompiers de Paris. 1 vol.   1 fr. 50

— **Sapeur-Pompier,** *Manuel officiel* composé par le corps des officiers formant l'état-major, *publié par ordre du Ministre de la Guerre.* Nouvelle édition contenant la manœuvre de la Pompe et des Instructions sur les Incendies. 1 joli vol. renfermant une foule de vignettes.   3 fr.

— **Sapeur-Pompier** (Abrégé), composé par le corps des Officiers du régiment des Sapeurs-Pompiers de Paris. *Edition spéciale à l'usage des départements.* 1 vol. orné de nombreuses vignettes.   2 fr.

— **Sapeurs-Pompiers** (Théorie des), extrait du Manuel du Sapeur-Pompier, *imprimé par ordre du Ministre de la Guerre.*   75 c.

— **Sauvetage** dans les Incendies, les Puits, les Puisards, les Fosses d'aisances, les Caves et Celliers, les Accidents en rivière et les Naufrages maritimes, par M. W. MAIGNE. 1 vol. orné de vignettes et de planches.   2 fr. 50

. — **Savonnier,** ou Traité de la Fabrication des Savons, contenant des notions sur les Alcalis, les corps gras saponifiables, et des Instructions sur la Fabrication des Savons, par MM. E. LORMÉ et F. MALEPEYRE. 1 vol. accompagné de planches.   3 fr. 50

— **Sculpture sur bois,** contenant l'Art de Découper et de Denteler les Bois, la Fabrication des Bois comprimés, estampés, moulés, durcis, etc., par M. S. LACOMBE. 1 joli vol. orné de vignettes.   1 fr. 50

— **Serrurier,** ou Traité complet et simplifié de cet Art, par M. PAULIN-DÉSORMEAUX et M. H. LANDRIN, ingénieur civil. 1 fort vol. et un Atlas de 16 planches.   5 fr.

— **Sirops,** voyez *Confiseur, Distillateur, Liquides, Sucre.*

— **Soierie,** contenant l'Art d'élever les Vers à soie et de cultiver le Mûrier ; l'Histoire, la Géographie et la Fabrication des Soieries, à Lyon, ainsi que dans les autres localités nationales et étrangères, par M. DEVILLIERS. 2 vol. et Atlas.   10 fr. 50

— **Sommelier,** ou la Manière de soigner les Vins, de prévenir leur altération et de les rétablir, par MM. A. et C. E. JULLIEN. 1 volume avec figures. 3 fr.

— **Sondeur,** V. *Chaufournier, Mécanicien-Fontainier.*

— **Sorcellerie Ancienne et Moderne expliquée,** ou Cours de Prestidigitation, contenant tous les Tours nouveaux qui ont été exécutés jusqu'à ce jour, sur les théâtres ou ailleurs, et qui n'ont pas encore été publiés, etc., par M. PONSIN. 1 gros vol. 3 fr. 50

— SUPPLÉMENT A LA SORCELLERIE EXPLIQUÉE, par M. PONSIN. 1 vol. 1 fr. 25

— **Sorciers,** ou la Magie blanche dévoilée par les découvertes de la Chimie, de l Physique et de la Mécanique, par MM. COMTE et JULIA DE FONTENELLE. 1 gros vol. orné de planches. 3 fr.

— **Souffleur à la Lampe et au Chalumeau,** par M. PÉDRONI, professeur de chimie. 1 volume orné de figures. 2 fr. 50

— **Sucre (Fabricant et Raffineur de),** traitant de la fabrication actuelle des Sucres indigènes et coloniaux, provenant de toutes les substances saccharifères dont l'emploi est usuel et reconnu pratique, par M. ZOÉGA, professeur. 1 vol. avec planches et vignettes. 3 fr. 50.

— **Sténographie,** ou l'Art de suivre la parole en écrivant, par M. H. PRÉVOST. 1 vol. 1 fr. 75

— **Tabac** (Fabricant et Amateur de), contenant son Histoire, sa Culture et sa Fabrication, par P. CH. JOUBERT. 1 vol. 2 fr. 50

— **Taille-Douce** (Imprimeur en), par MM. BERTHIAUD et BOITARD. 1 vol. avec fig. 3 fr.

— **Tanneur, Corroyeur et Hongroyeur,** contenant le travail des Cuirs forts, de la Molleterie et des Cuirs blancs, par MM. JULIA DE FONTENELLE, F. MALEPEYRE et W. MAIGNE. 1 vol. avec planches et vignettes. 3 fr. 50

— **Tapissier,** Décorateur et marchand de Meubles, par M. GARNIER AUDIGER. 1 vol. orné de fig. 2 fr. 50

— **Technologie physique et mécanique,** ou FORMULAIRE à l'usage des Ingénieurs, des Architectes, des Constructeurs et des Chefs d'usines, par M. ANSIAUX, ingénieur. 1 vol. 3 fr.

— **Teinturier,** ou l'Art de teindre le Fil, le Coton, la Laine et la Soie, par MM. RIFFAULT, VERGNAUD, J. FONTENELLE, THILLAYE et MALEPEYRE. 1 gros volume avec figures. 3 fr. 50

— **Teinturier** (SUPPLÉMENT), contenant les Formules des méthodes parisienne, rouennaise, alsacienne et allemande, pour teindre le coton et la laine, par MM. L. ULRICH et QUILBEUF, anciens contre-maitres. 1 vol.   2 fr. 50

— **Télégraphie Électrique**, ou Traité de l'Électricité et du Magnétisme appliqués à la transmission des signaux, par MM. WALKER et MAGNIER, 1 vol. avec fig. 1 fr. 75

— **Teneur de Livres**, renfermant un Cours de tenue de Livres en partie simple et en partie double, par MM. TRÉMERY et Aug. TERRIÈRE (*Ouvrage autorisé par l'Université*). 1 vol.   3 fr.

— **Terrassier** et Entrepreneur de terrassements, traitant des divers modes de transport, d'extraction et d'excavation, et contenant une description sommaire des grands travaux modernes, par MM. CH. ETIENNE, AD. MASSON et D. CASALONGA, ingénieurs civils. 1 vol. et un Atlas de 22 planches gravées sur acier.   5 fr.

— **Théâtral** et du Comédien, contenant les principes de l'Art de la parole, par Aristippe BERNIER DE MALIGNY. 1 vol.   3 fr. 50

— **Tissage mécanique**, contenant la Transformation des Procédés manuels en procédés mécaniques, la Description des Machines génériques, leur installation, leur mise en œuvre, ainsi que l'organisation des établissements de Tissage, par M. Eug. BUREL. 1 vol. orné de vignettes et de planches.   3 fr.

— **Tissus** (Dessin et Fabrication des) façonnés, tels que Draps, Velours, Ruban, Gilet, Coutil, Châle, Passementerie, Gazes, Barèges, Tulle, Peluche, Damassé, Mousseline, etc., par M. TOUSTAIN. 2 vol. et Atlas in-4 de 26 pl.   15 fr.

— **Toiseur**, voyez *Métreur en Bâtiments*.

— **Tonnelier et Boisselier**, contenant la fabrication des Tonneaux de toute dimension, des Cuves, des Foudres et autres vaisseaux en bois cerclés. (*Sous presse.*)

— **Tourneur**, ou Traité complet et simplifié de cet Art, enrichi des renseignements de plusieurs Tourneurs amateurs, par M. DE VALICOURT. 3 vol. et un Atlas grand in-8 de 27 planches.   15 fr.

— LE MÊME OUVRAGE, 1 vol. in-8 jésus, renfermant l'Atlas. (Voyez page 57.)   20 fr.

— **Treillageur et Menuisier des Jardins**, par M. DÉSORMEAUX. 1 vol. avec planches.   3 fr.

— **Tuilier**, voyez *Briquetier*.

— **Typographie, Imprimerie**, par MM. FREY et BOUCHEZ. 2 vol. avec planches.   6 fr.

On vend séparément les SIGNES DE CORRECTION.   75 c.

— **Vernis** (Fabricant de), voyez *Couleurs*.

— **Vernisseur**, voyez *Bronzage, Peintre en bâtiments*.

— **Verrier et Fabricant de Glaces,** Cristaux, Pierres précieuses factices, Verres colorés, Yeux artificiels, par MM. JULIA DE FONTENELLE et MALEPEYRE. 2 vol. ornés de planches. 6 fr.

— **Vers à soie** (Éducation des), voyez *Soierie.*

— **Vétérinaire,** contenant la connaissance des chevaux, la manière de les élever, les dresser et les conduire; la Description de leurs maladies, les meilleurs modes de traitement, etc., par M. LEBEAU et un ancien professeur d'Alfort. 1 vol. avec planches. 3 fr.

— **Vigne** (CULTURE ET TRAITEMENT DE LA), ou Guide du Vigneron et de l'Amateur de Treilles, indiquant, mois par mois, les travaux à faire dans le vignoble et sur les treilles des jardins; la manière de planter, gouverner et dresser la vigne d'après toutes les méthodes en usage en France, et de la guérir de ses Maladies par les moyens reconnus les plus efficaces, par M. F.-V. LEBEUF. 1 vol. orné de vignettes. 2 f. 50

— **Vigneron Français,** ou l'Art de cultiver la Vigne et de faire le Vin, par M. THIÉBAUT DE BERNEAUD. (*Sous presse.*)

— **Vinaigrier et Moutardier,** contenant la fabrication de l'acide acétique, de l'acide pyroligneux, des acétates, et les formules de Vinaigres de table, de toilette et pharmaceutiques, ainsi que les meilleures recettes pour la fabrication de la moutarde, par MM. J. DE FONTENELLE et F. MALEPEYRE. 1 vol. orné de vignettes. 3 fr. 50

· — **Vins** (Calendrier des), ou Instructions à exécuter mois par mois, pour conserver, améliorer ou guérir les Vins. (*Ouvrage destiné aux Garçons de caves et de celliers, et aux Maîtres de Chais, faisant suite à l'Amélioration des Liquides*), par M. V.-F. LEBEUF. 1 joli vol. 1 fr. 25

— **Vins** (Marchand de), par M. LAUDIER. (*Sous presse.*)

— **Vins,** voyez *Liquides, Sommelier, Négociant en eaux-de-vie.*

— **Vins de Fruits et Boissons économiques,** contenant l'Art de fabriquer soi-même, chez soi et à peu de frais, les Vins de Fruits, le Cidre, le Poiré, les Vins de Grains, les Bières économiques et de ménage, les Boissons rafraîchissantes, les Hydromels, etc., et l'Art d'imiter les Vins de crûs et de Liqueur français et étrangers, par MM. ACCUM, GUIL.... et MALEPEYRE 1 vol. 2 fr. 50

— **Vins mousseux,** voy. *Eaux et Boissons Gazeuses.*

· — **Zoophile,** ou Art d'élever et de soigner les animaux domestiques, voyez *Bouvier, Habitants de la campagne.*

BIBLIOTHÈQUE DES ARTS ET MÉTIERS.

Format in-18, grand papier,

1 fr. 75 le volume.

Livre de l'Arpenteur-Géomètre, Guide pratique de l'Arpentage et du lever des Plans, par MM. PLACE et FOUCARD. 1 vol. accompagné de 3 planches.

Livre du Brasseur, Guide complet de la fabrication de la Bière, par M. P. DELESCHAMPS. 1 vol.

Livre de la Comptabilité du Bâtiment, Guide complet de la mise à prix de tous les travaux de Construction (*Seconde partie du Livre du Toiseur*), par M. A. DIGEON. 1 vol.

Livre du Cultivateur, Guide complet de la culture des Champs, par M. MAUNY DE MORNAY. 1 vol. accompagné de 2 planches.

Livre de l'Economie et de l'Administration rurale, Guide complet du Fermier et de la Ménagère, par M. MAUNY DE MORNAY. 1 vol. accompagné d'une planche.

Livre du Forestier, Guide complet de la Culture et de l'Exploitation des Bois, traitant de la fabrication des Charbons et des Résines, par M. MAUNY DE MORNAY. 1 vol. accompagné d'une planche.

Livre du Jardinier, Guide complet de la culture des Jardins fruitiers, potagers et d'agrément, par M. MAUNY DE MORNAY. 2 vol. accompagnés de 2 planches.

Livre des Logeurs et des Traiteurs, Code complet des Aubergistes, Maîtres d'hôtel, Teneurs d'hôtel garni, Logeurs, Traiteurs, Restaurateurs, Marchands de Vin, etc., suivi de la Législation sur les Boissons. 1 vol.

Livre du Meunier, du Négociant en Grains et du Constructeur de Moulins, par M. MAUNY DE MORNAY. 1 vol. accompagné de 3 planches.

Livre de l'Eleveur et du Propriétaire d'Animaux domestiques, par M. MAUNY DE MORNAY. 1 vol. accompagné de 2 planches.

**Livre du Fabricant de Sucre et du Raffi-
neur,** par M. Mauny de Mornay. 1 vol. accompagné de
2 planches.

Livre du Tailleur, Guide complet du tracé, de la
coupe et de la façon des Vêtements, par M. Aug. Canneva.
1 vol. accompagné de 2 planches.

Livre du Toiseur-Vérificateur, Guide complet
du toisé de tous les ouvrages de Bâtiment, par M. A. Digeon. 1 vol. accompagné de 2 planches.

Livre du Vigneron et du Fabricant de Cidre, de
Poiré, de Cormé et autres Vins de Fruits, par M. Mauny de
Mornay. 1 vol. accompagné d'une planche.

LE TECHNOLOGISTE

**Archives des progrès de l'Industrie fran-
çaise et étrangère,** publié sous la direction de
MM. F. Malepeyre, P. Macabies et E. Noblet.

Ouvrage utile aux manufacturiers, aux fabricants, aux
chefs d'ateliers, aux ingénieurs, aux mécaniciens, aux artistes, etc., etc., et à toutes les personnes qui s'occupent
d'arts industriels.

32ᵉ année. Prix : 18 fr. par an pour Paris ; 20 fr. pour la
France et l'Algérie, et 22 fr. pour l'Etranger.

Les abonnements ne se font que pour un an, à partir du
1ᵉʳ janvier.

Chaque mois il paraît un cahier de 48 pages grand in-8,
renfermant une grande quantité de figures gravées sur acier.

Ce recueil a commencé à paraître le 1ᵉʳ octobre 1839. Le
prix des 31 années parues est de 18 fr. chacune.

Table alphabétique et analytique des Tomes I à XX
(1839-1859). 1 vol. grand in-8°.   10 fr.

Table alphabétique et analytique des Tomes XXI à XXX
(1859-1869). 1 vol. grand in-8°.   5 fr.

Ces Tables sont délivrées *à moitié prix* aux Abonnés à
l'année courante. Elles sont données *gratuitement* aux Abonnés à la Collection complète ou aux personnes qui font
l'acquisition de cette collection.

On peut se procurer des *collections complètes* de ce recueil, ainsi que des volumes séparés.

SUITES A BUFFON

FORMANT

AVEC LES ŒUVRES DE CET AUTEUR

UN COURS COMPLET

D'HISTOIRE NATURELLE

embrassant

LES TROIS RÈGNES DE LA NATURE.

Les possesseurs des OEuvres de BUFFON pourront, avec ces suites, compléter toutes les parties qui leur manquent, chaque ouvrage se vendant séparément, et formant, tous réunis, avec les travaux de cet homme illustre, un ouvrage général sur l'histoire naturelle.

Cette publication scientifique, du plus haut intérêt, préparée en silence depuis plusieurs années, et confiée à ce que l'Institut et le haut enseignement possèdent de plus célèbres naturalistes et de plus habiles écrivains, est appelée à faire époque dans les annales du monde savant.

Les noms des Auteurs indiqués ci-après, sont, pour le public, une garantie certaine de la conscience et du talent apportés à la rédaction des différents traités.

Zoologie Générale (Supplément à Buffon), ou Mémoires et notices sur la zoologie, l'anthropologie et l'histoire de la science, par M. ISIDORE GEOFFROY-SAINT-HILAIRE. 1 vol. avec 1 livraison de planches.
Fig. noires.   10 fr. 50
Fig. coloriées.   14 fr.

Cétacés, BALEINES, DAUPHINS, etc.), ou Recueil et examen des faits dont se compose l'histoire de ces animaux, par M. F. CUVIER, membre de l'Institut, professeur au Muséum d'Histoire naturelle. 1 vol. et 2 livraisons de planches.
Figures noires.   14 fr.
Fig. coloriées.   21 fr.

Reptiles, (Serpents, Lézards, Grenouilles, Tortues, etc.), par M. DUMÉRIL, membre de l'Institut, professeur à la faculté de Médecine et au Muséum d'Histoire naturelle, et M.

Bibron, professeur d'Histoire naturelle, 10 vol. et 10 livraisons de planches, fig. noires. 105 fr.
Fig. coloriées. 140 fr.

Poissons, par M. A.-Aug. Duméril, professeur au Muséum d'Histoire naturelle, professeur agrégé libre à la Faculté de Médecine de Paris. Tomes I et II (en 3 vol.) et 2 livr. de plan·hes.
Fig. noires. 28 fr.
Fig. coloriées. 35 fr.
(*En cours de publication.*)

Entomologie (Introduction à l'), comprenant les principes généraux de l'Anatomie, de la Physiologie des Insectes, des détails sur leurs mœurs, et un résumé des principaux systèmes de classification, etc., par M. Lacordaire, professeur à l'Université de Liège (*Ouvrage adopté et recommandé par l'Université pour être placé dans les bibliothèques des Facultés et des Lycées, et donné en prix aux élèves*), 2 vol. in-8 et 24 planches. Fig. noires. 21 fr.
Fig. coloriées. 24 fr. 50

Insectes Coléoptères (Cantharides, Charançons, Hannetons, Scarabées, etc.), par M. Lacordaire, professeur à l'Université de Liège. Tomes I à IX (en 11 vol.), et 10 livraisons de planches.
Fig. noires. 112 fr.
Fig. coloriées. 147 fr.
(*En cours de publication.*)

— **Orthoptères** (Grillons, Criquets, Sauterelles), par M. Serville, membre de la Société entomologique de France. 1 vol. et 14 pl.
Fig. noires. 10 fr. 50
Fig. coloriées. 14 fr.

— **Hémiptères** (Cigales, Punaises, Cochenilles, etc.), par MM. Amyot et Serville, 1 vol. et une livr. de pl.
Fig. noires. 10 fr. 50
Fig. coloriées. 14 fr.

— **Lépidoptères** (Papillons).

— Diurnes, par M. Boisduval, t. 1er, avec 2 livr. de pl.
Fig. noires. 14 fr.
Fig. coloriées. 21 fr.

— Nocturnes, par M. Guénée, t. V à X, avec 5 livr. de planches.
Fig. noires. 59 fr. 50
Fig. coloriées. 77 fr.
(*En cours de publication.*)

— **Névroptères** (Demoiselles, Ephémères, etc.), par M. le docteur Rambur, 1 vol. avec une livraison de pl. Fig. noires. 10 fr. 50
Fig. coloriées. 14 fr.

— **Hyménoptères**) Abeilles, Guêpes, Fourmis, etc.), par M. le comte Lepeletier de Saint-Fargeau et M. Brullé; 4 vol. avec 4 livraisons de planches.
Fig. noires. 42 fr.
Fig. coloriées. 56 fr.

— **Diptères** (Mouches, Cousins, etc.), par M. Macquart, directeur du Muséum d'Histoire naturelle de Lille; 2 vol. et 24 planches.
Fig. noires. 21 fr.
Fig. coloriées. 28 fr.

—**Aptères** (Araignées, Scorpions, etc.), par M. Walckenaer et M. Gervais; 4 vol. et 5 livr. de planches.
Fig. noires. 45 fr. 50
Fig. coloriées 63 fr.

Crustacés (Écrevisses, Homards, Crabes, etc.), comprenant l'Anatomie, la Physiologie et la Classification de ces animaux, par M. Milne-Edwards, membre de l'Institut, professeur au Muséum d'Histoire naturelle. 3 vol. et 4 livraisons de planches.
Fig. noires. 35 fr.
Fig. coloriées. 49 fr.

Mollusques (Poulpes, Moules, Huitres, Escargots, Limaces, Coquilles, etc.) (*En préparation.*)

Helminthes, ou Vers intestinaux, par M. Dujardin, de la Faculté des Sciences de Rennes. 1 vol. avec une livraison de pl. Prix :
Fig. noires. 10 fr. 50
Fig. coloriées. 14 fr.

Annelés (Annélides, Sangsues, Lombrics, etc.), par MM. de Quatrefages, membre de l'Institut, professeur au Muséum d'Histoire naturelle, et Léon Vaillant, professeur d'Histoire naturelle. T. I et II (en 3 vol.), avec 2 livr. de planches.
Fig. noires. 28 fr.
Fig coloriées. 35 fr.
(*En cours de publication.*)

Zoophytes Acalèphes (Physale, Béroé, Angèle, etc.) par M. Lesson, correspondant de l'Institut,

pharmacien en chef de la Marine, à Rochefort, 1 vol. avec 1 livr. de planches.
Fig. noires. 10 fr. 50
Fig. coloriées. 14 fr.

— **Échinodermes** (Oursins, Palmettes, etc.), par MM. Dujardin, doyen de la Faculté des Sciences de Rennes, et Hupé, aide-naturaliste.1 vol. avec une liv. de pl. Fig. noires. 10 fr 50
Fig. coloriées. 14 fr.

— **Coralliaires** ou Polypes proprement dits (Coraux, Gorgones, Eponges, etc.), par MM. Milne-Edwards et J. Haime, 3 vol. avec 3 livr. de planches.
Fig. noires. 31 fr. 50
Fig. coloriées. 42 fr.

—**Infusoires** (Animalcules microscopiques), par M. Dujardin, doyen de la Faculté des Sciences de Rennes. 1 vol. avec 2 livr. de planches.
Fig. noires. 14 fr.
Fig. coloriées. 21 fr.

Botanique (Introduction à l'étude de la), ou Traité élémentaire de cette science, contenant l'Organographie, la Physiologie, etc., par Alph. de Candolle, professeur d'Histoire naturelle à Genève (*Ouvrage autorisé par l'Université pour les Lycées et les Collèges.* 2 vol. et 1 livr. de 8 pl. 17 fr. 50

Végétaux phanérogames (Organes sexuels apparents, Arbres, Arbrisseaux, Plantes d'agrément, etc.) par M. Spach, aide-naturaliste au Muséum d'His_

toire naturelle. 14 vol. et 15 livraisons de planches. Fig. noires. 150 fr. 50 Fig. coloriées. 203 fr.
— **Cryptogames** (Organes sexuels peu apparents ou cachés, Mousses, Fougères, Lichens, Champignons, Truffes, etc.). (*En préparation.*)
Géologie (Histoire, Formation et Disposition des Matériaux qui composent l'é-corce du Globe terrestre), par M. HUOT, membre de plusieurs Sociétés savantes. 2 vol. ensemble de plus de 1500 pages, avec un Atlas de 24 planches. 21 fr.
Minéralogie (Pierres, Sels, Métaux, etc.), par M. DELAFOSSE, membre de l'Institut, professeur au Muséum d'Histoire naturelle et à la Sorbonne. 3 vol. et 4 livraisons de planches. 35 fr.

CONDITIONS DE LA SOUSCRIPTION.

Les SUITES à BUFFON formeront cent volumes in-8 environ, imprimés avec le plus grand soin et sur beau papier ; ce nombre paraît suffisant pour donner à cet ensemble toute l'étendue convenable. Ainsi qu'il a été dit précédemment, chaque auteur s'occupant depuis longtemps de la partie qui lui est confiée, l'Editeur sera à même de publier en peu de temps la totalité des traités dont se composera cette utile collection.

82 volumes et **84** livraisons de planches sont en vente. Les personnes qui voudront souscrire pour toute la Collection auront la liberté de prendre par portion jusqu'à ce qu'elles soient au courant de tout ce qui a paru.

Prix du texte (1) :

Chaque volume contenant environ 500 à 700 pages :
Pour les souscripteurs à toute la collection.. . 6 fr.
Pour les acquéreurs par parties séparées.. . . 7 fr.

Le prix des volumes imprimés sur papier grand-raisin (*format des planches*) sera *double* de celui des volumes imprimés sur papier carré vergé.

Prix des planches :

Chaque livraison d'environ 10 planches noires. 3 fr. 50
— — — coloriées. 6 fr.

(1) L'Editeur ayant à payer pour cette collection des honoraires aux auteurs, le prix des volumes ne peut être comparé à celui des réimpressions d'ouvrages appartenant au domaine public et exempts de droits d'auteurs, tels que Buffon, Voltaire, etc.

HISTOIRE NATURELLE.

Annales (Nouvelles) du Muséum d'Histoire naturelle, recueil de mémoires de MM. les professeurs administrateurs de cet établissement, et autres naturalistes célèbres, sur les branches des sciences naturelles et chimiques qui y sont enseignées. Années 1832 à 1835, 4 vol. in-4. Prix : 30 fr. chaque volume.
Voyez *Mémoires de la Société d'Histoire naturelle de Paris*, page 43.

Aperçu sur les animaux utiles et nuisibles de la Belgique, par M. DE SÉLYS-LONGCHAMPS. Br. in-8. 2 fr.

Aranéides des îles de la Réunion, Maurice et Madagascar, par M· AUG. VINSON. 1 gros volume grand in-8, avec 14 planches, fig. noires. 20 fr.
Fig. coloriées. 30 fr.

Botanique (La), de J.-J. ROUSSEAU, contenant tout ce qu'il a écrit sur cette science, augmentée de l'exposition de la méthode de Tournefort et de Linné, suivie d'un Dictionnaire de botanique et de notes historiques, par M. DEVILLE, 2e édit., 1 gros vol. in-12, orné de 8 planches. 4 fr.
Figures coloriées. 5 fr.

Catalogue des Lépidoptères, ou Papillons de la Belgique, précédé du tableau des Libellulides de ce pays, par M. DE SÉLYS-LONGCHAMPS. In-8. 2 fr.

Catalogue raisonné des Plantes phanérogames de Maine-et-Loire, par M. A. BOREAU, auteur de la Flore du centre de la France. 1 vol. in-8. 3 fr.

Collection iconographique et historique des Chenilles, ou Description et figures des chenilles d'Europe, avec l'histoire de leurs métamorphoses, et des applications à l'agriculture, par MM. BOISDUVAL, RAMBUR et GRASLIN.
Cette collection se compose de 42 livraisons, format grand in 8, papier velin: chaque livraison comprend *trois planches coloriées* et le texte correspondant. Le prix de chaque livraison est de 3 fr.
Les 42 livraisons ensemble. 100 fr.

4

Les dessins des espèces qui habitent les environs de Paris, comme aussi ceux des chenilles que l'on a envoyées vivantes à l'auteur, ont été exécutés avec autant de précision que de talent. Le texte est imprimé sans pagination ; chaque espèce aura une page séparée, que l'on pourra classer comme on voudra. Au commencement de chaque page se trouvera le même numéro qu'à la figure qui s'y rapportera, et en titre le nom de la tribu, comme en tête de la planche.

Cet ouvrage, avec l'Icones des Lépidoptères de M. Boisduval, de beaucoup supérieurs à tout ce qui a paru jusqu'à présent, formeront un supplément et une suite indispensable aux ouvrages de Hubner, de Godart, etc. Tout ce que nous pouvons dire en faveur de ces deux ouvrages remarquables peut se réduire à cette expression employée par Dejean dans son Species : « M. Boisduval est de tous nos entomologistes celui qui connaît le mieux les Lépidoptères. »

Cours d'Entomologie, ou Histoire naturelle des crustacés, des arachnides, des myriapodes et des insectes, à l'usage des élèves de l'Ecole du Muséum d'Histoire naturelle, par M. LATREILLE, professeur, membre de l'Institut, etc. 1 gros vol. in-8, et un Atlas composé de 24 planches. 15 fr.

Description géologique de la partie méridionale de la chaîne des Vosges, par M. ROZET, capitaine au corps royal d'état-major. 1 vol. in-8, orné de planches et d'une jolie carte. 10 fr.

Description des Mollusques fluviatiles et terrestres de la France, et plus particulièrement du département de l'Isère, ouvrage orné de planches représentant plus de 140 espèces, par M. ALBIN GRAS. In-8. 5 fr.

Description des Oursins fossiles, ou Notions sur l'Organisation et la Glossologie de cette classe, par M. ALBIN GRAS. In-8. 6 fr.

Dictionnaire de Botanique médicale et pharmaceutique, contenant les principales propriétés des minéraux, des végétaux et des animaux, avec les préparations de pharmacie, internes et externes les plus usitées en médecine et en chirurgie, etc., par une Société de médecins, de pharmaciens et de naturalistes. Ouvrage utile à toutes les classes de la société, orné de 17 grandes planches représentant 278 figures de plantes gravées avec le plus grand soin, 3e *édition*, revue, corrigée et augmentée de beaucoup de préparations pharmaceutiques et de recettes nouvelles, par MM. JULIA DE FONTENELLE et BARTHEZ. 2 gros vol. in-8, figures noires. 18 fr.

Le même, figures coloriées d'après nature. 25 fr.

Cet ouvrage est spécialement destiné aux personnes qui, sans s'occuper de la médecine, aiment à secourir les malheureux.

Dictionnaire (Nouveau) d'Histoire naturelle appliquée aux arts, à l'agriculture, à l'économie rurale et domestique, à la médecine, etc., par une Société de naturalistes et d'agriculteurs. 36 vol. in-8, figures noires.   50 fr.

Diluvium (Du). Recherches sur les dépôts auxquels on doit donner ce nom et sur la cause qui les a produits, par M. MELLEVILLE. In-8.   2 fr.

Diptères exotiques nouveaux ou peu connus, par M. MACQUART, membre de plusieurs sociétés savantes; tomes I et II, publiés en 5 livraisons in-8, figures noires.   35 fr.
Les Suppléments 1, 2-3 (ensemble) et 4 (1846-51), chaque : fig. noires.   7 fr.
—   —   5 (1855), fig. noires,   4 fr.
L'ouvrage complet, y compris les suppléments.   60 fr.

Diptères. Notice sur les différences sexuelles du genre Dolichopus, tirées des nervures des ailes, par M. MACQUART. 1844, in-8.   1 fr.

Discours sur l'avenir physique de la terre, par M. MARCEL DE SERRES, professeur à la Faculté des Sciences de Montpellier, in-8.   2 fr. 50

Elatérides nouveaux (1864), par M. E. CANDÈZE. Br. in-8.   2 fr.

Essai monographique sur les Campagnols des environs de Liège, par M. DE SÉLYS-LONGCHAMPS, in-8, fig.   3 fr.

Essai sur l'Histoire naturelle du Brabant, par feu M.   (Mammifères.)   2 fr. 50
(Analyse et Extraits par M. DE SÉLYS-LONGCHAMPS)

Essai sur l'Histoire naturelle des serpents de la Suisse, par J. F. WYDER. In-8, fig.   2 fr. 50

Études de micromammalogie, revue des sorex, mus et arvicola d'Europe, suivies d'un index methodique des mammifères européens, par M. DE SÉLYS-LONGCHAMPS. 1 volume in-8.   5 fr.

Europeorum microlepidopterorum Index methodicus, sive Spirales, Tortrices, Tineæ et Alucitæ Linnæi. Auct. A. GUÉNÉE. Pars prima, in-8.   3 fr. 75

Facultés intérieures des animaux invertébrés, par M. MACQUART, 1 vol. in-8.   5 fr.

Fauna Japonica, sive Descriptio animalium quæ in itinere per Japoniam jussu et auspiciis superiorum, qui summum in India Batava imperium tenent, suscepto anni 1823-1830, collegit, notis, observationibus et adumbrationibus illustravit PH. FR. DE SIEBOLD.

Mammifères,	3 livraisons coloriées, chaque.			26 fr.
Oiseaux,	12	—	—	—	26 fr.
Poissons,	16	—	—	—	26 fr.
Reptiles,	3	—	noires,	—	25 fr.
Crustacés,	7	—	—	—	25 fr.

Faune de l'Océanie, par le docteur BOISDUVAL. Un gros vol. in-8, imprimé sur grand papier vélin.   10 fr.

Faune entomologique de Madagascar, Bourbon et Maurice. — *Lépidoptères,* par le docteur BOISDUVAL ; avec des notes sur les métamorphoses, par M. SGANZIN.

Huit livraisons, format grand in-8, papier vélin ; chaque livraison comprend 2 *planches coloriées* et le texte correspondant et coûte 3 fr.

L'ouvrage complet 20 fr.

Faune (Sur la) de la Belgique, par M. DE SÉLYS-LONGCHAMPS, br. in-8.   1 fr.

Flora japonica, sivæ Plantæ quas in imperio Japonico collegit, descripsit, ex parte in ipsis locis pigendas curavit, PH. FR. DE SIEBOLD. Livr. 1 à 20, col. ; chaque 15 fr.

Flore du centre de la France et du bassin de la Loire, par M. A. BOREAU, directeur du Jardin des plantes d'Angers, etc. 3e édition. 2 vol. in-8.   15 fr.

Flore de l'arrondissement d'Hazebrouck, ou description des plantes du *Nord,* du *Pas-de-Calais* et de la *Belgique,* par H. VANDAMME. 3 parties formant ensemble 1 vol. in-8 de 334 pages.   6 fr.

1re partie, 3 fr. ; 2e et 3e parties, séparément :   1 fr. 50

Genera et index methodicus Europæorum Lepidopterorum. pars prima sistens Papiliones Sphinges, Bombyces noctuas, auctore BOISDUVAL. 1 vol. in-8.   5 fr.

Herbarii Timorensis descriptio, cum tabulis 6 æneis ; auctore J. DECAISNE. 1 vol. in-4.   15 fr.

Histoire abrégée des Insectes, par M. GEOFFROY SAINT-HILAIRE. 2 vol. in-4, reliés. Fig.   15 fr.

Histoire des métamorphoses de quelques Coléoptères exotiques, par M. E CANDÈZE. 1 vol. in-8, avec figures.   3 fr.

Histoire des Mœurs et de l'Instinct des Animaux, distributions naturelles de toutes leurs classes, par J.-J. VIREY. 2 vol. in-8.   12 fr.

Histoire des progrès des sciences naturelles, depuis 1789 jusqu'en 1831, par M. le baron G. CUVIER. 5 vol. in-8.   22 fr. 50

Le tome 5 séparément.   7 fr.

Le Conseil royal de l'Université a décidé que cet ouvrage serait placé dans les bibliothèques des colléges et donné en prix aux élèves.

Histoire naturelle, ou éléments de la Faune française, par MM. BRAGUIER et MAURETTE. In-12, cahiers 1 à 5, à 2 francs chaque. Ensemble :   10 fr.

Histoire naturelle des Araignées (ARANÉÏDES), suivie du Catalogue synonymique des espèces européennes, par M. Eug. SIMON. 1 vol. in-8 orné de 207 fig.   7 fr. 50

Histoire naturelle des Insectes, composée d'après Réaumur, Geoffroy, Degeer, Roesel, Linné, Fabricius, et les meilleurs ouvrages qui ont paru sur cette partie, rédigée suivant les méthodes d'Olivier, de Latreille, avec des notes, plusieurs observations nouvelles et les figures dessinées d'après nature : par F.-M.-G. DE TIGNY et BRONGNIART, pour les généralités. Édition ornée de beaucoup de figures, augmentée et mise au niveau des connaissances actuelles, par M. GUÉRIN. 10 vol. ornés de planches, fig. noires. 23 fr. 40

Le même ouvrage, figures coloriées.   39 fr.

Histoire naturelle des Végétaux classés par familles, avec la citation de la classe et de l'ordre de Linné, et l'indication de l'usage qu'on peut faire des plantes dans les arts, le commerce, l'agriculture, le jardinage, la médecine, etc.; des figures dessinées d'après nature, et un GENERA complet, selon le système de Linné, avec des renvois aux familles naturelles de Jussieu; par J.-B. LAMARCK, membre de l'Institut, professeur au Muséum d'Histoire naturelle, et par C.-F.-B. DE MIRBEL, membre de l'Académie des Sciences, professeur de botanique. Édition ornée de 120 planches représentant plus de 1600 sujets. 15 volumes ornés de planches, fig. noires. 30 fr. 90

Le même ouvrage, figures coloriées.   46 fr. 50

Histoire naturelle des Coquilles, contenant leur description, leurs mœurs et leurs usages, par M. Bosc, membre de l'Institut. 5 vol. ornés de pl. Fig. noires 10 fr. 65

Le même ouvrage, fig. coloriées.   16 fr. 50

Histoire naturelle des Vers, contenant leur description, leurs mœurs et leurs usages, par M. Bosc. 3 vol. ornés de planches, fig. noires.   6 fr. 50

Le même ouvrage, fig. coloriées.   10 fr. 50

Histoire naturelle des Crustacés, contenant leur description, leurs mœurs et leurs usages, par M. Bosc. 2 vol. ornés de planches, figures noires.   4 fr. 75

Le même ouvrage, fig. coloriées.   8 fr.

Histoire naturelle des Minéraux, par M. E. M. PATRIN, membre de l'Institut. Ouvr. orné de 40 planches, représentant un grand nombre de sujets dessinés d'après nature. 5 vol. ornés de planches, figures noires. 10 fr. 50

Le même ouvrage, fig. coloriées. 16 fr. 50

Histoire naturelle des Poissons, avec des figures dessinées d'après nature, par BLOCK. Ouvrage classé par ordres, genres et espèces, d'après le système de Linné, avec les caractères génériques, par RÉNÉ RICHARD CASTEL. Edition ornée de 160 planches représentant 600 espèces de poissons. 10 volumes, figures noires. 26 fr. 20

Avec figures coloriées. 47 fr.

Histoire naturelle des Reptiles, avec des figures dessinees d'après nature, par SONNINI, homme de lettres et naturaliste, et LATREILLE, membre de l'Institut. Edition ornée de 54 planches, représentant environ 150 espèces différentes de serpents, vipères, couleuvres, lézards, grenouilles, tortues, etc. 4 vol. avec planches, fig. noires. 9 fr. 85

Le même ouvrage, figures coloriées. 17 fr.

Les huit ouvrages ci-dessus composaient autrefois la COLLECTION DES SUITES A BUFFON, *format in-18, éditée par* M. DÉTERVILLE *et devenue la propriété de M. RORET.*

Icones historiques des Lépidoptères nouveaux ou peu connus, collection, avec figures coloriées, des papillons d'Europe nouvellement découverts; ouvrage formant le complément de tous les auteurs iconographes; par le docteur BOISDUVAL.

Cet ouvrage se compose de 42 livraisons grand in-8, comprenant chacune deux planches coloriées et le texte correspondant, imprimé sur papier vélin. Prix de chaque livraison. 3 fr.

Les 42 livraisons ensemble. 100 fr.

Iconographie et histoire des Lépidoptères et des Chenilles de l'Amérique septentrionale, par MM. BOISDUVAL et JOHN LECONTE.

Cet ouvrage comprend 26 livraisons, renfermant trois planches coloriées et le texte correspondant, imprimé sur papier vélin.

Prix de la livraison. 3 fr.

Les 26 livraisons ensemble. 60 fr

Illustrationes plantarum orientalium, ou Choix de Plantes nouvelles ou peu connues de l'Asie occidentale, par M. le comte JAUBERT et M. SPACH. Cet ouvrage forme 5 vol. grand in-4, composés chacun de 100 planches et d'environ 30 feuilles de texte; il a paru par livraisons de 10 planches. Le prix de chacune est de 15 fr.

L'ouvrage complet (50 livraisons). 750 fr.

Insecta caffraria annis 1838-45 à J. V. Vahlberg, collecta, descripsit Carolus H. Boheman

Pars 1. Fasc. 1. Coleoptera (*Carabici, Hydrocanthari, Gyrinii et Staphylinii*). 1 vol. in-8. 8 fr.

Fasc. 2 Coleoptera (*Buprestides, Clatérides, Cébrionites, Rhipicérides, Cyphonides, Lycides, Lampyrides*, etc.) In-8. 10 fr.

Pars 2. Coleoptera (*Scarabœides*), in-8. 10 fr.

Introduction à l'étude de la botanique, par Philibert. 3 vol. in-8; fig. col. 18 fr.

Mémoires sur la famille des Combrétacées, par M. de Candolle. In-4 ; fig. 3 fr.

Mémoires sur les Métamorphoses des Coléoptères, par W. De Haan. 1 vol. in-4° avec pl. 6 fr.

Mémoires de la Société de physique de Genève, in-4. — Divers Mémoires séparés sur les *Selaginees*, les *Lythraires*, les *Dypsacées*, le *Mont-Somma*, etc.

Mémoires de la Société d'Histoire naturelle de Paris, 5 vol. in-4 avec planches. Prix : 20 fr. chaque volume. Prix total. 100 fr.

Voyez *Nouvelles Annales du Muséum*, page 38.

Mémoires de la Société royale des Sciences de Liège. 23 volumes in-8, accompagnés de planches.

PREMIÈRE SÉRIE.

— Tome 1er (en 2 vol. in-8) chaque vol. 5 fr.
 Les 2 vol. réunis. 8 fr.
— Tome 2 (en 2 vol. in-8) chaque vol. 5 fr.
 Les 2 vol. réunis. 10 fr.
— Tome 3, 1845, contenant la Monog. des Coléoptères subpentamères-phytophages, par Th. Lacordaire, tome 1er. 1 vol. in-8. 12 fr.
— Tome 4, 1847-49, contenant la monographie des Productus, par M. de Koninck. 2 vol. in-8 et un atlas. La 1re partie, 1 vol. et 1 atl. 10 fr. La 2e partie, 1 vol. 5 fr.
— Tome 5, 1848. Monog. des Coléoptères subpentamères-phytophages, par Th. Lacordaire, tome 2. 1 vol. in-8. 12 fr.
— Tome 6, 1849. Monog. des Odonates. 1 vol. in-8. 10 fr.
— Tome 7, 1851. Exposé élémentaire de la Théorie des intégrales définies, par Meyer. 1 vol. in-8. 10 fr.
— Tome 8, 1853, renfermant le catalogue des larves des Coléoptères connues jusqu'à ce jour, avec la description de plusieurs espèces nouvelles, par MM. Chapuis et Candèze 1 vol. in-8. 12 fr

— Tome 9, 1854; contenant la monographie des Caloptérygines, par M. DE SÉLYS-LONGCHAMPS. 1 vol. in-8.   12 fr.

— Tome 10, 1856. Cours élémentaire sur la Fabrication des bouches à feu en fonte et en bronze, par COQUILHAT. 1re partie. 1 vol. in-8.   12 fr.

— Tome 11, 1858. Fabrication des bouches à feu, par COQUILHAT. 2e partie. — Calcul des variations, par A. MEYER. — Monographie des Gomphines, par M. DE SÉLYS-LONGCHAMPS. 1 vol. in-8.   18 fr.

— Tome 12, 1857. Monographie des Élatérides, par E. CANDÈZE. Tome 1er, 1 vol. in-8.   8 fr. 50

— Tome 13, 1858. Fabrication des bouches à feu par COQUILHAT. 3e partie. — Etudes sur un mémoire de Jacobi, relatif aux intégrales définies, par N.-C. SCHMITT. — Notice géologique, par J. Van BINKHORST. 1 vol. in-8.   12 fr.

— Tome 14, 1859. Monographie des Elatérides, par E. CANDÈZE. Tome 2. 1 vol. in-8.   10 fr.

— Tome 15, 1860. Monographie des Elatérides, par E. CANDÈZE. Tome 3, 1 vol. in-8.   10 fr.

— Tome 16, 1861. Des Brachiopodes munis d'appendices spiraux, par DAVIDSON, trad. par DE KONINCK. — Méthodes diverses de calculs transcendants, par PAQUE. — Métamorphoses de quelques Coléoptères exotiques, par E. CANDÈZE. 1 vol. in-8.   10 fr.

— Tome 17, 1863. Monographie des Elatérides, par E. CANDÈZE. Tome 4 et dernier, 1 vol. in-8.   10 fr.

— Tome 18, 1863. Clytides d'Asie et d'Océanie, par CHEVROLAT. — Percussions sur les affûts dans le tir des bouches à feu, par COQUILHAT, etc. 1 vol. in-8.   10 fr.

— Tome 19, 1866. Genera des Coléoptères Cérambycides, par J. THOMSON. 1 vol. in-8.   9 fr.

— Tome 20, 1866. Monographie des Platypides, par F. CHAPUIS. — Table générale des 20 volumes composant la Première Série des Mémoires. 1 vol. in-8, accompagné de figures. 14 fr.

DEUXIÈME SÉRIE.

— Tome 1er, 1866. Expériences sur la détermination des moments d'inertie des canons en bronze, par COQUILHAT. — Mémoire relatif aux mathématiques élémentaires, par NOEL. — Tables usuelles des Logarithmes, par FOLIE. — Des surfaces réglées et des surfaces enveloppes, par STAMMER. — Notes sur les Notiophiles et les Amara, par PUTZEYS. 1 vol. 8°, avec figures.   9 fr.

— Tome 2, 1867. Mélanges mathématiques, par EUGÈNE CATALAN. 1 vol. in-8.   7 fr.

Méthodes éprouvées avec lesquelles on parvient facilement et sans maître à connaitre les caractères botaniques propres à chaque famille naturelle indigène, par F.-J. Montandon. 1 vol. in-18. 75 c.

Monographie des Érotyliens, famille de l'ordre des Coléoptères, par M. Th. Lacordaire. 1 vol. in-8. 9 fr.

Monographie des Libellulidées d'Europe, par Edm. de Sélys-Longchamps. 1 vol. grand in-8, avec quatre planches representant 44 figures. 5 fr.

Monographia Tryphonidum Sueciæ, auctore Aug. Emil. Holmgren, in-4. 13 fr.

Notice sur les Libellulidées, extraite des Bulletins de l'Académie de Bruxelles, par Edm. de Sélys-Long·champs. In-8, fig. 2 fr.

Observations botaniques, par B.-C. Dumortier. In-8. 4 fr.

Oiseaux américains (Sur les) de la Faune européenne, par M. de Sélys-Longchamps, 1 vol. in-8. 1 fr. 25

Observations sur les phénomènes périodiques du règne animal, et particulièrement sur les migrations des oiseaux en Belgique, de 1841 à 1846, résumées par M. de Sélys-Longchamps. Br. in-4. 3 fr. 50

Plantes rares du Jardin de Genève, par A. P. de Candolle; livraisons 1 à 4, in-4, fig. col., à 15 fr. la livraison. L'ouvrage complet : 60 fr.

Plantes herbacées d'Europe et leurs insectes, par M. Macquart, 3 vol. in-8. 10 fr. 50
On vend séparément : 1re partie, 3 fr. 50;
2e partie, 3 fr.; 3e partie, 4 fr.

Principes de Zooclassie, servant d'introduction à l'étude des Mollusques, par H. De Blainville. 1 vol. in-8. 3 fr.

Récapitulation des Hybrides observés dans la famille des Anatidées, par E. de Sélys-Longchamps, brochure in-8. 1 fr. 25
Addition a la récapitulation, br. in-8 1 fr.

Règne animal, d'après M. de Blainville, disposé en séries, en procédant de l'homme jusqu'à l'éponge, et divisé en trois sous-règnes. Tableau gravé sur acier. 3 fr. 50
Le même, collé sur toile, avec gorge et rouleau. 8 fr.

Synonymia insectorum. — Genera et species Curculionidum (ouvrage comprenant la synonymie et la description de tous les Curculionides connus), par M. Schoenherr. 8 tomes en 16 vol. in-8. 144 fr.

Synopsis de la flore du Jura septentrional et du Sundgau, par Frighe-Joset et Montandon. 1 v. in-12. 5 fr.

Tableau de la distribution méthodique des espèces minérales, suivie dans le cours de minéralogie fait au Muséum d'Histoire naturelle en 1833, par Alexandre BRONGNIART, professeur. Brochure in-8. 2 fr.

Théorie élémentaire de la botanique, ou Exposition des Principes de la Classification naturelle et de l'Art de décrire et d'étudier les végétaux, par M. DE CANDOLLE. 3ᵉ édition; 1 vol. in-8. 8 fr.

Traité élémentaire de Minéralogie, par F.-S. BEUDANT. 2 vol. in-8, ornés de 24 planches. 21 fr.

Voyage à Madagascar, au Couronnement de Radama II, par M. AUG. VINSON. Ouvrage enrichi de Catalogues spéciaux publiés par MM. J. Verreaux, Guénée et Ch. Coquerel. 1 beau volume in-8 jésus :

Papier fin glacé, fig. coloriées. 25 fr.
Papier ordinaire, fig. coloriées. 20 fr.
Papier ordinaire, fig. noires. 15 fr.

Voyage médical autour du monde, exécuté sur la corvette du roi *la Coquille,* commandée par le capitaine Duperrey, pendant les années 1822, 1823, 1824 et 1825, suivi d'un Mémoire sur les Races humaines répandues dans l'Océanie, la Malaisie et l'Australie, par M. LESSON. 1 vol. in-8. 4 fr. 50

Zoologie classique, ou Histoire naturelle du Règne animal, par M. F.-A. POUCHET, professeur de zoologie au Muséum d'Histoire naturelle de Rouen, etc. : seconde édition, considérablement augmentée. 2 vol. in-8, contenant ensemble plus de 1,300 pages, et accompagnés d'un Atlas de 44 planches et de 5 grands tableaux gravés sur acier.

Figures noires. 20 fr.
Figures coloriées. 25 fr.

NOTA. *Le Conseil de l'Université a décidé que cet ouvrage erait placé dans les bibliothèques des collèges.*

AGRICULTURE, JARDINAGE.

ÉCONOMIE RURALE.

Abrégé de l'Art vétérinaire, ou Description raisonnée des Maladies du Cheval et de leur traitement, suivi de l'anatomie et de la physiologie du pied et des principes de ferrure, avec des observations sur le régime et l'exercice du cheval, etc., par WHITE; traduit de l'anglais et annoté par M. V. DELAGUETTE, vétérinaire. 2e édition, 1 vol. in-12.   3 fr. 50

Agriculteur-praticien (L'), REVUE D'AGRICULTURE, DE JARDINAGE ET D'ÉCONOMIE RURALE ET DOMESTIQUE.

1re *série*, publiée sous la direction de MM. BOSSIN, MALEPEYRE, G. HEUZÉ, etc., in-8, grand format, renfermant des gravures sur bois intercalées dans le texte.

14 volumes in-8, ornés de vignettes (1839-1853).

Prix de chaque volume, 3 fr. au lieu de 6 fr.

Agriculture française, par MM. les Inspecteurs de l'agriculture, publiée d'après les ordres de M. le Ministre de l'Agriculture et du Commerce, contenant la description géographique, le sol, le climat, la population, les exploitations rurales; instruments aratoires, engrais, assolements, etc., de chaque département. 6 vol., accompagnés chacun d'une belle carte, sont en vente, savoir :

Département de l'Isère. 1 vol. in-8.   3 fr. 50
—   du Nord. In-8.   3 fr. 50
—   des Hautes-Pyrénées. In-8.   3 fr. 50
—   de la Haute-Garonne. In-8.   3 fr. 50
—   des Côtes-du-Nord. In-8.   3 fr. 50
—   du Tarn. In-8.   3 fr. 50

Amateur de fruits (L'), ou l'Art de les choisir, de les conserver, de les employer, principalement pour faire les compotes, gelées, marmelades, confitures, etc., par M. L. DUBOIS. In-12.   2 fr. 50

Amélioration (De l') de la Sologne, par M. R. PARETO. In-8.   2 fr. 50

Annales agricoles de Roville, ou Mélanges d'A-griculture, d'Economie rurale et de Législation agricole, par M. C.-J.-A. MATHIEU DE DOMBASLE. 9 vol. in-8, figures. 50 fr.

Chaque volume se vend séparément 6 fr.

Application (De l') de la vapeur à l'agricul-ture, de son Influence sur les Mœurs, sur la Prospérité des Nations et l'Amélioration du Sol, par GIRARD, 1 vol. in-8, grand papier. 75 c.

Art de composer et décorer les jardins, par M. BOITARD; ouvrage orné de 140 planches gravées sur acier. 2 vol. format in-8 oblong. 15 fr.

*Même ouvrage que le Manuel de l'*Architecte des Jar-dins (Voyez page 7).

Cette publication n'a rien de commun avec les autres ou-vrages du même genre, portant même le nom de l'auteur. Le traité que nous annonçons est un travail très-complet et publié à très-bas prix. M. Boitard a donc rendu un grand service aux amateurs de jardins en les mettant à même de tirer de leurs propriétés le meilleur parti possible.

Assolements, Jachère et Succession des Cultures, par M. YVART, de l'Institut, avec des notes, par M. V. RENDU, inspecteur de l'agriculture. 1 vol in-4. 12 fr.

LE MÊME OUVRAGE. 3 vol. in-18 (voyez page 8). 10 fr. 50

Asperges (LES), les Figues, les Fraises et les Framboises, Description des meilleures méthodes de culture pour les obtenir en abondance, et manière de les forcer pour avoir des primeurs et des fruits pendant l'hiver, avec l'indication des travaux à faire mois par mois, par M. V. F. LEBEUF. 1 vol. in-18 avec vignettes. 1 fr. 50

Calendrier du Bon cultivateur, ou Manuel de l'Agriculteur-Praticien, par C.-J.-A. MATHIEU DE DOMBASLE. 10e édition, revue par M. DE MEIXMORON-DOMBASLE. 1 vol. in-12 de plus de 900 pages, avec 5 planches. 4 fr. 75

Champignons (CULTURE DES) DE COUCHE ET DE BOIS **et des Truffes,** ou Moyens de les multiplier, de les reproduire, de les accommoder, et de reconnaître les Cham-pignons sauvages comestibles, etc., par M. V.-F. LEBEUF. 1 vol. in-18, orné de 17 gravures sur bois. 1 fr. 50

Chasseur-taupier (Le), ou l'Art de prendre les taupes par des moyens sûrs et faciles, précédé de leur his-toire naturelle, par M. RÉDARÈS. In-18, fig. 90 cent.

Choix des plus belles fleurs et des plus beaux fruits, par M. REDOUTÉ. 1 joli vol. in-fol. orné de 144 planches coloriées. 36 livraisons de 4 planches à 6 fr. chaque livraison; l'ouvrage complet : 150 fr.

Toutes les planches de l'œuvre de M. REDOUTÉ se vendent séparément à raison de 1 fr. 50.

Le Catalogue spécial de cet ouvrage est adressé, franco, *aux personnes qui en font la demande.*

Cours complet d'Agriculture (Nouveau) du XIXᵉ siècle, contenant la grande et la petite culture, l'économie rurale domestique, la médecine vétérinaire, etc., par les Membres de la section d'Agriculture de l'Institut de France, etc. Paris, Déterville. 16 vol. in-8, de près de 600 pages chacun, ornés de planches gravées en taille-douce. AU LIEU DE 120 fr.   32 fr.

Cours d'Agriculture (Petit), ou Encyclopédie agricole, par M. MAUNY DE MORNAY, contenant les livres du Cultivateur, du Jardinier, du Forestier, du Vigneron, de l'Économie et Administration rurales, du Propriétaire et de l'Éleveur d'animaux domestiques. 7 vol. grand in-18, avec fig.   12 fr.

Culture et taille rationnelles et économiques du Poirier, du Pommier, du Prunier et du Cerisier, contenant une Description des meilleurs fruits à cultiver en espalier et à haute tige, traitant des Formes nouvelles et naturelles propres à remplacer les formes de fantaisie connues, par M. V.-F. LEBEUF. 1 vol. grand in-18 orné de 60 silhouettes des meilleurs fruits en grandeur naturelle.   2 fr. 50

École du Jardin potager, suivie du Traité de la Culture des Pêchers, par M. DE COMBLES, 6ᵉ édition, revue par M. LOUIS DUBOIS. 3 vol. in-12.   4 fr. 50

Éloge historique de l'abbé FRANÇOIS ROZIER, restaurateur de l'Agriculture française, par A. THIÉBAUT DE BERNEAUD, in-8.   1 fr. 50

Encyclopédie du Cultivateur, ou Cours complet et simplifié d'agriculture, d'économie rurale et domestique, par M. LOUIS DUBOIS. 2ᵉ édition, 9 vol. in-12 ornés de gravures.   20 fr.

Le tome 9 se vend séparément   4 fr.

Cet ouvrage, très-simplifié, est indispensable aux personnes qui ne voudraient pas acquérir le grand ouvrage intitulé : Cours d'agriculture du XIXᵉ siècle.

Engrais des Jardins. Moyens de s'en procurer, d'en fabriquer à discrétion et à bon marché; les meilleurs engrais animaux, végétaux, artificiels, chimiques et du commerce; la manière de modifier la nature du sol par leur emploi, d'avoir de l'eau pour les arrosements, etc., par V.-F. LEBEUF. 1 vol. in-18.   1 fr. 25

Fabrication du fromage, par le docteur F. Gera, traduit de l'italien par V. Rendu, in-8, fig. (Couronné par la Société royale et centrale d'agriculture.) 5 fr.

Figues, Fraises, Framboises (Culture des). (Voyez *Les Asperges, les Figues, les Fraises et les Framboises,* page 48).

Histoire du Pêcher, par Duval, in-8. 1 fr. 50

Histoire du Poirier (Pyrus sylvestris) par Duval. Br. in-8. (Extrait de l'*Agriculteur praticien*). 1 fr. 50

Histoire du Pommier, par Duval. In-8. 1 fr. 50

Horticulteur (L')gastronome; Bons légumes et bons fruits, ou Choix des meilleures variétés de plantes potagères et d'arbres fruitiers, et moyen de conserver les fruits et les légumes pendant l'hiver, suivis des 365 salades de l'ami Antoine, de la manière d'établir un jardin potager-fruitier de produit, et du Calendrier de l'horticulteur, par M. V.-F. Lebeuf. 1 vol. in-18. 1 fr. 50

Journal de médecine vétérinaire théorique et pratique, et Analyse raisonnée de tous les ouvrages français et étrangers qui ont du rapport avec la médecine des animaux domestiques ; recueil publié par MM. Bracy-Clark, Crépin, Cruzel, Delaguette, Dupuy, Godine jeune, Lebas, Prince et Rodet. 6 vol. in-8. 20 fr.
Chaque volume séparément. 6 fr.

Manuel populaire d'Agriculture, d'après l'état actuel des progrès dans la culture des champs, des prairies, de la vigne, des arbres fruitiers; dans l'éducation du gros bétail, etc., par J. A. Schlipf; trad. de l'Allemand par Napoléon Nicklès. In-8. 4 fr.

Manuel des instruments d'Agriculture et de Jardinage les plus modernes, contenant la description détaillée des Instruments nouvellement inventés ou perfectionnés, la plupart dessinés dans les meilleurs ateliers de la capitale. Ouvrage orné de 121 planches et de gravures sur bois intercalées dans le texte, par M. Boitard. 1 vol. grand in-8. 12 fr.

Manuel du fabricant d'engrais, ou de l'Influence du noir animal sur la végétation, par M. Bertin. 1 vol. in-18. 2 fr. 50

Melon (Du) et de sa culture, par M. Duval. Brochure in-8. (Extrait de l'*Agriculteur praticien*.) 75 c.

Mémoires sur l'alternance des essences forestières, par Gustave Gand. In-8. 1 fr. 50

Méthode abrégée du dressage des chevaux difficiles, et particulièrement des Chevaux d'armes, par De Montigny. 1 vol. in-8. 2 fr.

Pathologie canine, ou Traité des Maladies des Chiens, contenant aussi une dissertation très-détaillée sur la rage, la manière d'élever et de soigner les chiens; par M. Delabère-Blaine, traduit de l'anglais et annoté par M. V. Delaguette, vétérinaire. Avec 2 planches représentant 18 espèces de chiens. 1 vol. in-8. 6 fr.

Pharmacopée vétérinaire, ou Nouvelle pharmacie hippiatrique, contenant une classification des médicaments, les moyens de les préparer et l'indication de leur emploi, etc., par M. Bracy-Clark. 1 vol. in-12 avec fig. 2 fr.

Révolution agricole, ou Moyen de faire des bénéfices en cultivant les terres, par M. V.-F. Lebeuf. 1 vol. in-18. 3 fr.

Traité des arbres et arbustes que l'on cultive en pleine terre en Europe et particulièrement en France, par Duhamel du Monceau, rédigé par MM. Veillard, Jaume Saint-Hilaire, Mirbel, Poiret, et continué par M. Loiseleur-Deslongchamps; ouvrage enrichi de 500 planches gravées par les plus habiles artistes, d'après les dessins de Redouté et Bessa, peintres du Muséum d'histoire naturelle; 7 volumes in-folio cartonnés, non rognés.

— Papier jésus vélin, figures coloriées. Au lieu de 3,300 francs, 750 fr.
— Papier carré vélin, figures coloriées. Au lieu de 2,100 francs, 450 fr.
— Papier carré fin, figures coloriées. 350 fr.
— Le même, figures noires. Au lieu de 775 fr. 200 fr.

On a extrait de cet ouvrage le suivant :

Traité (Nouveau) des arbres fruitiers, par Duhamel, nouvelle édition, très-augmentée par MM. Veillard, de Mirbel, Poiret et Loiseleur-Deslongchamps, 2 vol. in-folio, ornés de 145 planches. Prix :
Fig. noires 50 fr.; — fig. coloriées, papier fin. 100 fr.
Fig. coloriées, papier vélin. 125 fr.
Fig. coloriées, format jésus vélin. 150 fr.

Traité de culture théorique et pratique, par Hubert Carré. In-12. 2 fr.

Traité de culture forestière, par Henri Cotta, traduit de l'allemand par Gustave Gand, garde général des forêts. 1 vol. in-8. 10 fr.

Traité des instruments aratoires, par Moysen.
Brochure in-8. 1 fr.

Traité du chanvre du Piémont, de la grande espèce, sa culture, son rouissage et ses produits, par Rey, in-12. 1 fr. 50

Traité sur la distillation des pommes de terre, par Evariste Hourier. In-18. 1 fr. 50

Traité raisonné sur l'éducation du Chat domestique, et du Traitement de ses Maladies, par M. R***. In-12. 1 fr. 50

Travail des Boissons. Ce qui est permis ou défendu dans les manipulations des Vins, Alcools, Eaux-de-vie, Bières, Cidres, Vinaigres, Eaux gazeuses, Liqueurs, Sirops, etc., par M. V.-F. Lebeuf. Un volume grand in-18 jésus. 3 fr.

— 53 —

INDUSTRIE, ARTS ET MÉTIERS.

Albums (petits) de poche du Garde-Meuble, 9 Albums format in-32 oblong, publiés par D. GUILMARD. (Les nos 1 à 7 sont épuisés.) No 8, MEUBLES; No 9, SIÉGES; No 10, SIÉGES et TENTURES.

Chaque Album se vend séparément, en noir, 5 fr.
En couleur, 6 fr.

Album gothique, Recueil de Meubles et de Siéges composés dans ce style, par D. GUILMARD. Album in-8º de 24 planches, fig. noires. 6 fr.

Ameublement (L') et l'Utile, Recueil de dessins de Siéges, de Meubles et de Tentures, genre simple, divisé en trois catégories : *Siéges, Meubles, Tentures,* renfermant 72 planches par an, publié par D. GUILMARD.

3 *catégories ensemble :*	PARIS.	DÉPARTEMENTS.	ETRANGER.
En noir :	15 fr.	18 fr.	20 fr.
En couleur :	25 fr.	28 fr.	30 fr.
2 *catégories ensemble :*			
En noir :	8 fr.	12 fr.	13 fr.
En couleur :	17 fr.	18 fr. 50	20 fr.
1 *catégorie séparée :*			
En noir :	5 fr.	6 fr.	7 fr.
En couleur :	8 fr.50	9 fr.50	10 fr.50

Les abonnements ne se font que pour un an, à partir de janvier.

Une planche séparée : En noir : 50 c. — En couleur : 75 c.

Art de modeler en papier ou en carton, Imitation et Exécution de toutes sortes d'objets susceptibles d'être coloriés ou recouverts de papier, d'écorce, de mousse, etc. 1 vol. in-8º. 3 fr. 50

Art du Peintre, Doreur et Vernisseur, par WATIN; 12e édition, revue et entièrement refondue pour la fabrication et l'application des couleurs, par MM. Ch. et F. BOURGEOIS, et augmentée de l'*Art du Peintre en voitures, en marbres et en faux-bois,* par M. J. DE MONTIGNY, ingénieur civil. 1 vol. in-8. 6 fr.

Art (L') du Tourneur, Profils et renseignements à l'usage des arts et industries auxquels le Tournage se rattache, par MM. Maincent et Zamor. 1ʳᵉ *partie*, Album petit in-folio, cartonné. 25 fr.

Artiste (L') en bâtiments. Ordres d'architecture, consoles, cartouches, décors et attributs, etc., par L. Berthaux. In-4 oblong. 6 fr.

Barême à l'usage des marchands de café. Brochure in-8. 60 c.

Barême décimal pour le commerce des liquides, par Ravon, br. in-18. 75 c.

Barême du Layetier, contenant le toisé par voliges de toutes les mesures de caisses, depuis 12-6-6, jusqu'à 72-72-72, etc., par Bien-Aimé. 1 vol. in-12. 1 fr. 25

Calcul des essieux pour les Chemins de Fer ; Coup-d'œil sur les roues de vagons, par A. C. Benoit-Duportail. Br. in-8 (*Extraite du Technologiste*). 1 fr. 75

Carnets du Garde-Meuble, 6 Albums grand in-8, publiés par D. Guilmard.

Nº 1. Meubles simples, Album de 40 planches contenant 67 modèles différents. En noir, 5 fr.
En couleur, 6 fr.

Nº 2. Siéges, Album de 120 planches. En noir, 25 fr.
En couleur, 35 fr.

Nº 3. Vieux bois, Album de 26 planches contenant des dessins de Meubles et de Siéges en vieux chêne sculpté; Fabrication courante. En noir, 6 fr.
En couleur, 10 fr.

Nº 4. Sculptures, Album de 24 planches, contenant des motifs sculptés employés dans la fabrication des meubles simples. Fig. noires, 6 fr.

Nº 5. Sculptures de fantaisie, Album de 25 planches, contenant des motifs de petits objets et de petits meubles sculptés. Fig. noires, 6 fr.

Nº 6. Meubles en marqueterie, genre Boule et en bois de rose, Album de 24 planches contenant 44 modèles différents. En noir, 6 fr.
En couleur, 12 fr.

Considérations sur la perspective, par Benoit-Duportail. Br. in-8 (*Extr. du Technologiste*). 1 fr. 25

Construction des Boulons, Ecrous, Harpons, Clefs, Rondelles, Goupilles, Clavettes, Rivets et Equerres, suivie de la construction des Vis d'Archimède, par A. C. Benoit-Duportail. Br. in-8 (*Extr. du Technologiste*). 3 fr.

Construction (De la) des Engrenages, et de la meilleure forme à donner à leur denture, par S. Haindl. In-12. Fig. 4 fr. 50

Décoration (La) au XIXᵉ siècle, Décor intérieur des habitations, Riches appartements, Hôtels et Châteaux, par D. Guilmard.

Album de 48 planches grand in-4 coloriées.   60 fr.

Décoration (La) en bois découpé, par A. Sanguineti. Album de 32 planches, in-4 oblong.

Fig. noires : 8 fr. — Fig. coloriées : 15 fr.

Décoration (La) en Treillage, par A. Sanguineti. Album de 44 planches, in-4 oblong.

Fig. noires : 10 fr. — Fig. coloriées : 25 fr.

Ebéniste parisien (Carnet de l'), Recueil de meubles simples dessinés d'après nature, par D. Guilmard. Album grand in-8 de 134 planches. En noir,   25 fr.

En couleur,   35 fr.

Ebéniste parisien (Portefeuille pratique de l'), Elévation, Plan, Coupes et détails nécessaires à la fabrication des Meubles, par D. Guilmard. Album in-4 de 31 planches coloriées.   15 fr.

Escaliers en bois, en pierre et en fer, par A. Sanguineti. Album de planches in-4, contenant les élévations, plans, coupes et détails.   9 fr.

Études sur quelques produits naturels applicables à la teinture, par Arnaudon. Br. in-8.   1 fr. 25

Fabricant de Billards (Album du), Recueil des formes les nouvelles, par D. Guilmard. Album de 24 planches grand in-8. En noir.   6 fr.

En couleur.   12 fr.

Fabrication des bouches à feu (Cours élémentaire sur la), en fonte et en bronze, par Coquilhat, 3 vol. in-8.   42 fr.

(*Publié dans les Mémoires de la Société royale des sciences de Liège, tomes 10, 11 et 13. (V. page 44.)*

Le Garde-Meuble, journal d'Ameublement, divisé en trois catégories : *Siéges, Meubles, Tentures,* et renfermant 54 planches par an, publié par D. Guilmard.

3 *Catégories réunies :*	PARIS.		DÉPARTEMENTS.		ETRANGER.	
	6 mois.	1 an.	6 mois.	1 an.	6 mois.	1 an.
En noir :	11 f. 25	22 f. 50	13 fr.	26 fr.	14 fr.	28 fr.
En couleur :	18 fr.	36 fr.	20 fr.	40 fr.	21 fr.	42 fr.
2 *catégories réunies :*						
En noir :	7 f. 50	15 fr.	9 fr.	18 fr.	10 fr.	20 fr.
En couleur :	12 fr.	24 fr.	14 fr.	27 fr.	15 fr.	28 fr.
1 *catégorie séparée :*						
En noir :	»	7 f. 50	»	9 fr.	»	10 fr.
En couleur :	»	12 fr.	»	14 fr.	»	15 fr.

Les abonnements partent du 15 janvier et du 15 juillet de chaque année. On ne reçoit pas d'abonnement de six mois pour une catégorie séparée.

Une feuille séparée : En noir : 50 c. — En couleur : 75 c.

Guide du Mécanicien, ou Principes fondamentaux de mécanique expérimentale et théorique, appliqués à la composition et à l'usage des machines, par M. Suzanne, ancien professeur. 2ᵉ édition, 1 vol. in-8 orné d'un grand nombre de planches. 12 fr.

Industrie (L') dentellière belge, par B. Van der Dussen. 1 vol. in-12, orné d'une planche. 1 fr. 50

Jardins (Album pittoresque des), Recueil de ce qui se fait de plus original et de plus commode en Siéges, Jardinières, Kiosques, Ponts, Barrières, Chaumières, etc., par D. Guilmard. Album de 24 planches grand in-8, en noir. 6 fr.

En couleur. 10 fr.

Machines-Outils (Traité des) employées dans les usines et les ateliers de construction pour le Travail des Métaux, par M. J. Chrétien, 1 volume in-8 jésus renfermant 16 planches gravées avec soin sur acier. 12 fr.

Le même ouvrage, 2 vol. in-18 avec Atlas in-8 jésus. (Voyez page 20.) 10 fr. 50

Manipulations hydroplastiques, ou Guide du Doreur, par M. Roseleur. In-8. 15 fr.

Manuel du Bottier, par A. Mourey. In-12. 1 fr. 50

Manuel des Candidats à l'emploi de Vérificateurs des poids et mesures, par P. Ravon. 2ᵉ édition, in-8. 5 fr.

Manuel des Chocolatiers, traitant de la partie pratique des Appareils en usage et de la confection des Bonbons à base de chocolat, par M. Aug. Gosselin. In-8 orné de vignettes 1 fr. 50

Manuel du Fabricant de Rouenneries, comprenant tout ce qui a rapport à la Fabrication, par un Fabricant. 1 vol. in-18. 2 fr. 50

Manuel métrique du Marchand de bois, par M. Tremblay. 1 vol. in-12. 1 fr. 50

Manuel du Tisseur, contenant les Armures et les Montages usités pour la Fabrication des divers Tissus, par Lions. In-8. 1 fr.

Memento de l'Ingénieur-Gazier, contenant, sous une forme succincte, les Notions et les Formules nécessaires à toutes les personnes qui s'occupent de la fabrication et de l'emploi du Gaz, par M. D. Magnier. Br. in-18. 75 c.

(*Extr. du* Man. de l'Eclairage et du Chauffage au Gaz, p. 17.)

Memento des Architectes et Ingénieurs,
Toiseurs et Vérificateurs et de toutes les personnes qui font
bâtir, par Toussaint. 7 vol. in-8, dont un de planches. 60 fr.
On a extrait de cet ouvrage le suivant :
Code de la Propriété. 2 vol. in-8. 15 fr.
**Mémoire sur la construction des Instru-
ments** à Cordes et à Archet, par Félix Savart. In-8. 3 fr.
**Mémoire sur l'appareil des voûtes hélicoï-
dales** et des voûtes biaises à double courbure, par M. A.-A.
Souchon. In-4° avec 8 planches en taille-douce. 3 fr. 50
Mémoire sur les falsifications des Alcools,
par M. Théodore Chateau, chimiste. (*Extrait du Technologiste.*) Br. in-8. 1 fr.
Moniteur (Le) des Menuisiers, par A. Sanguineti. Album de la menuiserie moderne, composé de 50
planches in-4. 12 fr.
Menuisier parisien (Album du), Recueil de
pièces de menuiserie dans le goût le plus moderne. Devan-
tures de boutiques, portes cochères, lambris, décors intérieurs d'appartements, chaires à prêcher, confessionnaux,
etc., par D. Guilmard.
Première partie, Album de 48 planches in-4° en carton. 20 fr.
Deuxième partie, Album de 48 planches in-4°. 20 fr.
Menuisier moderne (Le), Recueil de pièces de
menuiserie dans le style *néo-grec,* dessinées au trait avec
plans, coupes et détails, par D. Guilmard. Album de 24
planches grand in-4°, fig. noires. 15 fr.
Ordonnance de Louis XIV, indispensable à tous
les *marchands de bois* flottés, de charbon et à tous autres
marchands dont les biens sont situés près des rivières navigables. 1 vol. in-18. 2 fr.
**Ornementation (La connaissance des sty-
les de l'),** Histoire de l'ornement et des arts qui s'y rat-
tachent depuis l'ère chrétienne jusqu'à nos jours, par D.
Guilmard. 1 beau vol. in-4, richement illustré et accompagné de 42 planches noires. 25 fr.
Ornements d'Appartements (Album des),
Collection de tous les accessoires de décorations servant
aux croisées et aux lits, par D. Guilmard. Album de 24
planches in-8° oblong. En noir. 6 fr.
En couleur. 10 fr.
Parfait Carrossier, ou Traité complet des Ouvrages faits en Carrosserie et Sellerie, par L. Bertheaux.
In-8. Cartonné. 5 fr.

Parfait Charron, ou Traité complet des Ouvrages faits en Charronnage et Ferrure, par L. BERTHAUX. In-8. Cartonné. 5 fr.

Parfait Serrurier, ou Traité des Ouvrages faits en fer, par LOUIS BERTHAUX, 1 vol. in-8, cartonné. 9 fr.

Photographie sur papier, par M. BLANQUART-EVRARD. 1 vol. grand in-8. 4 fr. 50

Photographie sur plaques métalliques, par M. le baron GROS. 2e édition, 1 vol. grand in-8, fig. 3 fr.

Recherches sur la coloration des bois, et Etude sur le bois d'amarante, par ARNAUDON. Br. in-8 (*Extrait du Technologiste*). 1 fr. 25

Serrurerie (La) au XIXe siècle, 4 Albums de Serrurerie nouvelle, reproduisant un très-grand nombre de modèles, par M. SANGUINETI, architecte.

1re et 2e *parties* : FER FORGÉ, TRAVAUX D'ART. 56 planches réunies en un Album in-4 cartonné. 20 fr.

3e et 4e *parties* : CHARPENTES, CONSTRUCTIONS. 66 planches avec Table explicative, réunies en un Album in-4 cartonné. 30 fr.

On vend séparément les 1re et 2e parties, chacune : 10 fr.

— la 3e partie : 15 fr.

— la 4e partie : 18 fr.

Les 4 parties réunies en un seul volume : 45 fr.

Sculpteur parisien (Album du), Sculptures pour meubles et décors, dans le goût le plus moderne, par D. GUILMARD. 2 Albums grand in-4.

Première partie, Album de 30 planches. 15 fr.

Deuxième partie, — — 15 fr.

Tapissier parisien (Album du), par D. GUILMARD. Album grand in-8 de 24 planches. En noir, 6 fr.

En couleur, 10 fr.

Tourneur parisien (Album du), par D. GUILMARD. Album grand in-8 de 24 planches. Fig. noires. 6 fr.

Tourneur (Manuel du), ou Traité complet et simplifié de cet Art, par M. DE VALICOURT. 1 vol. grand in-8, renfermant 27 planches. 20 fr.

— LE MÊME OUVRAGE, 3 vol. in-18 et Atlas grand in-8 (Voyez page 31). 15 fr.

Traité complet de la Filature du chanvre et du lin, par MM. COQUELIN et DECOSTER. 1 gros vol. avec un bel Atlas in-folio, renfermant 37 planches gravées avec beaucoup de soin. 20 fr.

Traité du Chauffage au Gaz, par CH. HUGUENY. Br. in-8 (*Extraite du Technologiste*). 1 fr. 50

Traité de Chimie appliquée aux arts et métiers, par M. J.-J. Guilloud, professeur. 2 forts vol. in-12, avec planches. 10 fr.

Traité de Dorure et Argenture galvaniques appliquées à l'horlogerie, in-8, par Olivier Mathey. (*Extrait du Technologiste*). 1 fr. 25

Traité de la Comptabilité du Menuisier, applicable à tous les états de la bâtisse, par D. Clousier. 1 vol. in-8. 2 fr. 50

Traité de la Coupe des Pierres, ou Méthode facile et abrégée pour se perfectionner dans cette science, par J.-B. De la Rue. 3e édition, revue et corrigée par M. Ramée, architecte. 1 vol. in-8 de texte, avec un Atlas de 98 planches in-folio. 20 fr.

Traité des Échafaudages, ou Choix des meilleurs modèles de charpentes, par J.-Ch. Krafft. 1 vol. infol. relié, renfermant 51 planches très-bien gravées. 25 fr.

Traité des moyens de reconnaître les Falsifications des Drogues simples et composées, et d'en constater le degré de pureté, par Bussy et Boutron-Charlard. In-8. 3 fr. 50

Traité de la Poudre la plus convenable aux armes à piston, par Vergnaud aîné. In-8. 75 c.

Traité des Parafoudres et des Paragrêles en cordes de paille, 3e suppl., par Lapostole. In-8. 1 fr. 50

Traité élémentaire de la Filature du Coton, par M. Oger, directeur de filature, et Saladin. 1 vol. in-8 et Atlas. 18 fr.

Traité élémentaire du Parage et du Tissage mécanique du coton, par L. Bedel et E. Bourcart. In-8, fig. 7 fr. 50

Traité de la fabrication des Tissus, par Falcot, 3 vol. in-4, dont un de texte et deux Atlas. 42 fr.

Traité sur la nouvelle découverte du levier-volute *dit* levier-Vinet. In-18. 1 fr. 50

Transmissions à grandes vitesses. — *Paliers-graisseurs* de M. De Coster, par Benoit-Duportail. In 8. (*Extrait du Technologiste*). 75 c.

Vignole du Charpentier. 1re partie, Art du trait, contenant l'application de cet art aux principales constructions en usage dans le bâtiment, par M. Michel, maître charpentier, et M. Boutereau, professeur de géométrie appliquée aux arts. 1 vol. in-8, avec Atlas in-4 renfermant 72 planches gravées sur acier. 20 fr.

OUVRAGES CLASSIQUES ET D'ÉDUCATION.

OUVRAGES DE MM. NOEL ET CHAPSAL.

Abrégé de la Grammaire Française, par MM. NOEL et CHAPSAL. 1 vol. in-12. 90 c.

Exercices élémentaires, adaptés à l'abrégé de la Grammaire française de MM. NOEL et CHAPSAL. 1 fr.

Grammaire française (Nouvelle) sur un plan très-méthodique, par MM. NOEL et CHAPSAL. 3 vol. in-12 qui se vendent séparément, savoir :
— LA GRAMMAIRE. 1 vol. 1 fr. 50
— LES EXERCICES. (*Première année.*) 1 vol. 1 fr. 50
— LE CORRIGÉ DES EXERCICES. 2 fr.

Exercices français supplémentaires, sur les difficultés qu'offre la syntaxe, par M. CHAPSAL. (*Seconde année.*) 1 r. 50

Corrigé des exercices supplémentaires. 2 fr.

Leçons d'analyse grammaticale, par MM. NOEL et CHAPSAL. 1 vol. in-12. 1 fr. 80

Leçons d'analyse logique, par MM. NOEL et CHAPSAL. 1 vol. in-12. 1 fr. 80

Traité (Nouveau) des participes, suivi de dictées progressives, par MM. NOEL et CHAPSAL. 3 vol. in-12 qui se vendent séparément, savoir :
— THÉORIE DES PARTICIPES. 1 vol. 2 fr.
— EXERCICES SUR LES PARTICIPES. 1 vol. 2 fr.
— CORRIGÉ DES EXERCICES SUR LES PARTICIPES. 1 vol. 2 fr.

Syntaxe française, par M. CHAPSAL, à l'usage des classes supérieures. 1 vol. 2 fr. 75

Cours de Mythologie. 1 vol. in-12 2 fr.

Dictionnaire (Nouveau) de la langue française. 1 vol. in-8, grand papier. 8 fr.
— Cartonné en toile, 8 fr. 75 ; — relié en basane, 9 fr. 50

OUVRAGES DE MM. NOEL, FELLENS,

PLANCHE ET CARPENTIER.

Grammaire latine (Nouvelle) sur un plan très-méthodique, par M. Noel, inspecteur-général de l'Université, et M. Fellens. Ouvrage adopté par l'Université. 1 fr. 80

Exercices (latins-français) par les mêmes. 1 fr. 80

Cours de thèmes pour les sixième, cinquième, quatrième, troisième et seconde classes, à l'usage des colléges, par M. Planche, professeur à l'ancien Collège de Bourbon, et M. Carpentier. *Ouvrage recommandé pour les colléges par le Conseil de l'Université.* 2e édition, entièrement refondue et augmentée. 5 vol. in-12. 10 fr.

Avec les corrigés à l'usage des maitres. 10 vol. 22 fr. 50

On vend séparément les volumes de chaque classe, ainsi que les corrigés correspondants :

Les thèmes, 2 fr.; les corrigés, 2 fr. 50.

Cours de thèmes pour la 7e et la 8e, par MM. Noel et Fellens. 1 vol. in-12. 1 fr. 50

Corrigés pour les 7e et 8e. 1 fr. 50

Grammaire française (Nouveaux éléments de la), par M. Fellens. 1 vol. in-12. 1 fr. 25

OEuvres de Boileau, édit. annotée par MM. Noel et Planche. 1 vol. in-12. 1 fr.

OUVRAGES CLASSIQUES DIVERS.

Abrégé de la Grammaire latine, ou Méthode brévidoctive de prompt enseignement, par B. Jullien. 1 vol. in-12. 2 fr.

Abrégé de la Grammaire de Wailly. In-12. 75 c.

Abrégé de l'Histoire Sainte, avec des preuves de la religion, par demandes et par réponses, in-12. 60 c.

Abrégé d'Histoire universelle, par M. Bourgon, professeur de l'Académie de Besançon.

Première partie, comprenant l'histoire des Juifs, des Assyriens,, des Perses, des Egyptiens et des Grecs, jusqu'à la mort d'Alexandre-le-Grand, avec des tableaux de synchronismes. 2e édition. 1 vol in-12. 2 fr.

— *Deuxième partie*, comprenant l'histoire des Romains depuis la fondation de Rome, et celle de tous les peuples principaux, depuis la mort d'Alexandre-le-Grand jusqu'à l'avènement d'Auguste à l'empire. 1 vol. in-12.   3 fr. 50

— *Troisième partie*, comprenant un ABRÉGÉ DE L'HISTOIRE DE L'EMPIRE ROMAIN, depuis sa fondation jusqu'à la prise de Constantinople. 1 vol. in-12.   2 fr. 50

— *Quatrième partie*, comprenant l'histoire des Gaulois, les Gallo-Romains, les Francs et les Français jusqu'à nos jours, avec des tableaux de synchronismes. 2 vol. in-12. 6 fr.

Abrégé du Cours de littérature de DE LA HARPE, publié par RÉNÉ PÉRIN. 2 vol. in-12.   3 fr.

Algèbre élémentaire, Théorique et Pratique, par M. JOUANNO. 1 vol. in-8.   3 fr. 50

Alphabet chrétien, ou Réglement pour les enfants qui frequentent les écoles chrétiennes. Broch. in-18. 15 c.

Alphabet instructif pour apprendre facilement à lire à la jeunesse. 1 vol. in-8. Chaque exemplaire.   20 c.
La douzaine.   1 fr. 80

Animaux (Les) célèbres, anecdotes historiques sur les traits d'intelligence, d'adresse, de courage, de bonte, d'attachement, de reconnaissance, etc., des animaux de toute espèce, ornés de gravures, par A. ANTOINE. 2 vol. in-12. 2e édition.   3 fr.

Aquarelle (L'), ou les Fleurs peintes d'après la méthode de M. REDOUTÉ, par M. PASCAL, contenant des notions de botanique à l'usage des personnes qui peignent les fleurs, le dessin et la peinture d'après les modèles et la nature. In-4 orné de planches noires et coloriées.   4 fr. 50

Arithmétique des demoiselles, ou Cours élémentaire d'arithmétique en 12 leçons, par M. VANTENAC. In-12.   2 fr. 50
Cahier de questions pour le même ouvrage.   50 c.

Arithmétique des écoles primaires, en 22 leçons, par L.-J. GEORGE. In-8.   1 fr.

Art de broder, ou Recueil de modèles coloriés, à l'usage des demoiselles, par AUG. LEGRAND. 1 vol. in-8 oblong, renfermé dans un étui cartonné.   3 fr. 50

Astronomie des demoiselles, ou Entretiens entre un frère et sa sœur, sur la mécanique céleste, par JAMES FERGUSSON et M. QUÉTRIN. 1 vol. in-12.   3 fr. 50

Astronomie illustrée, par ASA SMITH, revue par WAGNER, WUST et SARRUS. In-4 cartonné.   6 fr.

Atlas (Nouvel) nationa. de la France, par départements, divisés en arrondissements et cantons, avec le tracé des routes impériales et départementales, des canaux, rivières, cours d'eau navigables, des chemins de fer construits et projetés, etc., dressé à l'échelle de 11,350,000, par CHARLES, géographe, avec des augmentations, par DARMET, chargé des travaux topographiques au ministère des affaires étrangères. In-folio, grand-raisin des Vosges.

Le *Nouvel atlas national* se cómpose de 80 planches (à cause de l'uniformité des échelles; sept feuilles contiennent deux départements).

Chaque carte séparée, en noir, 40 c.; en couleur, 60 c.

Chimie élémentaire, inorganique et organique, à l'usage des Ecoles et des Gens du monde, par E. BURNOUF. 1 gros vol. in-12.   3 fr.

Ciceronis (M. T.) orator. Nova editio, ad usum scholarum. Tulli-Leucorum, in-18.   75 c.

Compositions mathématiques, ou Problèmes géométriques et trigonométriques, à l'usage des écoles. In-8, par ESCOUBÈS.   2 fr. 25

Cours de thèmes, pour l'enseignement de la traduction du français en allemand dans les collèges de France, renfermant un Guide de conversation, un Guide de correspondance, et des Thèmes pour les élèves des classes élementaires supérieures, par M. MARCUS. 1 vol. in-12. 4 fr.

Cours de Thèmes latins, à l'usage des classes de huitième et de septième, par M. AM. SCRIBE, ancien maître de pension. 1 vol.   2 fr. 50

Cours élémentaire d'Arpentage, à l'usage des écoles primaires, des collèges et des pensions, par M. MILLOT. 1 vol. in-12.   1 fr. 80

Dialogues anglais, ou Eléments de la Conversation anglaise, par PERRIN. In-12.   1 fr. 25

Dialogues Moraux, instructifs et amusants, à l'usage de la jeunesse chrétienne. 1 vol. in-18.   1 fr.

Dictionnaire (Nouveau) de poche français-anglais et anglais-français, par NUGENT; revu par L.-F. FAIN. 2 vol. in-12 carré.   3 fr.

Éducation (De l') des Jeunes personnes, ou Indication de quelques améliorations importantes à introduire dans les pensionnats, par Mlle FAURE. In-12. 1 fr. 50

Éléments (Premiers) d'arithmétique, suivis d'exemples raisonnés en forme d'anecdotes, à l'usage de la jeunesse, par un membre de l'Université. In-12. 1 fr. 50

Enseignement (L'), par MM. BERNARD-JULLIEN, docur ès-lettres, licencié ès-sciences, et C. Hippeau, docteur ès-lettres, bachelier ès-sciences. Un gros vol. in-8 de 500 pages. 6 fr.

Epîtres et Evangiles des Dimanches et des Fêtes de l'année. 1 vol. in–12. 2 fr. 50

Essais de Géométrie appliquée, par P. Lepelletier. In-8. 4 fr.

Essai d'unité linguistique, par Bouzeran. 1 vol. in-8. 1 fr. 50

Essai sur l'analogie des langues, par Hennequin. 1 vol. in-8. 3 fr. 50

Études analytiques sur les diverses acceptions des mots français, par Mlle Faure. 1 vol. in-12. 2 fr. 50

Études littéraires, par A. Hennequin. (Grammaire et Logique). 1 vol. in-12. 2 fr.

Exercices sur l'*Abrégé du Recueil de mots français*, par B. Pautex. 1 vol. in–12. 1 fr.

Exercices sur l'orthographe et la syntaxe, calqués sur toutes les régles de la grammaire classique, par Villeroy. In-12. 1 fr. 25

Exposé élémentaire de la théorie des intégrales définies, par A. Meyer, professeur à l'Université de Liège. 1 vol. in-8. 10 fr. (Publié dans les *Mémoires de la Société royale des Sciences de Liège*).

Fables de Fenélon. Edit. de Clermont. In-18. 50 c.

Fables de Lessing, adaptées à l'étude de la langue allemande dans les cinquième et quatrième classes des colléges de France, moyennant un Vocabulaire allemand-français, une Liste des formes irrégulières, l'indication de la construction, et les règles principales de la succession des mots, par Marcus. 1 vol. in-12. 2 fr. 50

Géographie ancienne des états barbaresques, d'après l'allemand de Mannert, par MM. Marcus et Duesberg. In-8. 10 fr.

Géographie des écoles, par M. Huot, continuateur de la Géographie de Malte-Brun et Guibal. 1 gros volume in-12, avec Atlas in-4. 1 fr. 50

Géométrie perspective, avec ses applications à la recherche des ombres, par G.-H. Dufour, colonel du génie. In-8, avec un Atlas de 22 planches in-4. 4 fr.

Gradus ad Parnassum, par Aynès, édit. Carez à Toul. 1 vol. in-8, cartonné. 5 fr.

Grammaire complète de la langue alle-

mande, pour les élèves des classes supérieures des colléges de France, renfermant, *de plus que les autres grammaires*, un Traité complet de la succession des mots; un autre sur l'influence qu'elle a exercée sur l'emploi de l'indicatif, du subjonctif, de l'infinitif et des participes; un Vocabulaire français-allemand des conjonctions et des locutions conjonctives, par MARCUS. 1 vol. in-12, broché.   3 fr. 50

Grammaire française à l'usage des pensionnats de demoiselles, par Mme ROULLEAUX. In-12.   60 c.

Grammaire (Nouvelle) italienne, méthodique et raisonnée, par le comte DE FRANCOLINI. In-8.   7 fr. 50

Histoire de la Grèce, depuis les premiers siècles jusqu'à l'établissement de la domination romaine, par M. MATTER. inspecteur-général de l'Université. 1 vol.   3 fr.

Histoire de la Sainte Bible, contenant le vieux et le nouveau Testament, par DE ROYAUMONT. Le Mans. 1 vol. in-12.   1 fr.

Histoire des douze Césars, par LA HARPE. 3 vol. in-32, ornés de figures.   5 fr.

Imitation de Jésus-Christ, avec une Pratique et une Prière à la fin de chaque Chapitre; trad. par le P. GONNELIEU. 1 vol. in-18.   1 fr. 75

Jardin (Le) des racines grecques, recueillies par LANCELOT, et mises en vers par LE MAISTRE DE SACY, par C. BOBET. In-8.   5 fr.

Justini historiarum, ex Trogo Pompeio, libri XLIV. Accedunt excerptiones chronologicæ ad usum scholarum. Tulli-Leucorum. In 18.   70 c.

Leçons élémentaires de Philosophie, destinées aux élèves qui aspirent au grade de bachelier ès-lettres, par J.-S. FLOTTE. 5e édit., 3 vol. in-12.   4 fr.

Levers (Des) à vue, et du Dessin d'après nature, par M. LEBLANC. In-18, figures.   25 c.

Manuel des Instituteurs et des Inspecteurs d'écoles primaires, par ***. In-12.   2 fr. 50

Méthode américaine de Carstairs, ou l'Art d'écrire en peu de leçons par des moyens prompts et faciles. 1 Atlas in-8 oblong.   1 fr.
(*Même ouvrage que le* Manuel de Calligraphie. *V.* p. 10.)

Méthode nouvelle pour le calcul des intérêts à tous les Taux, par PIJON. In-18.   1 fr. 50
Extrait du Manuel de Commerce. *Voyez* page 12.

Miniature (Lettres sur la), par MANSION. 1 vol. in-12, avec figures.   4 fr.

Modèles de l'enfance, par l'abbé Th. PERRIN. 1 vol. in-32.   50 c.

Morale de l'enfance, ou Quatrains moraux à la portée des Enfants, et rangés par ordre méthodique, par M. le vicomte de MOREL-VINDÉ, pair de France et membre de l'Institut de France. 1 vol. in-18. (Adopté par la Société élémentaire, la Société des méthodes, etc.)   1 fr.

Le même ouvrage, cartonné.   1 fr. 10

Le même, texte latin, trad. par M. VICTOR LECLERC. 1 vol. in-16.   1 fr.

Le même, latin-français en regard. 1 vol. in-16.   2 fr.

Morale de l'Evangile, par Mme CELNART. In-8. 75 c.

Notice sur la projection des Cartes géographiques, par E.-A. LEYMONNERYE. In-18, fig.   1 fr. 50

OEuvres de Virgile, traduction nouvelle, avec le texte en regard et des remarques, par MORIN.
BUCOLIQUES ET GÉORGIQUES. 1 vol. in-12 (*Epuisé*).
ÉNÉIDE. 2 vol. in-12.   3 fr.

Parfait modèle (le), ou la Vie de Berchmans. 1 vol. in-18.   1 fr.

Pensées et maximes de Fenélon. 2 vol. in-18, portrait.   3 fr.

— **de J.-J. Rousseau.** 2 vol. in-18, portrait.   3 fr.

— **de Voltaire.** 2 vol. in-18, portrait.   3 fr.

Philosophie anti-Newtonienne, ou Essai sur une nouvelle physique de l'univers, par J. BAUTÈS. 2 livr. in-8.   3 fr.

Plantes (Les), Poème, par R. R. CASTEL; nouvelle édition, ornée de 5 figures en taille douce. In-18.   3 fr.

Principes de littérature, mis en harmonie avec la morale chrétienne, par J.-B. PÉRENNES. In-8.   5 fr.

Principes de ponctuation, fondés sur la nature du langage écrit, par M. FREY. (*Ouvrage approuvé par l'Université.*) 1 vol. in-12.   1 fr. 50

Principes généraux et raisonnés de la Grammaire française, par DE RESTAUT. In-12. 1 fr. 25

Principes raisonnés de la langue française, à l'usage des colléges, par MORIN. Nouv. éd. In-12. 1 fr. 20

Principes de la langue latine, suivant la méthode de Port-Royal, à l'usage des colléges, par MORIN. 1 vol. in-12.   1 fr. 25

Rhétorique française, composée pour l'instruction de la jeunesse, par M. DOMAIRON. In-12.   3 fr.

Science (La) enseignée par les jeux. Voyez *Manuel des Jeux.* 2 vol. in-18, page 19.   6 fr.

Selectæ e novo testamento historiæ ex Erasmo desumptæ. Tulli-Leucorum. In-18.   50 c.

Tables synchronistiques de l'histoire universelle, ancienne et moderne, par LAMP et ENGELHARD. 1 vol.
in-4, cartonné.   5 fr.

The elements of english conversation, by J.
PERRIN, in-12.   1 fr. 25

Traité d'arpentage et de nivellement, par
POUILLET-DUCATEZ. 1 vol. in-8.   8 fr.

Traité d'Équitation sur des bases géométriques,
par A.-C.-M. PARISOT. 1 vol. in-8, contenant 74 fig.   10 fr.

Traité de Géodésie pratique, par GORIN.
1 vol. in-8.   2 fr. 50

Usage de la règle logarithmique, ou Règle-
calcul. In-18.   25 c.

Véritable esprit (Le) de J.-J. Rousseau, par
l'abbé SABATIER DE CASTRES. 3 vol. in-8.   15 fr.

Véritable perfection du tricotage, br. in-12,
par Mᵐᵉ GRZYBOWSKA.   1 fr.

Voyages de Gulliver. 4 vol. in-18, fig.   2 fr.

OUVRAGES DIVERS.

Abus (Des) en Mâtière ecclésiastique, par
M. BOYARD. 1 vol. in-8.   2 fr. 50

**Almanach encyclopédique, récréatif et
populaire** pour 1872, d'après les travaux de savants et de
praticiens célèbres. 1 vol. in-16 raisin, orné de grav.   50 c.

Art de conserver et d'augmenter la beauté,
corriger et déguiser les imperfections de la nature, par
LAMI. 2 vol. in-18, ornés de gravures.   3 fr.

Boucherie (Tableau figuratif des diverses *qualités* de
la viande de), in-plano, colorié.   75 c.

Carte topographique de l'île Ste-Hélène,
In-plano.   1 fr. 50

La Chine, l'Opium et les Anglais. Documents
historiques sur la compagnie anglaise des Indes-Orientales,
sur le commerce de la Grande-Bretagne en Chine et sur
les causes et évènements qui ont amené la guerre entre les

deux nations, par M. SAURIN. 1 vol. in-8 orné d'une cart
géographique.   5 fr.

Choix d'Anecdotes anciennes et modernes,
tirées des meilleurs auteurs, contenant les faits les plus
intéressants de l'histoire en général; les exploits des héros,
traits d'esprit, saillies ingénieuses, bons mots, etc., etc.,
par madame CELNART, 5ᵉ édition. 4 vol. in-18.   7 fr.

Clef (La) du droit pratique et de la rédaction des
ventes et des baux, par M. J. MORIN. 1 vol. in-12.   2 fr. 50

Code des Maîtres de poste, des Entrepreneurs
de diligences et de roulage et des voituriers en général par
terre et par eau, par A. LANOE, avocat. 2 vol. in-8.   12 fr.

Cordon bleu (Le), Nouvelle cuisinière bourgeoise,
rédigée et mise par ordre alphabétique, par Mᵐᵉ MARGUE-
RITE. 13ᵉ édition, augmentée de nouveaux menus appro-
priés aux diverses saisons de l'année, d'un ordre pour les
services, de l'art de découper et de servir à table, d'un
traité sur les vins et des soins à donner à la cave, etc.,
ornée d'un grand nombre de vignettes intercalées dans le
texte. 1 vol. in-18 de 250 pages, broché.   1 fr.
Le même ouvrage, cartonné.   1 fr. 15

Contrefaçon des Billets de Banques, Papier
timbré, Mandats, Actions industrielles et autres, et moyens
d'y remédier, par M. KNECHT-SENEFELDER. in-18, Brochure
accompagnée d'une planche.   50 c.
(Extrait du *Manuel du Lithographe*, p. 20).

**Derniers moments de la Révolution de
Pologne en 1831.** Récit des évènements de l'époque,
par JANOWSKI. 1 vol. 8°.   3 fr.

Droits des Pêcheurs à la ligne flottante, suivis
d'Instructions sur les différentes Pêches à la ligne, par
A. MORICEAU. Nouvelle édition, contenant la loi du 31 mai
1865, et le décret du 25 janvier 1868. Broch. in-18.   30 c.

Éléonore de Fioretti, ou Malheurs d'une jeune
Romaine sous le pontificat de ***. 2 vol. in-12.   3 fr.

Epilepsie (De l') en général et particulièrement de
celle qui est déterminée par des causes morales, par DOUS-
SIN-DUBREUIL. 2ᵉ édit. 1 vol. in-12.   3 fr.

Esprit des Lois, par MONTESQUIEU. 4 vol. in-12. 8 fr.

Essai sur l'Administration, par Le Sous-Préfet
de Béthune. 1 vol. in-8.   2 fr. 50

**Essai sur le commerce et les intérêts de
l'Espagne** et de ses Colonies, par DE CHRISTOPHORO D'A-
VALOS. 1 vol. in-8.   2 fr. 50

Fille (La) d'une femme de génie, traduit de l'anglais par Mme HOFLAND. 2 vol. in–12. 4 fr.

Graissinet (M.), ou Qu'est-il donc?, nouvelle par E. BONNEFOI. 4 vol. in–12. 8 fr.

Histoire des légions Polonaises en Italie, sous le commandement du genéral Dombrowski, par LÉONARD CHODZKO. 2 vol. in-8. 17 fr.

Histoire générale de Pologne, d'après les historiens polonais Naruszewicz, Albertrandy, Czacki, Lelewel, Bandtkie, Niemcewicz, Zielinski, Kollontay, Oginski, Chodzko, Podzaszynski, Mochnacki, et autres écrivains nationaux. 2 vol. in-8. 7 fr.

Histoire du prisonnier d'Etat connu sous le nom du *Masque de fer*, par G. AGAR ELLIS. 1 vol. in-8. 5 fr.

Lettres sur la Valachie, de 1815 à 1821, par F. R. 1 vol. in-12. 2 fr. 50

Le Livre utile à tout le monde, Tarifs d'une application facile : au calcul des eaux-de-vie, jusqu'à 300 fr. l'hectolitre ; au calcul des intérêts, depuis 1 jusqu'à 366 ; au cubage des bois équarris et en grume ; au métrage ou toisé ; par F. BOUCHAUD-PRACEIQ. 1 vol. grand in-8. 3 fr. 50

Magistrature (De la), dans ses rapports avec la liberté des Cultes, par M. BOYARD. 1 vol. in-8. 6 fr.

Magistrature (De la), dans ses rapports avec la Liberté de la Presse et la Liberté individuelle, par M. BOYARD. 1 vol. in-8. 6 fr.

Manuel de Bibliographie universelle, par MM. F. DENIS, PINÇON et DE MARTONNE. 1 vol. grand in-8 à 3 colonnes, papier collé pour recevoir des notes. 25 fr.

— LE MÊME OUVRAGE, 3 vol. in-18. (*V.* page 8.) 20 fr.

Manuel des Docks, Warrants, Ventes publiques, Comptes-courants, Chèques et virements, par M. A. SAUZEAU. 1 vol. in-18, raisin. 3 fr.

Manuel des Experts, ou Traité des matières civiles, commerciales et administratives, donnant lieu à des expertises. 7e édition, par M. CH. VASSEROT, avocat à la Cour Impériale de Paris. 1 vol. in-8. 6 fr.

Manuel des Justices de paix, ou Traité des fonctions et des attributions des Juges de paix, des Greffiers et Huissiers attachés à leur tribunal, avec des formules et des modèles de tous les actes qui dépendent de leur ministère, etc., par M. LEVASSEUR, ancien jurisconsulte, et M. BIRET. 1 gros vol. in-8. 6 fr.

— LE MÊME OUVRAGE, 1 vol. in-18. (*V.* page 19.) 3 fr. 50

Manuel des Maires, Adjoints, Préfets, Conseillers

de préfecture, généraux et municipaux, Juges de paix, Commissaires de police, Prêtres, Instituteurs, Pères de famille, etc , par M. Royard, ancien président à la Cour impériale de Paris, et M. Vasserot, ancien adjoint au maire de la ville de Poissy. 4ᵉ édition, 2 vol. in-8.   12 fr.

Voyez *Manuel des Maires, Adjoints, Conseillers et Officiers municipaux*, par M. Ch. Vasserot (page 21).   3 fr. 50

Manuel des Nourrices, par madame El. Celnart. 1 vol. in-18.   1 fr. 50

Manuel des Sociétés de secours mutuels. Broch in-12.   50 c.

Manuel du Négociant, dans ses rapports avec la douane, par M. Bauzon-Magnien. 1 vol. in-12.   4 fr.

Mémoires du comte de Grammont, par Hamilton. 2 vol. in-32.   2 fr.

Mémoires récréatifs, scientifiques et anecdotiques du physicien-aéronaute Robertson. 2 vol. in-8 ornés de vignettes.   12 fr.

Mémoire sur la guerre de 1809 en Allemagne, avec les opérations particulières des corps d'Italie, de Pologne, de Saxe, de Naples et de Walcheren, par le général Pelet, d'après son journal fort détaillé de la campagne d'Allemagne, ses reconnaissances et ses divers travaux ; la correspondance de Napoléon avec le major-général, les maréchaux, etc. 4 vol. in-8.   28 fr.

Ministre (Le) de Wakefield, traduit en français par M. Aignan. 1 vol. in-12, avec figures.   1 fr.

Nosographie générale élémentaire, Description et traitement rationnel de toutes les maladies, par Seigneur-Gens. 4 vol. in-8.   20 fr.

Notes sur les prisons de la Suisse et sur quelques-unes du continent de l'Europe ; moyen de les améliorer, par Fr. Cunningham et T.-F. Buxton. 2ᵉ édition. 1 vol. in-8.   4 fr. 50

Opuscules financiers sur l'effet des Priviléges des Emprunts publics et des conversions sur le Crédit de l'industrie en France, par Fazy. 1 vol. in-8.   5 fr.

Poésies genevoises, 3 vol. in-12.   3 fr.

Précis de l'Histoire des Tribunaux secrets dans le Nord de l'Allemagne, par Loeve-Veimars. 1 vol. in-18.   1 fr. 25

Précis historique sur les révolutions des royaumes de Naples et du Piémont en 1820 et 1821, par le comte D. 1 vol. in-8.   4 fr. 50

Recueil de recettes et de préparations chimiques d'Objets d'un usage journalier. Br. in-18. 75 c.

Recueil général et raisonné de la Juris-prudence et des attributions des *Justices de paix* en toutes matières, civiles, criminelles, de police, de commerce, d'octroi, de douanes, de brevets d'invention, contentieuses et non contentieuses, etc., par M. BIRET. 4e édition, 2 vol. in-8. 14 fr.

Roman comique, par SCARRON, nouv. édition revue et augmentée. 4 vol. in-12. 3 fr.

Sermons du père Lenfant, prédicateur du roi Louis XVI. 8 gros vol. in-12, avec portrait. 2e édit. 20 fr.

Suite au Mémorial de Sainte-Hélène. Observations critiques, anecdotes inédites pour servir de supplément et de correctif à cet ouvrage, 2e édition, ornée du portrait de Las-Cases. 1 vol. in-8°. 7 fr.

Tarif des prix comparatifs des anciennes et nouvelles mesures, suivi d'un abrégé de Géométrie graphique élémentaire, par ROUSSEAUX. 1 vol. in-12. 2 fr. 50

Tenue des Livres (Nouv. méthode de), par NICOL. Br. in-8. 75 c.

Théorie du Judaïsme appliquée à la Réforme des Israélites de tous les pays de l'Europe, par l'abbé CHIARINI. 2 vol. in-8. 10 fr.

Traité des Absents, contenant les Lois, Arrêtés, Décrets, Circulaires et Ordonnances, publiés sur l'Absence, par M. TALANDIER. 1 vol. in-8. 7 fr.

Traité de la mort civile en France, par A.-T. DESQUIRON. 1 vol. in-8. 7 fr.

Voyage de découverte autour du monde, et à la recherche de La Pérouse, par M. J. DUMONT D'URVILLE, capitaine de vaisseau, exécuté sous son commandement et par ordre du gouvernement, sur la corvette l'Astrolabe, pendant les années 1826 à 1829. 5 gros vol. in-8, ornés de vignettes sur bois, dessinées par MM. DE SAINSON et TONY JOHANNOT, gravées par PORRET, avec un Atlas contenant 20 planches ou cartes grand in-fol. 60 fr.

Cet important ouvrage, *qui a été exécuté par ordre du gouvernement sous le commandement de M. Dumont D'Urville et rédigé par lui, n'a rien de commun avec le voyage pittoresque publié sous sa direction.*

AVIS.

—

Cette Librairie, entièrement consacrée aux Sciences et à l'Industrie, fournira aux amateurs tous les ouvrages anciens et modernes en ce genre, publiés en France, et fera venir de l'Etranger tous ceux que l'on pourrait désirer.

Les personnes qui auraient quelque chose à faire parvenir dans l'intérêt des sciences et des arts, soit pour la *Collection des Manuels-Roret*, soit pour la rédaction du *Technologiste*, etc., sont priées de l'envoyer *franco* à l'adresse de M. ROBET, rue Hautefeuille, 12, à Paris.

———

BAR-SUR-SEINE. — IMP. SAILLARD.

www.ingramcontent.com/pod-product-compliance
Lightning Source LLC
Chambersburg PA
CBHW060949220326
41599CB00023B/3652